KB131639

생각에 관한 생각
프로젝트

THE UNDOING PROJECT
by Michael Lewis

Copyright © 2017 by Michael Lewis
Korean translation copyright © 2018 by Gimm-Young Publishers, Inc.
All rights reserved.

This Korean edition was published by arrangement with Michael Lewis c/o Writers House
LLC, New York, NY through KCC(Korea Copyright Center Inc.), Seoul.

이 책의 한국어판 저작권은 KCC를 통한 저작권사와의 독점 계약으로 김영사에 있습니다.
저작권법에 의해 한국 내에서 보호를 받는 저작물이므로 무단전재와 무단복제를 금합니다.

세상이 생각하는
방식을 바꾼
두 천재 심리학자의
행동경제학 탄생기

생각에 관한 생각 프로젝트

마이클 루이스MICHAEL LEWIS | 이창신 옮김

THE
UNDOING
PROJECT

김영사

생각에 관한 생각 프로젝트

1판 1쇄 발행 2018. 7. 30.
1판 5쇄 발행 2021. 6. 10.

지은이 마이클 루이스
옮긴이 이창신

발행인 고세규
편집 박민수   디자인 윤석진
발행처 김영사
등록 1979년 5월 17일 (제406-2003-036호)
주소 경기도 파주시 문발로 197(문발동) 우편번호 10881
전화 마케팅부 031)955-3100, 편집부 031)955-3200 | 팩스 031)955-3111

값은 뒤표지에 있습니다. ISBN 978-89-349-8232-6 03320

홈페이지 www.gimmyoung.com   블로그 blog.naver.com/gybook
인스타그램 instagram.com/gimmyoung   이메일 bestbook@gimmyoung.com

좋은 독자가 좋은 책을 만듭니다.
김영사는 독자 여러분의 의견에 항상 귀 기울이고 있습니다.

이 도서의 국립중앙도서관 출판시도서목록(CIP)은 서지정보유통지원시스템 홈페이지
(http://seoji.nl.go.kr)와 국가자료공동목록시스템(http://www.nl.go.kr/kolisnet)에서
이용하실 수 있습니다.(CIP제어번호 : CIP2018022520)

밀림의 길잡이가 되어준 내 족장
다커 켈트너Dacher Keltner에게

일러두기

• 대니얼 카너먼의 《생각에 관한 생각Thinking, Fast and Slow》과 마찬가지로 가독성을 위해 의미를 왜곡하지 않는 범위 내에서 전문용어를 쉽게 풀어쓰려 노력했다. 가령 'heuristic'은 '어림짐작', 'availability'는 '회상 용이성', 'framing'은 '틀짜기'로 번역한 것이다.

의심은 유쾌하지 않지만, 확신은 어리석은 짓이다.

— 볼테르

결코 사라지지 않는 문제

나는 2003년에 《머니볼Moneyball》을 출간했다. 미국 프로야구팀 오클랜드 애슬레틱스Oakland Athletics가 선수와 전략을 평가하는 더 나은 방법을 찾으려고 노력한 이야기를 담은 책이다. 오클랜드는 선수 몸값에 쓸 예산이 다른 팀보다 적어, 경기를 다시 생각할 수밖에 없었다. 구단 경영진은 새로운 데이터와 과거 데이터에서, 그리고 외부 사람이 데이터를 분석한 자료에서 새로운 야구 지식을 발견했고, 그 덕에 다른 구단보다 훨씬 나은 경영을 하게 되었다. 이들은 다른 구단이 방출하거나 주목하지 않은 선수들에게서 가치를 발견했고, 기존 야구 상식 중 상당수가 엉터리임을 알게 됐다.《머니볼》이 나왔을 때 자신의 견해가 확고한 기존 경영진, 스카우트 담당자, 기자 등 일부 야구 전문가는 언짢아하며 무시했지만, 상당수 독자는 나만큼 그 이야기에 흥미를 느꼈다. 많은 사람이 오클랜드의 팀 구성을 보며 다소 일반적인 교훈을 발견했다. 1860년대부터 존재한 업계에 고용되어 높은 임금과 대중의 관심을 받던 사람들에 대한 시장의 평가가 잘못되었다면, 누구인들 안 그렇겠는가? 야구선수 시장이 비효율적으로 작동되었다면, 다른 시장인들 다르겠는가? 야구에서 신선한 분석으로 새로운 지식을 발견했다면, 인간의 행동 영역이라고 해서 그러지 말란 법이 있을까?

지난 10여 년간 많은 사람이 오클랜드 애슬레틱스를 롤모델 삼아 더 나은 데이터, 더 나은 분석을 이용해 시장의 비효율성을 찾으려 했다. 나는 이제까지 교육의 머니볼, 영화 촬영의 머니볼, 노인 의료보험의 머니볼, 골프의 머니볼, 영농의 머니볼, 출판의 머니볼, 대선 운동의 머니볼, 정부의 머니볼, 은행 임원의 머니볼 등 수많은 분야에서 소위 머니볼 기사를 읽었다. 2012년에 미식축구팀 뉴욕 제츠New York Jets의 공격라인 코치는 "별안간 다들 공격 라인맨을 '머니볼'하는 거야?"라며 불만을 나타냈다. 코미디언 존 올리버John Oliver는 노스캐롤라이나 입법부가 데이터를 악의적으로 이용해 흑인의 투표를 어렵게 만드는 법을 추진하는 모습을 보고, "머니볼적 인종차별주의"를 관철했다며 입법자들을 축하했다.

그러나 구식 전문성을 신식 데이터 분석으로 대체하려는 열정은 종종 얄팍한 수준에 그쳤다. 데이터를 기반으로 위험 부담이 높은 결정을 내렸는데 즉각 성공하지 않았을 때(더러는 즉각 성공했더라도) 기존 방식으로 결정을 내렸더라면 받지 않을 공격을 받을 수 있었다. 2004년에 보스턴 레드삭스Boston Red Sox가 오클랜드를 모방해 결정을 내린 뒤에 거의 100년 만에 월드시리즈 우승을 차지했다. 그리고 같은 방법으로 2007년과 2013년에도 우승을 거뒀다. 그러나 세 번의 실망스러운 시즌을 마친 2016년에는 데이터 기반 방식에서 벗어나 야구 전문가의 판단에 의지했던 기존 방식으로 돌아가겠다고 발표했다(구단주 존 헨리 John Henry는 "아마 숫자에 지나치게 의존했던 것 같다"고 했다). 작가 네이트 실버 Nate Silver는 야구에 관한 글을 쓰면서 배운 통계를 이용해 〈뉴욕타임스 New York Times〉에 선거 결과를 예측하면서 여러 해 동안 놀라운 예측 성공률을 기록했다. 아마도 선거 예측에서 신문이 다른 매체를 앞서기는 처음이 아닌가 싶다. 그 뒤 실버는 〈뉴욕타임스〉를 떠났고, 도널드 트럼프가 새롭게 떠오르는 것을 예측하지 못했다. 그러자 다름 아닌 〈뉴욕타임스〉가 그의 데이터 기반 선거 예측 방식에 의문을 제기하는 게 아닌가! "정치는 기본적으로 인간의 노력이며, 따라서 예측과 논리적 판단이 불가능하다는 점에서 발로 뛰는 취재를 당해낼 수는 없다." 〈뉴욕타임스〉 칼럼니스트가 2016년 늦봄에 쓴 글이다(발로 뛰는 기자 중에도 트럼프의 상승세를 예견한 사람은 거의 없었다거나, 나중에 실버도 인정했듯이 트럼프가 워낙 독특해서 결과 예측에 예외적으로 많은 주관적 판단이 들어갈 수밖에 없었다는 점은 일단 접어두자).

데이터로 지식을 찾는 사람을 향한 비판이나 자기 업계의 비효율성을 이용해 자기 이익을 챙긴다는 비판 중에는 분명 일리 있는 비판도 있다. 그러나 오클랜드 애슬레틱스가 자기 이익을 챙기려고 인간 영혼에서 무엇을 이용했든 간에, 무언가를 확신해주는 전문가를 갈망하는 이런 갈증은 확신이 불가능할 때도 끝까지 사라지지 않고 주변을 배회하는 재주가 있다. 마치 영화에서, 죽었어야 할 운명이지만 어쩐 일인지 언제나 살아남아 마지막 행동을 감행하는 괴물과 비슷하다.

내 책에 대한 요란한 반응이 잠잠해졌을 때도 한 가지 반응만큼은 유독 오래 살아남았다. 당시 시카고대학 교수 두 명의 평가였는데

한 사람은 경제학자 리처드 세일러Richard Thaler였고, 한 사람은 법학 교수 캐스 선스타인Cass Sunstein이었다. 2003년 8월 31일자 〈뉴리퍼블릭New Republic〉에 실린 두 사람의 글은 관대하면서 매몰찼다. 프로선수 시장이 죄다 망가질 대로 망가져서 오클랜드 애슬레틱스 같은 가난한 구단은 시장의 비효율성을 잘 이용하기만 해도 부자 구단을 이길 수 있다는 흥미로운 사실에는 두 교수 모두 동의했다. 하지만《머니볼》저자는 야구선수 시장이 비효율적으로 운영되는 더욱 근본적인 이유를 파악하지 못한 것 같다고 했다. 그 비효율성은 인간 정신의 작동 방식에서 비롯했다. 일부 야구 전문가가 야구선수를 오판하는 방식, 나아가 어떤 분야든 전문성 때문에 판단을 그르치는 방식은 여러 해 전에 이스라엘 심리학자 대니얼 카너먼Daniel Kahneman과 아모스 트버스키Amos Tversky가 이미 설명한 바 있다. 그러니까《머니볼》은 새로운 책이 아니었다. 수십 년 동안 회자되었지만 사람들이, 그리고 특히 내가 진가를 알아보지 못한 개념을 자세히 소개한 책에 불과했다.

세일러와 선스타인의 평가는 절제된 편이었다. 그때까지도 나는 카너먼이나 트버스키를 들어본 적이 없던 것 같다. 카너먼은 노벨 경제학상까지 탄 사람이다. 솔직히 나는《머니볼》이야기의 심리적인 부분까지는 깊이 생각하지 못했다. 야구선수 시장은 비효율성이 만연했다. 왜 그럴까? 오클랜드 구단 경영진은 시장에 나타나는 '편향'을 이야기했었다. 이를테면 선수의 스피드는 눈에 잘 보이는 탓에 과대평가되고, 볼넷을 이끌어내는 타자의 능력은 그 행위가 쉽게 잊히는 탓에 저평가된다. 타자는 차라리 아무것도 안 하는 게 더 나을지도 모른다. 뚱뚱하거나 기형인 선수는 과소평가되기 쉽고, 잘생기고 체격 좋은 선수는 과대평가되기 쉽다. 나는 오클랜드 경영진이 말한 이런 편향이 흥미로웠지만, 거기서 더 나아가 그런 편향이 어디서 오는지, 사람들은 왜 그런 편향을 보이는지 따지지 않았다. 나는 특히 시장이 사람을 평가할 때 작동하거나 작동하지 않는 방식을 이야기하려 했다. 그러나 그 안에는 다른 이야기가 숨어 있었다. 내가 고찰하지 않고 말하지 않은 이야기, 인간이 판단이나 결정을 내릴 때 머릿속에서 작동하거나 작동하지 않는 방식에 대한 이야기다. 투자에 관해서든, 사람에 관해서든, 다른 무엇에 관해서든, 사람들은 불확실한 상황을 마주했을 때 어떤 식으로 결정을 내릴까? 야구 경기, 수익 보고서, 재판, 건강진단, 단체 미팅에서 나온 증거는 어떤 식으로 처리할까? 심지어 전문가라는 사람들이 머리가 어떻게 작동하기에 오판을 내려, 전문성을 무시하고 데이터에만 의지한 사람들에게 이용당하고 이익을 뺏기는 걸까?

그리고 이스라엘의 두 심리학자는 이런 문제를 두고 어떻게 그렇게 많은 것을 이야기할 수 있었으며, 그 결과로 수십 년 뒤에 미국 야구에 관한 책이 쓰일 것을 예견하다시피 했을까? 중동에 있는 두 사람이 무엇에 사로잡혔기에 서로 마주 앉아, 사람들이 야구선수나 투자 또는 대통령 후보를 판단할 때 머릿속이 어떻게 작동하는지 알아내려 했었을까? 심리학자가 대체 어떻게 노벨 경제학상을 수상할 수 있었을까? 이런 문제에 대답하다 보니, 해야 할 이야기가 또 하나 생겼다. 이제 그 이야기를 하려고 한다.

차례

1
유방남

면접관은 청년이 어떤 말로 면접관의 졸음을 날려버리고 다시 정신을 차려 청년에게 주목하게 할지 전혀 예상치 못했다. 그리고 일단 청년에게 주목하자 자연스레 방금 청년이 한 말에 필요 이상으로 비중을 두었다. 미국농구협회 NBA에서 면접을 하다 보면, 잊지 못할 순간들이 기억에 담아두기도 벅찰 정도다. 어떤 때는 선수가 면접관의 판단 능력을 엉망으로 만들려고 작정한 것 같기도 했다. 예를 들어 휴스턴 로키츠Houston Rockets 면접관이 한 선수에게 약물검사를 통과할 수 있겠냐고 묻자 선수는 눈이 휘둥그레지더니 탁자를 붙잡고 말했다. "오늘요!!!???" 어떤 대학팀 선수는 데이트 폭력 혐의로 체포된 적이 있는데(이후에 고소가 취하되었다) 그의 에이전트는 단순 오해였다고 주장했다. 선수에게 그 일을 묻자, 여자 친구가 "징징대는 게" 하도 지겨워서 "입을 닥치게 하려고 여자 친구 목에 손을 대고 꼭 쥐었을 뿐"이라고 차

갑게 설명했다. 모어헤드주립대학 출신의 막강한 포워드 케네스 페리드Kenneth Faried에게 면접관이 물었다. "케네스로 부를까요, 케니로 부를까요?" 그러자 그가 대답했다. "매니멀요." 그는 사람man과 동물animal의 합성어인 '매니멀Manimal'로 불리고 싶어 했다. 면접관은 대체 어떤 반응을 보였을까? NBA 면접에서, 아니면 적어도 NBA 휴스턴 로키츠의 면접에서, 흑인 선수들은 대략 네 명 중 세 명꼴로 아버지를 잘 몰랐다. "가장 큰 영향을 받은 남자가 누구냐고 물으면 '엄마요'라고 대답하는 선수들도 심심찮게 있어요. 한 선수는 '오바마'라고 하더군요." 휴스턴 로키츠의 인사 담당 책임자 지미 폴리스Jimmy Paulis의 말이다.

숀 윌리엄스Sean Williams는 또 어떤가. 키 208센티미터인 그는 2007년에 한창 잘나가는 선수였다. 그는 과거 마리화나 소지 혐의로 체포된 뒤(나중에 혐의를 벗었다) 보스턴 칼리지Boston College 팀에서 세 번의 시즌 중에 처음 두 차례에 출전 정지를 당했다. 대학 2학년 때 경기를 고작 열다섯 번 뛰고도 블록샷을 75개나 기록한 그의 경기를 두고 당시 팬들은 '숀 윌리엄스 블록 파티'라 불렀다. 숀 윌리엄스는 마치 NBA 대스타 같았고, NBA 선수에 1차로 선발되리라 예상됐다. 출전 정지 없이 3학년을 통과했으니 다들 그가 마리화나를 사용하지 않았으려니 생각한 때문이기도 했다. 2007년 NBA 대학 선발이 시작되기 전에, 그는 에이전트의 요청으로 면접을 연습하러 휴스턴으로 떠났다. 에이전트는 휴스턴 로키츠와의 협상에서, 윌리엄스가 오직 로키츠와 면접을 보는 조건으로, 그가 면접에서 잘 보일 방법을 귀띔해주겠다는 약속을 받아냈다. 일이 잘 풀리는 듯싶었다. 마리화나 이야기가 나오기 전까지는. "1, 2학년 때 마리화나를 피우다 걸렸는데, 3학년 때

는 별일 없었나 봐요?" 로키츠 면접관이 묻자 윌리엄스는 가볍게 고
개를 저으며 대답했다. "아예 검사를 안 했어요. 검사를 안 하는데 안
피울 이유가 없죠!"

그 뒤로 윌리엄스의 에이전트는 윌리엄스에게 면접 기회를 주지
않는 게 최선이라고 판단했다. 윌리엄스는 그 와중에도 뉴저지 네츠
New Jersey Nets에 1차로 선발되었고, NBA 137개 경기에서 잠깐씩 모습을
보이다가 나중에 터키로 옮겨 선수 생활을 계속했다.

선수 선발은 수백만 달러가 걸린 일이었다. NBA 선수들은 팀 스
포츠를 통틀어 평균적으로 가장 높은 연봉을 받았다. 휴스턴 로키츠의
미래는 불투명했다. 면접에 나온 젊은이들은 면접관 앞에서 자신의 정
보를 되는대로 쏟아놓았다. 그런 정보는 채용에 도움이 되어야 하지만,
사실은 어떻게 받아들여야 할지 난감한 경우가 많았다.

로키츠 면접관: 휴스턴 로키츠에 대해 아는 걸 말해보세요.
선수: 선생님이 휴스턴 소속이란 건 알아요.

로키츠 면접관: 어느 발을 다쳤나요?
선수: 지금까지 사람들한테 오른발이라고 말했어요.

선수: 코치와 저는 눈높이가 맞지 않았어요.
로키츠 면접관: 어떤 점에서요?
선수: 경기 시간요.
로키츠 면접관: 그리고 또요?

선수: 그분이 저보다 키가 작았어요.

10년 동안 거인들에게 숱한 질문을 던져온 휴스턴 로키츠 단장 대릴 모리Daryl Morey는 누군가를 판단할 때 그를 대면했을 때의 느낌에 크게 좌우되면 안 된다는 생각을 갖게 되었다. 면접은 마술쇼였다. 쇼에서 받은 인상에 저항해야 했다. 특히 모든 면접관이 선수에게 매료되었다면 더욱 그랬다. 거인들은 상대를 매료시키는 남다른 능력이 있었다. 모리가 말했다. "매력덩어리 거인이 많죠. 운동장에 있는 뚱뚱한 아이 같은 매력인지, 글쎄요, 잘 모르겠어요." 문제는 매력이 아니라 그 매력이 숨기고 있는 것들이다. 중독, 성격장애, 상처, 힘든 일에 전적으로 무관심한 성향 등. 이 거인들은 경기에 대한 남다른 애정이나 경기를 뛰려고 고난을 극복한 이야기로 사람을 울리기도 한다. "사연 없는 선수가 없어요. 선수 한 사람 한 사람에 얽힌 이야기를 다 늘어놓을 수도 있어요." 모리의 말이다. 그 사연이 믿기 힘든 역경에 맞서 인내를 발휘한 이야기라면(실제로 대개는 그러했다) 거기에 빨려들지 않을 수 없었다. 그러다 보면 자연스럽게 NBA에서 성공하는 모습이 머릿속에 선명하게 그려지곤 했다.

하지만 결정을 내릴 때 대릴 모리가 그나마 조금이라도 믿는 게 있다면, 통계에 근거한 방법이었다. 그리고 그가 하는 가장 중요한 결정은 농구단에 누구를 받아들일 것인가였다. 그가 말했다. "오판할 수 있는 온갖 헛소리를 뿌리치는 일관된 마음가짐이 필요해요. 무엇이 속임수이고 무엇이 진짜인지 가려내려고 늘 노력하죠. 지금 홀로그램을 보고 있는 건 아닐까? 저건 환각이 아닐까?" 면접도 오판을 유도하는 헛소리 중 하나였다. "내가 면접마다 참석하려는 가장 큰 이유는 이겁니다. 우리가 어떤 사람을 뽑아놓고보니 그에게 심각한 문제가 있는데, 구단주가 '그 친구가 면접에서 그 질문에 뭐라고 대답하던가?'라고 물을 때 '150만 달러를 지불하기까지 사실 저는 그에게 말도 붙여보지 않았습니다'라고 대답하면 목이 날아갈 테니까요."

2015년 겨울, 모리는 이런 이유로 직원 다섯 명과 함께 텍사스 휴스턴 회의실에 앉아 또 한 명의 거인을 기다렸다. 면접실에는 눈에 띌 만한 물건이 전혀 없었다. 회의 탁자 하나에 의자 몇 개가 전부였고, 창문에는 블라인드가 쳐졌다. 탁자에는 "전국비아냥학회: 우리에게 당신의 지지가 필요한 것처럼"이라는 로고가 새겨진 머그컵이 실수로 덩그러니 놓여 있었다. 그 거인으로 말하자면…… 이제 겨우 열아홉 살에, 프로농구 기준으로 봐도 키가 몹시 크다는 사실 외에는 누구도 그에 대해 아는 바가 거의 없었다. 5년 전에 어떤 에이전트나 유능한 스카우트 담당자가 펀자브에 있는 어느 마을에서 그를 발견했다. 면접관들이 들은 바로는 그랬다. 당시 그는 열네 살이었고, 키 213센티미터에 맨발이었다. 아니면 신발은 신었어도 너무 낡아 맨발이 드러나 있었거나.

면접관은 그 점이 궁금했다. 청년의 가족은 무척 가난해서 신발을 사줄 수 없었거나, 발이 워낙 빨리 자라 신발을 사줘봤자 소용없다고 생각했을지 모른다. 그것도 아니면 죄다 에이전트가 꾸며낸 소설일지도 모른다. 어찌 되었건 면접관의 머릿속에는 인도 거리에 맨발로 서 있는 213센티미터의 열네 살 소년의 모습이 어른거렸다. 면접관은 이 소년이 어떻게 인도 마을을 떠날 생각을 했는지 알 길이 없었다. 누군가가, 아마도 어느 에이전트가, 영어와 농구를 배우게 해주겠다며 그의 미국행을 알선했으리라.

이 청년은 NBA에서는 미지의 인물이었다. 정식으로 농구를 하는 모습을 담은 영상도 없었다. 적어도 로키츠가 판단하기에, 그는 경기를 해본 적이 없었다. 아마추어 선수들의 공식 오디션인 NBA 선발대회NBA Draft Combine에 참가한 적도 없었다. 바로 그날 아침에 로키츠가 그의 신체 치수를 측정할 수 있었을 뿐이다. 발 크기는 22(약 40센티미터), 손끝에서 손목까지는 약 29센티미터로, 면접관이 이제까지 측정해본 손 중에 가장 컸다. 신발을 벗고 잰 키는 218센티미터, 몸무게는 136킬로그램이었는데, 그의 에이전트는 그가 지금도 자라는 중이라고 했다. 그는 지난 5년간 플로리다 서남부에서, 그리고 최근에는 아마추어를 프로로 키우는 스포츠 아카데미인 IMG에서 농구를 배웠다고 했다. 면접관이 아는 사람 중에 그가 농구 하는 모습을 본 사람은 없지만, 몇 안 되는 사람이 전에 그를 봤다며 아직도 그때를 이야기했다. 로버트 업쇼Robert Upshaw도 그중 한 사람이었다. 업쇼는 키 213센티미터의 건장한 센터로, 워싱턴대학 팀에서 퇴출되었다가 NBA 오디션에 참여 중이었다. 오디션이 열리기 며칠 전, 그는 댈러스 매버릭스Dallas Mavericks 체육관에서 그 인도 거인과 함께 운동을 할 기회가 있었다. 그 뒤 로키츠 스카우트 담당자에게서 그런 기회가 또 올지 모른다는 이야기를 듣고는 눈이 휘둥그레져 환한 얼굴로 말했다. "이제까지 그렇게 큰 인간은 처음 봤어요. 3점슛도 날렸어요! 정말 미쳤어요."

대릴 모리가 휴스턴 로키츠에 들어가 프로 농구선수가 될 사람과 안 될 사람을 가리던 2006년 당시, 그는 이 분야 일인자로 농구밖에 모르는 범생이 같은 사람이었다. 그가 하는 일은 농구 전문가의 직관에서 나온 결정을 데이터 분석 위주의 결정으로 바꾸는 일이었다. 그는 본격적으로 농구를 한 적은 없으며, 자신을 운동광이나 농구계의 내부자인 척하는 데는 관심이 없었다. 늘 한결같았고, 평생토록 느낌보다는 계산에 의지하길 좋아했다. 어렸을 때부터 데이터를 이용한 예측에 흥미를 키웠고, 결국 그 방식에 집착하게 되었다. "그게 항상 제일 근사했어요. '숫자로 어떻게 예측을 할까?' 숫자로 남을 앞선다는게 멋져 보였죠. 그리고 남보다 앞서는 걸 정말 좋아했어요." 다른 아이들이 비행기 모형을 만들듯 그는 예측 모형을 만들었다. "항상 스포츠를 예측하려고 했어요. 스포츠 말고는 어디에 응용할지 몰랐으니까요. 그렇다고 학점을 예상하겠어요?"

스포츠와 통계에 관심을 갖다 보니 열여섯 살에《빌 제임스의 역사적 야구 개요The Bill James Historical Baseball Abstract》라는 책도 보게 되었다. 당시 빌 제임스는 통계적 사고에 뿌리를 두고 야구를 이해하는 방식을 대중화하기에 여념이 없었다. 오클랜드 애슬레틱스도 참고한 그 방식은 가히 혁명적이어서, 메이저리그의 사실상 모든 팀에서 범생이들까지 선수로 뛰었다. 모리는 반스앤드노블 서점에서 우연히 제임스의 책을 보게 된 1988년까지도 숫자로 예측하는 재주가 있는 사람이 전문 스포츠 매니지먼트를 비롯해 위험 부담이 높은 결정을 내리는 모든 영역을 장악할 줄은, 그리고 농구가 모리 자신의 성장을 기다릴 줄은 꿈에도 몰랐다. 모리는 단지 기존 전문가가 생각만큼 지식이 풍부한 사람은 아니려니 의심할 뿐이었다.

이런 의심이 들기 시작한 때는 그 전해인 1987년에 〈스포츠 일러스트레이티드Sports Illustrated〉가 모리가 가장 좋아하는 프로야구팀인 클리블랜드 인디언스Cleveland Indians를 표지에 싣고 월드시리즈 우승팀으로 지목하면서부터다. "그걸 보면서 '바로 이거야!!! 인디언스는 여러 해 동안 죽 쒔어. 이제 월드시리즈 우승을 할 때가 됐어!' 그랬던 것 같아요." 그러나 그 시즌에 인디언스는 최악의 성적으로 메이저리그를 마감했다. 대체 어찌 된 일인가! "그 잡지에서 훌륭한 경기를 펼칠 거라고 예상한 선수들이 알고 보니 다들 형편없었어요. 그때 생각했어요. 어쩌면 그 전문가라는 사람들이 자기가 무슨 말을 하는지도 모를 거라고."

그 뒤에 빌 제임스를 발견하고, 빌 제임스처럼 수치를 이용하면 그 전문가들보다 예측을 잘할 수 있을지 모른다고 생각했다. 프로선수의 성적을 예측할 수 있다면 승리하는 스포츠팀을 꾸릴 수 있고, 승리하는 스포츠팀을 꾸릴 수 있다면……. 모리는 바로 이거다, 싶었다. 승리하는 스포츠팀을 만들자! 이것이 그의 평생소원이 되었다. 하지만 누가 그런 기회를 줄까? 대학생이 된 그는 하찮은 일이라도 얻을까 싶어 프로스포츠팀에 수십 통의 편지를 보냈다. 답장은 단 한 통도 없었다. "조직적인 스포츠계를 뚫고 들어갈 방법이 없었어요. 그래서 그때 부자가 되어야겠다고 결심했죠. 부자라면 팀을 하나 사서 운영할 수 있을 테니까요."

그의 부모는 미국 중서부 중산층이었다. 그가 아는 사람 중에 부자는 한 명도 없었다. 그는 노스웨스턴대학을 다닐 때도 공부에는 전혀 뜻이 없었다. 하지만 프로스포츠팀을 사들여 누굴 선수로 영입할지 결정할 목적으로, 돈을 벌기 시작했다. 당시 그의 여자 친구였고 지금의 아내인 엘런이 그때를 회상했다. "그이는 매주 종이 한 장을 가져다 '목표'라고 썼어요. 인생 최대의 목표가 '언젠가 프로스포츠팀 구단주가 될 것이다'였죠." 모리가 말했다. "경영대학원에 갔어요. 부자가 되려면 거길 가야 한다고 생각했으니까요." 2000년에 경영대학원을 마치자마자 여러 컨설팅 회사에 면접을 보던 중에, 자문해주는 회사의 주식으로 급여를 받는 곳을 알게 됐다. 그 컨설팅 회사는 인터넷 거품이 한창이던 당시에 여러 인터넷 기업에 자문을 해주고 있어서, 그곳에서 일하면 금방 부자가 될 것만 같았다. 그러다 거품이 꺼졌고, 주식은 죄다 휴지 조각이 되었다. "최악의 결정이었던 거죠." 모리의 말이다.

하지만 그는 컨설턴트로 활동하면서 소중한 것을 배웠다. 그가 보기에 컨설턴트의 중요한 업무는 불확실한 것을 두고 아주 확실한 척하는 것이다. 그는 매캔지McKinsey에서 면접을 볼 때 왜 자기 의견에 확신이 없느냐는 말을 들었다. 모리가 말했다. "확실치 않아서 그렇다고 했죠. 그랬더니 '우리는 한 해에 고객에게 50만 달러를 청구합니다. 그러니 자기 말에 확신을 가져야 합니다'라고 하더군요." 그를 고용한 컨설팅 회사는 그가 생각하기에 자신감이 곧 기만일 때도 항상 자신감을 보이라고 했다. 이를테면 고객에게 유가를 예측해주라고도 했다. "그럼 우리는 고객에게 유가를 예측할 수 있다고 말하겠죠. 사실 누구도 유가를 예측할 수는 없어요. 기본적으로 말도 안 되는 소리죠."

사람들이 무언가를 '예측'할 때 그 말이나 행동의 상당 부분은 가짜라는 것을 모리는 그제야 깨달았다. 진짜로 안다기보다 아는 척할 뿐이다. '확실히 알기는 불가능하다'가 유일하게 정직한 대답인 세상에서 흥미로운 질문은 아주 많았다. '앞으로 10년 뒤에 유가가 어떻게 될 것 같은가?' 같은 질문이다. 그렇다고 답을 포기할 수도 없는 노릇이어서, 확률로 답을 해야 했다.

훗날 농구 스카우트 담당자들이 일자리를 찾아 그에게 왔을 때, 그가 눈여겨본 것은 그들이 확실한 답이 없는 질문에 답을 찾고 있다는 사실을, 그러니까 원래 틀리기 쉬운 일을 하고 있다는 사실을 알고 있느냐는 것이었다. "저는 항상 묻죠. '누굴 놓쳤습니까?'" 그냥 넘겼는데 슈퍼스타가 된 사람은 누구인가? 홀딱 반했는데 망한 선수는 누구인가? "적절한 사례를 제시하지 못하면, '꺼져' 하는 거죠."

운 좋게도 모리가 일하는 컨설팅 회사는 프로야구팀 보스턴 레드삭스를 사들이려는 그룹에게서 자료 분석을 의뢰받았다. 이 그룹은 레드삭스 매입 입찰에 실패하자 프로농구팀 보스턴 셀틱스Boston Celtics를 사들였다. 2001년, 이 그룹은 모리에게 컨설팅 회사를 그만두고 셀틱스에 와서 일해달라고 했다. "제게 제일 어려운 문제를 주더군요." 그는 경영진을 새로 고용하는 작업과 입장표 값을 정하는 일을 도왔다. 그리고 결국은 필연적으로 NBA 선수 선발까지 맡았다. '열아홉 살 청년이 NBA에서 어떤 활약을 보여줄까?'라는 물음은 '10년 뒤에 유가가 어떻게 변할까?'라는 물음과 비슷했다. 완벽한 답은 없지만, 통계를 이용하면 적어도 무작정 추측할 때보다 아주 약간 나은 답을 얻을 수 있었다.

모리는 아마추어 선수를 평가하는 불완전한 통계 모델을 이미 가지고 있었다. 재미 삼아 직접 만들었던 모델이다. 2003년, 선수 선발이 거의 끝날 무렵에 셀틱스는 그에게 그 모델로 선수를 한 명 뽑아보라고 했다(56번째 선발이라 남은 선수들은 신통치 않았다). 그 결과, 무명의 오하이오대학 포워드 브랜던 헌터Brandon Hunter*가 통계 방정식으로 뽑힌 첫 번째 선수가 되었다. 2년 뒤 모리는 휴스턴 로키츠에서 새 단장을 구한다는 어느 헤드헌터의 전화를 받았다. 모리가 그때를 회상했다. "머니볼 타입의 사람을 찾는다고 하더군요."

로키츠 구단주 레슬리 알렉산더Leslie Alexander는 자신에게 조언한 농구 전문가들의 직감에 절망했다. 알렉산더가 말했다. "그들 결정은 그냥 그랬어요. 정확하지 않았죠. 지금은 데이터가 널렸어요. 데이터를 분석할 컴퓨터도 있고요. 그 데이터를 혁신적으로 활용하고 싶었죠. 대릴을 고용한 이유는 선수들을 단지 평범하게 관찰하는 데 그치지 않는 사람을 원했기 때문이었어요. 난 우리가 경기를 제대로 하고 있는지조차 확신이 서지 않아요." 선수 연봉이 올라갈수록 엉터리 결정에 따른 손실은 커졌다. 그는 모리의 분석법이라면 큰 액수가 오가는 스카우트 시장에서 우위를 차지할 수 있지 않을까 생각했고, 그 방법을 적용해보는 과정에서 여론의 반응은 얼마든지 무시할 수 있었다(알렉산더가 말했다. "다른 사람들이 어떻게 생각하든 무슨 상관이에요? 로키츠가 그 사람들 팀도 아니고.") 면접을 보면서 모리는 알렉산더의 대범함에, 그리고 팀을 운영하는 마음가짐에 안심했다. 모리가 말했다. "종교를 묻더군요. 속으로 '당신이 그걸 왜 물어?' 했던 거 같아요. 애매하게 대답했죠. 가족 중에 성공회교도도 있고 루터교도도 있다, 그런 식으로 말하니까 그분이 말을 끊더니 '그만 됐고, 그 따위는 안 믿는다고나 말해요' 하더군요."

---

* 헌터는 셀틱스에서 한 시즌 경기를 마쳤고, 이후 유럽에서 성공적으로 활약했다.

여론에 무관심한 알렉산더의 태도는 꽤 유용했다. 서른세 살 괴짜가 휴스턴 로키츠를 관리한다는 소식을 듣고 팬과 농구 관계자는 좋게 말해 어리둥절해했고 나쁘게 말해 적대적이었다. 휴스턴 지방 라디오는 곧바로 그에게 별명을 붙여주었다. '딥 블루Deep Blue'[IBM이 체스를 둘 목적으로 만든 슈퍼컴퓨터 - 옮긴이]. "농구 팬이나 관계자 사이에서는 내가 적임자가 아니라는 의식이 강했어요. 그들은 팀이 잘나갈 때는 잠잠하다가, 약점이 보인다 싶으면 불쑥 나타나죠." 그가 팀을 맡은 10년 동안 로키츠의 성적은 NBA 30개 팀 중 샌안토니오 스퍼스San Antonio Spurs와 댈러스 매버릭스에 이어 3위를 기록했고, 플레이오프에는 네 팀을 제외한 다른 어느 팀보다도 많이 진출했다. 시즌 승률은 절대 5할 아래로 떨어지지 않았다. 모리의 출현에 가장 크게 화를 낸 사람들도 팀이 잘나갈 때는 그를 따르는 수밖에 없었다. 2015년 봄, NBA에서 2위를 기록한 로키츠가 서부 콘퍼런스 결승에서 골든스테이트 워리어스Golden State Warriors와 맞붙었을 때, 과거 NBA 스타이자 현재 TV 해설가인 찰스 바클리Charles Barkley는 경기 전반전을 분석해야 할 시간에 4분 동안 모리를 두고 장광설을 늘어놓았다. "저는 대릴 모리는 신경 안 씁니다. 분석론을 믿는 어리석은 사람이죠. (…) 저는 항상 분석론은 쓰레기라고 믿어왔습니다. (…) 대릴 모리가 지금 이곳을 지나가도 나는 그 사람을 몰라볼 거예요. (…) NBA는 재능 있는 사람들이 모이는 곳입니다. 이런 조직을 운영하면서 이러쿵저러쿵 분석하는 사람들은 한 가지 공통점이 있어요. 한 번도 경기를 뛰어본 적도, 고등학교 때 여자를 사귀어본 적도 없는 사람들이라는 겁니다. 그냥 경기에 끼어들고 싶은 거예요."

이런 일화는 차고 넘쳤다. 대릴 모리를 모르는 사람들은 그가 농구를 머리로 분석하기 시작했다는 이유로 그를 잘난 척하는 사람이려니 생각했다. 그러나 그가 세상을 이해하는 방식은 정확히 그 반대였다. 그는 자신을 확신하지 못했다. 무언가를 확실히 알기가 얼마나 어려운지 잘 알기 때문이다. 그가 확신에 가장 가까이 다가간 때는 결정을 내릴 때였다. 그는 처음 머리에 떠오른 생각을 그대로 실행하는 법이 없었다. 범생이, 샌님 등을 뜻하는, 그를 지칭하는 'nerd'의 새로운 정의를 그가 제시한 셈이다. 자기 머릿속을 너무나 잘 알아서 그것을 신뢰하지 않는 사람.

모리가 휴스턴에 와서 가장 먼저 한 일이자 그가 생각하기에 가장 중요한 일 하나는 선수의 미래 성적을 예측하는 통계 모델을 만드는 것이었다. 이 모델은 농구 지식을 얻는 도구이기도 했다. "지식이 곧 예측이죠. 지식은 결과 예측력을 향상시키는 중요한 수단이에요. 사람들은 사실상 모든 일에서 예측을 하죠. 대부분이 잠재의식에서 예측을 해요." 모리의 말이다. 예측 모델이 있으면 아마추어 농구선수의 특성들 중 프로로 성공하는 요인이 되는 것들을 찾아내어 각 특성에 가중치를 얼마나 부여할지 결정할 수 있었다. 일단 전직 선수 수천 명의 데이터를 확보하면, 대학 선수 시절의 성적과 프로 진출 이후의 성적 사이에 좀 더 일반적인 상관관계를 탐색할 수 있었다. 이들의 통산 기록은 분명히 이들에 관한 무언가를 말해주었다. 그런데 그것이 무엇일까? 농구선수에게 가장 중요한 것은 득점이라고 생각하기 쉽다. 실제로 다수가 그렇게 생각한다. 이제 그 생각을 검증할 수 있게 되었다. 대학 시절 득점력은 NBA에서의 성공을 예견할 수 있을까? 한마디로 그렇지 않다. 모리는 자신이 만든 초기 모델에서 경기당 득점, 리바운드, 어시스트 같은 전통적인 수치 통계는 오해의 소지가 다분하다는 사실을 알게 됐다. 많은 득점을 하고도 팀에 손해가 되는 선수가 있고, 득점은 적지만 팀에 큰 자산이 될 수 있는 선수도 있었다. "인간적 판단은 완전히 배제한 채, 오직 통계 모델만 가지고 있으면 옳은 질문을 던질 수밖에 없어요. 이 선수는 통계 모델에서는 순위가 낮은데 몸값은 왜 저렇게 높을까? 이 선수는 통계 모델에서는 순위가 높은데 몸값은 왜 저렇게 낮을까?" 모리의 말이다.

모리는 자신이 만든 모델을 '더 나은 답'이라고 생각할지언정 '정답'이라고는 생각하지 않았다. 그 모델만 있으면 선수를 눈 감고도 선발할 수 있으리라는 순진한 생각도 하지 않았다. 그 모델은 당연히 점검하고 관찰해야 했다. 모델로도 알 수 없는 정보가 있기 때문이다. 예를 들어 선수가 NBA 선발 전날 밤에 목이 부러졌다면, 그 사실을 알고 있어야 한다. 하지만 2006년에 대릴 모리에게 그가 만든 모델과 스카우트 전문가 집단 중에 하나를 고르라고 했다면, 그는 자신의 모델을 골랐을 것이다.

2006년에는 그 방식이 독창적인 방법으로 간주되었다. 모리는 누구도 통계 모델로 농구선수를 판단하지 않는다는 것을, 그리고 이제까지 누구도 구태여 통계 모델에 필요한 정보를 수집하려 하지 않았다는 것을 알 수 있었다. 모리는 하찮은 통계라도 모조리 수집하기 위해 인디애나폴리스에 있는 전미대학체육협회NCAA, National Collegiate Athletic Association에 사람을 보내, 지난 20년간 모든 대학 경기의 경기별 상세 기록이 나온 박스 스코어를 복사해 와서 그것을 일일이 손으로 그의 시스템에 입력하게 했다. 농구선수와 관련한 이론은 무엇이든 선수의 데이터베이스를 기반으로 검증되어야 했다. 이들은 이제 대학 선수들의 20년간의 기록을 손에 쥐었다. 이 새로운 데이터베이스가 있으면 현재의 선수를 과거의 비슷한 선수와 비교할 수 있고, 거기서 일반적으로 배울 점이 있는지 알아볼 수 있었다.

휴스턴 로키츠가 한 많은 일이 지금은 단순하고 분명해 보인다. 알고리즘에 따라 움직이는 월스트리트 거래인이나 미국 대선 운동 책임자, 그리고 인터넷 검색을 추적해 사람들이 무엇을 사고 보는지를 예측하는 회사가 쓰는 방법과 기본적으로는 접근 방식이 같다. 그러나 2006년에는 단순하지도, 분명하지도 않았다. 모리의 모델에 필요하지만 구할 수 없는 정보도 많았다. 로키츠는 예전에는 측정하지 않던 것들을 농구장에서 직접 측정해 독창적인 데이터를 수집하기 시작했다. 한 예로, 선수들의 리바운드 횟수 대신 그들에게 주어진 리바운드 기회와 그것을 낚아챈 횟수를 세기 시작했다. 그리고 어떤 선수가 코트에서 뛸 때 팀의 득점을 그 선수가 벤치에 있을 때 팀의 득점과 비교했다. '경기당' 득점, 리바운드, 스틸은 썩 유용하지 않았다. 그러나 '분당' 득점, 리바운드, 스틸은 가치가 있었다. 한 경기에서 15점을 득점한 경우, 그것이 경기 절반을 뛴 결과일 때보다 경기 전체를 뛴 결과일 때 의미가 적어지는 건 당연했다. 박스 스코어에서 다양한 대학팀의 경기 속도, 그러니까 코트 양쪽을 얼마나 자주 왔다 갔다 하느냐를 알아볼 수도 있었다. 한 선수의 통계를 그 팀의 경기 속도에 대입하면 대단히 유용한 결과가 나왔다. 팀이 경기에서 슛을 150개 날렸을 때와 고작 75개 날렸을 때 득점과 리바운드의 의미는 달랐다. 이처럼 경기 속도만 따져봐도 기존 방식으로 볼 때보다 선수의 성취도를 좀 더 명확히 볼 수 있었다.

로키츠는 과거에는 수집된 적 없는 선수 데이터를 수집했는데, 그 데이터는 농구에만 국한되지 않았다. 선수의 삶에 관한 정보를 모으고, 거기서 일정한 유형을 찾아내려 했다. 선수에게 양쪽 부모가 모두 있는 것이 삶에 도움이 되었는가? 왼손잡이여서 유리했는가? 대학 때 엄한 코치 밑에서 훈련한 선수가 NBA에서 성적이 좋았는가? 선수의 친인척 중에 전직 NBA 선수가 있으면 유리했는가? 2년제 대학에서 편입해서 왔다면? 대학 코치가 지역방어를 구사했다면? 대학 선수 때 다양한 포지션을 맡았다면? 벤치 프레스를 몇 킬로그램까지 할 수 있는지도 중요한가? 모리는 "우리가 살펴본 데이터가 거의 다 예측력이 없었다"고 했다. 하지만 전부 다 그렇지는 않았다. 분당 리바운드는 선수의 성공 예측에 유용했다. 분당 스틸은 소소한 정보를 알려주었다. 선수의 키는 선수가 팔을 얼마나 높이 뻗을 수 있는가 만큼 중요하지 않았다. 키보다는 최대한 뻗을 수 있는 높이가 중요했다.

이 모델을 현장에서 처음 시험한 때는 2007년이었다(2006년에 로키츠는 선수 선발권을 트레이드했었다). 그동안 농구계 전체가 느낌으로 평가하던 방식에서 벗어나 감정을 배제하고, 감상에 빠지지 않고, 증거를 기반으로 평가하는 방식을 점검할 기회였다. 이 해에 로키츠는 NBA 선수 선발에서 26번째, 31번째 선발권을 가지고 있었다. 모리의 모델에 따르면 그 선발권으로 좋은 선수를 얻을 확률은 각각 8퍼센트와 5퍼센트였다. 스타터, 즉 선발先發 선수를 확보할 가능성은 약 100분이 1이었다. 로키츠는 에런 브룩스Aaron Brooks와 칼 랜드리Carl Landry를 뽑았고, 두 사람 모두 NBA 선발 선수가 되었다. 믿기 힘든 놀라운 수확이었다.* 모리가 말했다. "그 일로 우리는 편히 잠을 잘 수 있었죠." 그는 자신이 만든 모델이 태곳적부터 구직자를 판단해온 인간보다 기껏해야 약점이 조금 적을 뿐이라는 것을 알고 있었다. 그는 좋은 데이터가 한없이 부족해 애를 먹었다. "정보가 있어도 고작 대학 1년 동안의 정보일 때가 많아요. 그나마 그 정보도 문제가 있었죠. 경기도 다르고, 코치도 다르고, 대회 수준도 다른데, 다른 건 관두고라도 선수들 나이가 스물이에요. 본인도 자기를 잘 몰라요. 이 상황에서 우리가 어떻게 해야 할까요?" 그도 이런 문제를 잘 알고 있었지만, 그래도 뭔가 알아낼 게 있으리라 생각했다. 그리고 2008년이 되었다.

그해에 로키츠는 25번째 선수 선발권을 얻었고, 그 선발권으로 멤피스대학에서 조이 도시Joey Dorsey라는 건장한 청년을 뽑아왔다. 면접에서 도시는 재미있고, 매력적이고, 호감 가는 청년이었다. 그는 농구 선수로 가망이 없다 싶으면 두 번째 직업으로 포르노 스타가 되어볼까 생각 중이라고 했다. 영입을 결정한 뒤, 도시를 산타크루즈로 보내 새로 선발된 다른 선수들과 시범 경기를 하게 했다. 모리는 도시를 보러 갔다. "처음 지켜본 경기에서 도시는 정말 형편없었어요. 욕이 절로 나오더라니까요." 모리는 저 선수가 내가 선발한 선수가 맞나 싶었다. 혹시 시범 경기라 대충 하나, 생각도 했다. "그 친구를 직접 만났죠. 두 시간 동안 같이 점심을 먹었어요." 모리는 도시와 긴 이야기를 나누면

---

*   선발의 질을 측정하는 완벽한 방법은 없지만, 한 가지 괜찮은 방법이 있다. 선수를 선발한 NBA 팀이 그 선수를 통제하는 첫 4년 동안의 선수 성적을 해당 선발 순서의 다른 선수들의 평균 성적과 비교하는 방법이다. 이 방식으로 측정해보면 칼 랜드리와 애런 브룩스는 지난 10년간 NBA 팀이 선발한 선수들 약 600명 중에 35위와 55위를 차지했다.

서, 경기에 집중하는 게 중요하다, 좋은 인상을 남겨야 한다는 등의 조언을 해주었다. "다음 경기에는 바짝 긴장하려니 생각했어요. 그런데 다음 경기에서도 죽을 쑤더라고요." 모리는 도시보다 자기가 더 문제라는 걸 재빨리 눈치챘다. 그의 모델이 문제였다. "그 모델로 보면 조이 도시는 슈퍼스타였어요. 절대 놓쳐서는 안 되는 선수였죠. 그 친구에게서 나온 신호는 아주, 아주 강했거든요."

같은 해에 그의 모델은 텍사스A&M대학 1학년 센터인 디안드레 조던DeAndre Jordan을 진지하게 고려할 가치가 없는 선수로 일축했다. 좀 더 오래된 방식으로 선수를 영입하는 NBA 다른 팀들도 하나같이 적어도 한 번은 그를 무시했다거나, 로스앤젤레스 클리퍼스Los Angeles Clippers가 35번째 선발권으로 겨우 그를 선발했다거나 하는 사실은 일단 접어두자. 조이 도시가 금세 실패작임이 확실해진 동시에 디안드레 조던은 곧바로 NBA를 주름잡는 센터이자 그해 NBA에 선발된 선수 중에 러셀 웨스트브룩Russell Westbrook 다음으로 훌륭한 선수로 자리를 굳혔다.*

이런 일은 해마다 일부 NBA 팀에서, 그리고 대개는 모든 팀에서 일어났다. 스카우트 담당자들이 놓친 선수 중에 해마다 훌륭한 선수가 나오고, 높이 평가한 선수 중에 해마다 실패한 선수가 나온다. 모리는 자신의 모델이 완벽하다고 생각하지 않았지만, 그렇게 심각한 오류가 있으리라고도 예상치 못했다. 지식이 곧 예측이었다. 조이 도시의 실패나 디안드레 조던의 성공처럼 누가 봐도 뻔한 일을 예상치 못했다면,

---

* 2015년 시즌 전에 디안드레 조던은 로스앤젤레스 클리퍼스와 8,761만 6,050달러에 4년 계약을 맺었는데, 당시 NBA 최고 연봉이었다. 조이 도시는 터키농구협회Turkish Basketball League 갈라타사라이 리브 호스피털Galatasaray Liv Hospital과 65만 달러에 1년 계약을 맺었다.

지식수준은 과연 어느 정도였을까? 모리의 삶은 잡힐 듯 말 듯한 생각 하나에 지배되었다. 숫자를 이용해 좀 더 정확한 예측을 내놓을 수 있으리라! 그런데 이제 그 생각이 과연 옳은지 의문이 들었다. "뭔가 놓치고 있었어요. 그 모델의 한계를 놓치고 있었던 거예요." 모리의 말이다.

그가 찾은 첫 번째 실수는 조이 도시의 나이에 크게 주목하지 않은 것이다. "그 친구는 나이가 유난히 많았어요. 선발 당시에 스물넷이었거든요." 도시의 대학 선수 시절 경력은 화려했다. 상대 선수보다 나이가 훨씬 많았기 때문이다. 그러니까 어린 동생들을 때려눕힌 셈이다. 모리의 모델에서 선수 나이에 가중치를 높이자 도시의 NBA 성공 전망이 떨어지고, 다른 선수들의 평가가 크게 올라갔다. 이와 관련해 모리가 깨달은 사실은 대학 농구선수 중에는 강한 상대를 만났을 때보다 약한 상대를 만났을 때 훨씬 좋은 경기를 보이는 부류의 선수가 있다는 것이다. 약자를 괴롭히는 농구계의 깡패랄까. 이 역시 약한 선수보다 강한 선수를 상대하는 경기에 더 높은 가중치를 부여하는 식으로 모델에 반영할 수 있었다. 이로써 모델이 또 한 번 개선되었다.

모리는 조이 도시 사례가 자신의 모델을 무용지물로 만든 이유는 찾아냈지만(또는 찾아냈다고 생각했지만) 더 큰 문제는 디안드레 조던의 가치를 알아보지 못한 것이었다. 이 선수는 대학 농구팀에서 딱 1년 뛰었고, 성적도 썩 좋은 편이 아니었다. 그런데 알고보니 고등학교 때 명성을 날리던 선수였는데, 대학 때 코치를 죽도록 싫어해 대학에 남아 있기를 싫어했다. 일부러 경기를 망친 선수의 앞날을 어떤 모델인들 제대로 예측하겠는가. 대학 시절의 통계로 조던의 앞날을 예상하기란 불가능했으며, 당시에는 제대로 된 고교 농구 통계도 없었다. 통계 모델이 통산 기록에만 거의 전적으로 의존하는 이상 디안드레 조던은 항상 간과될 수밖에 없었다. 그를 알아보는 방법은 농구 전문가의 전통적인 감식안밖에 없었던 것처럼 보였다. 마침 조던은 휴스턴에서 로키츠 스카우트 담당자들이 지켜보는 가운데 성장했고, 그중 한 사람이 부정할 수 없는 그의 운동신경을 알아보고 그를 선발하고 싶어 했었다. 결국 모리의 모델이 놓친 것을 스카우트 담당자가 알아보지 않았나!

모리는 역시 그답게 스카우트 담당자들의 예측에 일정한 유형이 있는지 시험해보았다. 스카우트 담당자 대부분은 모리 자신이 고용했고, 그는 다들 훌륭하다고 생각했지만, 그중 누군가가 NBA에서 성공할 선수와 성공하지 못할 선수를 예측하는 능력이 다른 동료보다 또는 시장보다 더 뛰어나다는 증거는 없었다. 만약 NBA에서 재능을 발휘할 사람을 알아보는 농구 전문가가 실제로 있다면, 모리는 그 사람을 찾아내지 못한 것이다. 그는 자신이 그런 사람이라고는 생각하지 않은 게 분명했다. "내 직관에 더 큰 비중을 두는 건 생각도 안 해봤어요. 내 육감을 그다지 신뢰하지 않거든요. 직감은 그다지 믿을 게 못 된다는 증거는 아주 많다고 생각해요."

결국 그는 데이터를 줄이고 분석에 더 집중해야 한다고 판단했다. 그동안 한 번도 진지하게 분석하지 않은 것이 있었는데, 바로 여러 신체적 특징이었다. 선수가 얼마나 높이 뛰느냐 외에도 지면에서 얼마나 빨리 뛰어오르는지, 즉 근육이 몸을 공중에 띄우는 속도도 알아야 했다. 선수의 스피드뿐 아니라 처음 두 발짝을 얼마나 빨리 떼어놓는지도 측정해야 했다. 지금보다 더 괴짜가 되어야 한다는 뜻이었다. "일이 잘 안 풀릴 때면 흔히들 그러죠. 예전에 성공했던 습관으로 돌아가

자. 내가 택한 방법도 처음의 원칙으로 돌아가자는 것이었어요. 이런 신체적 요소가 중요하다면, 전보다 더 엄격하게 검증하자. 대학 선수 시절의 성적에 부여하는 비중은 줄이고, 타고난 체력에 부여하는 비중은 높여야 했어요."

하지만 선수의 몸에 대해, 그리고 그것이 NBA 코트에서 무엇을 할 수 있고 무엇을 할 수 없을지에 대해 말하기 시작하면, 객관적이고 측정 가능한 정보까지도 그 유용성에 한계가 보였다. 신체적 특징 중에 실제로 쓰이는 것을 살피고, 다른 경기에서, 더 나은 상대와의 대결에서, 그 특징이 얼마나 잘 작동할지 판단할 전문가가 필요했다. 적어도 필요해 보였다. 슈팅, 골 마무리, 골대에 접근하기, 공격적 리바운드 등 코트에서 매우 중요한 여러 기술을 구사할 선수의 기량에 등급을 매길 스카우트 담당자가 필요했다. 한마디로 '전문가'가 필요했다. 어떤 통계 모델이든 한계가 발생하면 의사 결정에 다시 인간의 판단을 끌어들여야 했다. 도움이 되든 안 되든.

모리는 자신의 모델에 인간의 주관적 판단을 섞기 위해 인생에서 그 어느 때보다 힘든 시도를 시작했다. 단지 더 나은 모델을 만들기 위해서만은 아니었다. 모델과 스카우트 담당자에게 동시에 귀 기울이려는 노력이었다. 모리가 말했다. "모델이 잘하는 게 무엇이고 못하는 게 무엇인지, 인간이 잘하는 게 무엇이고 못하는 게 무엇인지 찾아내야 해요." 예를 들어 모델이 알아내지 못한 정보를 인간이 알아낼 때도 있었다. 모델의 단점은 디안드레 조던이 대학 1학년 때 노력하지 않아서 성적이 엉망이었다는 사실을 몰랐다는 것이다. 인간의 단점은…… 글쎄, 뭐가 있을까. 대릴 모리는 이제 그것을 연구해야 했다.

인간의 사고 체계를 새삼 들여다보던 모리는 그 희한한 작동 원리에 주목하지 않을 수 없었다. 아마추어 농구선수 평가에 유용할 것 같은 정보가 머릿속에 들어오면 착각에 빠져 어리석은 실수를 저질렀는데, 사실 모리의 모델이 처음에 매우 유용한 도구였던 이유는 바로 이 착각에 빠지지 않아서였다. 예를 들어, 2007년 선수 선발에서 모리의 모델이 높이 평가한 선수가 있었는데 바로 마크 가솔Marc Gasol이었다. 가솔은 스물두 살에 키가 216센티미터로, 유럽에서 센터로 활약하는 선수였다. 스카우트 담당자들은 상체가 드러난 그의 사진을 보았다. 약간 살찐 체격에 앳된 얼굴, 그리고 출렁이는 가슴의 소유자였다. 로키츠 사람들은 그에게 별명을 지어주었다. '유방남'. 유방남이 이러네, 유방남이 저러네. 모리가 말했다. "내가 책임지고 선발한 첫 선수였는데, 그때는 그 선발을 밀어붙일 용기가 없었어요." 사람들은 가솔의 몸을 조롱했고, 가솔의 미래를 낙관했던 그의 모델은 그 조롱에 묻혀버렸다. 직원들과 논쟁하기 싫었던 모리는 멤피스 그리즐리스Memphis Grizzlies가 48번째 선발권으로 가솔을 영입해 가는 것을 그저 지켜볼 뿐이었다. 48번째로 선발된 선수가 올스타전에서 뛸 확률은 100분의 1에도 한참 못 미쳤다. 올스타는커녕 NBA에서 괜찮은 후보 선수 축에도 낀 적이 없었다. 하지만 마크 가솔은 대단히 예외적인 인물임을 가솔 스스로 이미 증명하고 있었다.* 사람들이 그에게 붙인 꼬리표는 그를 평가하는 방식에 영향을 미친 게 분명했다. 이름은 중요했다. 모리

---

* 가솔은 두 번이나 올스타전에 출전했고(2012, 2015년), 휴스턴의 계산으로는 지난 10년 동안 NBA가 선발한 선수 가운데 성공적 선발로, 케빈 듀랜트Kevin Durant와 블레이크 그리핀Blake Griffin에 이어 3위를 차지했다.

가 말했다. "그때 새 규칙을 만들었죠. 별명 금지."

———————

돌연 그는 애초에 그와 그의 모델이 제거해야 했던 혼란으로 되돌아갔다. 의사 결정에서 인간의 판단을 완전히 배제할 수 없다면, 적어도 인간 판단의 약점에 신경을 곤두세워야 했다. 이제는 그가 눈을 돌리는 곳마다 그 약점이 보였다. 예를 하나 보자. 로키츠는 선수를 선발하기 전에 해당 선수를 다른 선수들과 섞어놓고 코트에서 그의 기량을 시험할 것이다. 이때 선수가 뛰는 모습을 직접 볼 기회를 어떻게 마다할 수 있겠는가? 그런데 모리는 평가하는 사람이 선수의 모습을 직접 본다면 흥미롭기도 하지만, 위험도 따른다는 것을 깨닫기 시작했다. 슛을 아주 잘하는 선수가 어느 날 경기가 안 풀릴 수도 있고, 리바운드를 잘하는 선수가 다른 선수들의 제지를 받을 수도 있었다. 스카우트 담당자에게 선수를 관찰하고 판단하게 하려면, 직접 본 모습에 지나치게 큰 비중을 두지 말라고도 일러야 했다(그렇다면 애초에 선수를 왜 관찰하는가?). 예를 들어 어떤 선수가 대학 팀에서 자유투 성공률이 90퍼센트였다면, 비공개 훈련에서 자유투 여섯 개를 연달아 실패해도 크게 문제 삼지 말아야 했다.

모리는 직원들에게 선수의 훈련 모습에 주목하되, 그들이 알고 있는 사실과 관찰한 모습이 다를 때 무조건 관찰한 모습을 우선시하지 못하게 했다. 하지만 두 눈으로 직접 본 증거를 무시하기란 대단히 어려웠다. 몇 사람은 그리스신화에서, 항해하던 배가 세이렌의 노래에 홀려 위험에 빠지듯, 눈앞에 펼쳐지는 모습에서 헤어나기를 몹시 힘들어했다. 하루는 스카우트 담당자 한 사람이 모리에게 다가와 말했다. "대릴, 나도 할 만큼 했어요. 이제 이런 훈련은 그만둬야 한다고 생각해요. 제발 그만 좀 해요." 모리가 말했다. "눈앞에 보이는 광경을 총체적 시각에서 보려고 노력하면 된다, 거기에 부여하는 비중을 아주 낮추면 그만이다, 그랬더니 그가 그러더군요. '대릴, 그게 불가능해요.' 꼭 마약 중독 같았어요. 근처만 가도 빠져나오기 힘든 것처럼 말이죠."

모리는 곧 또 다른 사실에 주목했다. 스카우트 담당자가 선수를 관찰하면 거의 즉각적인 인상을 받곤 했는데, 그러면 다른 모든 데이터가 그 인상을 중심으로 정리되는 경향이 있었다. '확증 편향confirmation bias'이라 불리는 현상이었다. 인간의 머리는 애초에 예상하지 않은 것을 포착하는 데 서툴고, 애초에 예상한 것을 포착하는 데 선수다. "확증 편향은 은밀하게 퍼져요. 그 편향이 나타나는 걸 인식하지도 못하니까요." 모리의 말이다. 스카우트 담당자는 한 선수를 두고 일정한 견해를 갖게 되고, 그러면 그 견해를 뒷받침하도록 증거를 정리하게 마련이다. "전형적인 현상이죠. 이런 일은 여기 사람들에게 늘 일어납니다. 어떤 후보가 마음에 안 들면, 그에게 맞는 포지션이 없다고 말하죠. 반대로 마음에 들면, 멀티플레이어라고 말해요. 선수가 마음에 들면, 그의 체격을 성공한 선수와 비교하죠. 마음에 안 들면, 망한 선수에 비교합니다." 어떤 편견을 가지고 아마추어 선수를 뽑든, 심지어 그 편견이 자신에게 부정적인 영향을 미쳐도 편견을 좀처럼 버리지 않는 이유는 항상 그 편견을 확증하는 쪽으로 바라보기 때문이다. 여기에 더해, 모리를 포함해 재능을 평가하는 사람들은 자신의 어린 시절을 연상케

하는 선수를 선호하는 성향이 있는데, 이 성향 탓에 문제는 더 심각해진다. 모리가 말했다. "내가 놀던 이력은 지금 하는 일과는 아무 관련이 없어요. 그런데도 나는 사람을 흠씬 패고, 규칙을 속이고, 못돼먹은 인간들이 좋아요. 빌 레임비어Bill Laimbeer 선수처럼 말이죠. 내가 그러고 놀았으니까요." 나를 연상시키는 누군가를 본다면, 내가 그를 좋아하는 이유를 찾아내게 마련이다.

어떤 선수의 신체 조건이 요즘 잘나가는 선수와 닮았다는 사실만으로도 편견을 가질 수 있었다. 키 188센티미터에 피부색이 밝은 혼혈이며, 고등학생 때 주요 대학의 주목을 받지 못한 탓에 잘 알려지지 않은 작은 대학에서 선수 생활을 했고 주특기는 장거리숏인 청년이 있다면, 약 10년 전에는 주목받지 못했을 게 분명하다. 이런 유형은 NBA에는 존재하지 않거나 적어도 크게 성공하지는 못했으니까. 그러다가 스티븐 커리Stephen Curry가 나타나 NBA에서 돌풍을 일으키며 골든스테이트 워리어스 팀을 NBA 우승으로 이끌고, 모든 사람이 가장 아끼는 선수가 되었다. 그러자 갑자기 예리한 숏을 날리는 혼혈 가드들이 NBA 면접에 쏟아져 나오더니 자기도 스티븐 커리처럼 경기를 한다고 큰소리쳤고, 커리와 닮았다는 이유로 예전보다 쉽게 선발됐다.* "우리가 에런 브룩스를 선발한 이후 5년 동안 자신을 에런과 비교하는 청년을 정말 많이 봤어요. 키 작은 가드가 정말 많으니까요." 이에 대해 모

---

* 2015년에 이스턴워싱턴대학 출신의 슈팅가드 타일러 하비Tyler Harvey가 선수 선발에 기웃거렸다. 경기 스타일이 어떤 선수와 비슷하냐는 질문에 그는 "솔직히 스티븐 커리와 가장 많이 닮았죠"라고 대답하더니 스티븐 커리처럼 자기도 유명한 대학의 관심을 받지 못했다고 덧붙였다. 대학 농구팀 코치의 관심을 받지 못한 것이 이제는 장점이 되다니! 하비는 2차 선발 후반에, 전체를 통틀어 51번째로 뽑혔다. "커리가 없었다면 하비도 선발되지 않았죠." 모리의 말이다.

리는 같은 인종끼리 비교하지 못하게 하는 해법을 내놨다. "선수를 비교하려면 다른 인종끼리 비교하라, 그렇게 말했어요." 예를 들어 흑인 선수를 평가할 때 '그 사람은 누구, 누구와 닮았다'라고 말하려면, 그 '누구, 누구'가 백인이거나 아시아인이거나 히스패닉이거나 이누이트 족이어야지, 흑인이어서는 안 된다. 사람들에게 머릿속에 있는 인종의 경계를 넘으라고 강요하자 재미있는 일이 벌어졌다. 그들은 유사점 찾기를 아예 그만두었다. 머릿속에서 경계 넘어서기를 거부한 것이다. "유사점을 아예 안 봐요." 모리가 말했다.

　우리 머리에서 나오는 최고의 속임수는 태생적으로 불확실한 것을 확실하다고 느끼게 만드는 것이 아닐까 싶다. 선수를 선발할 때 농구 전문가의 머릿속에 확실한 그림이 선명하게 나타나지만 나중에 그 그림이 신기루로 밝혀지는 것을 우리는 수없이 목격했다. 이를테면 거의 모든 프로농구 스카우트 담당자의 머릿속에 제러미 린Jeremy Lin도 그런 선명한 그림으로 나타났다. 지금은 세계적으로 유명해진 중국계 미국인 슈팅가드 제러미 린은 2010년에 하버드를 졸업하고 NBA 선발에 참여했다. 모리는 이렇게 말했다. "그가 우리 모델을 빛내주었죠. 우리 모델은 그를 15번째로 선발하라고 했으니까요." 제러미 린의 객관적 측정치는 그가 뛰는 모습을 직접 본 전문가들의 생각과 달랐다. 그들 눈에 린은 운동신경이 썩 발달하지 않은 아시아 청년이었다. 모리도 자신의 모델을 전적으로 신뢰하지 못해서 소심한 마음에 그를 선발하지 않았다. 휴스턴 로키츠는 제러미 린을 놓치고 1년이 지나 선수가 내딛는 처음 두 발짝의 속도를 측정하기 시작했다. 제러미 린의 첫 발짝은 다른 어떤 선수보다 빨랐다. 그의 스피드는 폭발적이고, 방향을 바꾸는 속도는 대부분의 NBA 선수들보다 빨랐다. "그의 운동신경은 믿기지 않을 정도였어요. 그런데 현실에서는 나를 포함해 한심한 인간들이 죄다 그의 운동신경을 별로라고 생각했죠. 그가 아시아인이라 그랬을 거예요. 다른 이유는 생각나지 않아요."

희한하게도 사람들은 적어도 다른 사람을 평가할 때는 자기가 예상한 것은 알아보면서 예전에 본 적 없는 것은 빨리 알아보지 못했다. 이 문제가 어느 정도로 심각했을까? 뉴욕 닉스New York Knicks 코치가 (다른 선수는 모두 부상이라) 마침내 제러미 린을 경기에 투입해 린이 매디슨 스퀘어 가든 경기장을 빛냈을 때, 사실 팀은 린의 방출을 준비하던 중이었다. 린도 이번에 방출되면 농구를 그만둘 결심을 하고 있었다. 제러미 린은 농구를 할 사람이 못 된다는 전문가의 판단 때문에 그렇게 훌륭한 NBA 선수가 경기에서 뛰어볼 기회조차 얻지 못할 정도로 이 문제는 심각했다. 이런 경우가 어디 제러미 린뿐이겠는가.

휴스턴 로키츠를 비롯해 NBA 사람들 모두가 선수 선발에서 제러미 린의 가치를 알아보지 못한 이후에(선발이 끝나고 린은 자유 계약 선수로 사인했다) NBA 리그는 돌연 중단되었다. 선수들과 구단주의 불화로 리그는 폐쇄되었고, 모두가 일을 중단해야 했다. 모리는 하버드 경영대학원의 경영자 코스에 등록해 행동경제학 수업을 들었다. 행동경제학에 대해 들어본 적은 있지만("내가 그렇게 멍청하진 않아요") 공부를 해본 적은 없었다. 첫 수업을 시작할 때 교수가 그를 비롯해 강의실에 있는 사람들에게, 종이에 자기 휴대전화 번호 마지막 두 자리를 적으라고 했다. 그런 다음, 유엔 회원국 중에 아프리카 국가가 몇이나 될지 최대한 정확히 추정해 적어보라고 했다. 그리고 종이를 모두 걷더니, 전화

번호 숫자가 큰 사람이 훨씬 높은 추정치를 내놓았다는 사실을 보여주었다. 그리고 다른 예를 하나 더 보여준 뒤에 이렇게 말했다. "다시 한 번 해보겠습니다. 제가 여러분에게 미끼를 던져줄 겁니다. 자, 여기 있어요. 걸려들지 않도록 주의하세요." 모두 주의를 받았고, 역시 모두 실수를 되풀이했다. 편향을 인지한다고 해서 편향을 극복할 수 있는 것은 아니었다. 그 사실이 모리를 불편하게 했다.

NBA가 다시 업무를 시작했을 때 그는 또 한 가지 당혹스러운 사실을 발견했다. 토론토 랩터스Toronto Raptors 팀이 선수 선발 직전에, 자기 팀이 보유한 높은 순위의 1차 선발권과 휴스턴의 백업 포인트가드 카일 로리Kyle Lowry의 트레이드를 제안했다. 모리는 직원들과 상의했고, 직원들은 그 제안을 거절하기로 결정하려던 참에 임원 한 사람이 말했다. "만약에 지금 가져올까 고민한 선발권을 우리가 처음부터 가지고 있었고 저쪽에서 로리를 줄 테니 그 선발권을 달라고 했다면, 우리는 일고의 가치도 없다고 판단하지 않았을까?" 그 말에 직원들은 결정을 멈추고 상황을 좀 더 면밀히 분석했다. 그러자 선발권의 예상 가치가 그 대가로 이쪽에서 포기할 선수에게 이들 스스로 매긴 가치를 훨씬 넘어섰다. 단지 카일 로리를 소유하고 있다는 사실 때문에 카일 로리에 대한 이들의 판단이 왜곡된 것 같았다.* 이들은 지난 5년을 돌아보면서, 다른 팀에서 트레이드 제안이 올 때마다 보유한 선수들의 가치를 조직적으로 과대평가했다는 사실을 깨달았다. 특히 팀이 보유한 NBA 선수 한 명을 다른 팀의 선발권과 트레이드하자는 제안을 받을

---

*   이들은 트레이드를 받아들였고, 여기서 얻은 선발권으로 당시 눈에 띄는 신인이었던 제임스 하든James Harden을 영입해 슈퍼스타로 키웠다.

때면, 마땅히 받아들여야 할 제안도 거절하곤 했다. 왜 그랬을까? 사실 의식적으로 그런 것은 아니었다.

모리는 행동경제학에서 말하는 '소유 효과endowment effect'가 무엇인지 알게 되었다. 그는 소유 효과와 싸우기 위해 스카우트 담당자들에게, 그리고 자신의 통계 모델에도, 휴스턴이 보유한 선수들의 선발권 가치를 평가하도록 강제했다.

다음 시즌에서 모리는 트레이드 마감 전에 직원들 앞에서 칠판에 판단을 왜곡할 수 있는 편향을 모두 나열했다. 소유 효과, 확증 편향, 기타 등등. 흔히 '현재 편향present bias'이라 부르는 편향은 결정을 내릴 때 현재보다 미래의 가치를 낮게 평가하는 성향을 말한다. '사후 판단 편향hindsight bias'도 있는데, 어떤 결과가 나왔을 때 처음부터 그럴 줄 알았다고 단정하는 성향이다. 통계 모델은 인간처럼 이런 변덕을 보이지 않았지만, 2012년이 되자 이 모델은 선수 가치 평가에서 정보 활용이 한계에 이른 듯싶었다. "해마다 우리는 모델을 놓고 무엇을 빼고 무엇을 넣을지 이야기하는데, 해마다 조금씩 더 실망스러워지죠."

프로농구팀을 운영하는 일은 그가 어렸을 때 상상했던 것과는 약간 달랐다. 알람시계가 왜 작동하지 않는지 알아내려고 대단히 복잡한 시계를 분해했다가, 시계의 중요한 부품이 자기 머릿속에 있다는 걸 알았을 때의 느낌이랄까.

———

모리와 직원들은 이제까지 거인을 한두 명 본 게 아니었다. 그런데도 2015년 겨울, 면접실로 들어오는 인도 사람을 보고는 그야말로 충격에 빠졌다. 그는 운동복 바지와 연두색 나이키 티셔츠 차림에, 목에는 군인 인식표 같은 목걸이 한 쌍을 두르고 있었다. 목, 손과 발, 머리, 심지어 귀까지도 만화처럼 너무 거대해서, 사람들은 이곳에서 저곳으로 계속 시선을 옮기며 저 부위는 기네스북에 오르지 않을까 생각했다. 로키츠는 229센티미터의 중국 센터 야오밍을 고용한 적이 있는데, 그때도 그의 거대한 몸집에 다들 기묘한 반응을 보였다. 그를 본 사람들은 뒤돌아 도망가거나 웃음을 터뜨리거나 울먹였다. 이 인도 청년은 머리부터 발끝까지의 키는 야오밍보다 10센티미터 정도 작은 듯했지만, 다른 부분은 죄다 더 컸다. 모리는 그의 여러 신체 치수를 보면서 19년 만에 어떻게 이렇게 많이 자랄 수 있는지 믿기지 않아 직원에게 그의 출생증명서를 찾아보라고 했다. 나중에 청년의 에이전트가 다시 와서 그가 태어난 마을에서는 출생 기록을 보관하지 않는다고 알려주었다. 모리는 이 말을 듣고, 디켐베 무톰보Dikembe Mutombo가 해준 말이 떠올랐다. 무톰보는 콩고를 거쳐 NBA에 들어와 다섯 개 팀을 옮겨 다니며 활약하다 마침내 로키츠에 들어온 키 218센티미터의 숏블로커다. 그는 해외에서 거인 같은 선수가 나타나 보기보다 훨씬 어리다고 주장하면 "다리를 잘라 나이테를 세어봐야 한다"고 했었다.

그 인도 청년의 이름은 사트남 싱Satnam Singh이었다. 신체 치수만 빼면 어느 모로나 어려 보였다. 집에서 갑자기 멀리 떠나와 혼란스러워하는 청소년의 불안감도 나타났다. 그는 초초한 기색으로 살짝 웃었고, 탁자 상석에 앉아 몸을 낮추었다.

로키츠 면접관이 물었다. "괜찮아요?"

"네, 괜찮아요. 괜찮아요. 네." 사람 목소리라기보다 바다에서 선박을 향해 부는 묵직한 경적 소리 같았다. 소리가 목 저쪽 뒤에서 나오다 보니, 그의 말이 실제 소리로 나오기까지 시간이 좀 걸렸다.

"우리가 좀 더 알고 싶은 게 있는데 말이죠. 에이전트에 대해, 그리고 왜 그 에이전트를 골랐는지에 대해 말해보세요." 면접관이 말했다.

사트남 싱은 1, 2분 정도 초조하게 횡설수설했다. 그곳에 있던 사람 중에 그의 말을 알아들은 사람이 있을까 싶었다. 그의 말을 종합해보면, 그는 열네 살부터 그를 NBA 선수로 만들고 싶어 한 사람들 손에 자랐다.

"고향은 어디고, 가족은 어떻게 되나요?"

그의 아버지는 농장에서 일했고, 어머니는 요리사였다. "저는 여기 왔어요. 영어 못해요. 누구에게도 말 못했어요. 아주 힘들었어요. 없어요. 제로." 그는 800명이 사는 인도 마을에서 휴스턴 로키츠 경영진 앞에 서기까지 믿기 힘든 긴 여정을 어렵게 설명했고, 그의 시선은 면접을 통과할 수 있을지 분위기를 탐색했다. 그에게 휴스턴 로키츠 경영진은 암호였다. 적대적은 아니었지만, 어느 하나도 그냥 넘어가지 않았다.

"농구선수로서 장점이 있다면 무엇을 꼽겠어요? 제일 잘하는 게 뭔가요?"

로키츠 면접관들은 대본대로 읽었다. 로키츠는 사트남 싱의 답을 데이터베이스에 입력해 다른 선수들 수천 명의 답과 비교하고 유형을 연구할 것이다. 이들은 여전히 언젠가는 성격을 측정할 수 있으리라는, 아니면 적어도 실력 없는 선수가 수백만 달러를 받고 대개는 벤치에 앉아 있게 된다면 어떻게 행동할지 짐작할 수 있으리라는 희망을 놓지 않았다. 계속 열심히 노력할까? 코치의 말을 들을까?

모리는 농구계 내부에서나 외부에서나 이 물음에 답을 할 만한 사람을 찾지 못했지만, 심리학자 중에는 이 질문에 대답할 수 있는 척하는 사람이 한둘이 아니었다. 로키츠는 그런 사람들을 여럿 고용했다. 모리스가 말했다. "생각도 하기 싫어요. 아주 징글징글해요. 나는 해마다 틀림없이 뭔가가 나오겠거니 생각하죠. 사람들은 해마다 다른 해법을 들고 와요. 그런데 해마다 아무 짝에도 쓸모가 없는 거예요. 그리고 해마다 우리는 그 짓을 반복하죠. 심리학자들은 완전히 도둑놈이구나, 이제 그렇게 생각하기 시작했어요." 사람들의 행동을 예측할 수 있다며 나타난 마지막 심리학자는 기본적으로 마이어스브릭스_{Myers-Briggs} 성격검사를 사용했는데, 일이 다 지나고 나서 자기가 보이지 않는 온갖 문제를 쫓아냈다고 모리를 설득하려 했다. 모리는 그의 변명을 들으며 어떤 우스갯소리가 떠올랐다. "어떤 남자가 귀에 바나나를 넣고 다녀요. 그러자 사람들이 묻죠. '왜 바나나를 귀에 넣고 다닙니까?' 남자가 대답해요. '악어를 쫓으려고요! 보세요, 악어가 없잖아요!'"

인도 거인은 포스트업과 중거리슛에 자신 있다고 했다.

"IMG 아카데미에 있을 때 팀 규칙을 어긴 적이 있나요?" 면접관이 물었다.

사트남 싱은 당혹스러워했다. 그는 질문을 알아듣지 못했다.

"경찰과 문제는 없었어요?" 모리가 그를 도울 생각으로 물었다.

"싸운 적 없어요?" 면접관이 물었다.

싱의 표정이 분명해졌다. "절대 없어요!" 소리치듯 말했다. "평생 한 번도 없어요. 생각도 안 했어요. 싸웠다면, 누군가는 죽었겠죠."

로키츠 경영진은 사트남 싱의 신체를 유심히 살폈다. 마침내 한 사람이 참지 못하고 질문을 던졌다. "원래 그렇게 컸어요? 아니면 언제부턴가 빠르게 자라기 시작한 거예요?" 대본을 벗어난 질문이었다.

싱은 여덟 살 때 175센티미터였고, 열다섯 살 때 216센티미터였다고 설명했다. 유전이었다. 할머니는 206센티미터였고…….

모리는 자리에서 몸을 살짝 움직였다. 그는 선수를 예측할 수 있는 질문으로 돌아가고 싶었다. "어떤 점이 가장 크게 개선됐나요? 2년 전에는 잘 못했지만 지금은 잘할 수 있는 게 뭐죠?"

"내 머리가 제일 마음에 안 들어요. 정신이."

"그게 아니라, 농구 기술을 물어본 거예요. 농구 코트 기술."

"포스트 게임요." 그는 다른 것도 말했지만, 무슨 뜻인지 알아들을 수가 없었다.

"NBA에서 누굴 가장 많이 닮은 것 같아요? 경기 스타일로 볼 때." 모리가 물었다.

"조우먼하고 스키누니요." 싱은 주저 없이 대답했다.

침묵이 흐른 뒤 모리는 이해했다. "아, 야오밍." 다시 침묵이 흘렀다. "두 번째는 누구죠?"

"스키누니."

누군가가 추측했다. "샤킬?"

"맞아요, 샤킬." 싱이 안도하며 말했다.

"아, 샤킬 오닐." 모리도 마침내 알아들었다.

"맞아요, 몸도 비슷하고 포스트업도 비슷해요." 싱이 말했다. 선수들은 대개 자기를 외모가 닮은 선수와 비교했다. 하지만 NBA 선수 중에 사트남 싱과 닮은 사람은 없었다. 그가 NBA에 진출한다면, NBA 최초의 인도 선수가 된다.

"목에 건 게 뭐예요?" 모리가 물었다.

싱은 목걸이를 붙잡고 가슴 쪽을 내려다보았다. 그리고 그중 한 개를 가리키며 말했다. "제 성이에요." 그러더니 두 번째 목걸이를 붙잡고 읽었다. "코치가 그립다. 공이 좋다. 공은 내 인생이다."

기억하기 위해 목걸이가 필요하다는 것은 썩 좋은 징조는 아니었다. 거인들 중 상당수가 단지 거인이라는 이유만으로 선수로 뛰었다. 오래전에 코치나 부모가 그들을 농구장으로 끌고 왔고, 주변의 압력 탓에 농구장을 떠나지 못했다. 이들은 작은 선수들에 비해 열심히 노력해서 좋아질 가능성이 낮았고, 팀에서 돈만 챙겨 사라질 확률이 높았다. 의도적으로 사기를 친다는 뜻이 아니다. 평생토록 주로 남을 만족시키려고 농구를 해온 거인들은 상대가 듣고 싶어 하는 이야기를 하도록 훈련해왔기 때문에 본인도 그 사실을 잘 몰랐다.

마침내 싱이 면접실을 나갔다. 모리가 물었다. "이 친구가 어디선가 정식으로 농구를 했다는 증거가 있었나?" 면접이 끝난 뒤에 선수에게서 받은 느낌을 통제하기는 어렵지만, 데이터를 이용한다면 그 느낌의 영향력을 통제할 수는 있었다(정말 그럴까?).

"플로리다에 있는 IMG 아카데미에서 뛰었다네요."

"이런 식의 도박은 정말 싫은데." 모리가 말했다. 그는 싱이 연습하는 모습을 30분간 지켜보겠지만, 결정은 이미 내린 상태였다. 그에 관해서는 데이터가 없었다. 데이터가 없으면 분석할 수도 없다. 그

인도 선수는 또 한 번의 디안드레 조던이었던 셈이다. 삶에서 마주치는 대부분의 문제처럼 그는 몇 조각이 사라진 그림 퍼즐이었다. 휴스턴 로키츠는 결국 그를 포기할 것이고, 댈러스 매버릭스가 NBA 2차 선발에서 그를 영입할 때 충격에 빠질 것이다. 하지만 이번에도 누가 알았겠는가.*

그리고 바로 그 점이 문제였다. 누가 알았겠는가. 모리가 휴스턴 로키츠에서 통계 모델을 사용한 10년 사이에 그가 선발한 선수들은, 선발 순서를 계산해 따져보면 NBA 4분의 3에 해당하는 팀에서 선발한 선수들보다 성적이 좋았다. 그가 사용한 방법은 다른 NBA 팀이 채택한 방법보다 훨씬 효과적이었던 셈이다. 심지어 그는 다른 팀이 자신을 처음으로 모방했다고 느낀 순간도 정확히 지목할 수 있었다. 2012년 선발 때였는데, NBA 팀들이 선수들을 선발한 순서는 로키츠가 매긴 순서와 거의 같았다. "우리 목록을 그대로 따라 내려갔어요. NBA 리그도 똑같이 생각한 거예요."

하지만 2006년에 모리 같은 사람을 고용하는 배짱과 성향을 보인 유일한 구단주 레슬리 알렉산더조차 세상을 확률로 보는 모리의 시각이 실망스러웠을지 모른다. "그분은 확실한 답을 원할 테고, 난 그런 건 없다고 말할 수밖에 없어요." 모리가 말했다. 카지노에서 블랙잭을 할 때는 카드 카운터[카드 게임에서 이전에 나온 카드를 모두 외워 승산을 높이는 사람 ─ 옮긴이]가 되려고 하겠지만, 삶을 늘 그렇게 살 수는 없었다. 그도 카드 카운터처럼 운에 좌우되는 게임을 하고 있었다. 카드 카운터처

---

*   이 글을 쓸 때만 해도 그 뒤 일어난 일을 말하기에는 너무 일렀다.

럼 게임의 승산을 자기에게 약간 유리하게 조정했다. 그러나 카드 카운터와 달리, 그리고 삶에서 일생일대의 결정을 내리는 다른 많은 사람처럼, 손에 든 패가 많지 않았다. 그가 한 해에 선발하는 선수는 몇 명 안 됐다. 그 적은 패에서, 심지어 승산이 있을 때라도, 어떤 일이 일어날지 알 수 없었다.

이따금씩 모리는 자신이 무슨 수로 프로농구팀을 운영할 수 있었는지 가만히 생각해보았다. 그는 원래 고용주에게 약간 높은 승산을 알려주는 사람이었을 뿐, 농구계의 아웃사이더였다. 그런 그가 팀을 운영하기까지는 구단을 하나 사들일 정도로 부자일 필요도 없었다. 정말 이상한 일이지만, 자신을 바꿀 필요도 전혀 없었다. 세상이 그에게 맞춰 바뀌었다. 그가 어렸을 때 이후로 의사 결정을 바라보는 세상의 태도가 급격히 변했고, 프로농구는 그러한 변화를 빠르게 받아들일 목적으로 그를 모셔 갔다. 게다가 컴퓨터 가격은 점점 떨어지고 데이터 분석은 점점 늘어나다 보니, 세상은 대릴 모리의 접근법에 더욱 호의적이 되었다. 여기에는 프로스포츠팀을 사들일 정도로 부자인 사람들에게 생긴 변화도 한몫했다. 모리가 말했다. "구단주 중에는 썩어 빠진 통념이 지배하는 분야를 무너뜨려 돈을 번 사람들이 많아요." 이런 사람들은 정보에서 약간만 우위를 차지해도 가치가 있다고 생각하는 성향이 있었고, 데이터로 그러한 우위를 차지할 수 있다는 생각을 잘 받아들였다. 그런데 여기서 한 가지 큰 의문이 생긴다. 왜 그토록 많은 통념이 썩어빠진 걸까? 그것도 스포츠만이 아니라 사회 전체에. 왜 그토록 많은 분야가 붕괴 직전이었을까? 왜 그토록 많은 것이 실행되지 않았을까?

가만히 생각해보면, 선수에게 고액을 지불하면서 치열한 경쟁을 벌인다는 이런 시장이 대단히 비효율적으로 굴러간다는 것 자체가 이상했다. 코트를 열심히 관찰하고 측정한 게 하루 이틀이 아닌데 결국 신나게 엉터리 평가를 한 꼴이라니. 농구계의 아웃사이더가 전에 없던 평가 방식을 소개하고, 그 방식이 결국에는 농구계에 널리 퍼졌다는 사실 자체가 정말 희한했다.

프로스포츠계는 물론 다른 분야에서도 결정 방식이 바뀌게 된 바탕에는, 불확실한 상황에서 인간 정신이 작동하는 과정에 관한 이해가 깔려 있다. 이런 생각이 사회에 스며들기까지 시간이 꽤 걸렸지만, 이제는 우리가 숨 쉬는 공기에도 그런 생각이 자연스레 녹아 있다. 판단 자체를 점검하지 않을 때 개인이, 그리고 시장 전체가 저지를 수 있는 여러 종류의 체계적 실수를 사람들은 새롭게 자각했다. 농구 전문가들이 제러미 린을 NBA 선수로 알아보지 못했던 것, 사진 한 장만 달랑 보고 마크 가솔의 진가를 무시했던 것, 한 인도인이 제2의 샤킬 오닐이 될 것임을 알아보지 못했던 것에는 다 이유가 있었다. 모리는 사람들이 자기 머릿속에서 일어나는 일을 제대로 인식하지 못하는 것에 대해 이렇게 말했다. "누가 말해주기 전에는 자기가 물에서 숨 쉰다는 것을 모르는 물고기와 같죠." 그리고 마침, 그것을 말해준 사람이 있었다.

2
아웃사이더

대니 카너먼이 품은 여러 의심 가운데 제일 이해하기 힘든 것은 자신의 기억력에 관한 의심이었다[이 책에서 '대니 카너먼'은 대니얼 카너먼을 가리킨다. 또한 저자와의 인터뷰에서 나온 대니 카너먼의 말은 두 사람의 나이 차이와 장기간의 인터뷰임을 고려해 높임말로 옮기지 않았다 – 옮긴이]. 그는 학기 내내 메모도 없이 순전히 생각나는 대로 강의했다. 학생들이 보기에 그는 교재를 통째로 외운 것 같았고, 학생들에게도 아무렇지 않게 그 방법을 권했다. 그래놓고 지난 일에 대한 질문을 받으면, 자신의 기억력을 믿을 수 없으니 자기 말을 곧이곧대로 믿지 말라고 말하곤 했다. 어쩌면 자신을 신뢰하지 않겠다는 일생일대의 전략 같은 것에서 나온 말일지도 몰랐다. 어떤 학생은 이렇게 말했다. "그분을 정의하는 감정은 의심이에요. 아주 유용한 감정이죠. 그 덕에 교수님은 더 깊이, 아주 깊이, 파고드니까요." 그런 이유가 아니라면, 자신을 이해하려는 사람들을 차단하는 또 하나의 방어선을 치고 싶었을 뿐인지도 모른다. 어떤 이유든 간에 지금의 자신이 있기까지의 동력과 사건에서 멀찌감치 떨어지려 했다.

대니는 자신의 기억력을 믿지 않았을지 모르지만, 그래도 여전히 몇 가지를 기억하고 있었다. 1941년 말 또는 1942년 초, 독일이 파리를 점령하기 시작하고 1년 남짓 지났을 무렵, 통금 시간에 거리에서 붙잡힌 일이 있었다. 새 법에 따라 그는 스웨터 앞에 노란색 '다윗의 별'[유대인의 상징으로 알려진, 삼각형 두 개를 엇갈려 붙인 육각 별 – 옮긴이]을 붙이고 다녀야 했다. 그는 그 배지가 너무 창피해서 아이들 눈에 띄지 않게 30분 일찍 등교했다. 그리고 학교가 끝나고 거리를 다닐 때는 옷을 뒤집어 입었다.

하루는 밤늦게 집에 가는데, 독일군 한 명이 다가왔다. "검은 군복을 입고 있었다. 가장 무서운 사람들이라고 들었던, 특별히 모집된 나치 친위대 SS 군인들이 입는 군복이었다. 그 군인은 애써 빠른 걸음으로 자기 쪽으로 지나가던 나를 유심히 쳐다보았다. 그리고 손짓으로 나를 부르더니 내 몸을 들어 올려 끌어안았다. 나는 그가 내 옷 안쪽에 있는 별을 보았다는 생각에 겁에 질렸다. 그는 감정에 북받쳐 내게 독일어로 말을 건넸다. 그러더니 나를 내려놓고 지갑을 열어 남자아이 사진을 보여주고는 돈을 몇 푼 쥐어주었다. 나는 엄마가 옳다고 그 어느 때보다 확신하며 집으로 돌아왔다. 맞다, 사람은 한없이 복잡하고 흥미로운 존재였다." 대니는 노벨위원회에 제출한 자전적 글에서 이렇게 회고했다.

그는 1941년 11월 유대인 대학살 때 끌려간 아버지 모습도 기억했다. 당시 유대인 수천 명이 체포되어 수용소로 끌려갔다. 대니가 어머니에게 느끼는 감정은 복잡했지만, 아버지는 마냥 좋았다. "아버지는 표정이 밝았어. 매력이 넘치는 분이었지." 그의 아버지는 파리 외곽 드랑시에 있는 임시 수용소에 갇혔다. 드랑시에서는 700명이 살도록 설계된 공영 주택에 유대인이 무려 7,000명까지 한꺼번에 수용됐다. "어머니와 함께 수용소를 보러 갔던 기억이 나. 분홍빛이 도는 주황색이었던 걸로 기억하는데, 거기에 사람들이 있었지만 얼굴은 볼 수 없었어. 여자들과 아이들 소리도 들렸어. 그곳을 지키던 사람도 기억나. 그 사람은 '여기 생활이 아주 힘들다. 사람들은 (과일이나 채소의) 껍질을 먹고 산다' 하더라고." 대부분의 유대인에게 드랑시는 강제수용소로 가는 길에 잠시 들르는 곳이었다. 많은 아이가 그곳에 도착하자마자 엄마와 떨어져, 기차를 타고 아우슈비츠 가스실로 끌려가 죽었다.

대니 아버지는 외젠 슈엘러Eugène Schueller와의 친분 덕에 6주 뒤에 풀려났다. 슈엘러는 프랑스 화장품 대기업 로레알의 창립자이자 대표였고, 대니 아버지는 그곳에서 화학자로 일했었다. 전쟁이 끝나고 한참 뒤에 밝혀진 바에 따르면, 슈엘러는 나치를 도와, 프랑스에 사는 유대인을 색출해 죽이는 조직을 설계한 사람 중 한 명이었다. 그런 그가 자기 회사에서 일하는 잘나가는 화학자를 특별히 구제했다. 그는 대니 아버지가 "전쟁을 치르는 데 핵심이 되는 인물"이니 파리로 돌려보내라고 독일인을 설득했다. 대니는 그날을 생생히 기억했다. "우리는 아버지가 돌아온다는 소식에, 장을 보러 나갔어. 집에 돌아와 초인종을 누르니까 아버지가 문을 열어주시는 거야. 아버지는 제일 좋은 옷을 입고 계셨어. 몸무게는 45킬로그램에, 뼈만 남아 앙상했지. 먹은 게 없었으니까. 그 모습이 기억에 선명해. 아버지는 식사를 하려고 우리를 기다리셨던 거야."

대니 아버지는 슈엘러도 파리에서 가족의 안전을 지켜줄 수 없다고 생각해, 가족을 데리고 도망쳤다. 1942년에는 국경이 폐쇄되어 안전을 확신할 도로가 없었다. 대니 아버지 에프라임, 어머니 라헬, 누나 루스, 그리고 대니는 함께 남쪽으로 달렸다. 그곳은 여전히 비시 정권이 명목상으로 통치하고 있었다. 가는 길에 아슬아슬한 상황도 만나고, 복잡한 문제도 마주쳤다. 그들은 헛간에 숨었다. 대니는 그때를 이렇게 기억했다. 아버지는 파리에서 가족들의 가짜 신분증을 만들었는데 철자가 잘못되어 대니와 누나와 어머니는 '카데트Cadet'였고, 아버지는 '고데트Godet'였다. 그 바람에 대니는 아버지를 '삼촌'이라 불러야 했다. 어머니는 모국어가 이디시어라서 프랑스어를 할 때 이디시어 말투가 섞여, 대니가 어머니 대신 말을 해야 할 때도 있었다. 입을 다문 어머니의 모습은 굉장히 낯설었다. 원래 늘 말이 무척 많은 분이었다. 어머니는 그때의 상황을 두고 남편을 탓했다. 가족이 파리에 머문 이유는 순전히 대니 아버지가 1차 세계대전의 기억에 의지해 상황을 오판한 탓이었다. 아버지는 1차 세계대전 때도 독일인이 파리에는 들어오지 않았으니 지금도 파리에 들어오지 않을 게 분명하다고 생각했다. 어머니 생각은 달랐다. "내가 똑똑히 기억하는데, 어머니는 끔찍한 상황이 다가오는 걸 아버지보다 한참 전에 감지하셨어. 어머니는 걱정을 달고 사시는 비관적인 분이었고, 아버지는 밝고 낙천적인 분이었거든." 대니는 자기가 어머니를 많이 닮고 아버지는 전혀 닮지 않았다는 것을 진작 알고 있었다. 대니가 자신에 대해 느끼는 감정은 복잡했다.

1942년 겨울이 다가올 무렵, 대니 가족은 불안에 떨며 해변 마을 주엉레빵Juan-les-Pins에 자리를 잡았다. 여기서는 나치 부역자의 도움으로 화학 실험실이 딸린 집을 갖게 되었고, 대니 아버지는 일을 계속할 수 있었다. 새로 정착한 사회에 섞이기 위해 부모님은 대니를 학교에 보냈고, 말을 너무 많이 하거나 너무 똑똑하게 보이면 안 된다고 주의를 주었다. "부모님은 내 유대인 신분이 탄로날까봐 걱정하셨지." 대니는 아주 오래전부터 자신이 조숙하고 책을 좋아했다고 기억했다. 여기에는 신체 조건도 약간 관련이 있는 것 같다고 그는 생각했다. 그는 운동을 너무 못해서 반 친구들에게 '산송장'이라고 불렸다. 체육 선생님은 "모든 면에서 한계가 있다"는 이유로 그에게 상을 주지 않았다. 하지만 그의 정신만큼은 유연하고 강인했다. 그는 장래희망을 고민한 순간부터 지식인이 될 것 같다고 생각했다. 그가 상상한 자신의 모습은 그랬다. 몸통 없이 뇌만 있는 사람. 그런데 이제 새로운 모습이 생겼다. 사냥에 쫓기는 토끼. 그의 목표는 그저 살아남는 것이었다.

　　1942년 11월 10일, 독일인들이 프랑스 남부로 들어왔다. 이제 검은 군복을 입은 독일군이 사람들을 버스에서 끌어내려, 유대인을 색출하기 위해 옷을 벗기고 할례 여부를 살폈다. 대니는 "잡히면 무조건 죽음"이었다고 회상했다. 그의 아버지는 신을 절대 믿지 않았다. 젊었을 때 신앙을 버린 탓에 리투아니아를 떠나, 그리고 유명한 랍비들을 배출한 집안을 떠나 파리로 갔다. 대니는 우주에는 만물을 보살피는 보이지 않는 힘이 존재한다는 생각을 포기할 준비가 안 되었다. 그가 회상했다. "모기장 안에서 부모님과 함께 잤는데, 두 분은 큰 침대에서 주무시고 나는 작은 침대에서 잤어. 아홉 살 때였는데, 그때 하느님께 기도했지. 하느님은 아주 바쁘시다는 거, 지금은 어려운 때라는 거 알아요. 많은 걸 부탁하진 않겠어요. 우리에게 하루만 더 주세요."

대니 가족은 다시 도망쳤다. 이번에는 코트다쥐르의 카뉴쉬르메르Cagnes-sur-Mer에 있는 옛 프랑스군 대령의 집에 도착했다. 대니는 이후 몇 달 동안 방에 틀어박혀, 책을 읽으며 시간을 보냈다. 그는 《80일간의 세계일주》를 읽고 또 읽으면서 영국적인 모든 것에, 특히 소설 주인공인 영국인 필리어스 포그에 푹 빠졌다. 집주인인 프랑스 대령은 베르됭에서의 참호전을 설명하는 글로 긴 선반 하나를 가득 채워둔 채 떠났고, 대니는 그것들도 모두 읽어서, 그 주제라면 전문가 못지않았다. 대니 아버지는 해변 아래쪽에 있는, 화학 실험실이 딸린 집에서 여전히 일하면서 주말에 버스를 타고 가족을 보러 왔다. 금요일이면 대니는 양말을 꿰매는 어머니와 함께 정원에 앉아 아버지를 기다렸다. "우리는 언덕에 살아서 버스 정류장이 보였거든. 아버지가 올지는 전혀 알 수 없었어. 그때부터 나는 기다리는 게 죽도록 싫었어."

독일인은 비시 정권과 현상금 사냥꾼들의 도움으로 유대인을 더욱 효과적으로 사냥했다. 대니 아버지는 당뇨를 앓았는데, 이제는 당뇨를 치료하지 않고 살기보다 당뇨를 치료하러 다니는 게 더 위험했다. 가족들은 다시 한 번 도망쳤다. 처음에는 호텔로, 그리고 마침내 닭장으로 옮겨갔다. 닭장은 리모주 외곽 작은 마을에 있는 시골 술집 뒤에 있었다. 그곳에는 독일군은 없고, 독일군과 협력해 유대인을 체포하고 프랑스 레지스탕스를 전멸하려는 무장 민병대만 있었다. 아버지가 어떻게 그런 장소를 찾았는지 대니는 알 길이 없었지만, 로레알이 음식 꾸러미를 계속 보내는 걸 보면 로레알 창립자가 개입한 것은 분명했다. 닭장 가운데 칸막이를 세워 대니 누나만을 위한 공간을 마련해주었지만, 그 닭장은 애초에 사람이 살 곳이 아니었다. 겨울에는 너무 추워서 문이 닫힌 채 얼어붙었다. 누나는 난로 위에서 잠을 청하려 애쓰다가 옷을 태워먹었다.

어머니와 누나는 기독교인인 척하려고 일요일이면 교회에 나갔다. 열 살이 된 대니는 닭장에 숨어 있느니 차라리 학교에 가는 게 의심을 덜 받겠다 싶어서 다시 학교에 나갔다. 그 시골 학교 학생들은 주엉레빵 학생들보다도 실력이 떨어졌다. 선생님은 다정했지만 특별할 건 없었다. 대니가 유일하게 기억하는 수업은 같은 반 친구에게서 배운 성교육이었다. 구체적인 내용이 너무 터무니없어서 그는 친구가 잘못 알았을 거라고 확신했다. "나는 '말도 안 돼!' 그랬지. 그리고 어머니께 물었어. 그랬더니 사실이라는 거야." 그래도 그는 믿지 않았다. 그러던 어느 날 밤, 어머니 옆에서 자다가 중간에 집 밖에 있는 화장실을 가려고 어머니를 더듬으며 넘어가는데, 잠에서 깬 어머니가 자기 위에 올라탄 아들의 모습을 보았다. "어머니는 공포에 질린 표정이었어. 그때 깨달았지. '사실이구나!'"

대니는 어렸을 때부터 사람들에 대해 추상적인 관심을 보였다. 사람들은 왜 그렇게 생각할까? 사람들은 왜 그렇게 행동할까? 그가 사람들을 직접 만날 기회는 제한적이었다. 학교는 다녔지만 선생님이나 친구들과의 사적인 접촉은 피했다. 그래서 친구가 없었다. 사람들을 알고 지내기만 해도 목숨이 위태로울 수 있었다. 하지만 일정한 거리를 두고 흥미로운 행동을 많이 목격했다. 그는 선생님도, 술집 주인도, 그가 유대인이라는 것을 알 수밖에 없다고 생각했다. 그렇지 않고서야 조숙한 열 살짜리 도시 아이가 촌아이들로 가득한 교실에 있을 이유가 없지 않은가? 그렇지 않고서야 부자가 분명해 보이는 네 식구가 닭장에 파묻혀 살 이유가 없지 않은가? 그런데도 그들은 그런 것도 모를 줄 아느냐는 식의 신호를 전혀 보내지 않았다. 선생님은 그에게 높은 점수를 주었고, 집으로 초대까지 했다. 술집 주인 앙드리외 부인은 그에게 일을 도와달라면서 (그가 쓸 일도 없는) 팁을 주었고, 심지어 대니 어머니에게는 같이 매춘업소를 열자고도 했다. 많은 사람이 대니 가족의 정체를 알아보지 못했다. 대니는 특히 누나를 꾀려다 실패한 젊은 프랑스 나치 민병대원이 기억에 남았다. 당시 열아홉 살이던 누나는 외모가 영화배우 같았다(전쟁이 끝나자 누나는 그 나치대원에게 당신이 사랑에 빠진 여자가 유대인이었다고 알려주면서 통쾌해했다).

대니는 1944년 4월 27일 밤을 똑똑히 기억했다. 아버지와 함께 산책을 나간 날이었다. 그때 아버지는 입안에 검은 반점이 있었다. 아버지 나이 마흔아홉이었지만 훨씬 나이 들어 보였다. "아버지는 내게 책임감 있는 사람이 되어야 할 것 같다, 이제 가장이라고 생각해라, 하셨지. 어머니와 함께 어떻게 일을 처리해나가야 하는지도 말씀해주셨어. 식구 중에 내가 그래도 분별이 있다면서. 내가 직접 쓴 시집이 있었는데, 그걸 아버지께 드렸어. 그리고 그날 밤, 아버지가 돌아가셨지." 대니가 아버지의 죽음과 관련해 기억하는 것이라고는 어머니가 그날 밤에 대니더러 앙드리외 부부 집에 가 있으라고 한 것뿐이었다. 사실 그 마을에 숨어 지내는 유대인이 한 명 더 있었다. 어머니는 그를 찾아냈고, 그는 대니가 집에 돌아오기 전에 어머니를 도와 죽은 아버지를 옮겼다. 어머니는 유대인 식으로 장례를 치렀지만, 대니를 참석시키지는 않았다. 너무 위험해서 그랬을 것이다. "아버지의 죽음이 너무 화가 나는 거야. 좋은 분이었지만, 강하지 못했으니까."

6주 뒤 연합군이 노르망디에 밀어닥쳤다. 대니는 군인을 한 명도 보지 못했다. 미국 전차가 마을에 들어와 아이들에게 사탕을 던져주는 일은 없었다. 하루는 아침에 일어나보니 주위에 환희의 기운이 감돌았다. 민병대는 끌려가 총살되거나 투옥되었고, 독일인과 동침한 벌로 삭발당한 여성들 여럿이 거리를 돌아다녔다. 12월까지 독일인들은 프랑스에서 철수했고, 대니와 어머니는 자유로운 몸으로 파리를 돌아다니며 예전에 살던 집과 재산 중에 남은 게 있는지 찾아보았다. 대니는 '내 생각에 관한 기록What I Write of What I Think'이라고 제목을 붙인 노트를 가지고 다녔다("나는 견딜 수 없었던 게 분명해"). 파리에 있을 때 그는 누나의 교과서에서 파스칼의 글을 읽고 영감을 받아 노트에 글을 남겼다. 당시에 독일은 프랑스를 탈환하려고 마지막 반격을 시도했고, 대니와 어머니는 그 시도가 행여 성공할까 두려움에 떨며 살았다. 대니는 글을 쓰면서, 인간에게 종교가 필요한 이유를 설명하려 했다. 그는 파스칼의 말을 인용하며 시작했다. "신앙은 마음속에서 하느님을 그럴듯하게 만드는 것이다." 그리고 자기 말을 덧붙였다. "바로 그거다! 성당과 오르간은 바로 그런 느낌을 인위적으로 만들어내는 장치다." 그는 더 이상 하느님을 기도할 대상으로 여기지 않았다. 훗날 그는 삶을 돌아보면서 어린 시절의 허세를 기억했고, 그 허세가 자랑스러우면서 동시에 당혹스러웠다. 그는 아이답지 않은 자신의 글쓰기가 "머리만 있고 쓸모 있는 몸은 없는 유대인이라는 인식, 그리고 다른 아이들과 절대 어울리지 못할 것이라는 인식과 깊은 연관이 있다"고 생각했다.

대니는 어머니와 함께 전쟁이 일어나기 전에 살았던, 파리의 오래된 아파트를 찾아갔다. 그곳에는 화려한 녹색 의자 두 개만 덩그러니 남아 있었다. 그래도 그들은 그곳에 머물렀다. 대니는 5년 만에 처음으로 신분을 위장하지 않고 학교에 갔다. 그곳에서 키 크고 잘생긴 러시아 귀족 둘을 알게 되었고, 그들과의 우정을 여러 해 동안 즐거운 추억으로 간직했다. 이 기억은 좀처럼 지워지지 않는데, 어쩌면 친구 없이 지낸 시간이 너무 길었기 때문인지도 몰랐다. 세월이 한참 지나 그는 그 귀족 형제를 떠올리고 그들에게 짧은 편지를 보내어 자신의 기억력을 시험했다. 형제 하나는 건축가가, 하나는 의사가 되어 있었다. 형제는 답장에서 대니를 기억한다고 했고, 다 같이 찍은 사진을 동봉했다. 대니는 사진에 없었다. 형제는 대니를 다른 사람으로 착각한 게 분명했다. 대니의 쓸쓸한 우정은 상상일 뿐 현실은 아니었다.

대니 가족은 유럽에서 더 이상 환영받지 못한다고 느꼈고, 1946년에 유럽을 떠났다. 대니 아버지의 대가족은 그 전에 리투아니아에 남아 있다가, 그곳에 있던 6,000여 명의 다른 유대인과 함께 학살되었다. 독일이 침공했을 때 우연히 외국에 나가 있던 대니의 랍비 삼촌만 유일하게 살아남았다. 그 삼촌은 대니 어머니의 가족처럼 당시에는 팔레스타인에 살고 있어서, 대니 가족도 팔레스타인으로 이주했다. 이들의 이주는 워낙 중대한 사건이라 누군가가 그 장면을 촬영했지만(이 필름은 분실되었다), 훗날 대니가 기억하는 것은 삼촌이 가져다준 우유 한 잔이 전부였다. "그 우유가 얼마나 하얬는지 지금도 기억이 생생해. 5년 만에 처음 마시는 우유였으니까." 대니는 어머니, 누나와 함께 예루살렘에 있는 어머니 가족의 집에 들어가 살았다. 1년 뒤, 열세 살이던 대니는 그곳에서 하느님과 관련해 마지막 결정을 내렸다. "지금도 기억나는데, 그때 나는 예루살렘 거리에 있었어. 나는 하느님이 있다고 상상할 수는 있겠지만 내가 자위를 하는지 안 하는지 신경 쓰는 존재는 아니라고 생각했어. 그러면서 하느님은 없다고 결론 내렸는데, 그때 내 종교적 삶은 끝났다고 봐야지."

여기까지가 대니 카너먼이 어린 시절에 대한 질문을 받았을 때 기억해냈거나 기억하기로 선택한 것이었다. 그는 일곱 살 때부터 누구도 믿지 말라는 말을 들었고, 그 말을 따를 수밖에 없었다. 살아남으려면 신분이 탄로 나지 않게 남들과 거리를 두어야 했다. 그는 인간의 오류를 잡아내는 대단히 독창적인 감식안을 지닌 세계적으로 영향력 있는 심리학자가 될 운명이었다. 그는 특히 인간의 판단에서 기억의 역할을 탐구했다. 예를 들면 이렇다. 지난 전쟁에서 독일의 전략에 대한 프랑스군의 기억이 어떻게 앞으로의 전쟁에서 프랑스군의 잘못된 전략으로 이어질 수 있는가. 전쟁에서 독일인의 행동을 목격한 한 개인의 기억이 어떻게 다음 전쟁에서 독일인의 의도를 오해하게 하는가. 유대인을 색출하도록 훈련받은 히틀러 친위대 대원이 독일에 남겨둔 남자아이에 대한 기억 탓에 어떻게 파리 거리에서 마주친 남자아이를 안아 올리면서 그 아이가 유대인임을 눈치채지 못했는가.

하지만 대니는 자신의 기억에서는 그런 관련성을 찾지 못했다. 그는 이후 삶에서 줄곧 자신의 과거가 세상을 바라보는 그의 시각에, 궁극적으로 그를 바라보는 세상의 시각에, 거의 영향을 미치지 않았다고 주장했다. 질문이 거듭되면 이렇게 대답하곤 했다. "어린 시절이 나중에 어떤 사람이 되는가에 상당한 영향을 미친다고들 하는데, 나는 그렇다고 장담할 수 없어요." 그는 친구라고 여기는 사람에게도 홀로 코스트 경험을 절대 말하지 않았다. 그러다가 노벨상을 타고, 기자들이 그의 삶을 꼬치꼬치 캐묻기 시작하면서 비로소 그때의 경험을 털어놓기 시작했다. 그의 오랜 친구들도 그에게 있었던 일을 신문을 통해 알게 되었다.

————————

대니 가족이 예루살렘에 도착한 바로 그때 또 한 차례의 전쟁이 시작되었다. 1947년 가을 팔레스타인 문제가 영국에서 유엔으로 넘어 갔고, 그해 11월 29일에 팔레스타인을 두 개의 국가로 나눈다는 결정이 정식으로 통과되었다. 새 유대 국가는 대략 코네티컷 크기가 될 것이고, 아랍 국가는 그보다 약간 작을 것이다. 예루살렘은, 그리고 그곳의 신성한 장소들은 둘 중 어느 나라에도 속하지 않았다. 예루살렘에 사는 사람은 누구나 예루살렘 '시민'이 될 것이다. 실제로 그곳에는 아랍 예루살렘도 있고 유대 예루살렘도 있는데, 양쪽 사람들은 상대를 죽이지 못해 안달이었다. 대니와 어머니가 들어간 아파트는 두 지역의 비공식적 경계와 가까워서, 총알이 대니 방을 뚫고 지나갈 때도 있었다. 그가 속한 스카우트의 단장도 목숨을 잃었다.

그러나 대니는 삶을 특별히 위험하다고 느끼지는 않았다고 했다. "그건 완전히 다른 문제였어. 직접 싸우고 있으니까. 그래서 차라리 더 나은 거야. 나는 유럽에서는 유대인이라는 게 **죽도록** 싫었어. 사냥감이 되고 싶지 않았으니까. 토끼가 되고 싶지 않았어." 1948년 1월 어느 날 밤, 그는 부정할 수 없는 전율을 느끼며 최초의 유대인 군인을 보았다. 38명의 젊은 투사가 그가 사는 건물 지하에 모였다. 아랍인들이 이 작은 나라의 남쪽에 있는 유대인 정착촌을 봉쇄한 상태였다. 38명의 유대인 군인은 대니가 사는 건물 지하를 빠져나와 그 정착민들을 구하러 진군했다. 가는 길에 한 명은 발목이 삐끗해서, 둘은 그 한 명을 집에 데려다주기 위해 되돌아오는 바람에, 그들은 이후로 줄곧 '35'로 알려졌다. 그들은 어둠을 틈타 진군하려 했지만, 중간에 해가 뜨고 말았다. 그리고 도중에 만난 아랍인 양치기를 풀어주었다. 적어도 대니가 듣기로는 그랬다. 양치기는 무장한 아랍인들에게 그 사실을 알렸고, 그들은 매복 공격으로 유대인 군인 35명을 모두 죽인 뒤 사체를 훼손했다. 대니는 그 35명의 참담한 결정이 의아했다. "그들이 왜 살해되었겠어? 양치기 한 명을 차마 죽이지 못했기 때문이잖아."

몇 달 뒤, 의사와 간호사가 탄 차량 여러 대가 적십자 깃발을 달고 그 유대인 도시에서 스코푸스산까지 좁은 길을 달렸다. 스코푸스산은 히브리대학과 그 부속병원이 있는 곳인데, 아랍 경계 안쪽에 있어서 아랍 영토에 둘러싸인 유대 섬 같았다. 그곳에 들어가려면 영국이 안전한 통행을 보장하는 약 2.4킬로미터 길이의 좁은 길을 통과해야 했다. 그 길을 통과할 때 대개는 별다른 일이 일어나지 않았는데, 그날은 폭탄이 터져 맨 앞에 가던 포드 트럭이 멈춰 섰다. 그리고 아랍 부대가 버스와 뒤따르던 구급차 여러 대에 기관총을 난사했다. 차량 몇 대는 방향을 돌려 재빨리 자리를 떴지만, 승객을 태운 버스는 그곳에 꼼짝없이 갇히고 말았다. 그 총격으로 78명이 사망했는데, 사체의 화상 정도가 워낙 심해 큰 무덤에 다 같이 묻어야 했다. 사망자 중에는 히브리대학이 심리학과를 개설하려고 7년 전에 이탈리아에서 영입한 심리학자 엔조 보나벤투라Enzo Bonaventura도 있었다. 심리학과를 개설하려던 그의 계획은 그와 함께 묻히고 말았다.

대니는 목숨에 위협을 느꼈다고는 한사코 인정하지 않았다. "우리는 나중에 아랍 국가 다섯 곳을 물리치기도 하는데, 어쨌거나 믿기 힘들겠지만 우리는 크게 걱정하지 않았어. 파국이 다가온다는 분위기는 전혀 감지되지 않았으니까. 사람들이 죽고, 이런저런 일이 터졌지만, 내게 2차 세계대전 이후는 소풍이었지." 그러나 열네 살 아들을 데리고 예루살렘을 떠나 텔아비브로 향한 그의 어머니는 그렇게 생각하지 않았을 게 분명하다.

1948년 5월 14일에 이스라엘은 주권국가를 선포했고, 영국군은 다음 날 그곳을 떠났다. 그러자 요르단, 시리아, 이집트 군대가 이라크, 레바논 부대와 함께 공격해 들어왔다. 여러 달 동안 예루살렘이 포위되고, 텔아비브에서의 삶은 결코 평범하지 않았다. 지금은 인터콘티넨털 호텔이 된 해변의 미너렛[모스크에 있는 높은 뾰족탑 – 옮긴이]은 아랍 저격수들의 소굴이 되었다. 그들은 학교를 오가는 유대인 아이들을 쏠 수 있었고, 실제로 쏘기도 했다. 시몬 샤미르Shimon Shamir는 "총알이 사방에서 날아다녔다"고 그때를 회상했다. 전쟁 당시 열네 살로 텔아비브에 살았던 그는 나중에 자라 이집트와 요르단 두 나라에서 모두 이스라엘 대사를 지낸 유일한 사람이 되었다.

샤미르는 대니의 첫 번째 진짜 친구였다. 그가 말했다. "반 아이들은 대니와 약간 거리감을 느꼈어요. 대니는 무리 지어 다니지 않았고, 친구를 까다롭게 골랐죠. 대니에게 친구는 하나면 충분했어요." 대니는 이스라엘에 도착했을 때만 해도 히브리어를 구사하지 못했지만, 1년이 지나 텔아비브 학교에 다닐 때가 되어서는 히브리어를 유창하게 구사하게 되었고, 영어는 반에서 누구보다 잘했다. "다들 대니를 똑똑한 친구라고 생각했어요. 나는 대니를 놀렸죠. '곧 유명해지겠네.' 대니는 그 말을 아주 불편해했어요. 지나고 나서 하는 얘기 같지만, 그때 다들 대니가 크게 될 거라고 생각했던 같아요."

대니가 다른 아이들과 다르다는 건 누구나 느꼈다. 그는 달라 보이려고 애쓰지 않았다. 그냥 달랐다. 샤미르가 말했다. "영어를 정확히 발음하려고 애쓴 친구는 반에서 대니 하나뿐이었어요. 우리는 그게 정말 웃겼죠. 대니는 여러 면에서 달랐어요. 어느 정도는 아웃사이더였는데, 성격 때문이었지 난민이기 때문은 아니었어요." 대니는 열네 살에 이미 소년 몸에 갇힌 지식인 같았다. "대니는 항상 어떤 문제에 몰두해 있었어요. 하루는 대니가 자기 이야기를 쓴 긴 글을 보여줬어요. 참 이상했죠. 글짓기는 학교에서 선생님이 주제를 주면 마지못해서 하는 귀찮은 것이었으니까요. 수업과 관련도 없는데 흥미롭다는 이유만으로 어떤 주제로 긴 글을 쓴다는 발상 자체가 굉장히 인상적이었어요. 대니는 영국 신사의 성격을 헤라클레스 시대 그리스 귀족과 비교했죠." 샤미르는 다른 아이들 같으면 주변 사람들을 보면서 자기가 갈 방향을 찾는데, 대니는 그걸 책과 자기 머릿속에서 찾는 것 같았다고 했다. "대니는 이상을 찾고 있던 것 같아요. 롤모델이랄까."

독립전쟁[제1차 중동전쟁 - 옮긴이]은 10개월 동안 계속됐다. 전쟁 전에는 코네티컷만 하던 유대인 국가가 뉴저지보다 약간 더 큰 국가가 되었다. 그리고 이스라엘 인구의 1퍼센트(뉴저지로 치면 9만 명)가 목숨을 잃었다. 아랍인은 1만 명이 죽었고, 팔레스타인인 100만 명 중에 4분의 3이 삶의 터전을 잃었다. 전쟁이 끝나자 대니 어머니는 예루살렘으로 돌아왔다. 거기서 대니는 두 번째로 친한 친구가 생겼다. 영국계 소년 아리엘 긴즈버그Ariel Ginsburg였다.

　텔아비브도 가난한 도시였지만, 예루살렘은 더했다. 카메라나 전화기는 물론 초인종도 없어서, 친구를 만나려면 친구 집까지 가서 문을 두드리거나 휘파람을 불어야 했다. 대니가 아리엘의 집에 가서 휘파람을 불면 아리엘이 내려왔고, 둘은 YMCA에서 말 한 마디 없이 수영을 하고 탁구를 쳤다. 대니는 그 정도면 완벽하다고 생각했다. 긴즈버그를 보면《80일간의 세계일주》에 나오는 필리어스 포그가 생각났다. "대니는 달랐어요. 대니는 사람들과 거리감을 느꼈고 스스로도 거리를 유지했어요, 어느 정도는. 제가 대니의 유일한 친구였죠." 긴즈버그의 말이다.

　독립전쟁이 끝나고 고작 몇 년 사이에 현재 이스라엘이라 불리는 곳의 유대인 인구가 60만에서 120만으로 두 배가 되었다. 지구상의 그 어떤 곳에서도, 그 어떤 때에도, 한 나라에 새로 정착한 유대인들이 현지인들과 이처럼 쉽고 강렬하게 동화되었던 적이 없었다. 그런데도 대니는 정신적으로 동화되지 않았다. 그가 끌린 사람은 자기 같은 이주민보다는 이스라엘에서 태어난 토박이였다. 그러나 대니는 이스라엘 사람처럼 보이지 않았다. 그도 많은 이스라엘 남자아이나 여자아이처럼 스카우트에 가입했다. 하지만 얼마 후 그와 아리엘은 스카우트가 자기들을 위한 단체가 아니라고 판단해 그만두었다. 대니는 히브리어를 놀라운 속도로 습득했지만, 그와 어머니는 집에서 프랑스어를 썼다. 대개는 화난 말투로. 긴즈버그가 말했다. "행복한 가정은 아니었어요. 대니 어머니는 무서운 분이셨거든요. 대니 누나는 될 수 있는 대로 빨리 집을 떠났죠." 대니는 소속 지역을 포함해 미리 정해진 새 신분을 주겠다는 이스라엘의 제안을 받아들이지 않았다. 그는 소속 지역을 직접 정하는 쪽을 택했다.

그 신분이 어떤 것인지는 딱 꼬집어 말하기 어려웠다. 대니부터가 정확히 규정하기 어려운 사람이었으니까. 그는 특정 지역에 정착하고 싶어 하는 것 같지 않았다. 그가 마음을 붙이는 대상은 느슨하고 일시적인 듯했다. 당시 아리엘 긴즈버그와 사귀었고 이후 그와 곧 결혼하는 루스 긴즈버그Ruth Ginsburg는 이렇게 말했다. "대니는 책임을 떠맡지 않겠다고 아주 일찌감치 결심했어요. 제가 느끼기에, 대니 내면에는 자신의 뿌리 없음을 합리화해야 할 필요성이 늘 존재하는 것 같았어요. 뿌리가 필요 없는 사람, 어쩌다 보니 삶이 이렇게 되었지만 달리 전개되었을 수도 있었다라는 식의, 삶을 일련의 우연으로 보는 시각을 가진 사람이죠. 신을 부정하는 상황에서 최선을 선택하는 거예요."

소속 지역과 민족에 굶주린 사람들이 사는 땅에서 그런 것이 절실하지 않은 대니의 성향은 유난히 두드러졌다. 대니와 동갑이면서 홀로코스트에서 대가족이 몰살당한 히브리대학 지질학과 교수 예슈 콜로드니Yeshu Kolodny는 이렇게 회상했다. "나는 1948년에 들어왔고, 다른 사람들과 동화되고 싶었어요. 샌들을 신고, 밑단을 접어 올린 반바지를 입고, 쓸데없이 계곡 이름, 산 이름을 모조리 외웠죠. 그리고 특히 러시아 말투를 없애고 싶었어요. 과거가 부끄러웠거든요. 그러면서 우리 민족의 영웅들을 숭배하게 됐죠. 그런데 대니는 그렇지 않았어요.

이곳을 우습게 봤어요."

난민으로서의 대니는 이를테면 난민으로서의 블라디미르 나보코프Vladimir Nabokov[러시아에서 태어나 미국으로 망명한 소설가.《롤리타》의 저자 – 옮긴이]와 비슷했다. 일정한 거리를 둔 난민. 약간 도도한 난민. 현지 사람들을 바라보는 예리한 시선. 대니는 열다섯 살에 받은 직업 적성검사에서, 심리학자가 적성에 맞는다는 결과가 나왔다. 그는 놀라지 않았다.* 대니는 어느 분야든 교수가 될 것이라는 느낌이 늘 있었고, 그가 인간에게 품은 질문은 다른 어떤 질문보다 흥미로웠다. 그가 말했다. "심리학에 대한 관심은 내가 철학을 하는 방식이었지. 사람들은, 특히 나는, 왜 그런 식으로 세상을 바라볼까? 이 질문을 이해하면서 세상을 이해하려고 했거든. 이때는 이미 하느님의 존재 여부도 내 관심사에서 사라졌지만, 그래도 사람들이 왜 하느님이 존재한다고 믿는지는 내게 아주 흥미로운 주제였어. 나는 옳고 그름에는 큰 관심이 없었지만, 분노에는 관심이 아주 많았어. 지금 생각하면, 그게 심리학자가 아니고 뭐겠어!"

---

*   세월이 흘러 40대가 된 대니 카너먼은 캘리포니아대학 버클리 캠퍼스에서 심리학자 엘리너 로시Eleanor Rosch의 수업을 참관했다. 대학원 1학년생을 대상으로 한 실험 수업이었다. 학생들에게 사육사, 비행기 조종사, 목수, 도둑 등 여러 직업이 하나씩 적힌 긴 종이가 가득 담긴 모자를 돌렸다. 그리고 그중 하나를 뽑은 뒤, 종이에 적힌 직업을 갖게 될 운명의 조짐이 보이면 말해보라고 했다. 이를테면 이런 식이다. "물론 나는 결국 사육사가 될 것이다. 어렸을 때 고양이를 우리에 넣는 것을 좋아했으니까." 사람들은 어떤 결과가 주어지든 놀라운 직관으로 그 원인을 찾아내고 이야기를 지어낸다는 사실을 보여주려는 실험이었다. 로시는 그때를 이렇게 회상했다. "학생 전체가 종이를 동시에 펼치죠. 그리고 몇 초 안에 몇몇이 웃기 시작하고, 결국 전체가 웃어요." 정말 그랬다. 놀랍게도 학생들은 이런저런 이유를 떠올렸다. 대니만 예외였다. 로시는 대니가 했던 말을 기억했다. "아뇨. 나는 딱 두 가지만 가능했을 거예요. 심리학자 아니면 랍비죠."

이스라엘 사람들은 거의 다 고등학교를 마치자마자 군에 징집된다. 하지만 대니는 지적 재능을 인정받아 곧장 대학에 진학해 심리학 학위를 딸 수 있었다. 이스라엘에서 거의 유일한 대학 캠퍼스가 아랍 국경 안쪽에 있었고, 그곳에 심리학과를 개설하려는 계획이 아랍의 매복 공격으로 무산된 상황에서 어떻게 그럴 수 있었는지는 분명치 않다. 어쨌거나 1951년 가을 어느 날 아침, 열일곱 살의 대니 카너먼은 예루살렘의 한 수도원에서 수학 수업을 듣고 있었다. 당시 히브리대학은 몇 곳에 임시로 흩어져 있었는데, 그 수도원도 그중 한 곳이었다. 여기서도 대니는 이방인 같았다. 학생 대부분이 군에서 3년을 복무한 뒤였고, 많은 수가 실제로 전투를 목격했다. 대니는 그들보다 어렸고, 재킷에 넥타이 차림이었는데, 그 모습이 다른 학생들이 보기에 어처구니없었다.

대니는 이후 3년 동안 자신이 택한 분야에서 교수도 가르칠 수 없는 방대한 지식을 독학으로 습득했다. "나는 통계학 교수님을 무척 좋아했지만, 통계라고는 눈곱만큼도 모르는 분이었어. 그래서 책을 보고 혼자 공부했지." 그를 가르친 교수들은 전문가 집단이라기보다 대부분 어쩌다 이스라엘에 살게 된 독특한 유럽 이주민 집단에 가까웠다. 히브리대학을 나와 훗날 스탠퍼드대학 등에서 철학 교수가 되는 아비샤이 마갈릿Avishai Margalit은 이렇게 회상했다. "이력서만 있는 게 아니라 기본적으로 자기 전기도 있는 카리스마 있는 사람들이었어요. 대단한 삶을 사는 사람들이었죠."

그중 가장 활기찼던 사람은 예샤야후 리보비츠Yeshayahu Leibowitz로, 대니도 존경했던 인물이다. 리보비츠는 1930년대에 독일에서 스위스를 거쳐 팔레스타인에 들어왔는데 의학, 화학, 과학철학에서 학위를 가지고 있었고, 소문에 의하면 다른 분야에도 학위가 있었다. 하지만 운전면허는 일곱 번 시도해 모두 떨어졌다. 리보비츠의 학생이었던 마야 바힐렐Maya Bar-Hillel은 그를 이렇게 회상했다. "거리를 걷는 모습을 보면 바지는 목까지 올라오고, 어깨는 구부정하고, 돌출한 턱은 제이 레노Jay Leno를 닮았죠. 혼잣말을 하면서 과장된 동작을 곁들이기도 했어요. 하지만 그분 생각은 이스라엘의 모든 젊은이를 매료시켰죠." 리보비츠는 다루지 못하는 주제가 없었는데, 무엇을 가르치든 과장은 기본이었다. 어떤 학생은 그를 이렇게 기억했다. "그분 수업을 들었는데, 말이 생화학이지 기본적으로는 인생 수업이었어요. 벤구리온이 얼마나 바보인지 설명하다가 수업 시간이 거의 다 지나갔죠." 이스라엘 초대 총리 다비드 벤구리온David Ben-Gurion의 이야기다. 리보비츠는 두 개의 건초 더미에서 같은 거리에 떨어져 있는 당나귀 이야기를 좋아했다. 어느 건초 더미가 더 가까운지 결정하지 못해 굶어 죽는 당나귀다. "교수님은 어떤 당나귀도 그런 짓은 하지 않는다고 말씀하셨어요. 당나귀라면 이쪽이든 저쪽이든 아무 쪽이나 가서 건초를 먹을 거다, 상황이 복잡해지는 건 오직 인간이 결정을 내릴 때다, 하셨죠. 그러면서 '사람이 결정할 일을 당나귀가 결정할 때, 그 나라에 어떤 일이 일어나는지는 날마다 신문을 보면 알 수 있다'고 하셨어요. 그분 강의실은 항상 꽉 찼어요."

대니가 기억하는 리보비츠는 유난히 기이했다. 그의 이야기가 아니라 그가 강조하고 싶을 때 분필로 칠판을 치는 소리가 그랬다. 마치 총소리 같았다.

대니는 그렇게 젊은 나이에도, 그런 환경에서도, 당시 분위기에 거부감을 느꼈다. 그때는 여기도 저기도 온통 프로이트였지만, 대니는 누구도 자신의 소파에 눕는 것을 원치 않았고, 그도 다른 사람의 소파에 누우려 하지 않았다. 그는 자신의 어린 시절 경험에, 심지어 자신의 기억에도 특별한 의미를 두지 않기로 작심했었다. 하물며 다른 사람의 어린 시절 경험이나 기억에 관심을 둘 이유가 없었다. 1950년대 초, 심리학도 과학의 규범을 따라야 한다고 고집하는 심리학자 다수가 인간 정신의 작동 원리를 연구하겠다는 포부를 접었다. 머릿속에서 일어나는 일을 직접 관찰할 수 없다면, 어떻게 그것을 연구하는 시늉이라도 할 수 있겠는가? 과학적으로 주목할 가치가 있는 것은, 그리고 과학적으로 연구할 수 있는 것은, 생물체의 행동 방식이었다.

생각을 연구하는 대표적인 학파는 '행동주의behaviorism'라 불리는 학파였다. 이 학파의 제왕인 스키너B. F. Skinner는 2차 세계대전 중에 미 공군에게서 비둘기를 훈련시켜 폭탄을 유도하게 하라는 지시를 받고, 이 분야를 연구하기 시작했다. 스키너는 스크린에 표적이 나타나면 비둘기가 그 표적을 정확히 쪼도록 가르친 뒤에 성공하면 보상으로 먹이를 주었다(비둘기는 주변에서 대공 포탄이 터지자 소극적이 되었고, 따라서 실전에 투입되지는 못했다). 스키너가 이 실험에 성공하면서, 모든 동물의 행동은 사고와 느낌이 아니라 외부의 보상과 벌로 촉발된다는 그의 생각이 놀라운 영향력을 발휘하기 시작했다. 그는 '자발적 조건 조절 방operant conditioning chambers'이라 부른(뒤이어 '스키너 상자'로 알려진) 상자에 쥐를 가둔 뒤, 쥐에게 레버를 당기고 버튼을 누르도록 가르쳤다. 또 비둘기를 훈련해서 춤을 추게 하고, 탁구를 치게 하고, 〈나를 야구장에 데려가줘〉라는 노래를 피아노로 요란스레 연주하게 했다.

행동주의 심리학자들은 쥐와 비둘기 실험에서 발견한 사실이 모두 인간에게도 적용된다고 단정했다. 그러면서 인간을 대상으로 실험하는 것은 다양한 이유로 그다지 현실성이 없다고 생각했다. 스키너는 〈동물을 가르치는 법How to Teach Animals〉이라는 논문에 이렇게 썼다. "때로는 관련 강화를 적용하고 때로는 그 강화를 억제하는 프로그램을 시작해야 한다. 그렇게 하면, [인간에게서] 특정 감정을 불러일으킬 가능성이 높다. 안타깝게도 행동과학은 아직 감정 조절에서는 행동 조절만큼 성공하지 못했다." 행동주의는 그 과학적 접근법이 명확히 보인다는 것이 매력이었다. 자극은 관찰할 수 있고, 반응은 기록할 수 있다. 언뜻 '객관적'으로 보인다. 행동주의는 생각이나 느낌을 파악할 때 구술에 의존하지 않았다. 중요한 것은 오직 관찰 가능성과 측정 가능성이다. 티끌 하나 없어 보이는 이런 행동주의를 두고 스키너 자신도 애용한 농담이 있다. 어느 커플이 사랑을 나눈 뒤, 한 사람이 상대에게 이렇게 말한다. "너는 좋았지. 나는 어땠을까?"

대표적인 행동주의 심리학자들은 모두 와스프WASP, 즉 백인 개신교도들이었다. 1950년대에 심리학을 시작하는 젊은이들은 이 사실을 눈치채지 못했다. 당시 심리학을 돌이켜보면, 아무 관련도 없는 '와스프 심리학'과 '유대인 심리학'이 아예 따로 있었어야 하는 게 아닌가 하는 생각이 들지 않을 수가 없다. 와스프들은 흰색 실험실 가운 차림에 메모판을 들고 씩씩하게 돌아다니면서 쥐를 고문할 새로운 방법을 고민했고, 그러면서 인간의 경험이라는 골치 아픈 문제는 줄곧 회피했다. 하지만 유대인은, 심지어 프로이트의 방법을 경멸하면서 '객관성'을 갈망하고 과학으로 검증 가능한 진실을 찾고자 했던 유대인조차 그 골치 아픈 문제를 기꺼이 끌어안았다.

대니는 객관성을 추구하려 했다. 그가 가장 매력을 느낀 심리학 학파는 게슈탈트Gestalt였다.* 20세기 초 베를린에서 시작된 이 심리학은 독일계 유대인들의 주도로 불가사의한 인간 정신을 과학적으로 탐구하고자 했다. 게슈탈트 심리학자들은 흥미로운 현상들을 발견하고, 놀라운 재능으로 그것을 증명해 보였다. 빛은 암흑에서 빛날 때 더 밝아 보인다든가, 회색은 보라색으로 둘러싸이면 녹색으로 보이고 파란색으로 둘러싸이면 노란색으로 보인다든가, "banana eel(바나나 장어) 밟지 마!"라고 말했는데 사람들은 "banana peel(바나나 껍질) 밟지 마!"로 들었다고 확신한다든가 하는 현상이다. 게슈탈트 심리학자들은 인간 정신이 외부 자극에 희한한 방식으로 곧잘 끼어드는 탓에 그 자극과 그것이 인간 내면에서 불러일으키는 감각 사이에는 이렇다 할 명확한 관계가 없다는 점을 증명해 보였다. 대니는 게슈탈트 심리학자들이 독자들에게 자기 머릿속에서 일어나는 신기한 현상을 직접 체험해보게 하는 방식에 특히 강한 인상을 받았다.

맑은 날 밤하늘을 올려다보면, 보는 즉시 어떤 별들은 주변과 분리되어 하나의 묶음으로 보인다. 이를테면 카시오페이아, 북두칠성이 그

---

* Gestalt는 독일어로 '형태'라는 뜻이지만, 게슈탈트 심리학자들이 즐겨 사용한 의미로 보면, 이 말부터가 문맥에 따라 형태를 바꾸는 성향이 있었다.

렇다. 오랫동안 사람들은 그 별들을 묶음으로 보았고, 이제는 아이들에게 그 별자리를 묶음으로 보라고 가르칠 필요도 없다. 마찬가지로 독자는 〈그림1〉의 검은 조각들을 두 묶음으로 본다.

그림1 게슈탈트 심리학자 볼프강 쾰러Wolfgang Köhler의 그림 응용. (1947; repr., New York: Liveright, 1992), 142.

두 묶음이 아닌 낱개 여섯 개로 보면 어떨까? 두 묶음을 다른 방식으로 나누면? 두 개씩 세 묶음으로 나누면? 사람들은 〈그림1〉을 별생각 없이 세 개씩 두 묶음으로 나눈다.

게슈탈트 심리학자들은 그동안 행동주의 심리학자들이 무시하기로 한 질문을 고민했다. 뇌는 어떻게 의미를 만드는가? 뇌는 감각이 수집한 조각들을 어떻게 조리 있는 현실의 그림으로 완성하는가? 왜 그 그림은 주변 세상이 머릿속에 주입했다기보다 머리가 주변 세상에 강제한 것처럼 보일까? 사람은 기억의 파편들을 어떻게 조리 있는 하나의 인생 이야기로 바꾸는 걸까? 사람은 왜 자기가 본 것을 주변 상황에 따라 다르게 이해할까? 간단히 말하면, 유럽에서 유대인 말살에 열을 올린 정권이 득세할 때 왜 일부 유대인은 그 본색을 알아보고 도망치고 일부는 그대로 남아 학살을 당했나? 대니는 이런 식의 질문에 이끌려 심리학에 발을 들여놓았다. 실험실 쥐가 아무리 똑똑해도 답을 할 수 없는 질문이다. 이런 질문에 답이 있다면, 오직 인간의 머리에서만 찾을 수 있을 것이다.

대니는 훗날 과학을 대화로 생각한다고 말하곤 했다. 그렇다면 심리학은 시끌벅적한 만찬 파티였다. 사람들은 서로 과거를 이야기하고 아무 때나 주제를 바꾼다. 게슈탈트 심리학자, 행동주의 심리학자, 정신분석가가 '심리학'이라는 간판이 붙은 건물을 가득 메웠지만, 상대 이야기에는 귀 기울이지 않는다. 심리학은 물리학과 달랐고, 심지어 경제학과도 달랐다. 심리학을 체계적으로 정리할 설득력 있는 단 하나의 이론도 없고 합의된 토론 규칙도 없었다. 주요 심리학자들은 다른 심리학자들의 연구를 두고 '당신의 말과 행동은 기본적으로 완전히 개소리야'라고 할 수 있었고, 실제로도 그렇게 말했지만, 상대 심리학자들의 행동에 이렇다 할 영향을 미치지 못했다.

이런 문제는 심리학자가 되려는 사람들이 워낙 다양하기 때문이기도 했다. 심리학자가 되려는 동기는 자신의 불행을 합리화하고 싶다거나, 인간 본성을 깊이 이해하지만 괜찮은 소설을 쓸 문학적 소양이 부족하다는 확신이 든다거나, 물리학과에 들어갔더니 수학 실력이 부족해 자신의 수학 실력에 맞는 시장이 필요하다거나, 아니면 단순히 고통받는 사람을 돕고 싶다거나 하는 식으로 다양했다. 심리학의 또 다른 쟁점은 마치 할머니 다락방 같은 심리학의 특성이었다. 심리학은 관련도 없고 해법도 없어 보이는 온갖 문제를 던져놓는 곳이었다. "점심을 함께 먹으면서, 미국 프로야구팀 미네소타 트윈스가 우승할 확률이나 '붉은 살인마' 로널드의 쇼맨십을 놓고 토론을 붙일 유능하고 대단히 생산적인 심리학 교수 두 사람을 찾기란 불가능한 일이 아니다. 두 사람의 심리학 지식과 흥미가 거의 겹치지 않을 것이기 때문이다." 미네소타대학 심리학자 폴 밀Paul Meehl이 1986년에 발표한 유명한 논문 〈심리학: 심리학의 이질적 주제에 과연 통일성이 있는가?Psychology: Does Our Heterogeneous Subject Matter Have Any Unity?〉에서 한 말이다. 그는 이어서 이렇게 썼다. "사람들은 질문을 던질 수 있다. 왜 그러한가, 그에 대해 적절한 조치를 취할 수 있는가, (그리고 사실, 가장 먼저 물어야 하는 질문인데) 그것이 정말 중요한가? 조현병의 전염성을 연구하는 행동유전학자가 윌아이피시라는 물고기의 망막에서 일어나는 전기화학 작용을 연구하는 전문가와 왜 꼭 대화를 나눌 수 있어야 하는가?"

적성검사에서 대니는 인문학과 과학이 똑같이 적성에 맞는다고 나왔지만, 그는 과학만 하고 싶었다. 그리고 사람을 연구하고도 싶었다. 곧 드러나겠지만, 그 외에는 딱히 하고 싶은 게 없었다. 히브리대학 2학년 때는 객원교수인 독일 신경외과 의사의 강의를 들었는데, 이 교수는 뇌가 손상되면 추상적 사고력이 떨어진다고 주장했다. 이 주장은 나중에 틀렸다고 판명되었지만, 그 순간 대니는 그 주장에 끌려 심리학은 집어치우고 의학 학위를 따기로 결심했다. 그러면 인간의 뇌를 이곳저곳 들쑤셔보면서, 또 어떤 효과를 이끌어낼 수 있는지 알아볼 수 있지 않겠는가. 그러다가 어느 교수가 정말로 의사가 될 생각이 아니면 의학 학위를 따려고 고생하는 건 미친 짓이라고 그를 설득했다. 하지만 이때부터 그의 연구 스타일이 생기기 시작했다. 어떤 생각이나 야심에 사로잡히면 불같이 달려들다가 크게 실망하면서 포기하는 식이다. 그가 말했다. "나는 늘 아이디어는 널렸다고 생각하거든. 어느 하나가 잘 안 되면, 거기에 죽어라 매달리지 말고 다음 아이디어로 넘어가야 해."

평범한 사회라면 대니 카너먼에게서 대단한 실용성을 발견하기는 힘들다. 하지만 이스라엘은 평범한 사회가 아니었다. 심리학 학위를 수여해준 히브리대학을 졸업한 대니는 이스라엘군에 복무해야 했다. 점잖고, 무심하고, 체계도 없고, 충돌을 싫어하고, 체력도 약한 대니는 누가 봐도 군인과는 어울리지 않았다. 그는 적과 붙을 뻔한 적이 딱 두 번 있었는데, 두 번 모두 기억이 생생했다. 한 번은 그와 몇 사람이 지휘하는 소대가 아랍 마을을 공격하라는 명령을 받았을 때다. 대니의 소대는 마을을 포위해 매복했다가 아랍군이 눈에 띄면 무조건 공격해야 했다. 그 전해에 이스라엘 부대가 아랍 여성들과 아이들을 학살한 일이 있었는데, 그 뒤로 대니와 친구 시몬 샤미르는 아랍 민간인을 죽이라는 명령을 받으면 어떻게 할지 이야기하다가 그런 명령은 거부하기로 결심했다. 그런데 이번에도 하마터면 그런 명령을 받을 뻔했다. 대니가 말했다. "우리는 마을 안으로 들어갈 계획이 없었어. 다른 장교들이 명령을 전달받았고, 내가 그걸 들었는데, 민간인을 죽이라는 말은 절대 없었어. 하지만 민간인을 죽이지 않을 방법도 전달받지 않았거든. 나는 그걸 물어볼 수도 없었어. 내 임무가 아니었으니까." 하지만 도중에 그의 임무는 중단되었고, 그가 속한 부대는 총을 쏴야 하는 상황에 맞닥뜨리기 전에 철수했다. 나중에야 그 이유를 알게 됐는데, 다른 소대가 요르단 복병을 만났기 때문이라고 했다. 대니는 그때

철수하지 않았다면 "모두 도륙을 당했을 것"이라고 했다.

또 한 번은 요르단 군대를 공격하려고 밤에 매복 작전에 들어갔던 때였다. 대니가 이끄는 소대에는 3개 분대가 있었다. 그는 그중 2개 분대를 하나씩 이끌고 매복 지역에 들어갔다가 부하에게 지휘를 맡기고 나왔다. 그리고 요르단 국경 지대에 매복한 세 번째 분대는 그가 직접 지휘했다. 그의 지휘관인 시인 하임 고우리Haim Gouri는 그에게, 국경에 도달하려면 '국경. 멈춤' 표시가 나올 때까지 걸어야 한다고 했다. 하지만 사방이 어두워서 어떤 표시도 보이지 않았다. 해가 뜨면서 그의 눈앞에 나타난 것은 국경 표시가 아니라 산 위에서 그에게 등을 보이며 서 있는 적군이었다. 요르단 국경을 침범한 것이다("내가 전쟁을 시작할 뻔했지 뭐야"). 그들 앞에 펼쳐진 지대는 그가 보기에도 요르단 저격수가 이스라엘군을 골라내기에 안성맞춤이었다. 정찰대의 방향을 틀어 다시 이스라엘로 몰래 들어가려는 순간, 부하 군인 한 명이 배낭을 잃어버린 것을 알게 됐다. 그와 부하들은 요르단에 배낭을 두고 돌아갔을 때 질책받을 일을 상상하고는 그 죽음의 지대 주변을 조심스레 살폈다. "위험천만한 상황이었어. 정말 어리석은 짓이라는 걸 잘 알면서도 우리는 배낭을 찾을 때까지 그곳을 떠나려 하지 않았어. 당장 '어떻게 배낭을 두고 올 수 있지?' 하는 질책부터 들을 테니까. 그 일이 잊히지 않아. 바보 같은 짓이었지." 그들은 배낭을 찾았고, 그곳을 떠났다. 부대에 도착하자마자 상관들이 그를 꾸짖었다. 배낭 때문이 아니었다. "'왜 사격하지 않았지?' 그러더군."

군대는 대니가 내심 자신에게 부여한 무심한 관찰자 역할을 단번에 깨버렸다. 그가 나중에 고백한 바에 따르면, 군대에서 소대장으로 복무하면서 "프랑스에 있을 때 마음속 깊이 느낀 무력감과 신체적 나약함을 완전히 없애버렸다"고 했다. 그는 사람에게 총을 쏘도록 타고나지 못했고, 군 생활에 적임자도 아니었지만, 군대는 그를 강제로 군에 맞는 사람으로 만들었다. 그는 심리 부대에 배속되었다. 1954년 이스라엘 심리 부대의 주요 특징은 심리학자가 한 명도 없다는 것이다. 대니는 심리 부대에 들어가자마자 새 상관(이스라엘군 심리 연구 최고 책임자)이 화학자라는 사실을 알게 됐다. 상황이 이렇다 보니 인생의 상당 시간을 숨어서 지낸 스무 살의 유럽 난민 대니가 이스라엘 방위군의 심리 전문가가 되었다. 대니와 함께 심리 부대에 복무한 태미 지브Tammy Ziv가 그때를 회상했다. "대니는 마르고, 못생기고, 아주 똑똑했어요. 나는 열아홉 살이고 대니는 스무 살이었는데, 대니가 내게 추파를 던졌던 것 같아요. 내가 워낙 바보 같아서 눈치를 못 챘을 뿐이지. 대니는 평범한 남자가 아니었어요. 하지만 사람들은 대니를 좋아했죠." 사람들은 대니가 필요하기도 했다. 얼마나 절실히 필요했는가는 바로 깨닫지 못했지만.

새로운 국가는 심각한 문제에 직면했다. 각양각색의 사람들이 모인 나라에서 어떻게 하나의 전투부대를 조직할 것인가. 1948년, 다비드 벤구리온은 이스라엘을 전 세계 모든 유대인에게 개방한다고 선언했다. 이후 5년 동안 이스라엘은 문화가 다르고 언어가 다른 이민자를 73만 명 넘게 받아들였다. 새 이스라엘 방위군에 들어온 젊은 남성 중 많은 수가 이미 말할 수 없는 공포를 견딘 사람들이었다. 팔에 숫자 문신이 새겨진 사람들이 곳곳에서 눈에 띄었다[나치는 강제수용소 수감자들을 팔에 숫자를 새겨 관리했다 ─ 옮긴이]. 독일인에게 살해되었다고 생각했던 아이들을 이스라엘 거리에서 우연히 만나는 어머니들도 있었다. 누구도 전쟁 경험을 드러내놓고 말하지 않았다. 어느 이스라엘 심리학자는 "트라우마에 시달리는 사람들은 나약한 사람으로 취급되었다"고 했다. 이스라엘 유대인이 되려면 적어도 잊을 수 없는 일을 잊은 척해야 했다.

이스라엘은 여전히 국가라기보다 요새에 가까웠고, 군대는 가까스로 통제되는 혼돈 상태였다. 군인은 제대로 훈련도 안 되고, 부대 조직은 엉망이었다. 전차 사단의 사단장은 부하들과 언어부터 달랐다. 1950년대 초, 아랍인과 유대인 사이에 공식적인 전쟁은 없었지만, 무의미한 폭력이 규칙적으로 반복되면서 이스라엘군의 무기력이 드러났다. 군인은 문제가 생길 조짐만 보이면 냅다 달아났고, 장교는 앞에 나서려 하지 않았다. 보병은 아랍 기지에 야습을 감행했지만, 어둠에 길을 잃고 목표물에 도달하지 못한 채 번번이 실패했다. 한번은 야습을 위해 파견된 부대가 밤에 주변을 계속 맴돌다가, 소대장이 총으로 자살한 일도 있었다. 가까스로 교전을 벌일 때면 결과는 종종 참담했다. 1953년 10월에는 한 부대가, 민간인을 해치지 말라는 지시를 받았는지 안 받았는지는 알 수 없지만, 요르단 마을을 급습해 69명을 죽였는데 그중 절반이 여성과 아이였다.

1차 세계대전 이후로 젊은이들을 군에 징집하고 분류하는 작업이 심리학자들 손에 맡겨졌다. 일부 야심 찬 심리학자들이 미군에 의뢰해 그 일을 따냈기 때문이다. 하지만 젊은이 수만 명을 재빨리 분류해 효율적인 군대를 조직해야 하는 마당에, 하물며 당장 불러올 수 있는 심리학자라고는 2년간의 심리학 수업을 거의 독학으로 마친 스물한 살 청년뿐이라면, 구태여 심리학자까지 불러야 하나 싶게 마련이다. 대니도 그 제안을 받고 무척 놀랐고, 자기는 그 일에 적임자가 아니라고 생각했다. 게다가 이미 상사에게서 사관학교 입학 후보들을 평가하라는 지시를 받고, 누가 어떤 일에 적합한지 가리느라 진땀을 빼던 참이었다.

　장교가 되겠다고 지원한 젊은이들은 인위적으로 만들어낸 이상한 임무를 수행해야 했다. 벽에 손을 대지 않고 오직 장대를 이용해 벽 이쪽에서 저쪽으로 옮겨가는 임무였는데, 이때 장대는 벽이나 땅에 닿지 않아야 했다. 대니는 이렇게 썼다. "우리는 누가 책임자 역할을 하는지, 누가 지도자 역할을 하려다 퇴짜를 맞는지, 각 군인은 팀 전체에 어떤 식으로 협조하는지를 기록했다. 그러면서 완고한 사람, 고분고분한 사람, 거만한 사람, 인내하는 사람, 성마른 사람, 집요한 사람, 잘 포기하는 사람이 누구인지 관찰했다. 자기 의견이 팀에서 퇴짜를 맞은 뒤로는 열심히 협력하지 않는 경쟁적 악의도 목격했다. 우리는 위기가 닥쳤을 때의 반응도 관찰했다. (…) 우리는 스트레스를 받는 상황에서 진짜 본성이 드러나리라고 생각했다. 각 후보에게서 받은 인상은 하늘 색깔만큼이나 분명하고 강렬했다."

　대니는 좋은 장교가 될 사람들을 어렵지 않게 찾아냈다. "우리는 주저 없이 선언했어. '이 친구는 절대 안 될 거야', '저 친구는 그저 그래', '그 친구는 스타가 될 거야'라고." 그러다가 자신의 예측을 실제 결과와 비교하면서 문제를 발견했다. 다양한 후보가 실제로 사관학교에 들어가 장교 훈련을 받으면서 거둔 성적과 애초 그의 예측을 비교해보니, 예측은 엉터리였다. 하지만 어쨌거나 군대이고 맡은 일을 해야 하니, 하던 일을 계속할 수밖에 없었다. 그리고 역시 대니답게, 그럼에도 자신이 그 일에 여전히 자신감을 느낀다는 것에 주목했다. 그는 이 상황이 유명한 뮐러리어 착시 같았다.

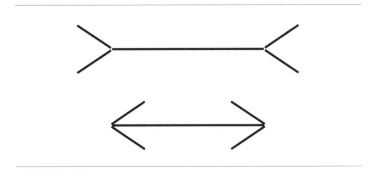

그림2 뮐러리어 착시

우리 눈은 길이가 같은 직선 두 개를 보면서, 그중에 하나가 더 길다는 착각에 빠진다. 자를 대고 둘의 길이가 같다고 확인을 해줘도 그 착각은 사라지지 않아서, 사람들은 여전히 하나가 더 길다고 우길 것이다. 이처럼 단순한 경우에도 감각이 현실을 압도한다면, 복잡한 경우는 오죽하겠는가?

대니의 지휘관들은 이스라엘 방위군이 각 분야마다 특성이 있다고 믿었다. '전투기 조종사' 유형, '기갑부대' 유형, '보병' 유형 등. 그래서 신병들이 그중 어느 유형에 가장 적합한지 대니가 결정해주기를 바랐다. 대니는 이스라엘 전체 인구를 효과적으로 분류해 올바른 상자에 담을 적성검사를 만드는 작업에 착수했다. 우선 여러 성격 특성 중에 누가 봐도 전투와 관련이 깊은 특성을 몇 개 추리는 작업부터 시작했다. 사나이의 자부심, 시간 엄수, 사회성, 책임감, 독자적 사고력 등. 그는 훗날 이렇게 말했다. "그 특성 목록은 근거가 없었어. 그저 생각 나는 대로 적었을 뿐이야. 전문가라면 미리 시험도 해보고, 다양한 버전을 테스트해보고, 이것저것 하느라 여러 해가 걸렸겠지만 나는 그일이 힘든 작업이라는 걸 몰랐거든."

대니가 생각하기에 힘든 부분은 평범한 면접으로 그런 특성을 정확히 측정하는 것이었다. 타인을 평가할 때 나타나는 미묘한 어려움은 1915년에 미국 심리학자 에드워드 손다이크Edward Thorndike가 설명했다. 손다이크는 미군 장교들에게 장병들을 몇 가지 신체 특징(예: 체격)에서 점수를 매기게 한 다음, 쉽게 눈에 띄지 않는 특징(예: 지능, 지도력)을 평가하게 했다. 그러자 처음에 점수를 매기면서 생긴 느낌이 두 번째 평가에 영향을 미치는 것을 발견했다. 장교가 어떤 장병의 체격에 감탄했다면, 다른 방면에서도 그에게 감탄했다. 평가 순서를 바꿔도 똑같은 문제가 일어났다. 그러니까 처음에 전반적으로 뛰어나다는 평가를 받은 장병은 다음에 실제보다 더 강인하다는 평가를 받았다. "전반적인 장점의 후광이 특정 능력 평가에 영향을 미치고, 반대로 특정 능력의 후광이 전반적인 장점 평가에도 영향을 미친다." 손다이크의 결론은 이랬다. "뛰어난 현장 감독, 고용주, 교사, 부서장조차 개인을 별개의 특징이 혼합된 존재로 인식해 어떤 특징을 다른 특징과 분리해 따로 점수를 매기는 것이 불가능하다." 여기서 지금도 사용되는 '후광효과halo effect'라는 말이 생겼다.

대니는 후광 효과를 알고 있었다. 그리고 당시 이스라엘군 면접관들에게서 그 효과가 나타났다는 것도 알 수 있었다. 그들은 신병 한 사람마다 20분씩 면접을 하면서, 그의 성격에 대해 전반적인 인상을 받았다. 하지만 전반적인 인상은 정확하지 않다고 증명되었고, 대니는 그 방식을 피하고 싶었다. 다시 말하면, 인간의 판단에 의존해야 하는 상황을 피하고 싶었다. 정확히 어떤 이유로 그가 인간의 판단을 불신하는지는 자신도 확실치 않았다. 그때를 회고하던 대니는 아마도 그즈음에 나온 폴 밀(심리학 분야에 과연 통일성이 있느냐고 의아해했던 심리학자)의 책을 읽은 게 거의 분명하다고 했다. 밀은《임상 예측 대 통계 예측 Clinical versus Statistical Prediction》이라는 책에서, 정신분석가들이 예측하는 신경증 환자의 미래가 단순한 알고리즘 분석보다 못하다고 했다. 대니가 이스라엘군이 이스라엘 청년들을 평가한 내용을 자세히 검토하기 바로 전해인 1954년에 나온 이 책은 임상 판단과 예측에 큰 가치를 부여한 정신분석가들을 화나게 했다. 그러면서 좀 더 일반적인 문제를 던졌다. 소위 전문가들도 자기 예측의 가치를 오판할 수 있다면 다른 사람들은 말해 무엇하겠는가? "지금 확실히 말할 수 있는 건 그때 내가 취한 조치를 보면 내가 밀의 책을 읽은 게 분명하다는 것뿐이야." 대니의 말이다.

그는 후광 효과를 최소화하기 위해 군 면접관들(주로 여성)을 대상으로, 각 신병에게 던질 질문 목록 작성법을 가르쳤다. 아주 구체적으로 질문하되, 신병이 자신을 어떻게 생각하는지가 아니라 실제로 어떻게 행동하는지를 알아볼 수 있는 질문들을 던지라고 했다. 질문은 사실을 캐낼 뿐 아니라 캐내려는 사실을 위장해야 했다. 한 부문이 끝나고 다음 부문으로 넘어가기 전에, 면접관은 '절대 이런저런 행동을 하지 않음'부터 '항상 이런저런 행동을 함'까지, 1점에서 5점의 점수를 준다. 예를 들어 사회성을 평가할 때 '집단 전체와 친밀한 사회적 관계 및 완벽한 일체감을 형성'하는 사람에게는 5점을 주고, '완벽하게 고립된 사람'에게는 1점을 주는 식이다. 대니도 이 방법에 문제가 많다는 것을 알았지만, 깊이 고민할 시간이 없었다. 한 예로, 3점을 어떻게 규정해야 할지 잠깐 고민했다. 가끔씩 사회성이 두드러진 사람이어야 할까, 아니면 모든 경우에 사회성이 적당한 사람이어야 할까? 기본적으로 둘 다 3점을 주기로 했다. 중요한 점은 면접관이 자기 의견을 다른 면접관에게 알리지 말아야 한다는 것이다. 문제는 '내가 그 사람을 어떻게 생각하는가?'가 아니라 '그가 어떤 행동을 했는가?'였다. 이스라엘군에서 누가 어디로 배속되는가가 대니의 알고리즘으로 결정될 판이었다. "면접관들은 그 방법을 죽어라 싫어해서, 곧 폭동이라도 일으킬 태세였어. 한 사람은 '당신이 우릴 로봇으로 만든다'고 했는데, 그 말이 아직도 잊히질 않아. 자기들은 [사람 성격을] 얼마든지 구별할 수 있다고 생각하는데, 내가 그걸 박탈했으니, 정말 열 받는 노릇이지."

　그 뒤에 대니는 조수가 모는 차를 타고 전국을 돌며, 장교들에게 부하 장병들을 대상으로 성격 특성에 점수를 매겨달라고 했다. 그러면 그가 그 점수를 장병의 실제 성과와 비교할 수 있었다. 그는 군대 내 특정 분야에서 소질을 보이는 사람들의 특성을 찾으면, 그 특성을 가진 사람들을 찾아 그 분야로 보낼 수 있으리라 생각했다. (그는 이때의 경험이 독특했다면서, 전체보다는 특이했던 세세한 부분을 기억했다. 전투 장교들과의 만남에 관해서는 많은 것을 기억하지 못했지만, 그가 직접 지프의 운전대를 잡은 뒤에 운전병이 했던 말만큼은 생생하게 기억해냈다. 그 전까지 그는 직접 운전을 한 적이 없었다. 그때 그가 곧 둔덕이 나올 것을 예상하고 브레이크를 밟자 운전병이 그를 칭찬했다. "운전병이 그러더라고. '그게 바로 적절한 부드러움이죠.'") 현장에서 전투 장교들을 만나고 다니던 대니는 이제까지 헛고생을 했다는 것을 알게 되었다. 군대의 전형성 따위는 없었다. 서로 다른 영역에서 소질을 보인 사람들도 성격에 이렇다 할 차이가 없었다. 훌륭한 보병의 특성은 포 옆에서 또는 전차 안에서 훌륭히 업무를 수행하는 장병의 특성과 거의 같았다.

대니의 성격검사에서 나온 점수가 예견하는 것이 있긴 했다. 신병이 '어떤 일이든' 잘해낼 가능성이다. 이 검사로 이스라엘군은 장교로 성공할 사람, 엘리트(전투기 조종사나 낙하산 부대원) 훈련에 적합한 사람을 전보다 잘 추려내게 되었다(알고 보니 이 검사는 영창에 갈 사람도 예견했다). 더욱 놀라운 점은 그 결과가 지능이나 교육과는 상관관계가 아주 적다는 것이다. 그러니까 지능과 교육이라는 단순한 척도로는 알 수 없는 정보를 제공했다. '카너먼 점수'라고도 불리는 이 척도는 전체 국민을 군에 좀 더 유용하게 활용하고, 특히 군 지도자를 선발할 때 원초적이고 측정 가능한 지능의 중요성을 줄이면서 대니 목록에 실린 자질의 중요성을 높이는 효과를 냈다.

대니가 만든 방법이 워낙 효과가 좋아서 이스라엘군은 이 방법을 바로 채택해 미세한 수정을 거쳐 오늘날까지도 계속 사용하고 있다(이를테면 전투부대에 여성이 들어오면서 '사나이의 자부심' 항목은 '자부심'으로 바뀌었다). "한번은 크게 바꾸려고 했는데, 더 안 좋아져서 원래대로 돌려놨어요."《이스라엘 군인의 초상A Portrait of the Israeli Soldier》의 저자이자 이스라엘 방위군에서 5년간 수석 심리학자로 복무한 레우벤 갈Reuven Gal의 말이다. 갈은 1983년에 군을 떠나 곧바로 미국국립과학아카데미National

Academy of Sciences 연구원 자격으로 워싱턴 DC로 향했다. 하루는 그곳에서 미국 국방부 고위 관계자에게 전화를 받았다. "와서 이야기를 나눌 수 있겠느냐고 묻더군요." 국방부에 도착한 갈은 미군 장군들이 가득 찬 방에서 질문 세례를 받았다. 갈은 그때 상황을 이렇게 전했다. "(질문 방식은 달랐지만) 늘 똑같은 질문이었어요. '당신들은 우리와 총도 같고 전차도 같고 비행기도 같은데 어떻게 전투를 하는 족족 승승장구하고, 우리는 그렇지 못한지 설명해줄 수 있겠는가? 무기의 문제가 아니라는 건 안다. 심리의 문제일 거다. 전투에 나갈 장병은 어떤 식으로 뽑는가?' 이후 다섯 시간 동안 그 사람들이 내 머리를 쪼아대면서 알아내려 한 건 딱 하나, 선발 절차였어요."

대니는 훗날 대학교수가 되어 학생들에게 이렇게 말하곤 했다. "어떤 사람이 무언가를 말할 때, 저 말이 과연 사실일까 자문하지 말아요. 그보다는 그 말이 어느 경우에 해당할까 자문하세요." 그것은 그의 지적 본능이고, 정신의 고리로 진입하는 자연스러운 첫 단계였다. 어떤 사람이 방금 무슨 말을 했든 그 말을 받아들이고, 그것을 해체하기보다 이해하려고 노력하라. 이스라엘군이 그에게 던진, 군의 이런저런 역할에 어떤 성격이 가장 잘 맞겠는가, 하는 질문은 사실 터무니없었다. 그래서 대니는 좀 더 생산적인 질문을 던졌다. 면접관이 직관으로 신병을 평가하다가 평가를 망치는 일을 막으려면 어떻게 해야 하는가? 그는 이스라엘 청년들의 성격을 점쳐달라는 요청을 받은 셈이었다. 그런데 그는 다른 사람의 성격을 점치려는 사람들과 관련해 새로운 사실을 알게 되었다. 직감을 버리면 더 나은 판단을 내릴 수 있다! 그는 구체적인 문제를 의뢰받았다가 포괄적인 진실을 발견한 것이다.

브리티시컬럼비아대학 심리학 교수 데일 그리핀Dale Griffin은 이렇게 설명했다. "대니가 다른 99만 9,999명의 심리학자들과 다른 점은 어떤 현상을 발견했을 때 그것을 다른 상황에도 적용할 수 있게 설명할 줄 안다는 거예요. 운처럼 보이지만, 그는 번번이 그래요."

　　다른 사람 같았으면 이때의 일을 한없이 자랑스럽게 여겼을 것이다. 스물한 살의 대니 카너먼은 이스라엘의 생존이 걸린 이스라엘군에서, 다른 어떤 심리학자보다도 큰 영향력을 발휘했다. 그의 다음 단계는 당연히 군을 떠나, 성격 평가와 선발 절차 분야에서 박사 학위를 따고 이스라엘 최고의 전문가가 되는 것이리라. 하버드대학은 이 분야의 중심지 중 한 곳이었다. 하지만 도와주는 사람 하나 없던 대니는 자신은 하버드를 갈 만큼 똑똑하지 않다고 판단해 지원조차 하지 않았다. 그리고 버클리대학으로 떠났다.

　　4년이 흘러 1961년에 젊은 조교수로 히브리대학에 돌아온 그는 심리학자 월터 미셸Walter Mischel이 진행한 성격 연구에서 신선한 자극을 받았다. 1960년대 초, 미셸은 아이들을 대상으로 놀랍도록 간단한 검사법을 개발해 많은 사실을 알아냈다. '마시멜로 실험'이었는데, 실험 진행자는 세 살, 네 살, 다섯 살짜리 아이들을 방에 혼자 들어가게 하고 아이들이 좋아하는 프레첼 과자나 마시멜로 같은 것을 아이 옆에 놓아두었다. 그리고 앞으로 몇 분 동안 그걸 먹지 않고 참으면 하나 더 주겠다고 했다. 어린아이들의 참을성은 IQ, 가정환경, 기타 요소와 상관관계가 있는 것으로 드러났다. 미셸이 이후에 이 아이들의 삶을 추적해보니, 다섯 살 때 이 유혹에 저항을 잘한 아이일수록 대학입학자격시험SAT 점수와 자존감은 높고 여러 중독에 빠질 가능성과 체지방은 낮았다.

대니는 새로운 열정에 사로잡혀 마시멜로 실험과 유사한 실험을 잔뜩 개발했다. 그러면서 자신의 연구를 일컫는 말도 만들었다. '단일 질문으로 알아보는 심리the psychology of single questions'. 그중 하나를 보면, 이스라엘 아이들을 모아놓고, 캠핑을 떠날 예정이라며 1인용, 2인용, 8인용 텐트 중 어디서 잠을 잘지 고르라고 했다. 대니는 아이들의 대답으로 소속감을 엿볼 수 있으리라 생각했다. 하지만 아무 결과도 얻지 못했다. 뭔가 알아냈다 싶다가도 후속 실험에서 그 결과가 되풀이되지 않았다. 그는 실험을 포기했다. "과학자가 되고 싶었고, 내가 발견한 결과를 되풀이해 얻지 못하는 한 과학자가 될 수 없다고 생각했는데, 결국 되풀이해 얻지 못했지." 그는 자신을 또 한 번 의심하면서 성격 연구를 포기했고, 그쪽에 재주가 없다고 결론 내렸다.

3
내부자

암논 라포포트Amnon Rapoport가 이스라엘군의 새로운 선발 시스템에 따라 지도자가 될 만한 인물로 지목된 때, 그의 나이는 고작 18세였다. 군은 그를 전차 지휘관으로 뽑았다. "전차 부대가 있는 줄도 몰랐어요." 그의 말이다. 1956년 10월 어느 날 밤, 그는 전차를 끌고 요르단으로 들어갔다. 이스라엘 민간인 여러 명을 살해한 행위에 대한 보복이었다. 이런 습격에서는 갑작스레 어떤 결정을 내릴지 자신도 전혀 알 수 없었다. 발포할 것인가, 발포를 중지할 것인가? 죽일 것인가, 살려둘 것인가? 사느냐, 죽느냐? 불과 몇 달 전에 암논 또래의 이스라엘 군인 한 명이 시리아인에게 생포되었다. 그는 신문을 받기 전에 스스로 목숨을 끊었다. 시리아가 그의 시체를 돌려보냈을 때 이스라엘군은 그의 발톱에 쓰인 문구를 보았다. "절대 배신하지 않았다."

1956년 10월 그날 밤, 암논이 내린 첫 번째 결정은 발포 중지였다. 그는 요르단 경찰서 건물 2층을 포격해, 낙하산부대가 1층을 습격할 수 있게 해야 했다. 작전 중에 행여 아군이 죽지 않을까 걱정스러웠다. 그는 포격을 중지한 뒤에, 전차 무전기로 지상의 보고를 받았다. "돌연 눈앞에 현실이 펼쳐졌어요. 단지 영웅과 악인이 싸우는 모험이 아니에요. 사람들이 죽어가는 현실이었죠." 낙하산부대는 이스라엘의 엘리트 전투부대였다. 이 부대는 직접 몸을 부딪쳐 싸우는 백병전에서 심각한 피해를 입고 있었지만, 전차 안에 있는 암논의 귀에 들려오는 이들의 전투 보고는 차분하다 못해 평온하기까지 했다. "공포가 없었어요. 억양 변화도 없고, 감정 표현도 거의 없었죠." 암논이 말했다. 이 유대인들은 스파르타인이 되어 있었다. 어떻게 그럴 수 있는가? 그는 백병전을 어떻게 치르게 될지 알 수 없었다. 그도 전사가 되고 싶었다.

2주 뒤에 그는 전차를 몰고 이집트로 들어갔다. 무력 침략의 시작이었다. 집중포화 속에서 그는 이집트뿐 아니라 이스라엘 전투기에게도 기총소사를 당했다. 그가 가장 생생하게 기억하는 것은 그의 전차 바로 위로 급강하하던 이집트 미그15 전투기였다. 당시 그는 전투 상황을 360도 살피려고 전차 포탑 위로 머리를 내민 채 운전병에게 적의 공격을 피하기 위해 전차를 지그재그로 몰라고 소리쳤다. 이집트 미그기는 마치 그의 머리를 날려버리라는 특수 임무를 띤 것만 같았다. 며칠 뒤, 자포자기한 이집트 군인들이 총퇴각을 하면서 팔을 머리 위로 올린 채 암논의 전차로 다가왔다. 그들은 물을 달라고 애원했고, 베두인족이 총과 군화를 노리고 쫓아온다며 자기들을 보호해달라고 했다. 암논은 바로 전날까지도 그들을 죽였지만, 이제는 연민밖에 느껴지지 않았다. 그는 또 한 번 놀랐다. "순식간에 유능한 살인 기계에서 동정심 많은 인간으로 변하다니!" 어떻게 그럴 수 있었을까?

전투가 끝나자 암논은 모든 것에서 벗어나고 싶다는 생각뿐이었다. "2년 동안 전차에서 지냈더니 좀 거칠어진 것 같았어요. 가능한 한 멀리 벗어나고 싶었죠. 비행기를 타고 이 나라를 떠나려니 돈이 너무 많이 들더군요." 1950년대에 이스라엘 사람들은 전투 스트레스나 전투에 대한 불만을 입에 올리지 않았다. 그저 알아서 대처할 뿐이었다. 암논은 홍해 북쪽 지역 사막에 있는 구리 광산에서 일자리를 잡았다. 전설로 내려오는 솔로몬 왕의 구리 광산 중 한 곳이었다. 그곳 사람들은 거의 다 교도소에 복역하면서 노동을 하는 사람들이었는데, 암논은 그들보다 수학 실력이 좋아서 회계를 맡았다. 솔로몬 광산에는 편의 시설이 제대로 갖춰지지 않아 변기와 휴지도 없었다. "이런 말을 해서 좀 그렇지만, 신문지를 들고 똥을 누러 나갔다가 신문지에 적힌 글을 봤어요. 히브리대학에 심리학과가 개설된다는 내용이었어요." 그의 나이 스물이었다. 심리학이라고는 프로이트와 융을 들어본 정도지만 구미가 당겼다("히브리어로 된 심리학 교재가 많지 않았어요"). 이유는 알 수 없었다. 생리적 욕구에 심리학이 대답한 셈이었다.

히브리대학의 다른 학과와 다르게 이스라엘 최초의 심리학과는 입학 경쟁이 치열했다. 암논은 신문에서 광고를 읽은 지 몇 주 지나, 히브리대학이 임시로 들어선 수도원 앞에 줄을 섰다. 기이한 시험을 보려고 대기하는 줄이었는데, 그 시험에는 대니 카너먼이 개발한 것도 있었다. 대니가 만든 언어로 글을 한 페이지 써놓고, 문법 구조를 해독해보라는 시험이었다. 응시자 줄은 거리에 길게 이어졌다. 신설된 심리학과는 고작 20여 명을 뽑을 예정인데, 입학 희망자는 수백 명이었다. 1957년에 놀랄 정도로 많은 이스라엘 청년이 인간이 어떻게 움직이는지 알고 싶어 했다. 그들의 재능도 놀라웠다. 합격한 20명 중에 19명이 박사 학위를 받았고, 유일하게 박사 학위를 받지 못한 사람은 여성이었는데 입학시험 점수는 최상위권이었지만 아이들 때문에 중간에 학업을 그만둔 경우였다. 심리학과가 없는 이스라엘은 미식축구 팀이 없는 앨라배마대학이나 마찬가지였다.

암논 옆에는 창백하고 앳된 얼굴의 키 작은 군인이 줄을 서 있었다. 열다섯 살쯤 되어 보였지만, 어울리지 않게 고무창을 댄 높은 군화에다 빳빳한 군복을 입고 이스라엘 낙하산부대가 쓰는 빨간 베레모를 쓰고 있었다. 신식 스파르타군이었다. 그가 입을 열었다. 이름은 아모스 트버스키Amos Tversky였다. 암논은 그가 한 말을 제대로 기억하지 못했지만, 그때의 느낌은 또렷이 기억했다. "나는 그 친구만큼 똑똑하지 못했어요. 그 자리에서 바로 알 수 있었죠."

———

아모스 트버스키는 그의 이스라엘 지인들 사이에서 그들이 만난 사람들 가운데 의문의 여지없이 가장 비범한 인물이고 전형적인 이스라엘 사람이었다. 그의 부모는 1920년대 초에 반유대주의를 피해 러시아를 탈출한 뒤 시오니즘 국가 건설을 이끈 선구자에 속했다. 그의 어머니 제니아 트버스키Genia Tversky는 사회를 이끄는 힘과 정치 수완이 뛰어나 이스라엘 최초 의회에서 의원이 되었고, 그 뒤로도 네 번 더 의원을 지냈다. 제니아 트버스키는 개인의 삶을 희생하며 공직을 수행했고,

그 선택을 두고 크게 고민하지도 않았다. 집을 떠나는 일도 잦아서, 아모스가 어렸을 때는 유럽에 2년간 머물면서 미군을 도와 강제수용소를 해방시키고 생존자들을 새로운 곳에 정착시켰다. 그리고 귀국하자마자 집보다 예루살렘 의회 크네시트Knesset에서 더 많은 시간을 보냈다.

　누나도 있었지만 아모스보다 열세 살이나 많아서, 아모스는 외아들이나 다름없이 자랐다. 아모스를 키운 사람은 주로 아버지 요세프 트버스키Yosef Tversky였다. 수의사인 아버지는 많은 시간을 가축을 돌보며 보냈다(이스라엘 사람들은 애완동물을 키울 형편이 안 됐다). 랍비의 아들인 요세프는 종교를 경멸하고 러시아문학을 사랑했으며, 같은 인류의 입담에서 큰 즐거움을 느꼈다. 그는 원래 의학 쪽 일을 하다가 그만두었는데, 아모스가 친구들에게 설명한 바로는 "동물이 사람보다 더 큰 고통을 느끼지만 불평은 훨씬 적다고 생각"했기 때문이었다. 요세프 트버스키는 진지한 사람이었다. 하지만 삶과 일을 이야기할 때면 경험담으로, 그리고 존재의 불가사의로 아들을 포복절도케 했다. 아모스는 박사 논문을 시작하면서 "궁금증을 갖고 살라고 가르쳐주신 아버지께 이 논문을 바친다"고 쓰기도 했다.

　아모스는 어떤 일을 재미있는 이야기로 엮어낼 줄 아는 사람에게 실제로 재미있는 일이 일어난다고 즐겨 이야기했다. 아모스 역시 깜짝 놀랄 만한 독창적 효과를 더해 이야기를 전달하는 재주가 있었다. 그는 약간 혀 짧은 소리로 말을 했는데, 카탈루냐 사람이 스페인어를 하는 느낌이랄까. 그의 안색은 창백하다 못해 반투명해 보였다. 말을 할 때든, 들을 때든 그의 옅은 푸른색 눈은 곧 떠오를 생각을 탐색하듯 앞뒤로 빠르게 움직였다.

그는 심지어 말을 할 때도 끊임없이 어떤 동작을 하는 듯한 느낌을 주었다. 그는 흔히 말하는 건장한 체격은 아니었다. 항상 자그마했다. 하지만 관절이 자유자재로 휙휙 돌아갔고, 놀랍도록 민첩하게 움직였다. 산을 탈 때도 야생으로 돌아간 동물처럼 날아다니다시피 했다. 그가 아주 좋아하는 장난 하나는, 이야기를 전달할 때도 종종 그랬는데, 바위든 탁자든 전차든 높은 곳에 올라가 얼굴부터 땅으로 떨어지는 것이었다. 그의 몸은 땅과 완벽한 수평을 이루며 사람들이 비명을 지를 때까지 떨어진다. 그러다가 마지막 순간에 몸을 일으켜 발을 땅에 딛는다. 그는 떨어질 때의 느낌을 좋아했고, 세상을 위에서 바라보길 좋아했다.

아모스는 용기도 대단했다. 아니면 적어도 그렇게 보이고 싶어 했다. 1950년에 부모가 그를 데리고 예루살렘을 떠나 해안 도시 하이파로 이사 온 지 얼마 안 됐을 때의 일이다. 그는 수영장에서 아이들과 놀고 있었는데, 그곳에는 10미터 높이의 다이빙대가 있었다. 아이들은 그에게 뛰어내려보라고 했다. 아모스는 열두 살이었지만 아직 수영을 할 줄 몰랐다. 얼마 전에 끝난 독립전쟁 때만 해도 예루살렘에 마실 물도 없었으니 수영장에 물을 채운다는 건 언감생심이라 수영을 배울 수도 없었다. 아모스는 키 큰 아이를 발견하고는 그에게 말했다. "다이빙을 할 테니까 네가 수영장에 들어가 있다가 내가 떨어지면 물 위로 꺼내줘." 아모스는 뛰어내렸고, 키 큰 아이가 그를 구조해 물 밖으로 끌어 올렸다.

고등학교에 들어간 아모스는 이스라엘 아이들이 다 그렇듯 수학과 과학을 전공할지 인문학을 전공할지 결정해야 했다. 당시 사회는 남자아이들에게 수학과 과학을 공부하라고 상당한 압력을 넣었다. 사회적 지위나 미래의 직업을 생각하면 그쪽을 택해야 했다. 아모스는 수학과 과학에, 어쩌면 다른 아이들보다 훨씬 소질이 있었다. 그런데도 같은 반 똑똑한 아이들 중에 혼자만 인문학을 택해, 모두를 어리둥절하게 했다. 위험을 무릅쓰고 미지의 세계에 또 한 번 뛰어든 셈이다. 수학은 독학으로 공부할 수 있지만 바루크 커즈와일Baruch Kurzweil 선생님과의 짜릿한 인문학 수업은 그냥 지나칠 수 없었다는 게 아모스의 이야기였다. 아모스는 로스앤젤레스로 떠난 누나 루스에게 보낸 편지에 이렇게 썼다. "다른 선생님들 수업은 따분하고 수박 겉핥기식인데, 이 선생님이 하는 히브리문학, 철학 수업은 진짜 재밌고 놀라워." 아모스는 커즈와일 선생님에게 드리는 시를 썼고, 사람들에게 시인이나 문학평론가가 될 거라고 말했다.*

아모스는 새로 들어온 학생 달리아 라비코비치Dahlia Ravikovitch와 강렬하고, 은밀하고, 어쩌면 연애 감정이 섞인 우정을 나누었다. 달리아는 침울한 표정으로 교실에 나타났다. 아버지가 죽은 뒤로 집단 공동체 키부츠에서 살면서 그곳의 삶을 혐오했고, 그 뒤 위탁 가정을 전전했다. 달리아는 적어도 1950년대 이스라엘식의 사회적 소외를 보여주는 단적인 경우였지만, 학교에서 가장 인기가 많은 아모스는 달리

---

* 스키너는 젊은 시절에 위대한 소설을 쓰지 못할 것이라는 사실을 깨닫고 크게 절망해 거의 심리 치료를 받을 수준까지 갔다고 고백했다. 전설적인 심리학자 조지 밀러George Miller는 문학의 야심을 접고 심리학을 한 이유가 글을 쓸 소재가 없었기 때문이라고 했다. 그런가 하면 심리학자 윌리엄 제임스William James가 동생 헨리 제임스Henry James의 첫 소설을 읽으면서 느낀 복잡한 심경을 누가 짐작이나 할 수 있겠는가? 미국의 어느 유명한 심리학자는 이렇게 말했다. "얼마나 많은 심리학자가 주변의 위대한 작가를 따라잡으려다 실패했는지 알아본다면 흥미로울 것이다. 그 희망 사항이 그들의 근본 동력이었을 것이다."

아와 친구가 되었고, 다른 아이들은 그 상황이 이해하기 힘들었다. 아모스는 여전히 아이 같았고, 달리아는 어느 모로 보나 다 큰 여자 같았다. 아모스는 야외 활동과 게임을 좋아했고, 달리아는 다른 여학생들이 체육 수업을 받으러 나갈 때…… 창가에 앉아 담배를 피웠다. 아모스는 여럿이 어울리기를 좋아했지만, 달리아는 혼자였다. 달리아의 시가 이스라엘 최고의 문학상 후보로 거론되고 세계적으로 돌풍을 일으킨 것은 한참 뒤의 일이었는데, 그때 사람들은 고개를 끄덕였다. "역시 그랬군. 둘 다 천재였어." 바루크 커즈와일이 이스라엘에서 가장 저명한 문학평론가가 되었을 때, 아모스가 그와 공부하고 싶어 했던 일을 두고 다들 "역시 그랬군"이라고 했듯이. 하지만 둘은 비슷하면서도 달랐다. 아모스는 누구보다도 가장 줄기차게 긍정적이었던 반면, 달리아는 커즈와일이 그랬듯 자살을 시도했다(그리고 커즈와일은 성공했다).

1950년대 초 하이파에 살던 많은 유대인 청소년처럼 아모스도 나할Nahal이라 불린 좌익 청년운동에 참여했다. 그리고 곧 지도자로 선출되었다. '선도적 투쟁 청년단'을 뜻하는 히브리어의 앞 글자를 따서 이름 붙인 '나할'은 젊은 시온주의자들을 학교에서 키부츠로 옮겨놓는 역할을 했다. 나할이 구상한 것은 한두 해 군인으로 복무하면서 농장을 지키다가 농부가 되는 것이었다.

아모스가 고등학교 마지막 학년을 보내고 있을 때 이스라엘 장군 모셰 다얀Moshe Dayan이 하이파에서 위풍당당한 모습으로 학생들 앞에서 연설했다. 우연히 그 연설을 들은 한 소년은 그때를 이렇게 회상했다. "나할에 나가는 사람 손 들어보라고 했어요. 많은 사람이 손을 들었죠. 그랬더니 장군이 그러더군요. '여러분은 반역자입니다. 우리는 여러분이 토마토, 오이나 기르고 있길 원치 않습니다. 여러분은 투쟁해야 합니다.'" 이듬해에 이스라엘의 모든 청년단에, 농부가 아니라 낙하산 부대원으로 복무할 청년들을 100명당 12명씩 뽑아달라는 요청이 들어왔다. 아모스는 엘리트 군인이라기보다 보이스카우트처럼 보였지만, 지체 없이 지원했다. 몸무게가 미달되자 물을 마셔서 몸무게를 채웠다.

아모스를 비롯한 청년들은 낙하산 학교에서 새로운 국가의 상징인 전사와 살인 기계로 변모했다. 겁쟁이는 설 곳이 없었다. 5.5미터 높이에서 아무것도 망가뜨리지 않고 지상으로 착지할 수 있다는 걸 증명하면, 2차 세계대전에 쓰인 낡은 목조 비행기에 올라탈 수 있었다. 프로펠러가 문과 같은 높이에, 그러나 문 바로 앞에 있어서, 몸을 밖으로 내미는 순간 그 거센 바람에 몸이 뒤로 쓰러질 정도였다. 문에는 빨간불이 붙어 있었다. 청년들은 장비를 서로 점검해주고, 불이 녹색으로 바뀌면 한 사람씩 앞으로 이동했다. 머뭇거리는 사람은 뒤에서 밀어서 내보냈다.

대다수 청년이 처음 몇 번은 머뭇거려서, 조금씩 밀어줘야 했다. 아모스가 속한 집단에서는 한 청년이 한사코 뛰어내리려 하지 않아 평생 따돌림을 당했다(어느 전직 낙하산 부대원은 "뛰어내리지 않으려면 '진짜' 용기가 필요했다"고 회고했다). 아모스는 머뭇거리는 법이 없었다. "비행기에서 뛰어내릴 때면 그는 항상 극단적인 열정을 보였다"고 동료 부대원인 우리 샤미르Uri Shamir가 회상했다. 아모스는 50번, 어쩌면 그 이상 뛰어내렸다. 적진에도 뛰어내렸다. 1956년 시나이전쟁[제2차 중동전쟁 – 옮긴이] 때는 전투지에도 뛰어내렸다. 한번은 우연히 말벌집으로 뛰어내렸다가 벌에 심하게 쏘여 기절한 적도 있었다. 1961년에는 대학을 마치고 미국 대학원에 가려고 생전 처음 낙하산 없이 하늘을 날았다. 비행기가 하강할 때 그는 순수한 호기심으로 땅을 내려다보다가 옆자리에 앉은 사람에게 이렇게 말했다. "나는 한 번도 땅에 착지했던 적이 없어요."

———————

아모스는 낙하산부대에 들어간 지 얼마 안 되어 소대장이 되었다. 그리고 로스앤젤레스에 있는 누나에게 편지를 썼다. "새로운 삶의 방식에 이렇게 빨리 적응할 수 있다니, 정말 놀라워. 내 또래 남자들이 나와 다른 거라고는 소매에 붙은 작대기 두 개뿐이었는데, 이제는 그 친구들이 나한테 경례를 하고 내 모든 명령에 따르고 있어. 뛰라면 뛰고, 기라면 기고. 나도 이제는 이 관계를 받아들여서, 자연스럽게 느껴져." 집으로 보내는 편지는 검열 대상이라 전투 경험담은 맛보기 정도로만 썼다. 그는 보복 작전에 투입되었고, 여기서는 양쪽 모두 잔혹해졌다. 아모스는 부하를 잃기도 하고, 구하기도 했다. 그는 이렇게도 썼다. "'보복 임무'를 수행하던 중에 우리 부대원 한 명을 구해 특별상을 받았어. 영웅처럼 행동한 것도 없고, 단지 부하들이 무사히 집으로 돌아가길 바랐을 뿐인데."

그가 편지에 쓰지 않은, 그리고 좀처럼 입 밖에 내지 않은 시련도 있었다. 가학적인 어느 상급 장교가 부하 장병이 식량 없이 얼마나 멀리 이동하는지 시험하고 싶은 마음에, 물을 주지 않은 채 먼 길을 보냈다. 이 실험에서 아모스의 부하 한 명이 탈수로 사망했고, 아모스는 이후 군사법원에서 자신의 지휘관에게 불리한 증언을 했다. 어느 날 밤, 아모스 부하들이 또 다른 가학적인 장교를 머리에 담요를 씌운 채 잔인하게 폭행했다. 아모스는 가담하지 않았지만, 이후 수사에서 그 부하들이 기소를 모면하도록 도와주었다. "그쪽에서 질문을 하면, 관련 없는 일을 이것저것 장황하게 늘어놔서 그 사람들을 따분하게 만들어. 그러면 그쪽에서 헛다리를 짚을 거야." 그의 작전은 성공했다.

1956년 말, 아모스는 소대장에 그치지 않고 이스라엘군 최고의 용맹 표창을 받았다. 이스라엘 방위군 참모들이 지켜보는 가운데 훈련을 하던 중에 일어난 사건 때문이었는데, 이 훈련에서 아모스의 부하 장병에게 폭약으로 철조망을 제거하라는 임무가 떨어졌다. 폭약의 신관이 작동하도록 줄을 당기고 20초 안에 안전한 곳으로 몸을 피해야 했다. 그런데 폭약을 철조망 아래로 밀어 넣고 줄을 잡아당긴 뒤에 기절해 폭약 위로 쓰러지고 말았다. 아모스의 지휘관은 모든 사람에게 그 자리에서 꼼짝 말라고 소리쳐, 의식이 없는 그 장병을 방치했다. 아모스는 그 말을 무시하고, 엄호물로 이용하는 벽 뒤에서 튀어나와 장병을 붙잡아 일으킨 뒤, 약 10미터를 끌고 나와 바닥에 던져놓고 그 위로 자신의 몸을 덮쳤다. 이때의 폭발물 파편이 아모스 몸에 평생토록 남았다. 이스라엘군은 용맹함을 결코 가볍게 치하하지 않았다. 이 상황을 처음부터 끝까지 지켜본 모셰 다얀은 아모스를 표창하며 말했다. "정말 어리석고 용감한 일을 했군. 또 그러면 살아남지 못할 거야."

아모스를 지켜본 사람들은 그가 용감한 행동보다 남자답지 못하다는 말을 더 두려워한다고 느꼈다. "그는 항상 파이팅이 넘쳤어요.

마르고 허약하고 창백한 외모를 보상하려는 심리가 아닐까 싶었죠."
샤미르의 회상이다. 그러나 언제부턴가는 그런 외모도 문제 되지 않
았다. 그는 용감한 행동이 습관이 될 때까지 스스로를 다그쳤다. 그리
고 복무를 마칠 때가 되자 자신에게 생긴 변화를 또렷이 감지했다. 아
모스는 누나에게 편지를 썼다. "지금의 내가 어떤 모습일지 짐작도 못
할걸. 누나가 만날 젊은 군인에게 생긴 급격한 변화를 편지로는 설명
할 길이 없군. 5년 전에 공항에서 헤어진 카키색 반바지 차림의 어린
애와는 딴판일 테니까."

　　아모스는 이런 짧은 글 외에는 글에서나 대화에서나 군 시절 경
험을 좀처럼 꺼내지 않았다. 웃긴 이야기나 희한한 이야기를 할 때 빼
고는. 이를테면 시나이전쟁 중에 그가 속한 대대가 이집트 전투 낙타
행렬을 생포한 일화가 있다. 아모스는 낙타를 타본 적이 없었지만, 군
사작전이 끝난 뒤에 사람들과의 시합에서 이겨 선두 낙타를 타고 고향
으로 향했다. 하지만 15분이 지나 멀미가 났고, 이후 6일간 낙타 행렬
을 이끌고 걸어서 시나이반도를 건넜다.

　　부하 장병에 관한 일화도 있다. 그들은 심지어 전투 중에도 날씨
가 너무 덥다는 이유로 헬멧을 안 쓰면서 이렇게 말했다. "나를 죽이
려는 총알에는 내 이름이 수신자로 적혔겠지."(그 말에 아모스가 대꾸했다.
"총알에 전부 '관계자분께'라고 쓰여 있으면?") 아모스의 이야기는 대개 주변
상황을 즉석에서 관찰하는 것으로 시작했다. 이스라엘 수학자 사무엘
사타스Samuel Sattath는 이렇게 회상했다. "아모스는 사람을 만나면 '내가
이 얘기 했던가?'라는 말로 이야기를 시작하곤 했어요. 그런데 자기 이
야기는 아니었어요. 예를 들면 이런 식이죠. '이스라엘 대학 회의에서

는 사람들이 앞다투어 말을 꺼낸다. 자기가 할 말을 다른 사람이 먼저 할까봐서다. 미국 대학교수 회의에서는 사람들이 죄다 입을 다문다. 자기가 할 말을 다른 사람도 생각하고 있을 것 같아서다.'" 그리고 그는 미국인과 이스라엘인의 차이에 대해서도 자세히 다루곤 했다. 어떻게 미국인은 오늘보다 내일이 더 나을 거라 믿고 이스라엘인은 내일이 더 나쁠 거라 확신하는지, 어떻게 미국 학생들은 항상 예습을 하고 수업에 들어오는데 이스라엘 학생들은 책 한 번 안 읽는지, 그런데도 대담한 아이디어를 내는 쪽은 왜 항상 이스라엘 학생인지 등등.

　아모스를 아주 잘 아는 사람들에게 아모스의 이야기는 아모스를 즐기기 위한 구실일 뿐이었다. "아모스를 아는 사람들은 다른 이야기를 할 수가 없었어요. 우리는 모이면 아모스, 아모스, 온통 아모스 이야기뿐이었고, 다른 이야기는 할 줄 몰랐죠." 오랜 세월 그의 지인이었던 이스라엘 여성의 말이다. 우선, 아모스가 직접 했던 웃긴 이야기가 있다. 주로 거만한 사람들을 겨냥한 이야기다. 한번은 미국 경제학자가 누구는 멍청하네, 누구는 바보네, 하는 이야기를 늘어놓았는데, 아모스가 그 이야기를 듣고 말했다. "당신네 경제학 모델은 하나같이 사람들을 똑똑하고 합리적이라고 단정하는데, 당신이 아는 사람들은 죄다 멍청이네요." 또 노벨 물리학상 수상자인 머리 겔만Murray Gell-Mann 이 세상의 온갖 주제를 들먹이며 장황하게 이야기하자, 그 말이 끝나고 아모스가 말했다. "머리 씨, 세상에는 당신이 생각하는 당신만큼 똑똑한 사람은 없어요." 한번은 아모스가 강연을 한 뒤에 영국 통계학자가 그에게 다가와 말을 건넸다. "나는 평소에 유대인을 좋아하지 않지만, 당신은 마음에 드네요." 그러자 아모스가 대답했다. "나는 평소에 영국인을 좋아하지만, 당신은 마음에 들지 않네요."

아모스가 무슨 이야기를 하든, 하면 할수록 사람들은 아모스를 더 자주 입에 올렸다. 예를 하나만 들어보면, 텔아비브대학에서 이제 막 울프상Wolf Prize을 수상한 물리학자를 축하하는 파티가 열렸다. 해당 분야에서 두 번째로 높은 상이며, 수상자는 대개 다음에 노벨상을 수상하곤 했다. 이스라엘에서 내로라하는 물리학자는 거의 다 파티에 참석했는데, 어쩐 일인지 수상자는 아모스와 함께 구석에 있었다. 아모스는 그 무렵 블랙홀에 관심이 있었다. 그 수상자가 다음 날 파티 주최자에게 전화를 걸어 물었다. "나랑 얘기했던 그 물리학자가 누구예요? 나한테 이름을 말해주지 않아서요."파티 주최자는 이 말 저 말 주고받은 끝에 그가 말하는 사람이 아모스라는 것을 알게 되었고, 아모스는 물리학자가 아니라 심리학자라고 알려주었다. 그러자 그가 말했다. "그럴 리가요. 그 사람은 물리학자 중에 제일 똑똑했어요."

프린스턴대학 철학자 아비샤이 마갈릿이 말했다. "어떤 주제에 관해서든 아모스가 곧바로 떠올리는 생각은 최고 10퍼센트 안에 들어갑니다. 정말 놀라운 능력이죠. 어떤 문제든, 어떤 지적인 문제든, 아모스의 맨 처음 반응의 명료함과 깊이는 정말 입이 딱 벌어질 정도예요. 어떤 토론이 벌어져도 토론 한복판으로 곧장 뛰어드는 것 같아요." 서던캘리포니아대학 심리학자 어브 비더만Irv Biederman은 또 이렇게 말했다. "체격은 평범해요. 한 방에 30명이 모이면 아모스는 절대 눈에 띄지 않을 거예요. 그런 그가 말하기 시작해요. 그를 만나본 사람이라면 누구든 그렇게 똑똑한 사람은 처음이라고 생각하죠." 미시간대학 심리학자 리처드 니스벳Richard Nisbett이 아모스를 만난 뒤에 만든 한 줄

짜리 지능검사는 이랬다. 아모스가 자기보다 똑똑하다는 사실을 빨리 알아낼수록 똑똑한 사람이다! 아모스의 오랜 친구이자 공동 연구자인 수학자 바르다 리버만Varda Liberman은 또 이렇게 말했다. "아모스가 연구실에 들어옵니다. 외모는 특별하지 않아요. 옷차림도 평범하고요. 조용히 자리에 앉아요. 그리고 입을 열죠. 그러면 금세 모든 나방이 날아드는 불빛이 돼요. 금세 다들 그를 바라보면서 그가 하는 말을 듣고 싶어 하죠."

하지만 사람들이 아모스에 대해 이야기하는 것들은 대부분 그의 입에서 나온 말보다 그가 세상을 살아가는 독특한 방식에 관한 것이었다. 그는 뱀파이어처럼 생활했다. 해가 뜨면 잠자리에 들고, 낮이나 이른 저녁인 소위 '해피 아워'에 일어났다. 아침으로 피클을 먹었고, 저녁으로 계란을 먹었다. 그가 시간 낭비라고 생각하는 일상적인 일들은 최소화했다. 그는 한낮에 잠에서 막 깨어 차를 몰고 일하러 나갔고, 백미러를 보면서 면도와 양치질을 했다. "아버지는 항상 지금이 몇 시인지 몰랐어요. 그건 중요하지 않았죠. 아버지는 아버지만의 영역에서 살았고, 사람들은 어쩌다 거기서 아버지를 만나는 거예요." 딸 도나Dona가 말했다. 아모스는 사람들이 그가 관심 있겠거니 기대하는 것에 관심 있는 척하지 않았다. 그를 잡아끌어 박물관이나 이사회에 데려가려는 사람은 조심하라. "그따위나 좋아하는 인간들에게 그건 그들이 좋아하는 그따위다." 아모스가 즐겨 인용한 뮤리얼 스파크Muriel Spark의 소설《진 브로디 선생의 전성기The Prime of Miss Jean Brodie》에 나온 문구다.

도나는 아버지를 이렇게 말했다. "가족 휴가는 아무렇지 않게 건너뛰었어요. 휴가지가 마음에 들면 오셨고, 안 들면 안 오셨어요." 자녀들은 그런 행동을 탓하지 않았다. 그들은 아버지를 사랑했고, 아버지가 자기들을 사랑한다는 것을 알고 있었다. 아들 오렌Oren이 말했다. "아버지는 사람을 좋아하셨어요. 단지 사회규범을 좋아하지 않으셨을 뿐이에요."

대부분의 사람은 절대 생각하지 않았을 행동을 아모스는 아무렇지 않게 하는 경우도 많았다. 예를 들어 달리고 싶으면 그냥 달리면 그만이다. 스트레칭도 필요 없고, 조깅 복장도 필요 없다. 사실은 조깅도 필요 없다. 바지 벗고 팬티 바람으로 문 밖으로 전력 질주해 더 이상 뛸 수 없을 때까지 최대한 빨리 달리면 그만이다. 그의 친구 아비샤이 마갈릿이 말했다. "아모스는 사람들이 약간의 민망함을 피하려고 너무 큰 대가를 치른다고 생각해서, 자기는 그러지 않겠다고 일찌감치 결심했죠."

아모스를 알게 된 사람이라면 누구나 깨닫는 게 있는데, 인간은 자기가 하고 싶은 것을 할 때만 초자연적 재능을 발휘한다는 것이다. 바르다 리버만은 어느 날 아모스를 찾아갔다가 탁자에 놓인 일주일치 우편을 보았다. 우편은 하루치씩 차곡차곡 포개져 있었고, 거기에는 부탁과 간청 그리고 시간을 내달라는 요구가 가득했다. 일자리를 주겠다, 명예 학위를 주겠다, 면접과 강의를 맡아달라, 난해한 문제가 있는데 도와달라, 그리고 이런저런 청구서들. 그는 우편이 오면, 구미가 당기는 것은 열어보고 나머지는 그날 도착한 다른 우편 위에 쌓아두었다. 날마다 새 우편이 도착했고, 먼저 온 우편은 탁자 저 멀리 밀려났다. 우편이 탁자 끝에 다다르면, 아모스는 뜯지도 않은 우편을 그대로 탁자 밖으로 밀어 대기 중인 휴지통으로 떨어뜨렸다. 그는 "다급한 일의 좋은 점은 오래 놔두면 더 이상 다급해지지 않는다는 것"이라고 즐겨 말했다. 그의 오랜 친구인 예슈 콜로드니는 이렇게 회상했다. "아모스에게 난 이걸 해야 해, 저걸 해야 해, 말하곤 했는데, 그러면 아모스는 '아냐, 안 해도 돼' 그러는 거예요. 그래서 속으로 그랬죠. '팔자도 좋아!'"

아모스는 놀랍도록 단순한 구석이 있었다. 그의 호불호는 항상 그의 행동에서 직접 정확하게 추정할 수 있었다. 그의 세 자녀가 생생하게 기억하는 일화가 있다. 어머니가 고른 영화를 보러 아버지와 어머니가 차를 몰고 나갔는데, 20분 뒤에 보니 아버지가 소파에 앉아 있었다. 아모스는 영화를 5분간 보면서 볼 만한 영화인지 판단했을 것이다. 아니다 싶으면 곧장 집으로 돌아와 〈힐 스트리트 블루스Hill Street Blues〉(아모스가 가장 좋아하는 TV 드라마)나 〈새터데이 나이트 라이브Saturday Night Live〉 아니면 (그가 광적으로 좋아하는) 농구를 보곤 했다. 그리고 영화가 끝날 때쯤 다시 가서 아내를 데려왔다. "이미 내 돈을 가져갔는데, 내가 시간까지 줘야 해?" 아모스의 설명이다. 어쩌다 정말 이상한 우연으로, 좋아하지 않는 사람들 틈에 끼었을 때 그는 투명인간이 되다시피 했다. 딸 도나의 이야기다. "아버지는 사람들이 있는 곳으로 들어가 아무것도 하지 않기로 작정하죠. 그리고 서서히 배경에 스며들다가 사라져버려요. 초자연적 힘이랄까요. 사회적 책임을 완전히 거부하는 행동이에요. 아버지는 사회적 책임을 받아들이지 않으셨어요. 그것도 아주 우아하고, 아주 고상하게."

아모스는 가끔 사람들의 기분을 상하게 했다. 왜 아니겠는가. 빠르게 움직이는 그의 옅은 푸른 눈은 그를 좋아하지 않는 사람들을 불안하게 하고도 남았다. 두 눈이 끊임없이 움직이면 상대는 아모스가 자기 말을 듣지 않는다고 생각했는데, 사실은 아모스가 말을 너무 열심히 들어서 탈이었다. 아비샤이 마갈릿이 말했다. "아모스에게 중요한 건 아는 것과 모르는 것의 차이를 모르는 사람들이었어요. 아모스는 어떤 사람이 따분하다거나 그의 말이 들을 게 없다고 판단되면, 아무렇지 않게 말을 잘라버려요." 그를 아주 잘 아는 사람들은 그의 말과 행동을 무조건 합리화하는 법을 익혔다.

아모스는 자기가 함께 시간을 보내고 싶은 사람 중에 자기와 시간을 보내고 싶어 하지 않는 사람이 있을 수 있다고는 절대 생각하지 않았다. 사무엘 사타스가 말했다. "아모스는 우선 상대를 매료시키려 했어요. 그렇게 똑똑한 사람이 왜 그랬나 싶지만." 예슈 콜로드니는 또 이렇게 말했다. "아모스는 사람들이 그를 좋아하게 만든달까요. 아모스에게 호감을 사는 사람은 아모스를 쉽게 좋아했어요. 아주 쉽게. 아모스 주위에는 경쟁이 벌어져요. 사람들이 아모스를 두고 경쟁을 하죠." 아모스 지인들이 스스로에게 흔히 묻는 질문이 있었다. 내가 왜 아모스를 좋아하는지는 아는데, 아모스는 왜 나를 좋아할까?

———————

암논 라포포트는 팬이 넘쳤다. 전투지에서 그는 용감하기로 유명했다. 금발에 검게 그을린 피부, 조각 같은 그의 얼굴을 처음 본 이스라엘 여성들은 이제까지 직접 본 사람 중에 그가 가장 잘생겼다고 생각했다. 이후 그는 수리심리학에서 박사 학위를 따고, 세계 유수의 대학 중에 직접 고른 대학에서 높은 평가를 받는 교수가 된다. 그리고 그 역시 아모스가 자기를 좋아한다고 감지했을 때 그 이유를 알 수 없었다. "내가 아모스에게 끌린 건 아모스가 똑똑했기 때문이에요. 그런데 아모스가 나한테 끌린 이유는 모르겠어요. 내가 아주 잘생겼다고들 하니까, 그래서일지도 모르죠." 원인이 무엇이든 두 사람은 강하게 끌렸고, 처음 만난 순간부터 떼려야 뗄 수 없는 사이가 됐다. 둘은 나란히 앉아 같은 수업을 듣고, 같은 아파트에 살았으며, 여름에는 함께 하이킹을 다녔다. 둘은 유명한 짝꿍이었다. "우리를 동성애 커플쯤으로 생각하는 사람도 있었던 것 같아요." 암논의 말이다.

아모스가 진로를 결정할 때 암논도 그곳에서 최고 자리를 택해 두었다. 1950년대 말 히브리대학은 학생들에게 집중 분야 둘을 택하게 했다. 암논은 철학과 심리학을 택했다. 하지만 아모스는 시추 지역을 고르듯 지적인 삶에 전략적으로 접근했고, 2년 동안 철학 수업을 열심히 들은 뒤에 철학은 말라버린 우물이라고 선언했다. 암논은 그때를 이렇게 회상했다. "그가 한 말이 기억나네요. '철학에서는 우리가 할 게 없어. 플라톤이 너무 많은 문제를 풀어버렸거든. 이 분야에서는 우리가 어떤 영향력도 행사할 수 없어. 똑똑한 사람은 너무 많고 남은 문제는 너무 적은 데다 그나마 그 문제들은 답도 없어.'" 몸과 정신의 문제가 좋은 예였다. 믿음이나 생각 등 머릿속에서 일어나는 다양한 일이 몸 상태와 어떤 연관이 있을까? 몸과 정신은 어떤 관계일까? 이 문제는 최소 데카르트만큼이나 오래됐지만, 아직도 답이 안 보였다. 적어도 철학에서는. 아모스가 생각하기에 철학의 문제는 과학 규칙을 따르지 않는다는 것이었다. 철학자는 인간 본성에 관한 자신의 이론을 단 하나의 표본, 즉 자신을 표본 삼아 검증한다. 심리학은 하다못해 과학 흉내라도 냈다. 적어도 부분적으로나마 항상 명백한 데이터를 기반으로 삼았다. 심리학자는 자신이 만든 이론은 무엇이든 인류를 대표하는 표본을 대상으로 검증할 것이다. 그의 이론은 다른 사람 손에 검증될 수도 있고, 그가 발견한 사실은 이후 다시 반복되거나 거짓으로 판명 날 수도 있다. 심리학자는 어떤 사실을 우연히 발견했을 때 그것을 확고한 사실로 만들려 할 것이다.

아모스와 가까운 이스라엘 지인들이 보기에, 아모스의 심리학 관심에는 신비스러운 구석이 전혀 없었다. 사람들은 왜 그렇게 행동하고 왜 그렇게 생각하는가, 하는 물음은 우리가 숨 쉬는 공기에 늘 존재했다. 아비샤이 마갈릿의 회상이다. "우리는 절대 예술을 토론하지 않았어요. 사람을 토론했죠. 영원한 수수께끼였어요. 사람을 움직이는 동력은 무엇일까? 이런 질문은 유대인 거주지에서 나왔어요. 유대인은 소상인들이었거든요. 항상 사람들을 판단해야 했죠. 어떤 사람이 위험한 사람일까? 어떤 사람이 위험하지 않은 사람일까? 누가 빚을 갚고 누가 갚지 않을까? 사람들은 기본적으로 심리적 판단에 의지했어요." 그래도 심리학처럼 모호한 분야에 아모스처럼 사고가 명확한 사람이 존재한다는 것이 많은 사람에게 여전히 불가사의였다. 사고가 명확하고 논리적이며 헛소리에는 털끝만큼의 인내심도 보이지 않는 무한히 낙천적인 사람이 어떻게 불행한 영혼과 신비주의로 얼룩진 분야에 발을 들여놓았을까?

아모스는 그 점에 대해서는 말을 잘 안 하는 편이었지만, 어쩌다 하는 이야기를 들어보면, 일시적인 기분에서 시작한 게 아닌가 싶다. 그가 40대 중반이었을 때, 그리고 이 분야의 아주 똑똑한 많은 젊은이가 그의 밑에서 연구하고 싶어 했을 때, 그는 하버드대 정신의학 교수 마일스 쇼어Miles Shore와 마주 앉아 이야기를 나눴다. 쇼어가 그에게 어쩌다 심리학자가 되었냐고 묻자 그가 대답했다. "삶의 진로를 어떻게 결정하는지는 알기 어려워요. 중요한 선택은 사실상 무작위로 결정됩니다. 아마도 사소한 선택이 우리를 더 잘 설명해줄 거예요. 어떤 분야를 전공하느냐는 고등학교에서 어떤 선생님을 만나는가에 좌우되기도 하죠. 누구와 결혼하느냐는 삶의 적절한 순간에 주위에 어떤 사람이 있었느냐에 좌우될 수 있어요. 반면에 사소한 결정은 아주 체계적이죠. 내가 심리학자가 됐다는 사실에서 알 수 있는 건 별로 없어요. 그보다는 나는 어떤 심리학자인가가 내면의 특징을 더 잘 보여줄 수 있겠죠."

그렇다면 그는 어떤 심리학자였을까? 아모스는 대부분의 심리학에서 흥미를 거의 느끼지 못했다. 아동심리학, 임상심리학, 사회심리학 수업을 듣고 나서 그는 자신이 택한 심리학의 상당 부분을 무시해도 전혀 문제가 없다고 판단했다. 그는 과제도 철저히 무시했다. 같은 과였던 아미아 리블리치Amia Lieblich는 아모스가 다섯 살짜리 아이를 대상으로 지능 테스트를 해 오라는 과제를 받고서 얼마나 태평했던가를 직접 목격했다. "과제 마감 전날 밤에 아모스가 암논에게 그랬어요. '암논, 저기 소파에 누워봐. 내가 몇 가지 질문을 할 테니까 다섯 살 아이라고 생각하고 대답해.' 그러고는 무사통과했죠!" 아모스는 수업 시간에 절대 필기를 하지 않는 유일한 학생이었다. 시험공부를 할 때는 암논에게 아무렇지 않게 필기한 걸 보여달라고 했다. 암논이 그때를 회상했다. "아모스는 내가 쓴 걸 한 번 읽고는 나보다 더 잘 이해했어요. 그 친구는 거리에서 물리학자를 만나면 물리학을 전혀 모르면서도 30분 동안 이야기를 나눈 뒤에 그 물리학자도 모르는 물리 이야기를 할 수 있었는데, 딱 그 식인 거죠. 처음에는 아모스를 아주 피상적인 사람이라고 생각했어요. 그 친구의 행동을 파티에서 재미로 하는 속임수 마술 정도로 생각했거든요. 제 착각이었죠. 속임수가 아니었어요."

심리학 교수 중에 상당수는 계획이나 체계 없이 경험이나 감으로 강의를 대충 한다는 것도 문제였다. 스코틀랜드 출신으로 심리학 역사를 가르치던 교수는 박사 학위 위조가 들통나 돌아가야 했다. 숲에 숨어 홀로코스트에서 살아남은 폴란드계 유대인 교수는 성격검사 수업에 초빙되었다가 아모스와 암논의 질문을 받고는 울면서 강의실을 빠져나갔다. 암논은 "우리는 심리학을 독학으로 익히다시피 해야 했다"고 회상했다. 당시 임상심리학은 모든 곳에서 떠오르는 분야라 학생들이 큰 흥미를 보였고 그중 대다수가 심리 치료사가 되고 싶어 했는데, 아모스는 임상심리학을 의학에 비유했다. 17세기에는 의사에게 진료를 받으면 상태가 더 나빠졌다. 그러다가 19세기 말이 되면서 의사의 진료를 받고 상태가 좋아질 가능성과 나빠질 가능성이 반반이 되었다. 아모스는 임상심리학이 17세기 의학과 같다고 주장했고, 그 주장을 뒷받침할 증거를 많이 가지고 있었다.

암논은 히브리대학 2학년이던 어느 날, 존스홉킨스대학 심리학 교수 워드 에드워즈Ward Edwards가 쓴 논문 〈결정 이론The Theory of Decision Making〉을 보게 되었다. 논문의 시작은 이랬다. "심리학자 외에도 많은 사회과학자가 개인의 행동을 설명하려 한다. 경제학자와 몇몇 심리학자는 개인의 의사 결정과 관련해 많은 이론을 내놓고 몇 가지 실험을 실시했다. 이런 일련의 이론이 다루는 의사 결정은, A와 B라는 두 가지 상황에 맞닥뜨렸을 때 사람들은 대개 A를(또는 B를) 택한다, 라는 식이다. 예를 들면, 어떤 아이가 사탕 진열대 앞에 서서 두 가지 상황을 고민하는데, 하나는 25센트가 있고 사탕이 없는 경우이고, 하나는 10센트짜리 막대사탕과 15센트를 가진 경우다. 의사 결정에 관한 경제 이론은 이때 아이가 어떤 결정을 내릴지 예상하는 방법에 관한 것이다." 에드워즈는 이어서 문제점을 지적했다. 경제 이론, 시장 설계, 공공 정책 수립, 기타 많은 것이 사람들의 결정 방식과 관련한 이론에 좌우되는데, 이런 이론을 검증하고 실제로 사람들이 어떻게 결정을 내리는지를 누구보다도 앞장서서 밝힐 것 같은 심리학자들이 정작 이 주제에 큰 관심을 두지 않는다는 이야기였다.

에드워즈는 자신을, 또는 자기 분야인 심리학을 경제학과 대척점에 두지 않았다. 그는 단지 심리학자들이 나서서, 경제학자들이 내놓은 단정과 예측을 검증하자고 제안했을 뿐이다. 경제학자들은 사람들을 '합리적'이라고 단정한다. 무슨 뜻일까? 최소한 자기가 무엇을 원하는지는 이해한다는 뜻이다. 합리적인 사람이라면 여러 선택을 놓고 자기 취향에 맞게 논리적으로 순서를 정할 수 있을 것이다. 예를 들어, 세 가지 따끈한 음료가 적힌 메뉴판을 받았는데 그 순간에 핫초코보다 차가 좋고 차보다 커피가 좋다면, 핫초코보다 커피를 골라야 논리적으로 타당하다. A보다 B가 좋고, B보다 C가 좋다면, A보다 C가 좋아야 한다. 전문용어로는 '이행성transitivity'이라고 한다. 사람들이 자신의 선호도 순서를 논리적으로 정하지 못한다면, 어떤 시장이 제대로 작동할 수 있겠는가? 핫초코보다 차를 좋아하고 차보다 커피를 좋아하는

데 거꾸로 커피보다 핫초코를 택한다면, 선택은 무한 반복된다. 이들은 이론적으로 핫초코를 차로 바꾸고, 차를 커피로 바꾸는 데 기꺼이 돈을 지불하고, 다시 커피에서 핫초코로 바꾸는 데 기꺼이 돈을 지불할 것이다. 결국 음료를 결정하지 못한 채, 가지고 있는 음료를 더 좋아하는 음료로 바꾸는 데 계속 돈을 지불하는 무한 순환에 갇히고 만다.

에드워즈가 심리학자들이 검증할 수 있으리라고 생각한 경제학자들의 예측 하나는 인간은 이행성이 있다는 예측이었다. 실제로 그럴까? 어느 순간에 핫초코보다 차가 좋고 차보다 커피가 좋다면, 핫초코보다 커피가 좋을까? 에드워즈는 그즈음 몇 사람이 이 문제를 검토했는데 그중에는 수학자 케네스 메이Kenneth May도 있다고 했다. 메이는 대표적 경제지 〈이코노메트리카Econometrica〉에, 학생들에게 배우자 선택 문제를 냈을 때 그들이 얼마나 논리적이었는지를 검증한 결과를 실었다. 그는 학생들에게 배우자 후보 셋을 제시하고 외모, 총명함, 재력이라는 세 가지 항목에서 순위를 매기라고 했다. 셋 중에 어느 면에서도 극단에 치우친 사람은 없었다. 즉 셋 다 아주 가난하지도, 아주 멍청하지도, 아주 못생기지도 않았다. 그러나 다들 상대적 우열이 있어서 각자 한 분야에서는 1위, 다른 분야에서는 2위, 나머지 분야에서는 3위였다. 이때 학생들에게 세 후보를 동시에 보여주지 않고, 두 명씩 보여주고 선택하게 했다. 이를테면 총명함 1위, 외모 2위, 재력 3위인 사람과 재력 1위, 총명함 2위, 외모 3위인 사람을 두고 고르는 식이다.

짝을 고르는 일대 소란이 가라앉고 결과를 분석해보니, 학생 4분의 1 이상이 적어도 경제 이론의 관점에서는 비이성적이었다. 결혼 상대로 이를테면 해리보다 빌, 빌보다 짐을 택해놓고, 다시 짐보다 해리를 택했다. 뜨거운 음료를 사고팔듯이 배우자를 사고판다면, 상당히 많은 사람이 배우자를 정하지 못한 채 더 나은 배우자를 사려고 계속 돈을 더 지불할 것이다. 왜 그럴까? 메이는 충분한 설명을 내놓지 못했지만, 설명의 실마리를 하나 던져놓았다. 해리, 빌, 짐은 각자 상대적 우열이 있어서 비교하기 어렵다는 이유였다. 메이는 이렇게 설명했다. "흥미로운 부분은 바로 이런 비교 불가능한 경우다. 어느 모로 보나 한쪽이 다른 쪽보다 우월한 경우를 놓고 비교한다면, 간결하지만 다소 진부한 이론이 나올 뿐이다."

암논은 워드 에드워즈의 결정 이론 논문을 아모스에게 보여주었고, 아모스는 큰 관심을 보였다. "아모스는 누구보다도 먼저 금 냄새를 맡을 위인이죠. 결국 그 냄새를 맡은 거예요."

———————

1961년 가을, 암논이 노스캐롤라이나대학으로 간 뒤 몇 주 지나 아모스가 예루살렘을 떠나 미시간대학으로 갔다. 워드 에드워즈도 존스홉킨스에서 해고된 뒤 그곳에 와 있었다. 아마 그가 하기로 한 수업에 나타나지 않았다는 이유로 해고된 듯했다. 암논도 아모스도 미국 대학에 대해서는 아는 게 별로 없었다. 풀브라이트장학위원회에서 이제 막 노스캐롤라이나대학으로 배정받은 암논은《아틀라스 세계지도 Atlas of the World》를 꺼내놓고 대학을 찾아야 했다. 아모스는 영어를 읽을 줄은 알았지만 말은 서툴러서, 그가 사람들에게 목적지를 말하면 사람들은 농담이라고 생각했다. 친구 아미아 리블리치는 아모스가 살아

남을 수나 있을지 의심스러웠다. 그러나 암논도 아모스도 다른 선택은 없다고 보았다. 암논이 말했다. "히브리대학에서 우리를 가르칠 사람은 없었어요. 그러니 떠날 수밖에." 암논과 아모스 모두 미국행이 일시적이려니 생각했다. 미국에서 의사 결정이라는 새로운 분야에 대해 배울 게 있으면 배운 뒤에 이스라엘로 돌아와 함께 일할 계획이었다.

미국에 도착한 초기의 아모스는 그의 이력에서 이례적인 모습이었다. 수업 첫 주에 미국 학생들은 조용하고 언뜻 성실해 보이는 외국인이 필기하는 모습을 보았다. 그들은 측은하다는 생각으로 그를 얕보았다. 같이 공부하던 대학원생 폴 슬로빅Paul Slovic은 그때를 이렇게 회상했다. "내가 아모스를 처음 봤을 때 진짜, 진짜 조용한 사람인 줄 알았는데, 정말 웃긴 게, 나중에 보니 진짜, 진짜 안 조용한 사람이었어요." 아모스가 오른쪽에서 왼쪽으로 글을 쓰자, 그 모습을 본 한 학생은 아모스가 정신장애가 있을지 모른다고 생각했다(아모스는 단지 히브리어를 쓰고 있을 뿐이었다). 말의 힘을 빼앗긴 아모스는 원래 성격과 딴판인 사람이 되었다. 한참이 지난 뒤에야 폴 슬로빅은 고향을 떠난 아모스가 처음 몇 달은 단지 때를 기다리던 게 아니었을까 추측했다. 아모스는 말을 제대로 구사하기 전까지는 입을 열려고 하지 않았다.

첫해가 반쯤 지나자 아모스는 말을 자유롭게 구사했고, 이때부터 아모스의 일화가 쏟아졌다. 한번은 저녁을 먹으러 앤아버에 있는 식당에 들어가 렐리시 소스를 얹은 햄버거를 주문했다. 웨이터는 렐리시 소스가 없다고 했다. 아모스는 그러면 토마토를 달라고 했다. 웨이터는 토마토도 없다고 했다. 그러자 아모스가 물었다. "또 뭐가 없는지 말해줄래요?" 한번은 아모스가 시험에 늦은 적이 있었다. 다들 단단히 각오한 통계학 교수 존 밀홀랜드John Milholland의 시험이었다. 시험지를 막 나눠주는 참에 아모스가 슬그머니 강의실로 들어왔다. 강의실은 쥐죽은 듯 조용했고, 학생들은 불안감과 긴장감에 휩싸였다. 밀홀랜드 교수가 교탁으로 가자 아모스는 옆자리 학생을 돌아보며 말했다. "영영 잘 가시오, 존 밀홀랜드. / 우리가 다시 만난다면, 미소를 짓겠지. / 그렇지 않다면, 이 이별은 훌륭한 이별이야."《줄리어스 시저Julius Caesar》5막 1장에서 브루투스가 시저에게 한 말이다. 아모스는 시험에서 최고점을 받았다.

미시간대학에서는 심리학 박사 학위를 따려면 두 가지 외국어 시험을 통과해야 했다. 그런데 이상하게도 히브리어는 외국어로 인정하지 않으면서 수학은 외국어로 인정했다. 아모스는 순전히 독학으로 익힌 수학을 택해 시험에 합격했다. 두 번째로 택한 외국어는 프랑스어였다. 이 시험에서는 프랑스어로 쓰인 책에서 세 페이지를 번역해야 했다. 학생이 번역할 책을 가져오면, 시험 감독관이 그 책에서 번역할 페이지를 골랐다. 아모스는 도서관에서 온통 방정식뿐인 프랑스어 수학 교재를 찾아냈다. 아모스와 한방을 썼던 멜 가이어가 말했다. "그 책에 'donc(그러므로)'라는 말은 있었을 거예요." 미시간대학은 아모스 트버스키가 프랑스어에 능통하다고 인정했다.

아모스는 사람들이 어떻게 결정을 내리는지 탐색하고 싶었다. 그러려면 어딘가에 갇혀 있고 그가 제시하는 적은 금전적 보상에 반응할 궁핍한 사람이 필요했다. 결국 앤아버 근처 잭슨주립교도소의 가장 안전한 동에서 실험 참가자를 구했다. 아모스는 지능지수가 100이 넘는 수용자만을 대상으로 사탕과 담배를 이용해 서로 다른 도박을 제시했다. 사탕과 담배는 교도소에서 화폐처럼 통용되었고, 모든 수용자가 그 가치를 잘 알고 있었다. 담배 한 갑과 사탕 한 봉지는 교도소 매점에서 각각 30센트였고, 봉급으로는 일주일치에 해당했다. 수용자들은 도박을 할 수도 있고, 도박할 권리를 아모스에게 팔아 정해진 이익을 챙길 수도 있었다.

그 결과, 도박을 놓고 선택한 잭슨교도소 수용자들은 배우자를 놓고 선택한 케네스 메이의 학생들과 여러 공통점을 보였다. 학생들은 A보다 B가, B보다 C가 좋다고 말해놓고 다시 C보다 A가 좋다고 말하도록 유도하는 질문에 넘어갔다. 심지어 C가 아닌 A를 택할 가능성이 있느냐고 미리 질문을 받았을 때 절대 그런 일은 없을 거라고 대답한 뒤에도 C를 제쳐놓고 A를 택했다. 수용자 실험에서, 아모스가 속임수를 썼을 거라 생각한 사람도 있었지만 그렇지 않았다. 미시간대학 교수 리치 곤살레스Rich Gonzalez가 말했다. "수용자가 이행성을 어기도록 아모스가 속임수를 쓰지는 않았어요. 그보다는 끓는 물에 담긴 개구리가 나오는 오래된 속담과 비슷한 방법을 썼죠. 물의 온도가 서서히 올라가면 개구리는 그 변화를 눈치채지 못해요. 90도와 200도 차이라면 개구리도 모를 리 없지만 1도 올라간 정도는 알아채기 어렵죠. 우리 생체 조직 중에는 큰 차이를 알아보는 곳도 있고, 작은 차이를 알아보는 곳도 있어요. 이를테면 간지럼 대 살짝 찌르기죠. 사람들이 작은 차이를 감지하지 못한다면 이행성을 거스를 수도 있겠다는 게 아모스의 생각이었어요."

아닌 게 아니라 사람들은 작은 차이는 쉽게 감지하지 못했다. 교도소 수용자들도 그랬고, 아모스가 추가로 실험한 하버드대 학생들도 그랬다. 아모스는 이 실험에 관해 논문을 쓰면서, 이행성을 거스를 수 있는 상황을 심지어 어느 정도 예측할 수도 있음을 보여주었다. 하지만 더 깊이 파고들지는 않았다. 그는 인간은 합리적이라는 기존의 단정이 부적절하다는 거창한 결론을 내리지 않고, 논문을 서둘러 끝맺었다. "이 행동이 비합리적일까? 보통은 비합리적이라 생각한다. (…) 일자리, 도박 또는 [정치] 후보처럼 복잡하고 다면적인 대상을 놓고 선택할 때 이용 가능한 모든 정보를 적절히 이용하기란 지극히 어렵다." 사람들이 A보다 B를, B보다 C를 좋아해놓고 거꾸로 C보다 A를 좋아한 게 아니라는 이야기다. 그보다는 그 차이를 이해하기가 매우 어려웠을 뿐이다. 아모스는 실제 세계가 자신이 설계한 실험처럼 사람들을 자기모순에 빠뜨려서 상반된 결정을 내리게 한다고는 생각하지 않았다.

아모스는 워드 에드워즈의 연구에 끌려 미시간대학에 왔지만, 실제로 그를 만나보니 차라리 글로 볼 때가 더 매력적이었다. 에드워즈는 존스홉킨스대학에서 해고된 뒤 미시간대학으로 왔지만, 지위도 불안정하고 사람 자체도 신뢰가 안 갔다. 그는 자신과 연구하고 싶다고 찾아오는 학생 한 명 한 명에게 거드름을 피우며 짧은 연설을 했다. 학생들은 그 연설을 '열쇠' 연설이라 불렀다. 에드워즈는 실험실로 사용하는 작은 집의 열쇠를 쥐고는 찾아온 학생에게 그 열쇠를 받는 게, 나아가 자신을 알고 지내는 게 얼마나 영광인지 말해주었다. 폴 슬로빅이 말했다. "연설을 들으면서 열쇠를 받아요. 열쇠의 의미, 열쇠의 상징이 좀 이상했죠. 보통 누군가에게 열쇠를 줄 때는 나갈 때 문단속을 잘하라고 말하잖아요."

에드워즈는 가끔 집에서 객원 연구원을 환영하는 파티를 열었는데, 이때 손님들에게 맥주 값을 받았다. 아모스에게는 자기 연구에 쓸 조사를 시켜놓고 계속 비용을 주지 않다가 아모스와 싸움이 붙은 뒤에야 돈을 준 적도 있었다. 그는 자기 실험실에서 아모스가 하는 연구가 적어도 일부는 자신의 자산이며, 따라서 아모스가 논문을 쓰면 거기에 자기 이름도 올려야 한다고 우겼다. 아모스는 인색함도 전염되고 너그러움도 전염되는데, 너그럽게 행동하면 인색하게 행동할 때보다 더 행복하니, 인색한 사람은 피하고 너그러운 사람과 가까이 해야 한다는 말을 자주 했었다. 그는 에드워즈라는 사람에게는 큰 관심을 두지 않은 채 그의 연구에만 집중했다.

미시간대학은 그때도 지금처럼 심리학과 규모가 세계 최대였다. 의사 결정을 연구하는 사람은 아모스 말고도 더 있었는데, 아모스는 그중에 클라이드 쿰스Clyde Coombs에게 끌렸다. 쿰스는 다다익선에 해당하는 결정과 좀 더 애매한 결정의 차이를 구별했다. 예를 들어 다른 조건이 동일하다면 누구나 돈을 적게 받는 쪽보다 많이 받는 쪽을, 고통이 많은 쪽보다 적은 쪽을 택할 것이다. 쿰스가 흥미를 느낀 것은 모호한 결정이다. 어디에 살지, 누구와 결혼할지, 어떤 잼을 살지 등의 문제는 어떻게 결정할까? 식품 대기업 제너럴밀스General Mills는 고객이 자사 제품을 어떻게 생각하는지를 측정할 도구를 개발하기 위해 쿰스를 고용했다. 그런데 사람들이 제너럴밀스 시리얼에 느끼는 감정의 정도를 어떻게 측정할까? 어떤 저울을 이용해야 하나? 이 사람이 저 사람보다 키가 두 배 크다고 해서 그가 무언가를 두 배 더 좋아한다고 할 수 있을까? 어떤 장소가 다른 장소보다 10도 더 덥다면, 그곳에서 먹는 시리얼은 다른 곳에서 먹는 시리얼보다 10도 더 따뜻하게 느껴질까? 사람들이 어떤 결정을 내릴지 예측하려면 선호도를 측정할 수 있어야 하는데, 대체 어떻게 측정한단 말인가.

쿰스는 우선 결정이란 둘을 계속 비교해나가는 것이라고 규정해놓고 문제를 고민했다. 그가 만든 수학 모델에서, 가령 배우자 후보 둘 사이의 선택은 다단계 과정이다. 사람들은 이상적인 배우자를, 또는 배우자에게 바라는 여러 특성을 마음에 품고 있었다. 그리고 실제로 선택의 순간이 왔을 때 그 이상과 비교해 이상에 가장 가까운 사람을 선택했다. 물론 쿰스도 사람들이 선택을 할 때 실제로 이런 과정을 거쳐 결정을 내린다고는 생각하지 않은 게 분명하다. 사람들이 실제로 어떻게 결정을 내리는지는 쿰스도 알 수 없었다. 단지 여럿을 놓고 선택할 때 무엇을 고를지 예측하는 데 도움이 될 도구를 개발하려 했을 뿐이다. 쿰스는 자신의 계획을 설명하기 위해, 그리고 아마도 그것이 터무니없게 보이지 않도록, 차 마시는 사람을 예로 들었다. 사람들은 차에 설탕을 얼마나 넣을지 어떻게 결정할까? 각자의 머릿속에는 차의 이상적인 달달함이 있어서, 그 이상에 가장 가까울 때까지 설탕을 넣는다. 삶에서의 수많은 결정도 단지 더 복잡할 뿐, 결국 이런 식으로 이루어진다.

결혼 상대를 택하는 결정을 보자. 사람들은 마음속에 모호하게라도 이상적인 배우자의 모습, 중요하게 생각하는 특성들(각 특성마다 중요한 정도는 다를지라도)을 품고 있을 것이다. 그리고 그 이상과 가장 닮은 사람을 택한다. 이 결정을 이해하려면, 그 여러 특성에 각각 비중을 어느 정도나 두는지 알아야 한다. 아내를 찾는 남자에게 총명함과 외모 중 어느 것이 더 중요할까? 외모 대 재력은? 그리고 그런 특성을 맨 처음에 어떻게 평가하는지도 알아야 한다. 가령 남편을 찾는 여자는 이상 속의 남편과 방금 만난 남자를 어떻게 비교할까? 단체 미팅에서 여자는 맞은편에 앉은 남자의 유머 감각을 자신이 이상으로 생각하는 유머 감각과 어떤 식으로 비교할까? 결국 사람들은 머릿속의 이상과 실제로 제시된 대상을 놓고 여러 면에서 유사성을 비교해 여러 차례의 판단을 내린 뒤 그것을 종합해 결론을 내린다는 게 클라이드 쿰스의 생각이었다.

관찰할 수 없는 것을 측정하는 문제에 아모스도 쿰스만큼이나 매료되었다(아모스는 여기에 필요한 수학을 독학으로 익힐 정도였다). 하지만 이런 선호도를 측정하려면 다른 문제가 생긴다는 것도 알게 되었다. 사람들은 머릿속 이상과 현실의 대상을 비교해 선택한다는 주장을 (비현실적이겠지만) 연구에 받아들이려면, 어떻게 그런 판단에 이르는지 알아야 했다. 심리학자들은 이를 '유사성 판단'이라 불렀다. 심리학계의 전문용어로는 흔치 않게 포괄적인 용어다. 어떤 대상이 다른 대상과 얼마나 닮았는지 또는 닮지 않았는지를 평가할 때 머릿속에 무엇이 떠오르는가? 이 과정은 인간에게 일어나는 워낙 기초적인 일이라 새삼스레 고민하지 않는다. 버클리대학 심리학자 다커 켈트너Dacher Keltner는 이렇게 말한다. "우리가 끊임없이 연마하고, 또 세상에 대해 많은 것을 이해하고 반응할 때 도구가 되는 것이 바로 이 과정입니다. 무엇보다도 그건 대상을 어떻게 분류하느냐의 문제죠. 그리고 그게 전부예요. 저 사람하고 자느냐 마느냐, 이걸 먹느냐 마느냐, 이 사람에게 주느냐 마느냐, 저건 남자아이냐 여자아이냐, 저건 포식자냐 먹이냐. 이런 분류 과정이 어떻게 작동하는지 알면, 대상을 이해하는 방법도 알 수 있습니다. 그건 세상에 대한 지식이 체계화되는 방법이에요. 머릿속에서 모든 것을 엮는 실과 같아요."

심리학에서 유사성을 판단하는 방법과 관련한 대표적인 몇 가지 이론에는 한 가지 공통점이 있다. 모두 물리적 거리에 기초한다는 점이다. 물건이든 사람이든 생각이든 감정이든 두 가지 대상을 비교할 때, 우리는 둘이 얼마나 가까운지 묻는다. 심리학 이론에 따르면, 그 둘이 머릿속에서 존재하는 방식은 마치 두 점이 일정한 관계를 맺고 지도에, 격자에, 또는 다른 물리적 공간에 존재하는 것과 비슷했다. 아모스는 그 점이 궁금했다. 그는 버클리대학 심리학자 엘리너 로시Eleanor Rosch가 쓴 논문을 읽었다. 로시는 1960년대 초에 사람들이 대상을 분류하는 방식을 탐구했다. 탁자를 탁자이게 하는 것은 무엇인가? 어떤 색깔을 그 고유의 색깔이게 하는 것은 무엇인가? 논문에 따르면, 로시는 사람들에게 색깔들을 비교하여 서로 얼마나 비슷한지 판단하라고 했다.

사람들의 판단은 이상했다. 예를 들어, 마젠타가 빨강과 비슷하다고 해놓고 빨강은 마젠타와 비슷하지 않다고 했다. 아모스는 그 모순에 주목해, 그것을 일반화하는 작업에 착수했다. 그는 사람들에게 북한이 중공과 비슷하다고 생각하는지 물었다. 사람들은 그렇다고 했다. 그런데 중공이 북한과 비슷하냐고 묻자, 아니라고 했다. 사람들은 텔아비브를 뉴욕과 비슷하다고 생각하면서도 뉴욕은 텔아비브와 비슷하지 않다고 생각했다. 103은 100과 비슷하다고 생각했지만, 100은 103과 비슷하지 않다고 생각했다. 장난감 기차는 진짜 기차와 아주 비슷하다고 생각했지만, 진짜 기차는 장난감 기차와 비슷하지 않다고 생각했다. 사람들은 종종 아들이 그 아버지와 닮았다고 생각했지만, 아버지가 그 아들과 닮았냐고 물으면 질문한 사람을 이상한 눈으로 쳐다봤다. 아모스는 이렇게 썼다. "유사성 관계의 방향성과 비대칭성은 직유와 은유에서 특히 두드러졌다. 우리는 '칠면조가 호랑이처럼 싸운다'고는 말해도 '호랑이가 칠면조처럼 싸운다'고는 말하지 않는다. 호랑이는 투지로 유명해서, 직유에서 표현 대상인 원관념보다 그것을 설명해주는 보조관념으로 사용된다. 시인은 '내 사랑은 바다처럼 깊다'고 말하지 '바다는 내 사랑처럼 깊다'고 말하지 않는다. 바다는 깊이를 나타내는 전형이기 때문이다."

사람들은 두 사람, 두 장소, 두 숫자, 두 아이디어 등 둘을 놓고 비교할 때, 대칭에는 큰 관심을 두지 않았다. 아모스가 그전까지 누구도 하지 않은 이런 생각을 하게 된 것은, 지식인들이 사람들의 유사성 판단 과정을 설명하려고 만들어낸 그 모든 이론은 엉터리가 분명하다는 단순한 관찰을 하면서부터다. 미시간대학 심리학자 리치 곤살레스가 말했다. "아모스가 오더니, 당신들 질문은 적절치 않다, 그럽니다. 거리가 무엇이냐? 거리는 대칭이다. 뉴욕에서 로스앤젤레스까지의 거리는 로스앤젤레스에서 뉴욕까지의 거리와 같아야 한다. 그러더니 '자, 정말 그런지 한번 해봅시다' 하더군요." 머릿속 지도에서 뉴욕이 텔아비브에서 일정한 거리만큼 떨어져 있다면, 텔아비브도 뉴욕에서 같은 거리만큼 떨어져 있어야 한다. 그런데 그렇지 않다는 것만 보여주면 그만이었다. 텔아비브가 뉴욕을 닮은 것만큼 뉴욕은 텔아비브를 닮지 않았잖은가. 곤살레스가 말했다. "아모스가 밝힌 건 이때 머릿속에서 어떤 일이 벌어지든 그것은 거리가 아니라는 거예요. 아모스는 거리를 활용한 모든 이론을 사실상 일거에 무력화시켰어요. 거리 개념이 들어간 이론은 더 볼 것도 없이 틀린 이론이에요."

아모스에게도 스스로 '유사성 특징features of similarity'*이라 부른 이론이 있었다. 그의 주장에 따르면, 사람들은 두 대상을 비교해 유사성을 판단할 때 기본적으로 특징을 나열한다. 이 특징은 그 대상에서 눈에 띄는 것일 뿐이다. 그런 다음 두 대상이 공유하는 눈에 띄는 특징을 센다. 그 수가 많을수록 둘은 더 많이 닮은 것이고, 그 수가 적을수록 둘은 덜 닮은 것이다. 대상마다 눈에 띄는 특징의 수가 다르다. 이를테면 뉴욕 시는 텔아비브보다 그 수가 더 많았다. 아모스는 자신이 의도한 바를 설명할 수학 모델을 만들었다. 그리고 사람들에게 그 이론을 점검해, 틀렸다고 증명해보라고 했다.

그러자 많은 사람이 나섰다. 리치 곤살레스는 1980년대에 아모스 밑에서 박사과정을 밟으려고 스탠퍼드로 가기 전에 아모스의 논문 〈유사성 특징〉을 여러 번 읽었다. 그리고 도착하자마자 아모스 연구실로 찾아가 자신을 소개한 뒤, 허를 찌를 것이라 생각한 질문을 던졌다. "다리가 셋인 개는 어떤가요?" 다리가 셋인 개와 다리가 넷인 개보다 다리가 셋인 개 두 마리가 서로 더 닮은 게 분명하다. 그런데 다리가 셋인 개와 넷인 개가 공유하는 특징의 수는 다리가 셋인 개 두 마리가 공유하는 특징의 수와 같다. 그러므로 아모스 이론의 예외에 해당한다! 곤살레스가 회상했다. "그리고 생각했죠. '내가 아모스보다 똑똑하다.' 그런데 아모스는 그래? 고작 생각해낸 게 그건가? 하는 눈빛으

*   이 제목의 논문은 1977년이 되어서야 나왔지만, 그 내용은 10년 전 아모스가 대학원생일 때 생각한 것에서 출발했다.

로 저를 쳐다보셨어요. 처음에는 노려보았던 것도 같은데, 곧 자상하게 말씀하셨죠. '특징이 없는 것도 하나의 특징이지.'" 아모스의 논문에도 이 사례가 있었다. "공통된 특징이 더해질 때, 특이한 특징이 빠질 때, 유사성은 커진다."

유사성을 판단하는 방법을 설명하는 아모스의 이론에서 온갖 종류의 흥미로운 통찰이 쏟아졌다. 두 대상을 비교할 때 머릿속으로 각 대상에서 눈에 띄는 특징을 센다면, 어떤 쌍이 다른 쌍보다 더 비슷하면서 동시에 더 안 비슷하다고 판단할 수도 있다. 그 둘이 겹치는 점도 많고, 겹치지 않는 점도 많을 수 있으니까. 이를테면 사랑과 증오, 즐거움과 슬픔, 진지함과 유치함 등 상반된 감정이 갑자기 서로 좀 더 유동적인 관계를 맺고 있는 것처럼 보이거나 느껴질 수 있다. 이런 감정은 머릿속의 고정된 연속선상에 놓인 상반된 감정이 아니다. 어떤 특징에서는 서로 비슷하고, 또 어떤 특징에서는 서로 다르게 느껴진다. 그런가 하면 아모스의 이론은 이행성을 거스르면서 비합리적으로 보이는 선택을 할 때 일어날 수 있는 일들을 새로운 시각으로 들여다보게 했다.

핫초코보다 차를, 차보다 커피를 골라놓고, 다시 커피보다 핫초코를 택했을 때, 사람들은 두 음료를 전체론적 관점에서 비교한 것이 아니다. 이 음료들은 머릿속 지도에서 어떤 이상을 중심으로 고정된 거리에 존재하는 점이 아니라, 여러 특징의 집합이다. 이런 특징들은 눈에 잘 띌 수도 그렇지 않을 수도 있는데, 머릿속에서 얼마나 두드러져 보이느냐는 그것을 지각하는 맥락에 달렸다. 그리고 선택도 맥락을 만든다. 가령 커피가 핫초코(설탕)와 비교될 때보다 차(카페인)와 비교될 때 서로 다른 특징이 더 두드러져 보일 수 있다. 음료에 해당하는 이 같은 사실은 사람, 아이디어, 감정에도 모두 해당할 수 있다.

결정을 내릴 때 실제 대상과 원하는 이상을 놓고 유사성을 비교해 판단한다는 것은 흥미로운 발상이다. 이때 구체적인 비교 방법은 눈에 띄는 특징을 세는 것이다. 그리고 특징이 얼마나 두드러져 보이느냐는 그 특징이 부각되는 방식에 따라 조작될 수 있어서, 두 대상의 유사성 감지 역시 조작될 수 있다. 예를 들어 우리가 어떤 두 사람이 서로 닮았다고 느끼기를 바란다면, 그 둘을 공통점이 강조되는 맥락에 놓아둘 수 있다. 미국 대학생 두 사람이 미국에서는 서로를 아주 낯선 사람으로 생각할 수 있지만, 그 둘이 2학년 때 토고로 해외 연수를 떠나 거기서 만난다면 서로를 놀랍도록 비슷한 사람으로 여길 것이다. 둘 다 미국인이라니!

둘이 비교되는 맥락을 바꾸면 특정한 특징을 누르고 다른 특징을 표면에 띄울 수도 있다. 아모스는 "흔히들 분류는 여러 대상 사이에서 유사성으로 결정된다고 생각한다"면서, 정반대 시각도 제시했다. "유사성은 대상을 분류하는 방식에 따라 바뀔 수 있다. 이처럼 유사성에는 두 가지 측면이 있는데, 원인적 측면과 파생적 측면이다. 유사성은 대상을 분류하는 기초도 되지만, 적용된 분류에 영향을 받기도 한다." 바나나와 사과는 우리가 그 둘을 과일이라 부르기로 합의한 탓에 더 닮아 보인다. 즉 어떤 대상이 일정한 근거로 같은 부류로 묶인 뒤에는 같은 부류라서 서로 더 닮아 보인다. 이처럼 어떤 대상을 분류하기만 해도 전형성이 강화된다. 따라서 전형성을 약화시키고 싶다면, 분류를 없앨 것!

아모스의 이론은 유사성 판단과 관련한 기존의 대화에 영향을 미친 정도가 아니라 대화를 완전히 장악했다. 파티에 참석한 사람들은 죄다 아모스 주위에서 그의 말을 경청할 뿐이었다. 리치 곤살레스가 말했다. "아모스가 과학에 접근하는 방식은 점진적 방식이 아니었어요. 껑충껑충 뛰어가는 도약이었죠. 우선 이미 존재하는 패러다임을 찾아요. 그리고 그 패러다임의 보편적 명제를 찾죠. 그런 다음 그걸 무너뜨려버려요. 아모스는 기존 것을 부정하는 식으로 과학을 했어요. 그러면서 **부정적**negative이란 말을 많이 썼죠. 나중에 보니 그 방식은 사회과학에 매우 효과적이었어요." 아모스는 그런 식으로 시작했다. 타인의 실수를 수정하거나 되돌리는 식으로. 그런데 알고 보니 사람들이 저지르는 실수는 그게 전부가 아니었다.

4
실수

아모스는 1966년 가을에 귀국할 때까지 5년 동안 이스라엘을 떠나 있었다. 친한 친구들은 당연히 돌아온 아모스를 기억 속의 아모스와 비교했다. 그리고 두어 가지 변화를 발견했다. 미국에서 돌아온 아모스는 자신이 하는 일에 더 진지해진 것 같았고, 프로다운 기운이 느껴졌다. 이제 히브리대학 조교수가 되어 따로 연구실도 생겼다. 그의 연구실은 썰렁하기로 유명했다. 평소 책상 위에 있는 것이라고는 샤프펜슬이 전부였고, 아모스가 책상 앞에 앉으면 지우개와 그가 작업할 잘 정돈된 프로젝트 서류철이 올라왔다. 그리고 정장 한 벌 없이 미국으로 떠난 그가 옅은 푸른색 양복을 입고 히브리대학에 나타나자 다들 그야말로 충격에 빠졌는데, 단지 색깔 때문만은 아니었다. 아비샤이 마갈릿이 말했다. "상상도 할 수 없는 일이었어요. 보통은 그렇게 안 입거든요. 넥타이는 부르주아의 상징이었어요. 양복에 넥타이를 맨 저희 아버지 모습을 처음 봤을 때가 기억나는데, 마치 매춘부와 함께 있는 아버지를 본 것 같았어요." 그 외에 아모스는 변한 게 없었다. 밤에는 가장 늦게 잠자리에 들었고, 어떤 파티든 생기를 불어넣었으며, 모든 나방이 날아드는 불빛이었고, 누구보다도 자유롭고 행복하고 흥미로운 사람이었다. 그는 여전히 하고 싶은 것만 했다. 양복을 입는 새로운 취미조차도 부르주아보다 아모스 고유의 모습 같았다. 아모스는 상의 주머니 개수와 크기만으로 양복을 골랐다. 양복 주머니와 더불어 서류가방에도 맹목적 숭배에 가까운 집착을 보여, 10여 개의 서류가방을 가지고 있었다. 지구상에서 가장 물질만능주의적인 사회에서 5년을 지내다 돌아온 그가 애착을 보인 유일한 물건들은 그의 주변에 질서를 부여하는 데 도움이 될 만한 것들이었다.

아모스는 새 양복과 더불어 아내도 생겼다. 3년 전 미시간대학에서 만나 1년 뒤에 사귀기 시작한 심리학과 대학원생 바버라 갠스 Barbara Gans였다. 바버라가 말했다. "아모스는 이스라엘에 혼자 돌아가고 싶지 않다고 했어요. 그래서 결혼했죠." 바버라는 미국 중서부에서 자랐고, 미국을 떠나본 적이 없었다. 유럽인은 미국인을 가리켜 흔히 매우 자유분방하고 즉흥적이라고 말하지만, 바버라가 보기에 그 말은 이스라엘 사람에게 더 잘 어울렸다. "가진 것이라고는 고무줄과 테이프가 전부여서, 모든 걸 고무줄과 테이프로 고치더군요." 바버라 눈에 이스라엘 사람들은 물질적으로는 궁핍해도 다른 면에서는 풍족해 보였다. 이스라엘 사람들은, 적어도 유대인들은 수입이 다 거기서 거기 같았는데, 기본적으로 필요한 것들은 갖추고 사는 것 같았다.

이스라엘에 사치품은 많지 않았다. 바버라와 아모스는 전화도 없고 차도 없었는데, 그들이 아는 사람들 대부분이 마찬가지였다. 상점은 모두 작고 독특했다. 칼 가는 사람도 있고, 석공도 있고, 먹거리인 팔라펠을 파는 사람도 있었다. 목수나 페인트공이 필요하면, 전화가 있는 집도 그들을 전화로 부르지 않았다. 전화를 받는 법이 없었으니까. 그저 오후에 시내로 나가 우연히 그들과 마주치길 바랄 뿐이다. 바버라가 말했다. "모든 게, 모든 거래가 사적으로 이루어졌어요. 흔히 하는 농담이 있었는데, 어떤 사람이 불난 집에서 뛰쳐나와 거리에 있는 친구한테 물었어요. 소방서에 아는 사람 없느냐고." 텔레비전은 없어도 라디오는 어디에나 있었고, BBC 뉴스가 나올 때면 사람들은 일제히 하던 일을 멈추고 라디오를 들었다. BBC 소식은 늘 다급해 보였다. "다들 경계 태세였어요." 주위를 감도는 긴장감은 미국에서 베트남 전쟁을 두고 불거진 갈등과는 전혀 달랐다. 이스라엘에서는 위험이 눈앞에 닥쳐 있었고, 개인과 직결됐다. 바버라에 따르면, 모든 국경에서 아랍인들이 서로 싸움을 멈춘다면 그들은 수 시간 안에 이스라엘로 쳐들어와 나를 죽일 것이라는 생각이 이스라엘인들 사이에 퍼져 있었다.

이스라엘 학생들도 특이했다. 히브리대학에서 심리학을 가르친 바버라가 보기에, 그들은 눈에 불을 켜고 교수의 오류를 찾아내려는 것 같았다. 그들은 놀랄 정도로 공격적이고, 상대를 존중하는 태도가 부족했다. 한번은 미국에서 초빙된 어느 지식인이 강연을 하는데 한 학생이 아주 무례한 말로 끼어들어, 대학 당국이 학생에게 강연자를 찾아가 사과하라고 요구한 일도 있었다. 학생은 그 미국 고위 관리를 찾아가 말했다. "저 때문에 기분이 상하셨다면 죄송합니다. 그런데 강연이 너무 후졌어요!" 심리학 기말 시험에서는 이미 발표된 연구 자료를 나눠주고 문제점을 찾으라고 한 적도 있었다. 그런가 하면 바버라의 수업 이틀째 되는 날, 강의가 10분쯤 지났을 때 뒤쪽에 앉은 학생이 소리쳤다. "그렇지 않아요!" 그리고 누구도 그 말에 신경 쓰지 않는 눈치였다. 히브리대학의 어느 유명한 교수가 '통계에 있지 않은 것'이라는 제목의 논문을 언급하자, 듣고 있던 한 학생이 여러 사람에게 들릴 법한 큰 소리로 말했다. "이 논문으로 저 교수는 **통계에 있지 않은** 사람이 될 게 틀림없어!"

하지만 동시에 이스라엘이 미국보다 교수를 더 진지하게 대했다. 이스라엘에서 지식인들은 국가의 생존과 어느 정도 관련이 있다는 인식이 있었고, 지식인들 역시 적어도 그렇게 생각하는 척이라도 했다. 바버라와 아모스는 미시간에 있을 때 대학 안에서만 살면서 다른 학자들과 함께 시간을 보냈다. 그런데 이스라엘에서는 정치인, 장군, 언론인, 기타 국정 운영에 직접 관여하는 사람들과 어울렸다. 처음 몇 달간 아모스는 이스라엘 육군 장군과 공군 장군을 상대로 최근에 나온 결정 이론에 대해 강의했다. 그 이론을 어떻게 현실에 응용할지는 좋게 말해 불투명했지만. 바버라는 미시간에 있는 가족에게 보내는 편지에 이렇게 썼다. "고위 관리들에게 학문의 진척 상황을 이렇게 열심히 알려주는 나라는 처음 봐."

그리고 물론 이스라엘에서는 교수를 비롯해 국민이면 누구나 군대에 가기 때문에, 아무리 고립되어 사는 지식인이라도 사회 전체가 처한 위험과 차단되어 살기가 불가능했다. 그리고 이들은 독재자의 변덕에 모두 똑같이 노출되었다. 바버라가 이를 실감한 때는 이스라엘에 온 지 6개월이 지난 1967년 5월 22일, 가말 압델 나세르Gamal Abdel Nasser

이집트 대통령이 티란해협을 봉쇄해 이스라엘 선박의 통행을 금지했을 때였다. 이스라엘은 주로 티란해협을 이용해 교역을 하던 터라 이 발표는 전쟁으로 받아들여졌다. "하루는 아모스가 집에 와 말하더군요. 군에서 곧 데리러 올 거야." 아모스는 집 안을 뒤지더니 오래된 낙하산부대 군복이 들어 있는 가방을 찾아냈다. 군복은 아직도 잘 맞았다. 그날 밤 10시경, 군에서 그를 데리러 왔다.

아모스가 낙하산 부대원으로 비행기에서 마지막으로 뛰어내린 뒤로 5년이 지난 때였다. 그는 보병 부대를 지휘해야 했다. 이스라엘 전역이 전쟁 준비에 들어갔고, 다들 이번에는 어떤 전쟁이 될지 판단하려 애썼다. 예루살렘에서 독립전쟁을 기억하는 사람들은 또 한 차례의 포위를 걱정하며 상점에서 통조림을 모조리 사들였다. 사람들은 어떤 결과가 나올지 확률을 가늠하기 어려웠다. 이집트만 상대해야 한다면 끔찍해도 살아남을 수 있을 법한데, 아랍 국가 연합을 상대해야 한다면 이스라엘은 끝장날 것 같았다. 이스라엘 정부는 공원을 공공 묘지로 봉헌할 계획을 조용히 추진했다. 전 국민이 동원되었다. 버스도 죄다 군에 동원된 탓에 개인 차량이 버스 노선을 점령했다. 어린 학생들은 우유와 우편을 배달했다. 군 복무가 허용되지 않는 이스라엘 거주 아랍인들은 징집된 유대인들이 하지 않는 일에 자원했다. 그러는 사이에 사막에서 세상의 종말을 고하는 듯한 바람이 불어왔다. 바버라가 한 번도 겪어보지 못한 분위기였다. 물을 아무리 마셔도 목이 마르고, 아무리 축축한 빨래도 30분이면 다 말랐다. 기온은 35도였지만, 강풍이 부는 사막에 서 있다 보면 그렇게 더운 줄도 몰랐다. 바버라는 예루살렘 근처 외곽 국경 지대에 있는 키부츠에서 참호 파는 작업을 도왔다. 자원자들을 통솔하는 40대 남자는 독립전쟁에서 다리를 잃어 의족을 하고 있었다. 시인이었다. 그는 절뚝거렸고, 열심히 시를 썼다.

교전이 시작되기 전에 아모스는 집에 두 번 다녀갔다. 바버라는 새 신랑이 우지Uzi 기관단총을 침대에 아무렇지 않게 던져놓고 샤워하는 모습에 깊은 인상을 받았다. 이깟 게 뭐가 대수라고! 이스라엘은 패닉 상태였지만 아모스는 개의치 않는 듯했다. "제게 그러더라고요. '걱정할 거 없어. 이제 공군력에 달렸는데, 우리는 공군력이 있으니까. 우리 공군이 놈들 비행기를 박살낼 거야.'" 6월 5일 아침, 이집트 군대가 이스라엘 국경을 따라 운집해 있을 때, 이스라엘 공군이 기습 공격을 감행했다. 이스라엘 조종사들은 몇 시간 만에 비행기 400여 대를 파괴했다. 사실상 이집트 공군을 궤멸시킨 셈이었다. 그런 뒤 이스라엘 육군이 시나이로 진격해 들어갔다. 6월 7일, 이스라엘은 이집트, 요르단, 시리아 군대를 상대로 전선 세 곳에서 교전을 벌였다. 바버라는 예루살렘에 있는 방공호에 들어가 모래주머니를 만들며 시간을 보냈다.

나중에 발표된 바에 따르면, 전쟁 전에 이집트 나세르 대통령은 그즈음 조직된 팔레스타인해방기구 초대 의장인 아흐마드 슈카이리 Ahmad Shukairy와 의견을 나누었다. 이 자리에서 나세르는 전쟁에서 살아남은 유대인들은 고국으로 돌려보내야 하지 않겠느냐고 했고, 슈카이리는 유대인은 누구도 살아남지 못할 테니 그런 걱정은 할 필요가 없다고 대답했다. 전쟁은 월요일에 시작되었다. 그리고 그 주 토요일에 라디오에서 종전 소식이 흘러나왔다. 이스라엘의 일방적인 승리 탓에 많은 유대인은 현대전이라기보다 성경에 나오는 기적을 보는 듯한 느낌을 받았다. 이스라엘은 갑자기 며칠 전보다 영토가 두 배 이상 커져, 모든 성지와 더불어 예루살렘 구시가지를 점령했다. 불과 일주일 전만 해도 영토 크기가 뉴저지주 정도였는데 지금은 웨스트버지니아 주보다 커졌고, 방어 가능한 국경도 훨씬 늘었다. 라디오에서는 전투 상황 보고 방송이 끝나고 예루살렘과 관련 있는 경쾌한 히브리 노래가 나왔다. 여기서도 이스라엘은 미국과 달랐다. 전쟁은 짧고, 누군가는 항상 이겼다.

목요일에 바버라는 아모스 부대 장병에게서 아모스가 살아 있다는 소식을 들었다. 금요일에는 사막 같은 베이지색 아파트 건물에 아모스가 지프를 몰고 나타나 바버라에게 올라타라고 했다. 두 사람은 이번에 정복한 서안 지구 주변을 둘러보았다. 낯설고 멋진 광경이 펼쳐졌다. 1948년 이후로 갈라진 아랍인과 유대인 상점 주인들이 예루살렘 구시가지에서 훈훈한 재회를 하고 있었다. 아랍 남자들이 서로 팔짱을 낀 채 한 줄로 늘어서서 유대인 지구의 루핀 거리까지 걸어가 정지 신호등에 걸음을 멈추고는 박수를 쳤다. 정지 신호등을 향해. 두 사람이 찾아온 서안 지구에는 불에 탄 요르단 전차와 지프 그리고 지금은 소풍을 떠난 이스라엘 사람들이 버려놓은 빈 참치캔 등이 어지럽게 널려 있었다. 두 사람은 동예루살렘에 있는 요르단 후세인 국왕의 짓다 만 여름 별장에 도착했다. 아모스가 이스라엘 군인 200여 명과 함께 주둔해 있는 곳이다. 바버라는 미시간 가족에게 보내는 편지에 이렇게 썼다. "별장은 충격 그 자체였어. 최악의 아랍 취향에 최악의 마이애미비치를 합쳐놓았달까."

이후 장례식이 이어졌다. 바버라는 편지에 또 이렇게 썼다. "오늘 아침 신문에 사망자 679명, 부상자 2,563명이라고 나오네. 적은 수 같아도 이스라엘이 워낙 작은 나라라 지인을 잃지 않은 사람이 없어."
아모스도 베들레헴 언덕 꼭대기에 있는 수도원 공격을 지휘하다가 부하 장병 한 명을 잃었다. 다른 전투지에서는 어린 시절부터 알고 지낸 친한 친구 한 명이 저격수의 총에 맞아 죽었고, 히브리대학 교수도 여러 명 죽거나 다쳤다. 바버라가 말했다. "나는 베트남전쟁 중에 자랐지만 주위에 베트남에서 죽기는커녕 베트남으로 떠난 사람도 없었어요. 그런데 그 '6일전쟁'에서는 아는 사람 중에 네 명이나 죽었어요. 그곳에서 고작 6개월 살았을 때였는데."

아모스는 전쟁이 끝나고도 일주일 남짓 후세인의 여름 별장에 주둔해 있었다. 그곳에서 그는 잠깐 예리코 시의 군정 장관에 임용되었다. 히브리대학은 포로수용소로 변했다. 그래도 대학 수업은 6월 26일에 다시 시작되었고, 전쟁에서 싸우고 돌아온 교수들은 별다른 소동 없이 원래의 자리에서 다시 시작할 것이다. 그중에는 암논 라포포트도 있었다. 그는 아모스와 함께 이스라엘에 돌아와 히브리대학 심리학과에서 함께 강의하면서, 다시 아모스의 가장 친한 친구가 되었다. 아모스가 보병 부대를 이끌고 출발했을 때, 암논은 또 한 번 전차에 올라타 요르단으로 진격했다. 그의 전차 부대는 요르단군의 최전방을 돌파하는 데 앞장섰다. 하지만 이번에는 전쟁에 뛰어들면서 마음이 영 편치 않았다. "그게 어떻게 가능하겠어요? 나는 젊은 조교수인데, 사람들이 나를 데려가고, 나는 24시간 안에 사람을 죽이기 시작해 살인 기계가 되고. 그걸 어떻게 이해해야 하나 싶었어요. 몇 달 동안 꿈자리가 사나웠죠. 아모스와 얘기도 많이 했어요. 이런 삶의 양면을 어떻게 조화시켜야 할지. 교수와 살인자."

그와 아모스는 사람들의 의사 결정 과정을 언젠가는 함께 연구하리라고 늘 생각했지만, 아모스는 이스라엘에 애착이 강했고, 암논은 다시 이스라엘을 뜨고 싶었다. 암논에게는 단지 끝도 없는 전쟁이 문제가 아니었다. 아모스와의 공동 연구에 이제는 마음이 끌리지 않았다. "아모스는 아주 압도적이죠, 지적으로요. 평생 아모스 그늘 아래 살고 싶지는 않았어요." 암논은 1968년에 미국으로 떠나 노스캐롤라이나대학에서 교수가 되었고, 그가 떠나자 아모스는 이야기할 사람이 아무도 없었다.

1967년 초, 아비샤이 헤이니크Avishai Henik는 스물한 살로 골란고원에 있는 키부츠에서 일하고 있었다. 위쪽에 있는 시리아인들이 이따금 키부츠로 포탄을 발사했지만, 아비샤이는 크게 개의치 않았다. 그는 당시 군 복무를 막 마친 상태로, 고등학생 때 공부를 잘하지는 못했지만 대학 진학을 생각하고 있었다. 1967년 5월, 전공을 정하지 못하고 고민하던 차에 다시 군에서 호출을 받았다. 군이 부르면 곧 전쟁이 일어난다는 뜻이겠거니 싶었다. 그는 150명 정도 되어 보이는 낙하산부대에 합류했는데, 대부분은 그가 처음 보는 사람들이었다.

열흘 뒤 전쟁이 터졌다. 아비샤이는 한 번도 전투를 직접 본 적이 없었다. 처음에 지휘관들은 그가 낙하산을 타고 시나이에 떨어져 이집트인들과 싸울 것이라고 했다. 그러다가 마음을 바꿔, 아비샤이가 속한 부대는 버스를 타고 예루살렘으로 가라고 명령했다. 요르단과 맞서는 제2전선이 형성된 곳이다. 예루살렘에는 구시가지 외곽 근처에 자리 잡은 요르단 병력을 공격하는 지점이 두 곳 있었다. 아비샤이의 부대는 발포를 하지 않은 채 요르단 전선으로 잠입해 들어갔다. 그는 "요르단은 아예 눈치채지도 못했다"고 했다. 몇 시간 뒤, 두 번째 이스라엘 낙하산부대가 뒤따라와 흩어졌다. 그의 부대는 운이 좋았던 셈이다. 최전선을 통과한 부대는 구시가지 벽으로 접근했다. 아비샤이는 "거기서 교전이 시작됐다"고 했다. 그는 잰걸음으로 재빨리 걸었고, 그때 모이시라는 청년 곁을 지나쳤다. 불과 며칠 전에 만난 괜찮은 청년이었는데, 그 순간 그가 총을 맞고 쓰러졌다. 아비샤이는 그 얼굴을 절대 잊지 못할 것 같았다. "그 자리에서 죽었어요." 아비샤이는 자기도 곧 죽겠다는 생각에 자리를 떴다. "공포가 밀려왔어요. 정말 무서웠어요." 그의 부대는 구시가지를 뚫고 나갔고, 그사이에 열 명이 더 목숨을 잃었다. "여기서도 한 명, 저기서도 한 명, 그랬어요." 아비샤이는 그때의 모습과 극적인 순간을 회상했다. 모이시의 얼굴, 그리고 예루살렘 시장인 요르단 사람이 통곡의 벽 옆에 서 있던 그의 부대를 향해 백기를 흔들며 다가오던 모습. 그 마지막 순간이 믿어지지 않았다. "충격이었어요. 통곡의 벽은 사진으로나 봤었는데, 그 벽 옆에 서 있다니!" 그가 지휘관에게 무척 기쁘다고 말하자 지휘관이 대답했다. "내일 사망자 수를 들으면 기쁘지 않을 거야." 아비샤이는 전화기를 찾아 어머니에게 전화를 걸었다. "저 살아 있어요."

아비샤이의 '6일전쟁'은 끝나지 않았다. 예루살렘 구시가지를 접수한 뒤, 살아남은 낙하산 부대원들은 골란고원으로 파견되었다. 이제 시리아인들과 싸워야 했다. 그들은 도중에 중년 여성을 만났다. 여성이

다가와 물었다. "낙하산부대죠? 우리 모이시 본 사람 없나요?" 누구도 그 여성에게 아들의 소식을 들려줄 용기가 없었다. 그들은 일단 골란 고원 그늘로 들어가 거기서 임무를 배정받았다. 이제 헬리콥터를 타고 가서, 시리아 부대가 있는 참호로 떨어져 그들을 공격할 것이다. 이 명령을 듣자, 아비샤이는 이상하게도 죽을 거란 확신이 들었다. "예루살렘에서 안 죽으면 골란고원에서 죽을 것 같은 느낌이 들었어요. 요행을 두 번이나 바랄 수는 없으니까요." 지휘관은 그에게 시리아 참호까지 걸어가라는 임무를 내렸다. 그는 이스라엘 낙하산부대 앞줄에서 뛰어갈 것이다. 그러다가 죽든가 아니면 총알을 피하든가.

임무를 수행할 바로 다음 날 아침, 이스라엘 정부가 오전 6시 30분에 휴전을 발표했다. 아비샤이는 순간적으로 삶을 돌려받은 느낌이 들었다. 하지만 그의 지휘관은 공격을 계속해야 한다고 고집했다. 아비샤이는 이해할 수 없었고, 용기를 내어 지휘관에게 이유를 물었다. 몇 시간 안에 전쟁이 끝날 건데 왜 공격을 해야 하나? "지휘관이 그러더군요. '아비샤이, 참 순진하군. 휴전이 된다고 해서 골란고원을 점령하지 않을 것 같나?' 그래서 제가 그랬죠. '알겠습니다. 죽을 각오가 됐습니다.'" 아비샤이가 앞장선 낙하산 대대는 헬리콥터를 타고 골란고원을 급습해 시리아 참호로 공격해 들어갔다. 시리아인들은 이미 도망가고, 참호는 텅 비어 있었다.

전쟁이 끝나고, 스물두 살의 아비샤이는 무엇을 전공할지 마음을 정했다. 심리학. 그때 그에게 왜 하필 심리학이냐고 물었다면 그는 뭐라 대답했을까. "인간의 영혼을 이해하고 싶다고 말했을 거예요. 머리가 아니라 영혼을." 히브리대학에는 그가 들어갈 자리가 없었다. 그래서 그는 텔아비브 남쪽에 새로 생긴 네게브대학에 들어갔다. 캠퍼스는 베르셰바에 있었다. 그는 대니 카너먼이라는 교수의 수업을 두 개들었다. 대니는 히브리대학의 급여가 적어, 그곳에서 은근슬쩍 부업처럼 수업을 더 하고 있었다. 아비샤이가 들은 수업 하나는 통계학 입문이었는데, 언뜻 따분할 것 같지만 절대 그렇지 않았다. "모든 예를 삶에서 끌어와 실감이 났어요. 단순히 통계만 가르치는 게 아니라 그것이 어떤 의미가 있는지도 가르쳐주셨죠."

대니는 당시 이스라엘 공군의 조종사 훈련을 지원하고 있었다. 교관들은 제트기 조종을 가르칠 때 칭찬보다 질책이 유용하다고 믿었다. 그들은 비행을 아주 잘해서 칭찬을 했을 때 어떤 일이 일어났고, 비행을 아주 못해서 질책을 했을 때 어떤 일이 일어났는지 살펴보면 금방 알 수 있다고 대니에게 설명했다. 칭찬받은 조종사는 다음에 여지없이 비행을 더 못했고, 질책받은 조종사는 다음에 여지없이 비행을 더 잘했다. 대니는 잠시 그 내용을 살펴본 뒤에 그들에게 상황을 정확히 설명해주었다. 비행을 유난히 잘해서 칭찬을 받은 조종사나, 비행을 유난히 못해서 질책을 받은 조종사나 모두 평균으로 돌아갔을 뿐이다. 교관이 질책이나 칭찬을 하지 않았어도 조종사들은 비행을 더 잘했거나 못했기 쉽다. 교관들은, 그리고 다른 많은 사람도, 말로 고통을 줄 때보다 말로 기쁨을 줄 때 효과가 적다는 착각에 빠진다. 지루한 숫자가 통계의 전부가 아니다. 통계로 인간 삶의 진실한 내면을 엿볼 수도 있다. 대니는 훗날 이렇게 썼다. "인간이 처한 상황에서는 원래 타인을 보상하면 통계적으로 벌을 받고, 타인을 벌하면 통계적으로 보상을 받게 마련이다."

대니가 네게브대학에서 진행한 또 다른 수업은 지각에 관한 수업이었다. 감각은 여기에 어떤 식으로 끼어들어 때로는 오판을 하게 할까. "수업을 딱 두 번 들어보니, 정말 똑똑한 분이구나, 싶었어요." 아비샤이의 말이다. 대니는 《탈무드》 중에 랍비가 날이 어두워지면서 밤이 되는 순간과 날이 밝아지면서 밤에서 벗어나는 순간을 묘사하는 부분을 길게 인용한 뒤에 학생들에게 물었다. 바로 그 순간, 그러니까 날이 어두워지면서 밤이 되는 순간에 랍비 눈에 들어온 색은 무슨 색일까? 랍비가 주변 세상을 바라보는 방법에 대해 심리학은 무슨 말을 해야 할까? 대니는 학생들에게 푸르키네 효과 Purkinje effect를 이야기했다. 19세기 초에 그 순간을 최초로 묘사한 체코 심리학자의 이름을 따서 명명된 효과다. 푸르키네는 대낮에 인간의 눈에 가장 밝게 보이는 색깔이 황혼에는 가장 어둡게 보인다는 사실을 알게 됐다. 따라서 이를테면 아침에 랍비 눈에 선명한 빨강으로 보인 색이 저녁에는 다른 색에 비해 거의 무색처럼 보일 수 있다. 대니 머릿속에는 누구도 발견하지 못한 온갖 낯선 현상이 있을 뿐 아니라 그것을 색다른 방식으로 설명해, 학생들이 세상을 약간 달리 보게 하는 능력이 있었다. "게다가 수업에 빈손으로 들어오셨어요. 그냥 들어와서 대뜸 얘기를 시작하시는 거죠." 아비샤이의 말이다.

아비샤이는 대니가 정말로 수업을 즉흥적으로 하는지 약간 미심쩍었다. 강의를 전부 외워놓고 마치 즉흥적으로 말하는 척하는 건 아닐까? 그러다가 대니가 강의실에 들어와 도움을 요청하던 날, 그 의심이 사라졌다. "제게 오셔서 하시는 말씀이 '아비샤이, 히브리대학에서 수강생들이 필기할 걸 좀 달라는데, 줄 게 없네. 보니까 자네가 필기를 하던데, 학생들에게 나눠주게 그것 좀 줄 수 있겠나?' 교수님은 진짜로 머릿속에 모든 게 들어 있었던 거예요!"

아비샤이는 대니가 학생들도 자기처럼 수업 내용을 죄다 머릿속에 집어넣기를 기대했다는 걸 알게 되었다. 지각에 관한 강의가 막바지에 이르렀을 때 아비샤이는 예비군 소집 명령을 받았다. 그는 대니에게, 안타깝지만 멀리 떨어진 국경 지대 순찰을 떠나야 해서 수업을 따라갈 도리가 없으니 여기서 그만두어야겠다고 말했다. "그랬더니 '상관없어. 책을 익히면 돼' 하셔서 '책을 익히면 된다는 게 무슨 말씀이세요?' 했더니, '책을 가져가서 외우라고' 하시더군요." 아비샤이는 시키는 대로 했다. 그리고 기말시험에 맞춰 돌아왔다. 책을 모조리 외운 채로. 대니는 학생들에게 답안지를 돌려주기 전에 아비샤이에게 손을 들라고 했다. "손을 들었죠. '이번엔 또 뭘 하라는 거지?' 하면서요. '자네는 만점이야. 이런 점수를 받은 사람이 있으면, 당연히 공개해야지' 하시더군요."

히브리대학 수업 외에 부수적으로 진행하던 대니의 수업을 들은 아비샤이는 두 가지를 결심했다. 심리학자가 되자. 히브리대학에 가자. 히브리대학은 천재 교수들이 자기 분야에서 학생들에게 최고의 열정을 불어넣어주는 마법의 장소가 틀림없다고 생각했다. 아비샤이는 히브리대학원에 진학했다. 대학원 1학년 말에 히브리대학 심리학과 학과장이 학생들을 대상으로 의견 수렴을 했는데, 그 자리에 아비샤이도 있었다. 학과장이 물었다.

"담당 교수님들은 어떤가?"

"괜찮습니다."

"괜찮다고? 그냥 괜찮아? 왜 겨우 그 정도지?"

"베르셰바에서 한 분 수업을 이미 들었어요." 아비샤이는 자초지종을 말했다.

학과장은 바로 무슨 뜻인지 알아챘다. "아, 자네는 다른 교수들을 대니 카너먼과 비교하는 게로군. 그러면 안 되지. 그건 불공평해. 카너먼이라는 부류는 따로 있는 거야. 다른 교수들을 그 부류와 비교하면 안 돼. 이 사람은 다른 사람들에 비해 좋다, 나쁘다, 그렇게 말할 수는 있지만, 카너먼하고 비교하면 안 된다고."

강의실 안에서 대니는 한마디로 대담한 천재였다. 그런데 강의실 밖에서는 머릿속이, 뭐랄까, 종잡을 수 없어, 아비샤이도 깜짝 놀라곤 했다. 하루는 학교에서 대니를 우연히 마주쳤는데, 기분이 몹시 착잡해 보였다. 전에 본 적 없던 모습이었다. 대니는 한 학생이 교수 평가를 나쁘게 주었는데, 이제 교수 수명도 다한 것 같다고 했다. "심지어 제게 '나, 여전히 같은 사람, 맞지?' 하셨어요." 아비샤이가 보기에, 그리고 대니 빼고 모든 사람이 보기에, 낮은 평가를 준 그 학생이 바보가 분명했다. "당연히 히브리대학 최고 교수님이었죠. 그런데 그 학생의 평가는 중요하지 않다, 교수님은 훌륭하다, 그렇게 설득하기가 아주 힘들었어요." 이 일은 대니 카너먼을 심란하게 하는 여러 원인 중 하나에 불과했다. 그는 여러 사람의 평가 중에 최악의 평가를 믿는 이상한 성향이 있었다. "아주 소심하셨어요. 원래 성격이죠."

대니를 매일 보는 사람에게 대니는 이해할 수 없는 인물이었다. 사람들 머릿속에 있는 대니의 모습은 늘 변했다. 게슈탈트 심리학자들이 실험에 사용하는 그림처럼. 예전의 동료 교수가 말했다. "대니는 기분이 극과 극을 오갔어요. 어떤 대니를 만날지 알 수 없었죠. 마음에 상처도 잘 받고, 존경과 애정에 목말라했어요. 아주 예민하고, 주위에 잘 휩쓸렸고요. 모욕감도 쉽게 느꼈죠." 그는 하루에 담배 두 갑을 피웠다. 결혼도 하고, 아들 하나에 딸 하나를 두었지만, 다른 사람이 보기에 대니는 여전히 일에 파묻혀 사는 것 같았다. 대니의 제자이자 나중에 뉴욕대학 교수가 된 주어 샤피라Zur Shapira가 말했다. "일을 굉장히 우선시하는 분이에요. 행복한 분이라고는 말하기 힘들 겁니다." 그는 기분 때문에 다른 사람들과 거리가 생겼다. 극심한 괴로움에서 나온 거리감이었다. 이스라엘군 심리 부대에서 함께 일한 야파 싱어Yaffa Singer는 "여자들에게서 보호 본능을 유발했다"고 했다. 대니의 조교였던 달리아 엣시온Dalia Etzion은 또 이렇게 말했다. "교수님은 늘 확신이 없었어요. 한번은 교수님께 갔는데, 아주 의기소침해 계신 거예요. 그때 맡은 수업이 있었는데, 이러시더군요. '학생들이 나를 좋아하지 않는 게 분명해.' 대체 뭐가 문제지, 싶었어요. 정말 이상했죠. 학생들은 교수님을 좋아했거든요." 다른 동료는 이렇게 전했다. "대니는 유머가 없는 우디 앨런 같았죠."

대니의 종잡을 수 없는 변덕은 단점이었지만, 알게 모르게 더러는 장점일 때도 있었다. 그 변덕 덕에 대니는 거의 무의식중에 자아를 확장했다. 알고 보니 그는 어떤 심리학자가 될지 결정해야 했던 적이 없었다. 그는 여러 종류의 심리학자가 될 수도 있었고, 될 것이기도 했다. 자신은 성격을 연구할 능력이 안 된다며 자신감을 잃는 동시에, 시각을 연구할 수도 있지 않을까 해서 실험실을 만들었다. 실험실에는 벤치가 있었는데, 거기에 사람을 고정해놓고, 입안에 기구를 넣어 입을 움직이지 못하게 한 다음, 동공에 다양한 신호를 비추었다. 그는 눈처럼 복잡한 구조를 이해하는 방법은 눈이 저지르는 실수를 연구하는 길뿐이라고 생각했다. 오류는 단지 교훈을 주는 데 그치지 않았다. 오류는 복잡한 구조의 깊은 본질을 푸는 열쇠였다. "기억을 어떻게 이해하겠어? 기억을 연구할 수는 없어. 망각을 연구할 뿐이지." 대니의 말이다.

대니는 시각 실험실에서 사람들의 눈이 속임수를 쓰는 방법을 연구했다. 예를 들어 섬광이 반짝했다 사라질 때 눈이 느끼는 밝기는 순전히 섬광의 밝기만은 아니었다. 체감 밝기는 섬광의 길이에도 좌우됐다. 그러니까 눈이 느끼는 밝기는 섬광의 길이와 세기의 곱이다. 이를테면 10X 세기의 빛을 1,000분의 1초 비출 때와 X 세기의 빛을 100분의 1초 비출 때 구별이 불가능했다. 하지만 섬광이 10분의 3초 이상 지속되면 지속 시간에 상관없이 그 밝기는 같아 보였다. 이처럼 번거로운 발견의 핵심이 무엇인지는 대니도 분명치 않았다. 심리학 전문 잡지가 이런 발견을 반긴다는 사실 외에는. 대니는 이런 측정 자체가 자신에게 좋은 훈련이려니 생각했다. "나는 과학을 하고 있었어. 무척 신중했고. 그동안 받았던 교육의 빈틈을 메운다는 생각으로, 진지한 과학자가 되려면 필요하다 싶은 걸 했던 거야."

그런 식의 과학이 그에게 잘 맞지는 않았다. 시각 실험실은 정밀성이 요구됐는데, 대니는 사막의 폭풍처럼 움직였다. 연구실은 정신이 하나도 없었고, 비서는 그가 걸핏하면 가위 어디 있느냐고 묻는 게 지겨워 가위를 줄에 매달아 그의 의자에 묶어두었다. 그의 관심사도 정신없기는 마찬가지였다. 똑같은 사람이 어떤 때는 어린 학생의 눈높이에 맞춰 아이들을 따라 황무지로 들어가 텐트에서 몇 명과 같이 자고 싶으냐고 묻기도 하고, 또 어떤 때는 어른들의 치아를 바이스 공구에 끼우면서 그들 눈동자가 어떻게 반응하는지 살피기도 했는데, 이런 행위는 다른 심리학자에게도 이상하게 보였다. 성격을 연구하는 사람이라면 대개 성격 특성과 행동의 상관관계를 찾으려 애썼다. 텐트에서 함께 잘 사람 수를 선택하는 것과 사회성의 상관관계라든가 지능지수와 업무 수행력의 상관관계라든가. 이런 조사는 정밀성도 필요치 않고, 생물적 유기체로서의 인간에 대한 지식도 필요치 않았다. 대니의 인간 눈에 대한 연구는 심리학이라기보다 안과학처럼 보였다.

그는 다른 관심사도 동시에 키워갔다. 그가 연구하고 싶었던 또 한 가지는 심리학자들에게는 '지각 방어perceptual defense'로, 그리고 흔히는 잠재적 지각으로 알려진 것이었다. (1950년대 말, 불안감이 미국을 한바탕 휩쓸었다. 밴스 패커드Vance Packard가《숨은 설득자The Hidden Persuaders》에서, 광고가 잠재적으로 사람들에게 영향을 미쳐 결정을 왜곡한다는 이야기를 하면서부터다. 그 불안감은 뉴저지에서 극에 달했다. 그곳에서 시장을 연구하던 어떤 사람이 영화 중간중간에 '배고파? 팝콘을 먹어!', '코카콜라를 마셔!' 같은 짧은 문구를 사람들이 눈치채지 못할 정도로 순간적으로 노출했더니 팝콘과 콜라 수요가 크게 늘었다고 주장한 것이다. 그는 나중에 이 모두가 지어낸 이야기라고 실토했다.) 1940년대 말 심리학자들은 인간의 정신은 표면적으로는 지각하고 싶지 않은 것들을 스스로 방어하는 능력이 있음을 감지했다(또는 감지했다고 주장했다). 예를 들어, 금기어를 순간적으로 보여주자 사람들은 그 단어를 다른 평범한 단어처럼 읽었다. 그런가 하면 사람들은 자신도 크게 의식하지 못한 채 다양한 방법으로 주변 세상의 영향을 받았다. 그리고 자기도 모르는 사이에 온갖 것들이 머릿속에 입력되었다.

이런 무의식 작용이 어떻게 일어났을까? 단어를 어떤 식으로든 감지하기도 전에, 어떻게 그것을 이해해 왜곡까지 할 수 있었을까? 정신의 작동 원리가 혹시 하나가 아니라 여럿일까? 이를테면 머릿속의 어느 부분은 들어오는 신호를 감지하고, 또 어느 부분은 그 신호를 막는 걸까? 대니가 말했다. "혹시 자기 체험을 이해하는 다른 방식이 있는 건 아닌지, 늘 궁금했어. 지각 방어가 흥미로웠던 이유는 실험 기술을 잘 활용하면 무의식의 삶에 다가갈 것 같았기 때문이야." 대니는 자신의 예상대로 사람들이 잠재의식에서 학습을 할 수 있는지 알아보기 위해 몇 가지 실험을 고안했다. 그는 실험 참가자들에게 이를테면 일련의 카드나 숫자를 보여주고 다음에 무엇이 올지 예상해보라고 했다. 보여준 카드나 숫자에는 눈치채기 어려운 규칙이 있었다. 참가자들이 그 규칙을 감지한다면, 무작정 대답할 때보다 다음 카드나 숫자를 좀더 정확히 예측할 것이다. 물론 이유도 모른 채! 그러면서 자기도 모르게 일정한 유형을 감지하고, 잠재의식적으로 무언가를 터득할 것이다. 하지만 결과는 그렇지 않았고, 대니는 실험을 그만두었다.

동료들과 학생들이 대니에 관해 알아낸 것이 또 있었다. 대니는 열정을 느끼는 대상이 빠르게 변했고, 실패를 쉽게 인정했다. 그럴 줄 알았다는 듯이. 하지만 실패를 두려워하지는 않았다. 그는 무엇에든 도전했다. 그러면서 자기는 변심을 대단히 즐기는 사람이라고 생각했다. "내 생각에서 문제점을 찾아낼 때마다 새로운 걸 발견하고 진전을 이뤘다는 느낌을 받아." 그의 설명에 따르면, 그는 요동치는 기분에 따라 변했다. 침울할 때는 쉽게 체념했고, 그러다 보니 막상 실패를 해도 놀라거나 당혹스러워하지 않았다(그는 이 이론을 몸소 증명해 보였다!). 기분이 좋을 때는 열정이 넘쳐서 실패 가능성을 잊는 듯했고, 그래서 생각나는 아이디어는 모조리 검토하곤 했다. 히브리대학 동료 심리학자 마야 바힐렌이 대니에 대해 말했다. "종잡을 수 없는 변덕 탓에 사람들이 돌아버릴 지경이었어요. 똑같은 걸 두고 하루는 천재적이라고 했다가 다음 날에는 헛소리라고 하고, 그다음 날에는 또 천재적이라고 했다가 다시 다음 날이면 헛소리라고 했죠." 사람들을 미치게 만든 것이 대니에게는 정신을 온전하게 유지하는 비결일 수도 있었다. 그에게 기분은 아이디어 공장을 돌리는 윤활유였다.

대니의 다양한 지적 호기심에 그의 흥미 이외의 공통된 주제가 있다면, 남들이 눈치채기 힘들다는 것이다. 달리아 엣시온이 말했다. "그분은 무엇이 시간 낭비이고, 무엇이 시간 낭비가 아닌지 구별하는 능력이 없었어요. 모든 걸 흥미를 느낄 수 있는 대상으로 보았죠." 대니는 정신분석이 못 미더웠지만("나는 늘 정신분석은 말장난이라고 생각했어") 미국 정신분석가 데이비드 래퍼포트David Rapaport가 매사추세츠 스톡브리지에 있는 정신 치료 시설인 오스틴리그스센터Austen Riggs Center에서 함께 여름을 보내자고 하자, 초대를 받아들였다. 그곳 정신분석가들은 (그 분야 거물들이었다) 금요일 아침마다 모여 한 달 동안 관찰한 환자를 두고 토론을 벌일 것이다. 이 토론 전까지 다들 해당 환자에 대해 보고서를 쓴다. 이들이 환자에 대해 진단을 내린 뒤에는 환자를 데려와 면담을 할 것이다. 그런데 대니가 이들의 토론을 지켜보던 주에 일이 터졌다. 젊은 여성 환자를 면담하기로 한 바로 전날 밤, 환자 스스로 목숨을 끊었다. 세계적 전문가인 이 정신분석가들은 한 달 동안 환자의 정신 상태를 연구했지만 자살 가능성을 걱정했던 사람은 없었으며, 이들이 작성한 보고서 어디에도 자살 위험은 찾아볼 수 없었다. 대니는 그때를 이렇게 회상했다. "그제야 다들 한목소리로 말하더군. 어떻게 그걸 몰랐을까? 자살 조짐은 분명히 있었는데! 일이 벌어지고 나니까 그때서야 보인 거지." 대니가 미미하게나마 정신분석에 가지고 있던 흥미가 싹 사라져버렸다. "그때 이거야말로 대단한 교훈이구나, 싶더라고." 어려움에 처한 환자에 대한 교훈이 아니라 정신분석학자에 대한 교훈이었다. 아니, 어쩌면 불확실한 사건의 결과를 두고 예측을 했다가 결과를 알고 난 뒤에 예측을 수정할 위치에 있는 모든 사람에 대한 교훈이기도 했다.

1965년, 대니는 심리학자 제럴드 블룸Gerald Blum과 박사후과정을 이수하러 미시간대학으로 갔다. 블룸은 다양한 정신 작업 수행 방식을 바꿔놓는 감정의 막강한 위력을 실험하느라 여념이 없었다. 이를 위해 실험 참가자들에게서 격렬한 감정을 이끌어내야 했는데, 이때 최면을 동원했다. 그는 우선 사람들에게 살면서 겪은 끔찍한 일을 상세하게 묘사하라고 했다. 그런 다음 그 일을 연상토록 유인하는 신호를 주었다. 이를테면 'A100'이라고 적힌 카드를 주는 식이다. 그 뒤 최면을 걸고 그 카드를 보여줄 것이다. 그러면 그들은 그 즉시 앞서 말한 끔찍한 경험을 되새길 게 분명하다. 그런 다음 그들이 가령 일련의 숫자를 반복하는 등 어려운 정신 작업을 어떻게 수행하는지 지켜본다. 대니가 말했다. "실험이 이상해서 내키지는 않았어." 그럼에도 대니는 최면 거는 법을 익혔다. "나는 최고의 실험 참가자와 한동안 실험을 했었어. 키가 크고 마른 남자였는데, 살면서 겪은 아주 끔찍한 경험을 상기시키는 A100 카드를 보여줬더니 몇 초 만에 눈동자가 튀어나올 듯이 커지고 얼굴이 벌게지더라고." 그리고 얼마 안 가, 대니는 또 한 번 이 실험의 유효성에 흠집을 내고 말았다. "하루는 내가 물었어. '사람들에게 그 방식과 약한 전기 충격 중에 하나를 고르라고 하면 어떨까?'" 대니는 인생 최악의 경험을 기억에서 되살리는 것과 약한 전기 충격 중 하나를 고르라고 하면 사람들은 당연히 전기 충격을 고르리라고 생각했다. 하지만 누구도 전기 충격을 원치 않았다. 그들은 한결같이 인생 최악의 경험을 되살리는 편이 훨씬 낫다고 했다. "블룸이 기겁하더라고. 파리 한 마리도 못 죽일 위인이거든. 그때 깨달았지. 어리석은 게임이구나. 그건 생애 최악의 경험일 수 없구나. 누군가는 거짓으로 하고 있구나. 그래서 그 일에서 손을 뗐어."

같은 해, 〈사이언티픽 아메리칸Scientific American〉에 실린 심리학자 에크하르트 헤스Eckhard Hess의 글이 대니의 눈길을 사로잡았다(그의 눈길을 사로잡지 않는 글이 있을까마는). 온갖 종류의 자극에 동공이 팽창 또는 수축한 실험 결과를 설명한 글이었다. 이를테면 남자에게 옷을 대충만 입은 여자 사진을 보여주었더니 동공이 팽창했다. 여자에게 잘생긴 남자 사진을 보여줘도 같은 현상이 일어났다. 반대로 상어 사진을 보여주면 동공이 수축했다(희한하게도 추상미술 역시 같은 효과를 냈다). 맛있는 음료를 주면 동공이 팽창했고, 레몬주스나 퀴닌이 들어간 음료처럼 내키지 않는 음료를 주면 동공이 수축했다. 그리고 맛이 미세하게 다른 오렌지 탄산음료 다섯 가지를 주면, 각 음료에서 느끼는 만족의 정도가 동공에 나타났다. 사람들은 자기가 어떤 음료를 가장 좋아하는지 의식적으로 정확히 파악하기도 전에, 믿기 어려울 정도로 빠르게 반응했다. 헤스는 이렇게 썼다. "맛의 차이가 워낙 미미해서 사람들이 의식적으로 정확히 가리지 못할 때도 동공 반응을 관찰하면 정확한 선호도를 알아낼 수 있다."

눈은 마음의 창인 셈이다. 대니는 블룸 밑에서 일하던 심리학자 잭슨 비티Jackson Beatty를 블룸의 최면 실험실에서 빼내, 그와 함께 사람들에게 숫자 여러 개를 기억하라든가 서로 다른 음높이를 구별하라든가 하는 다양한 정신 작업을 수행하게 한 뒤 동공 반응을 관찰하는 실험을 시작했다. 그들은 눈이 머리를 속이는지, 나아가 머리도 눈을 속이는지 알아보고 싶었다. 다시 말해 "강도 높은 정신 활동이 어떻게 지각을 방해하는지" 궁금했다. 실험 결과, 동공 크기를 변화시키는 것은 감정 흥분만이 아니었다. 정신노동도 같은 효과를 냈다. 그들 말대로 "생각과 지각은 서로 적대적"일 가능성이 높았다.

────────

미시간대학에 있던 대니는 히브리대학으로 돌아가 종신직 교수를 할 계획이었다. 그런데 히브리대학이 종신직을 줄지 말지 결정을 미루자, 대니는 귀국을 거부했다. "화가 치밀더라고. 그래서 전화해 '돌아가지 않겠다' 그랬지." 1966년 가을, 대니는 하버드대학으로 갔다(그는 버클리에서 3년간 공부하면서, 자신이 최고들을 상대하고도 남을 실력이 된다는 것을 깨달았다). 거기서 영국의 젊은 심리학자 앤 트레이스먼Anne Treisman의 강연을 듣고 또 한 번 방향을 바꿨다.

1960년대 초, 트레이스먼은 영국 동료 콜린 체리Colin Cherry와 도널드 브로드벤트Donald Broadbent가 도중에 그만둔 연구를 다시 시작했다. 인지과학자 체리는 훗날 '칵테일파티 효과cocktail party effect'로 불리는 현상을 알아냈었다. 시끄러운 칵테일파티에서 특정인의 이야기를 집중해 들을 때처럼, 시끄러운 곳에서도 듣고 싶은 소리를 골라내는 능력을 일컫는 말이다. 그 당시 이 현상은 항공 교통 관제탑 설계와 관련 있는 현실적인 문제였다. 초기 관제탑에서는 관제탑의 유도가 필요한 여러 조종사의 목소리가 확성기로 한꺼번에 흘러나왔다. 관제탑 사람들은 그중에서 일부 조종사의 목소리를 골라내야 했다. 당시에는 관제탑 사람들이 관련 없는 목소리는 걸러내고 주목해야 할 목소리에만 집중하는 능력이 있겠거니 짐작만 할 뿐이었다.

트레이스먼은 다른 영국 동료 네빌 모레이Neville Moray와 함께 사람들이 특정인의 말을 선별해 듣는 방법을 알아보기 시작했다. 트레이스먼은 회고록에 이렇게 썼다. "선별적 듣기와 관련해 연구를 했거나 하고 있는 사람이 아무도 없어서, 우리는 독자적으로 연구하다시피 했다." 두 사람은 사람들에게 헤드폰을 씌우고, 두 가지 소리를 동시에 재생할 수 있는 테이프리코더에 헤드폰을 연결한 뒤, 양쪽 귀에 서로 다른 글을 동시에 들려주었다. 그리고 둘 중 하나만 그대로 따라 읽어보라고 했다. 그리고 나중에, 무시한 글 중에 생각나는 게 있는지 물었다. 그랬더니 따라 읽지 않은 글도 완전히 무시하지는 않아서, 그 중 몇 가지 초대받지 않은 단어와 문구가 머릿속으로 들어왔다. 예를 들어, 무시해야 했던 내용에서 자기 이름이 나오면 대개는 그 소리를 놓치지 않았다.

트레이스먼뿐만 아니라 주의 집중에 주목하던 다른 몇 사람도 이 결과에 깜짝 놀랐다. 트레이스먼이 말했다. "그때까지도 나는 주의를 집중하면 다른 내용은 완벽하게 걸러낸다고 생각했어요. 그런데 선별 작업이 이루지고 있었던 거예요. 어떻게 그럴 수 있을까? 언제, 어떻게 머릿속으로 들어오는 걸까 궁금했어요." 트레이스먼은 하버드에서 이런 강연을 하면서, 사람들은 듣고자 하는 것에 집중하고 다른 것은 꺼버리는 점멸 스위치를 가지고 있는 게 아니라, 좀 더 정교한 체계가 있어서 주변 소음을 완벽히 차단하기보다 선별적으로 약화시키는 게 아닐까 하는 의견을 제시했다. 주변 소음이 머릿속으로 들어올 수 있다는 사실은 관제탑 주변을 맴도는 비행기에 탄 승객에게는 당연히 썩 기쁜 소식은 아니다. 하지만 어쨌거나 흥미로운 현상이었다.

앤 트레이스먼은 하버드에 잠깐 들렀을 뿐인데, 그의 강연을 듣고 싶어 하는 사람이 워낙 많아 캠퍼스 밖 대형 공개 강의실로 장소를 옮겨야 했다. 대니는 이 강의실을 나오면서 새로운 열정에 휩싸였다. 그는 트레이스먼 환송 파티를 직접 맡겠다고 자청했다. 파티에는 트레이스먼의 어머니, 남편, 두 아이도 참석했다. 대니는 이들에게 하버드를 구경시켜주었다. 트레이스먼이 그때를 회상했다. "그분은 깊은 인상을 남기려고 애썼고, 저도 좋은 분이라는 생각이 들었어요." 두 사람이 각자의 결혼 생활을 정리하고 결합한 것은 여러 해 뒤의 일이지만, 대니가 트레이스먼의 생각에 매료되는 데는 시간이 필요치 않았다.

1967년 가을 히브리대학에서 종신직과 완전히 새로운 연구 프로그램을 약속받자, 대니는 예전의 무시당했다는 기분을 접고 히브리대학으로 돌아갔다. 이제 두 가지 소리를 동시에 재생하는 테이프리코더로, 사람들이 주의를 얼마나 잘 분산하는지 또는 이쪽에서 저쪽으로 주의를 얼마나 잘 옮기는지 측정할 수 있게 되었다. 이 능력은 개인차가 있고 특정 분야에서 장점이 될 게 분명했다. 케임브리지대학 응용심리분과에서 초청이 왔을 때, 대니는 프로축구 선수를 대상으로 이 생각을 시험하러 영국으로 건너갔다. 그는 주의를 전환하는 능력이 1부(프리미어) 리그 선수들과 4부 리그 선수들에게서 차이가 나리라고 생각했다. 그는 무거운 테이프리코더를 옆에 낀 채, 케임브리지에서 기차를 타고 최고 축구팀 아스널로 향했다. 그리고 선수들에게 헤드폰을 씌우고 한쪽 귀로 들리는 것에서 다른 쪽 귀로 들리는 것으로 주의를 옮기는 능력을 시험했지만, 허무하게도 별다른 결과가 나오지 않았다. 적어도 최고 리그 선수들과 하위 리그 선수들 사이에 명백한 차이가 없었다. 축구 실력은 주의 전환 능력과는 무관했다.

대니는 그때 "그래도 이 능력이 조종사에게는 중요하겠거니 생각했다"고 회상했다. 그는 예전에 비행 교관들과 함께 작업한 경험이 있어서, 생도들이 제트 전투기 조종 훈련을 할 때 여러 작업을 두고 주의를 적절히 분산하지 못하거나 언뜻 중요하지 않아 보이지만 사실은 매우 중요한 주변 신호를 재빨리 알아채지 못해서 훈련을 망친다는 것을 알고 있었다. 그는 이스라엘로 돌아가 제트기 조종 훈련을 하는 생도들을 시험했다. 그리고 기대한 결과를 얻었다. 훌륭한 전투기 조종사는 다른 조종사보다 주의 전환 능력이 뛰어났고, 전반적으로 조종사는 이스라엘의 버스 기사보다 그 능력이 뛰어났다. 그리고 마침내 대니의 제자 한 명이 버스 기사들을 상대로 헤드폰 실험을 실시해, 사고를 낼 위험이 높은 기사를 예측해냈다.

대니의 관심은 통찰에서 응용으로 가차 없이 옮겨갔다. 심리학자 중에서도 특히 대학교수가 된 사람들은 실용성과는 큰 관련이 없어 보였다. 대니가 하마터면 절대 알아보지 못했을 이 재능을 발견한 것은 그가 이스라엘 사람이었기 때문이다. 그의 고등학교 동창인 아리엘 긴즈버그는 이스라엘군 덕에 대니가 좀 더 실용적인 사람이 되었다고 생각했다. 그가 만든 새 면접 체계와 그것이 군 전체에 미친 영향은 정말 대단했다. 히브리대학에서 가장 인기 있는 대니의 강의는 그가 '심리학 응용'이라 부른 대학원 세미나였다. 그는 매주 현실에서 일어나는 문제들을 들고 와 학생들에게 심리학에서 배운 것을 활용해 풀어보라고 했다. 대니는 심리학을 이스라엘에 이롭게 활용하려고 많은 시도를 했는데, 그중에서 뽑은 문제도 있었다. 이를테면 테러범이 도시 쓰레기통에 폭탄을 설치하기 시작한 뒤로(1969년 3월에는 히브리대학 카페테리아에서 폭탄이 터져 학생 29명이 다쳤다) 대니는 사람들의 공포심을 최소화하려는 정부에 심리학이 어떤 조언을 할 수 있을지 고민했다(심리학이 답을 찾기 전에 정부는 쓰레기통을 옮겼다).

1960년대에 이스라엘 사람들은 끊임없이 변화를 겪었다. 도시에서 살다 이주해 온 사람들이 집단농장으로 흘러들었다. 농장은 농장대로 꽤 지속적인 기술 격변을 겪었다. 대니는 농장 사람들을 훈련하는 사람들을 훈련하는 과정을 만들었다. "개혁에는 얻는 자와 잃는 자가 있게 마련이고, 잃는 자는 얻는 자보다 더 격렬하게 저항하게 마련이지." 대니의 설명이다. 잃는 자가 변화를 수용하게 할 방법은 무엇일까? 이스라엘 농장에서는 변화가 필요한 사람들을 괴롭히거나 그들과 언쟁을 벌이는 일이 흔했는데, 이 방식은 효과가 없었다. 심리학자 쿠르트 레빈Kurt Lewin은 사람들에게 변화를 설득하기보다 그들이 변화를 거부하는 이유를 찾아내어 그것을 해결하는 편이 낫다는 설득력 있는 제안을 내놓았다. 대니는 학생들에게, 양쪽 끝을 스프링으로 고정한 널빤지를 생각해보라고 했다. 널빤지를 어떻게 움직일까? 널빤지 한쪽에 힘을 더 줄 수도 있고, 다른 쪽에 힘을 뺄 수도 있다. "하나는 전체적 긴장이 높아지고, 하나는 줄어들지." 대니의 말이다. 전체 긴장을 줄일 때의 장점을 보여주는 증거였다. "그게 핵심이야. 변화를 쉽게 하자."

대니는 공군에서 전투기 조종사들을 훈련하는 비행 교관들도 훈련했다(이 훈련은 지상에서만 실시했다. 교관이 대니를 비행기에 딱 한 번 태웠는데, 산소마스크에 그만 구토를 하고 말았다). 어떻게 하면 전투기 조종사들이 연이은 명령을 기억할 수 있을까? 대니의 제자인 주어 샤피라가 그때를 회상했다. "우리는 긴 목록부터 작성했어요. 그러자 교수님은 그게 아니라면서, '마법의 수 7'을 들려주었죠." 〈마법의 수 7, ±2: 정보 처리 능력의 몇 가지 한계The Magical Number Seven, Plus or Minus Two: Some Limits on Our Capacity for Processing Information〉는 하버드대 심리학자 조지 밀러가 쓴 논문이다. 밀러는 논문에서, 사람들은 일곱 가지 정도를 단기기억에 담아두는 능력이 있다고 주장했다. 따라서 그보다 더 많이 주입하려고 해봤자 소용없었다. 밀러는 농담조로 7대 죄악, 7대양, 일주일의 7일, 일곱 가지 주요 색깔, 세계 7대 불가사의, 그 외에 유명한 일곱 가지 항목들이 이런 기억의 한계에서 나왔을지 모른다고 했다.

어쨌거나 사람들에게 여러 개의 연이은 정보를 가르치는 가장 효과적인 방법은 작은 묶음으로 기억하게 하는 방법이었다. 샤피라는 대니가 여기에 그만의 독특한 방법을 덧붙였다고 했다. "기억할 것 몇 가지를 말해주고, 그걸 노래로 부르게 하라는 거예요." 대니는 '율동 노래'를 무척 좋아했다. 그는 통계 수업을 하면서 학생들에게 통계 공식을 노래로 불러보게 했다. 훗날 카네기멜론대학 교수가 된 대니의 제자 바루크 피시호프Baruch Fischhoff는 이렇게 말했다. "억지로라도 문제에 직접 개입하게 하셨어요. 해법이 간단치 않은 복잡한 문제도 그랬죠. 심리학이라는 과학을 써먹을 수 있다고 느끼게 하셨어요."

대니가 학생들에게 던진 문제들 상당수는 즉석에서 생각해낸 것 같았다. 그는 학생들에게 위조가 어려운 화폐를 디자인해보라고 했다. 미국처럼 액면가가 다른 지폐들도 디자인을 비슷하게 해서 사람들이 지폐를 받을 때 자세히 들여다보게 해야 좋을까? 아니면 색깔과 모양을 다양하게 해서 위조를 어렵게 해야 좋을까? 대니는 사무실을 어떻게 디자인하면 더 효율적일지도 물었다(물론 학생들은 벽을 특정 색으로 칠하면 생산성이 높아진다는 심리학 연구를 잘 알고 있었을 것이다). 대니가 내는 문제 중 일부는 워낙 난해하고 낯설어서 학생들은 대뜸 흠, 이 문제라면 도서관에 갔다 와서 대답해야 할 것 같은데, 하는 반응을 보이기도 했다. 샤피라가 회상했다. "우리가 그렇게 말하면, 교수님은 약간 화난 기색으로 말씀하셨어요. '자네들은 심리학 3년 프로그램을 마쳤어. 그 정도면 선수잖아. 조사한다는 명분 뒤에 숨지 말라고. 지식을 동원해 계획을 세워야지.'"

그런데 대니가 12세기 의사가 갈겨쓴 당최 무슨 말인지 모를 처방전을 가져와 해독하라고 하면 대체 무슨 말을 해야 할까? 한 학생이 말했다. "누군가 이런 말을 했었죠. 교육이란 잘 모를 때 무엇을 해야 하는지 아는 것이다. 교수님은 그 생각을 그대로 실천하셨어요." 하루는 대니가 미로 사이로 작은 금속 공을 굴려 보내는 게임 상자를 여러 개 가지고 들어왔다. 학생들에게 준 과제는 이랬다. 게임하는 법을 가르치는 법을 누군가에게 가르칠 것. 한 학생이 그때를 회상했다. "누구도 그걸 가르칠 수 있다고 생각하지 않았을 거예요. 요령은 부분적인 기술로 분해하는 것이었어요. 손을 가만히 움직이는 법이라든가, 오른쪽으로 약간 기울이는 법이라든가. 그리고 그런 개별 기술들을 다 가르쳤으면 그걸 합치는 거예요." 게임 상자를 대니에게 판 상점 주인은 그 생각을 매우 우스꽝스럽게 여겼다. 하지만 대니 생각에, 유용한 조언은 아무리 뻔해도 조언이 아예 없는 것보다 나았다. 그는 학생들에게 상형문자 해독으로 고생하는 이집트학 전문가에게 어떤 조언을 해줄지 생각해보라고 했다. 나중에 이스라엘군 연구원이 된 제자 다니엘라 고든Daniela Gordon은 이렇게 회상했다. "교수님이 말씀하시죠. '그 전문가는 속도가 점점 느려지고 갈수록 어찌할 바를 몰라.' 그리고 질문을 던져요. '그 사람은 어떻게 해야 할까?' 우린 아무 생각이 없죠. 그러면 교수님이 그러세요. '낮잠을 자야지!'"

학생들은 수업이 끝날 때마다 세상에는 문제가 끝도 없구나, 하는 느낌을 받았다. 대니는 사람들이 생각지도 못한 곳에서 문제를 찾아냈다. 마치 세상을 하나의 문제로 이해하도록 그의 주변을 직접 설계하는 것 같았다. 수업이 시작될 때마다 학생들은 그가 이번에는 어떤 문제를 들고 와서 풀라고 할지 궁금해했다. 그러던 중 하루는 아모스 트버스키를 데려왔다.

5
충돌

대니와 아모스가 미시간대학에 있던 기간은 6개월이 겹쳤지만, 둘의 동선은 좀처럼 겹치지 않았고 둘의 생각도 전혀 겹치지 않았다. 대니는 제자들과 같이 연구하고 있었고, 아모스는 다른 건물에서 유사성, 측정, 의사 결정을 수학적으로 접근할 방법을 고민하고 있었다. "우리는 함께 연구할 만한 것이 많지 않았어." 대니의 말이다. 1969년 봄, 히브리대학에서 대니의 세미나에 참석한 대학원생 10여 명은 강의실에 아모스가 나타나자 모두 깜짝 놀랐다. 대니가 수업에 다른 사람을 부르는 일은 없었다. 수업은 보통 대니의 단독 쇼였다. 아모스는 '심리학 응용'에 나오는 현실 문제와는 가능한 한 최대한 거리를 두었다. 게다가 두 사람은 섞일 수 없어 보였다. 수업에 참석했던 한 학생이 말했다. "그때 학생들은 대니와 아모스, 두 분 사이에서 일종의 경쟁의식을 느꼈어요. 두 분은 심리학계 스타가 분명했는데, 어쩐지 어울리지는 않았죠."

암논 라포포트는 노스캐롤라이나로 떠나기 전에, 자신과 아모스가 어떤 식으로인지는 모르겠지만 대니를 방해했다는 느낌이 들었다. "대니가 우리를 두려워한달까 의심한달까, 그런 생각이 들었어요." 암논의 말이다. 대니는 단지 아모스 트버스키가 궁금했을 뿐이라고 했다. "난 아모스를 좀 더 알 수 있는 기회가 생기길 바랐던 것 같아."

대니는 아모스를 세미나에 초청했고, 하고 싶은 말은 무엇이든 하라고 했다. 그런데 아모스가 자기 연구는 언급하지 않는 게 약간 놀라웠다. 아모스는 당시 자신의 연구가 워낙 추상적이고 이론적이어서 세미나에서 언급하기에는 적절치 않다고 판단했기 쉽다. 그런데 가만히 생각해보면, 아모스는 긴밀히 그리고 부단히 현실에 관여하면서도 연구에서는 현실에 관심을 거의 드러내지 않은 반면에 대니는 사람들과 늘 거리를 두면서도 그의 연구만큼은 현실 세계에서 소비되었으니, 참 이상한 일이다.

아모스는 이제 사람들의 다소 애매한 말마따나 '수학 심리학자' 즉 수리심리학자였다. 대니 같은 비수리심리학자들은 내심 수리심리학을 수학 실력으로 자신의 부족한 심리학 관심을 감추려는 사람들이나 하는 일련의 무의미한 훈련이라고 여겼다. 수리심리학자들은 또 그들 나름대로 비수리심리학자들을 단지 너무 무식해서 수리심리학자들이 하는 말의 중요성을 이해하지 못하는 사람들로 보는 성향이 있었다. 아모스는 당시 수학을 잘하는 미국 교수들과 팀을 이루어 공리로 가득 찬 묵직한 내용의 세 권짜리 교재《측정의 기초Foundations of Measurement》를 만들고 있었다. 측정법과 관련한 주장과 증거가 실린

1,000쪽이 넘는 책이다. 한편으로는 순전히 생각을 다룬 더없이 인상적인 책이고, 또 한편으로는 쇠귀에 경 읽기 같은 책이다. 누구도 이해할 수 없다면 아무리 중요한 이야기인들 무슨 소용이겠는가?

대니 수업에 들어온 아모스는 자신의 연구 대신 미시간대학 워드 에드워즈 실험실에서 진행 중인 최신 연구 이야기를 들려주었다. 에드워즈는 여전히 학생들과 함께 그들이 독창적 질문법이라 여기는 것을 연구하고 있었다. 그중에서도 아모스가 소개한 연구는 사람들은 결정을 내릴 때 새로운 정보에 어떻게 반응하는가에 관한 것이었다. 아모스의 설명에 따르면, 연구를 진행한 심리학자들은 사람들에게 포커 칩이 가득 담긴 가방 두 개를 건네주었다. 각 가방에는 빨간 칩과 하얀 칩이 섞여 있었는데 그중 한쪽에는 75퍼센트가 흰 칩이고 25퍼센트가 빨간 칩인 반면, 다른 쪽에는 75퍼센트가 빨간 칩이고 25퍼센트가 흰 칩이었다. 사람들은 두 가방 중 무작위로 하나를 고른 뒤, 안을 들여다보지 않고 칩을 하나씩 꺼내기 시작했다. 칩을 하나 꺼내 확인한 다음에는 지금 칩을 꺼낸 가방이 빨간 칩이 많은 가방일지, 흰 칩이 많은 가방일지, 그 상대적 비율을 최대한 신중하게 추측해 말해야 했다.

이 실험의 장점은 '지금 내가 빨간 칩이 많은 가방을 들고 있을 확률이 몇인가?'라는 질문에 정답이 있다는 것이다. 그 답은 '베이즈 정리'라고 불리는 통계 공식으로 구할 수 있다(이 이름의 주인공인 토머스 베이즈Thomas Bayes는 이상하게도 이 공식을 써놓기만 하고 1761년에 사망하는 바람에 이후 다른 사람이 그것을 발견했다). 베이즈 규칙이 있으면, 칩을 하나씩 꺼낼 때마다 그 가방이 빨간 칩이 많은 가방인지, 흰 칩이 많은 가방인지, 그 확률을 정확히 계산할 수 있다. 칩을 꺼내기 전, 그 확률은 50:50

이다. 내가 들고 있는 가방에는 빨간 칩이 많을 수도, 흰 칩이 많을 수도 있다. 그런데 칩을 하나씩 꺼낼 때마다 어떻게 그 확률이 바뀔 수 있을까?

그것은 넓은 의미에서 소위 '기저율', 즉 가방에 있는 빨간 칩 대흰 칩의 비율에 달렸다(이 비율은 이미 알고 있다고 가정한다). 한 가방에는 빨간 칩이 99퍼센트, 다른 가방에는 흰 칩이 99퍼센트라면, 그 비율이 51퍼센트일 때보다 가방에서 처음 꺼낸 칩 색깔로 그 가방의 정체를 추측하기가 더 쉽다. 그런데 얼마나 더 쉬울까? 기저율을 베이즈 공식에 대입하면 답이 나온다. 빨간 칩과 흰 칩이 75퍼센트와 25퍼센트 비율로 담긴 가방 두 개의 경우에서, 빨간 칩을 하나 꺼낼 때마다 지금 들고 있는 가방이 빨간 칩이 많은 가방일 확률이 세 배씩 커지고, 흰 칩을 하나 꺼낼 때마다 그 확률은 3분의 1로 줄어든다. 처음 꺼낸 칩이 빨간색이라면, 지금 들고 있는 가방이 빨간 칩이 많은 가방일 확률은 75퍼센트, 즉 흰 칩이 많은 가방일 확률과의 상대적 비율은 3:1이다. 두 번째 꺼낸 칩 역시 빨간색이라면, 그 수치는 90퍼센트와 9:1이다. 세 번째로 꺼낸 칩이 흰색이라면, 그 수치는 다시 75퍼센트와 3:1로 줄어드는 식이다.

기저율이 높을수록, 그러니까 애초에 알려진 흰 칩 대비 빨간 칩의 비율이 높을수록, 그 비율은 더 급격히 변한다. 칩의 75퍼센트가 빨간색이거나 흰색이라고 알려진 가방에서 연달아 세 번 빨간 칩이 나오면, 지금 들고 있는 가방이 빨간 칩이 많은 가방일 확률은 96퍼센트를 약간 웃돌고, 흰 칩이 많은 가방일 확률과의 상대적 비율은 27:1이다.

가방에서 포커 칩을 꺼낸 순진한 사람들은 베이즈 규칙을 몰랐을 것이다. 알았다면 이 실험은 의미가 없다. 사람들은 확률을 추측하고, 심리학자들은 그 추측을 정답과 비교해야 하니까. 심리학자들은 사람들의 추측을 관찰하면서, 새로운 정보를 받았을 때 사람들의 머릿속에서 일어나는 일이 통계적 계산과 얼마나 닮았는지 알아보려 했다. 인간은 직관적으로 통계에 능숙할까? 사람들은 통계 공식을 모르면서도 마치 아는 사람처럼 행동할까?

그 당시 이 실험은 급진적이고 흥미로워 보였다. 심리학자들이 생각하기에, 이 실험 결과는 현실의 모든 문제에 시사하는 바가 있었다. 투자자는 수익 보고에 어떻게 반응하고, 환자들은 진단에, 정치 전략가는 투표 결과에, 코치는 새로 나온 점수에 어떻게 반응할까? 한 번의 검사에서 20대 여성이 받은 유방암 진단은 40대 여성이 받은 같은 진단보다 오진일 확률이 훨씬 높다(두 경우는 기저율이 다르다. 20대 여성은 유방암에 걸릴 확률이 훨씬 낮다). 그렇다면 이 여성은 자신의 확률을 감지할까? 감지한다면 얼마나 분명히 감지할까? 삶은 온통 확률 게임이다. 사람들은 그 게임에 얼마나 능숙할까? 새로운 정보를 얼마나 정확히 평가할까? 세상을 판단할 때 어떤 식으로 증거에서 판단으로 건너뛸까? 기저율은 얼마나 알고 있을까? 지금 일어난 일을 보고 앞으로 일어날 일의 확률 예측을 올바른 방향으로 바꿀 수 있을까?

마지막 문제에 대략 답을 하자면, 아모스가 대니의 수업 시간에 이야기했듯이, '그렇다'에 가깝다. 아모스가 소개한 워드 에드워즈 연구에서, 실제로 사람들은 가방에서 빨간 칩을 꺼내면 자신이 들고 있는 가방이 빨간 칩이 많은 가방일 확률이 높다고 판단했다. 이를테면 가방에서 연달아 빨간 칩을 세 번 꺼내면, 그 가방이 빨간 칩이 많은 가방일 비율을 3:1로 추정했다. 베이즈 정리에 따르면 정답은 27:1이다. 어쨌거나 사람들이 확률을 바꾼 방향은 옳았다. 단지 좀 더 급격하게 바꾸지 않았을 뿐이다. 워드 에드워즈는 인간이 새 정보에 반응하는 방법을 설명하기 위해 '보수적인 베이즈 추종자'라는 말을 만들었다. 어느 정도는 베이즈 규칙을 안다는 듯이 행동한다는 뜻이다. 물론 누구도 사람들 머릿속에서 베이즈 공식이 부지런히 돌아가고 있다고 생각하지는 않았다.

다른 많은 사회과학자와 마찬가지로 에드워즈가 믿은 것은 (그리고 믿고 싶었다고 보이는 것은) 사람들은 머릿속에 베이즈 공식이 있는 양 행동한다는 것이다. 이런 시각은 당시 사회과학에서 유행하던 이야기와 잘 맞아떨어진다. 경제학자 밀턴 프리드먼Milton Friedman이 자주 하던 이야기다. 프리드먼은 1953년 논문에서, 당구를 치는 사람은 당구대에서 각도나 공에 전해지는 힘, 하나의 공이 다른 공에 전달하는 반동을 물리학자처럼 계산하지 않는다고 썼다. 마치 물리학을 안다는 듯이, 적절한 방향으로 적절한 힘을 가해 공을 칠 뿐이다. 머릿속에서 어느 정도 옳은 답을 내놓는 셈이다. 그것이 어떤 결과로 이어지는지는 중요하지 않다. 마찬가지로 어떤 상황의 확률을 계산할 때 고등 통계를 이용하지는 않는다. 단지 이용하는 것처럼 행동할 뿐이다.

아모스가 강의를 마치자 대니는 당혹스러웠다. 그게 끝인가? "아모스는 존경받는 동료의 연구를 설명하듯 평범하게 그 연구를 설명했어. 듣는 사람은 연구가 문제없겠거니 생각하고, 연구를 진행한 사람을 신뢰하지. 심사를 거쳐 학술지에 실린 논문이라면 다들 액면 그대로 받아들이는 성향이 있거든. 타당한 말이겠거니, 단정해. 그렇지 않으면 학술지에 실리지 않았을 테니까." 하지만 대니가 듣기에 아모스가 설명한 실험은 어리석어도 한참 어리석었다. 가방에서 빨간 칩을 꺼냈다면 들고 있는 가방은 빨간 칩이 많은 가방이려니 생각할 확률이 높아진다니, 이런. 그럼 달리 어떻게 생각하겠나? 사람들이 결정을 내릴 때 어떤 방식으로 생각하는가를 알아보는 이 새로운 연구를 대니는 전에는 본 적이 없었다. "그동안 나는 생각에 관해 깊이 생각해본 적이 없었어." 대니의 말이다. 대니에게 생각이란 대상을 보는 것이었다. 하지만 인간의 정신을 들여다본 이 연구는 대니가 현실에서 사람들이 실제로 하는 행동이라고 알고 있는 것과는 거리가 멀었다. 눈은 체계적으로 속을 때도 많았다. 귀도 마찬가지다.

대니가 무척 좋아한 게슈탈트 심리학자들은 착시로 사람들을 놀리는 것을 평생의 업으로 삼았다. 사람들은 착시라는 걸 알면서도 여전히 속았다. 대니는 생각이라고 해서 착시보다 더 신뢰할 이유는 없다고 보았다. 사람들은 직관적 통계 전문가가 아니라는 것을 확인하려면, 그러니까 머릿속에서 자연스럽게 '정답'에 끌리지 않는다는 것을 확인하려면, 히브리대학에서 통계 수업 아무 곳에나 들어가보면 그만이다. 이를테면 학생들은 기저율의 중요성을 자연스럽게 내면화하지 않는다. 작은 표본을 가지고도 큰 표본에서처럼 거창한 결론을 이끌어내곤 한다. 히브리대학 최고의 통계학 교수라 할 만한 대니조차도 이스라엘 아이들을 대상으로 텐트 크기 선호도를 조사해 알아낸 사실이 다른 집단에서는 나타나지 않은 이유가 표본 크기가 너무 작았기 때문이라는 것을 시간이 한참 지나서야 알게 되었다. 너무 적은 수의 아이들을 조사한 탓에 그것으로 전체의 성향을 정확히 파악하기가 불가능했다. 달리 말하면, 포커 칩 몇 개로 가방 내용물의 정체를 명확히 파악했다고 단정한 꼴이었는데, 사실은 가방에 무엇이 들었는지 제대로 파악한 게 아니었다.

대니 생각에, 사람들은 보수적인 베이즈 추종자가 아니었다. 그 어떤 종류의 통계 전문가도 아니었다. 사람들은 아주 적은 정보로 거창한 결론에 이르기 일쑤였다. 정신을 통계 전문가로 보는 이론은 물론 비유일 뿐이다. 하지만 대니가 보기에 그 비유는 틀렸다. 대니가 말했다. "내 직관적 통계 실력도 형편없었으니까. 그리고 다른 사람이라고 해서 나보다 더 나을 것도 없었어."

대니는 워드 에드워즈 실험실의 심리학자들이 흥미로웠다. 오스틴리그스센터에서 연구 대상 환자가 자살해 화들짝 놀란 정신분석가들만큼이나 흥미로웠다. 대니는 그 심리학자들이 자신의 어리석음을 보여주는 증거를 알아보지 못한 무능에 흥미를 느꼈다. 아모스가 설명한 실험은 사람들의 직관적 판단은 정답에 가깝다고 믿을 때만, 즉 사람들은 베이즈 정리를 그런대로 잘 따르는 통계 전문가라고 믿을 때만 설득력이 있었다.

하지만 가만히 생각해보면 정말 이상하다. 현실에서 판단을 내릴 때는 대개 어떤 가방이 빨간 칩이 많은 가방인지 판단할 때처럼 똑 떨어지는 확률을 찾기 힘들다. 그런 실험으로 증명할 수 있으리라 기대할 만한 것이라고는 기껏해야 사람들은 직관적 통계 실력이 형편없다는 사실뿐이다. 승산이 좋은 가방도 고르지 못할 정도로 형편없다. 가방을 고르는 데 선수라고 증명된 사람들도, 이를테면 어떤 외국 독재자가 대량 살상 무기를 보유했는가 보유하지 않았는가, 하는 훨씬 어려운 확률 판단에서는 발을 헛디디기 쉽다. 대니는 이론에 집착할 때 이런 일이 생긴다고 보았다. 이런 사람들은 이론을 증거에 맞추기보다 증거를 이론에 맞추려 한다. 한 치 앞도 못 보는 사람들이다.

과학자가 경력을 걸고 만든 이론에 들어맞는다는 이유만으로 다수가 진실로 받아들이는 한심한 사례는 도처에 널렸다. 대니가 말했다. "한번 생각해보라고. 심리학자들은 수십 년 동안 행동은 학습으로 설명된다고 생각했고, 굶주린 쥐가 미로에서 목표물을 향해 달려가는 걸지켜보면서 학습을 연구했어. 죄다 그런 식이야. 개소리라고 생각한 사람들도 있었지. 그 훌륭하신 심리학자들보다 더 똑똑하지도, 더 유식하지도 않은 사람들이었지만 그렇게 생각했어. 그리고 그 잘난 심리학자들이 일생을 바친 연구가 지금은 쓰레기 취급을 받잖아."

인간의 의사 결정에 집중하는 이 새로운 분야를 연구하는 사람들도 자기 이론에 눈이 멀기는 마찬가지였다. 보수적인 베이즈 추종자. 이 말은 단순히 무의미한 데 그치지 않았다. 대니가 설명했다. "사람들은 정답을 알고 있으면서 정답을 흐린다고 암시하는 말일 뿐, 사람들이 판단을 내리기까지의 심리적 과정을 설명하는 말이 아니야. 사람들은 확률을 판단할 때 실제로는 뭘 하는 걸까? 아모스는 심리학자이고, 앞서 실험을 설명하면서 그 실험을 인정하는 듯, 적어도 명백히 회의적은 아닌 듯한 태도를 보였지만, 사실 그 실험에는 심리학이랄 것이 전혀 없었다. 대니는 "수학 문제 풀이 같았다"고 했다. 그래서 그는 히브리대학의 점잖은 시민이 헛소리를 들었을 때 하듯이, 아모스에게 본때를 보여주었다. 훗날 대니는 이렇게 설명했다. "친구끼리 얘기할 때도 '궁지로 몰아넣다'라는 말을 흔히 쓰잖아. 누구나 의견을 낼 자격이 있다는 건 캘리포니아에서나 통하지, 예루살렘에서는 통하지 않거든."

강의가 끝날 무렵, 대니는 아모스가 논쟁을 벌일 마음이 없다는 것을 눈치챈 게 분명했다. 대니는 집으로 돌아가 아내 아이라Irah에게 자랑을 늘어놓았다. 자기보다 어린 건방진 동료와 논쟁을 벌여 이겼다고. 적어도 아이라가 기억하기에는 그랬다. 대니가 말했다. "이스라엘 토론 역사상 중대한 순간이었지. 둘은 경쟁 관계였어."

아모스의 이력에서, 논쟁에 진 사례는 많지 않았다. 하물며 그가 생각을 바꾼 사례는 더욱 드물었다. "아모스가 틀렸어도 사람들은 그분이 틀렸다고 말하기 힘들죠." 그의 제자였던 주어 샤피라의 말이다. 아모스가 너무 엄격해서가 아니었다. 대화를 할 때면 아모스는 자유분방하고, 두려움이 없고, 새로운 생각을 잘 받아들였다. 사람들이 아모스의 생각에 드러내놓고 반대하지 않으면 더욱 그랬지만. 그런데도 사람들이 아모스를 부정하지 않은 이유는 대개는 아모스가 옳다 보니 어떤 논쟁이든 아모스를 포함해 모든 사람이 일단 '아모스가 옳다'고 보는 게 유용했기 때문이다. 노벨상을 수상한 히브리대학 경제학자 로버트 아우만Robert Aumann은 아모스와의 추억을 질문받자, 자신의 아이디어에 아모스가 깜짝 놀란 순간부터 떠올렸다. "아모스가 '그건 생각해보지 않았는데'라고 했던 게 기억나네요. 그 순간을 기억하는 이유는 아모스가 생각해보지 않은 건 많지 않기 때문이죠."

대니는 나중에, 아모스가 사실은 인간은 일종의 베이즈 통계 전문가라는 생각을 진지하게 고민해보지 않았을 거라는 생각이 들었다. 포커 칩이 든 가방 같은 문제는 아모스의 연구 분야가 아니었다. "아모스는 아마도 그 논문을 누구와도 진지하게 토론해보지 않았을 거야. 토론했었다면 누구도 진지하게 이의를 제기하지 않았을 테고.” 대니의 말이다. 사람들은 수학을 할 줄 안다는 의미에서 베이즈 추종자였다. $7 \times 8 = 56$을 모르는 사람은 거의 없다. 그런데 틀렸다면? 어떤 오답을 냈든, 어쩌다 보니 생긴 일이지 셈을 할 때 머리를 다른 방식으로 굴려서 나온 체계적 실수가 아니다. 누군가가 아모스에게 ‘사람들은 다 보수적인 베이즈 추종자인가?’라고 물었다면, 그는 대략 이렇게 말했을 것이다. ‘물론 다 그렇지는 않지만 평균적으로는 그럴 것이다.’

아모스는 적어도 대니의 세미나 수업에 참석했던 1969년 봄에는 사회과학에서 지배적인 이론들에 지나치게 적대적이지는 않았다. 대니와 달리 그는 이론을 무시하지 않았다. 아모스에게 이론은 간직해두고 싶은 아이디어를 보관하는 머릿속 주머니나 서류가방 같은 것이었다. 어떤 이론을 더 나은 이론으로, 즉 예측 결과가 뛰어난 이론으로 대체할 수 있을 때까지는 애초의 이론을 버리지 않았다. 당시 사회과학에서 통용된 최고의 이론은 인간은 합리적이라거나 적어도 썩 괜찮은 직관적 통계 전문가라는 이론이었다. 이에 따르면 인간은 새로운 정보 해석과 확률 판단에 뛰어나다. 물론 실수도 하지만 그것은 감정의 산물이며, 감정은 종잡을 수 없고 따라서 무시해도 상관없었다.

하지만 그날 아모스 내면에서 변화가 일어났다. 그는 대니의 수업을 떠나면서 평소와 다른 마음을 품었다. 의심하자! 수업을 마치고, 그는 그동안 타당하고 믿을 만하다고 생각했던 이론들을 의심하기 시작했다.

아모스의 변화에 충격을 받은 그의 가장 가까운 친구 아비샤이 마갈릿은 아모스가 늘 의심을 품고 있겠거니 생각했었다. 예를 들어 가끔 아모스는 이스라엘 장교가 부대를 이끌고 사막을 가로지를 때 겪는 문제를 말하곤 했다. 아모스도 직접 겪은 문제였다. 사막에서 인간의 눈은 형태와 거리를 제대로 판단하지 못했다. 그래서 사막에서는 길을 찾기가 어려웠다. 아비샤이 마갈릿이 말했다. "아모스를 무척 곤혹스럽게 만든 문제였어요. 군에 있다 보면 길을 찾아야 할 일이 많아요. 아모스는 길 찾기에 능숙했어요. 그런데도 사막은 힘들었어요. 밤길을 가다 보면 멀리서 불빛이 보이기도 하는데, 저 불빛이 가까이 있는 건지, 멀리 있는 건지, 알기 힘들죠. 저기 보이는 물이 1킬로미터는 떨어진 것 같은데, 정말 그렇다면 여러 시간 걸어야 할 테고요." 지형을 모르면 나라를 지키기 어려웠고, 이스라엘 지형은 파악하기 어려웠다. 군은 지도를 지급했지만, 쓸모가 없을 때도 많았다. 사막에 갑작스럽게 폭풍이 불면 지형이 급격히 바뀌는 탓에, 어제까지만 해도 여기 있던 골짜기가 오늘은 저 멀리 떨어져 있기도 했다. 사막에서 부대를 이끌던 아모스는 착시의 위력에 민감해졌다. 착시는 사람 목숨을 빼앗을 수도 있었다. 1950, 60년대에는 지휘관이 방향감각을 잃거나 길을 잃으면, 부하들이 그의 명령을 따르지 않았다. 길을 잃으면 곧 죽음이라는 걸 군인들도 잘 알기 때문이었다. 아모스는 의아했다. 인간이 주변 환경에 민감하게 만들어졌다면, 주변을 인지하는 체계가 왜 이렇게 허술할까?

세계를 바라보는 동료 결정 이론가들의 시각을 아모스가 다 만족스러워하지는 않는다는 증거는 더 있었다. 이를테면 대니의 수업에 들어가기 몇 달 전에, 예비군으로 군의 소환 명령을 받아 골란고원에 파견되었다. 그가 할 일은 새로 획득한 이 지역에서 부대를 지휘하면서 그 아래 시리아군의 움직임을 주시하고 공격 가능성을 판단하는 것이었다. 그의 부하 장병 중에는 이지 카트넬슨Izzy Katznelson도 있었다. 이후에 스탠퍼드 수학 교수가 되는 사람이다. 카트넬슨도 아모스처럼 1948년 독립전쟁 때 예루살렘에서 어린 시절을 보냈고, 그 전쟁의 장면들이 기억에 각인되었다. 그는 집주인이 이미 도망간 아랍인 집에 유대인들이 들어가 닥치는 대로 물건을 훔치던 모습도 기억했다. "그 아랍인들도 나와 똑같은 사람이라고 생각했어요. 그 사람들도 전쟁을 시작하지 않았고, 나도 전쟁을 시작하지 않았죠." 한번은 요란한 소리가 들리는 어느 아랍인 집에 들어갔다가 예시바[주로 탈무드와 토라를 공부하는 유대인 교육기관 – 옮긴이] 남학생들이 그곳에 있는 그랜드피아노를 부수는 장면을 목격했다. 목재를 얻기 위해서였다. 카트넬슨과 아모스는 그 일을 입에 올리지 않았다. 차라리 잊는 게 나았다.

두 사람은 아모스의 새로운 호기심을 두고 이야기를 나누었다. 이를테면 시리아군의 움직임을 보면서 그 순간의 공격 가능성을 판단하는 경우처럼 불확실한 사건이 일어날 가능성을 사람들은 어떻게 판단할까. 카트넬슨이 회상했다. "우리는 시리아 사람들을 바라보고 서 있었어요. 아모스는 확률에 관해, 그리고 확률을 어떻게 부여해야 하는지에 관해 이야기했죠. 그리고 1956년(시나이전쟁이 일어나기 직전)에 정부가 앞으로 5년 동안 전쟁이 일어나지 않으리라고 예측한 배경, 그리고 적어도 10년 동안은 전쟁이 일어나지 않으리라는 다른 여러 예측이 나온 배경에 관심을 보였어요. 아모스의 주장은 확률은 정해진 것이 아니라는 거예요. 사람들은 적절한 확률 예측법을 몰라요."

아모스가 이스라엘에 귀국한 이후로 내면의 단층선을 따라 압력이 점점 높아졌다면, 대니와의 만남으로 그 단층선에서 지진이 일어났다. 그리고 곧 아비샤이 마갈릿과 마주쳤다. 마갈릿은 그때를 이렇게 표현했다. "복도에서 기다리고 있었는데, 아모스가 아주 불안해하면서 다가왔어요. 그리고 나를 방으로 끌고 가더니 그러더라고요. '지금 무슨 일이 있었는지 자네는 상상도 못할걸.' 강의가 끝난 뒤에 대니가 '대단한 강의였어요. 그런데 한 마디도 못 믿겠어요' 하더라는 거예요. 뭔가가 아모스를 굉장히 불편하게 했고, 내가 그게 뭐냐고 다그쳤죠. 그랬더니 아모스가 '판단이 지각과 연관이 없을 수 없어. 생각은 별개의 행위가 아니야' 하더군요." 워드 에드워즈는 냉정한 판단을 내릴 때 인간의 정신이 어떻게 작동하는가를 알아보는 새로운 연구를 실시했지만, 그 연구는 인간의 정신이 평소에는 어떻게 작동하는지에 대해 기존에 알려진 사실을 무시했다. 대니가 말했다. "아모스는 심각했어. 그가 몰두했던 세계관에서는 워드 에드워즈의 연구가 타당했는데, 그날 오후에 알게 된 꽤 괜찮아 보이는 다른 세계관에서는 그 연구가 바보 같아 보였으니까."

그 세미나 이후에 아모스와 대니는 몇 번 점심을 같이 먹었지만, 이후 각자의 길을 갔다. 그해 여름, 아모스는 미국으로 떠났고 대니는 주의 집중에 관한 연구를 계속하려고 영국으로 떠났다. 대니는 자신의 새로운 연구를 유용하게 사용할 여러 방안을 생각해두고 있었다. 전차전도 그중 하나였다. 이번 연구에서는 사람들에게 왼쪽 귀로 일련의 숫자를 들려주고 오른쪽 귀로 다른 일련의 숫자를 들려주면서, 한쪽 귀에서 다른 귀로 얼마나 빠르게 주의를 옮기는지, 그리고 무시해야 하는 소리를 얼마나 잘 차단하는지 시험했다. "서부영화의 총격전처럼 전차전에서도 얼마나 빨리 목표를 정하고 그 결정에 따라 행동하느냐에 따라 삶과 죽음이 결정되거든." 대니의 말이다. 그는 이 시험을 이용해 자신의 감각을 빠르게 이용하는 지휘관, 다시 말해 자기 몸이 산산조각 나기 전에 어떤 신호의 관련성을 가장 빠르게 감지하고 거기에 주의를 집중하는 전차 지휘관을 찾아낼 수도 있을 것이다.

———————

1969년 가을에는 아모스와 대니가 모두 히브리대학으로 돌아와 있었다. 이들은 둘이 모두 깨어 있는 시간에는 보통 함께 있었다. 대니는 아침형이라 그를 따로 만나려면 점심시간 전에 만나야 했다. 반면에 아모스와 시간을 보내려면 늦은 밤에나 가능했다. 그 중간에는 둘이 세미나실로 사라져버려, 만나기 힘들었다. 두 사람은 세미나실을 전세 낸 듯 이용했다. 세미나실 밖으로 더러는 서로에게 고함치는 소리가 들려왔지만 보통은 크게 웃는 소리가 들리곤 했다. 무슨 이야기를 하는지는 추측만 할 뿐이지만, 대단히 웃긴 이야기인 것만은 틀림없었다. 그리고 무슨 이야기든 간에 극도로 은밀한 이야기인 것도 같았다. 다른 사람은 그들 대화에 절대 초대받지 못했다. 문에 귀를 대보면 히브리어와 영어를 동시에 쓴다는 사실만 알 수 있을 뿐이다. 둘은 두 언어를 섞어 썼는데, 특히 아모스는 영어를 쓰다가도 감정이 격해지면 늘 히브리어로 돌아갔다.

한때 히브리대학의 두 스타가 왜 거리를 두고 있을까 의아해하던 학생들이 지금은 성격이 극과 극인 두 사람이 서로 공통점을 발견한 것도 모자라 어떻게 정신적 단짝이 되었는지 의아할 따름이었다. 두 사람의 연구에 모두 참여했던 대학원생 디사 카프리Ditsa Kaffrey는 이렇게 말했다. "두 분이 죽이 잘 맞으리라고는 정말 상상하기 힘들어요." 대니는 어렸을 때 홀로코스트를 겪었고, 아모스는 거드름을 피우기 좋아하는 이스라엘 토박이였다. 대니는 항상 자기가 틀리다고 확신하는 사람이었고, 아모스는 항상 자기가 옳다고 확신하는 사람이었다. 아모스는 가는 파티마다 생기를 불어넣었지만, 대니는 파티에는 가지 않았다. 아모스는 자유롭고 격식이 없었지만, 대니는 격식에서 벗어나려고 노력할 때조차 자신은 공식적인 자리에서 내려온 사람 같다는 느낌을 받았다. 아모스를 만날 때면 그를 마지막으로 본 지가 아무리 오래되었어도 바로 전에 만난 시점부터 이야기를 이어가면 그만이었다. 대니를 만날 때면 어제 그를 만났어도 처음부터 새로 시작한다는 느낌이 들었다. 아모스는 음치였지만 히브리 전통 노래를 신나게 부르곤 했다. 대니는 노래하면 감미로운 목소리가 나올 텐데도 그런 목소리를 발견하는 일은 절대 없을 것 같았다. 아모스는 비논리적 주장에 철퇴를 가하는 사람이고, 대니는 비논리적 주장을 들으면 '거기에서 어떤 진실이 있을까?' 묻는 사람이었다. 대니는 비관적이었다. 아모스는 낙천적일 뿐 아니라 낙천적이 되려고 무척 노력했다. 비관주의는 어리석다는 생각 때문이었다. 그가 즐겨 하던 말이 있다. "비관적인 사람에게 나쁜 일이 일어나면, 나쁜 일을 두 번 겪게 된다. 걱정할 때 한 번, 실제로 그 일이 일어났을 때 한 번." 히브리대학 동료 교수 한 사람은 이렇게 말했다. "두 사람은 정말 달랐어요. 대니는 항상 상대에게 호감을 사고 싶은 마음이 간절했죠. 본인은 쉽게 화를 내는 성격이면서도 그랬어요. 그런데 아모스는 왜 호감을 사고 싶어 안달인지 이해하지 못했어요. 예의는 지켜야겠지만, 호감을 사고 싶다고? 왜?" 대니는 매사에 아주 진지했고, 아모스는 틈만 나면 농담을 던졌다. 히브리대학이 아모스에게 박사 학위 심사를 맡겼을 때 아모스는 인문학에서 소위 논문이란 것을 보고 경악했다. 그는 논문을 정식으로 퇴짜 놓기보다는 이렇게 말했다. "이 정도가 이 분야에서 괜찮은 논문이라면, 나도 상관하지 않겠어. 이 학생이 분수 나눗셈만 할 수 있다면!"

이 외에도 아모스는 많은 사람에게 그들이 만난 가장 무서운 사람이었다. 어떤 지인은 "사람들은 아모스 앞에서 토론하기를 겁낸다"고 했다. 자기들이 어렴풋이 감지했을 뿐인 단점을 아모스가 콕 짚을 것 같아서다. 아모스의 대학원생 제자인 루마 포크Ruma Falk는 자기 차로 아모스를 집까지 태워줄 때 아모스가 운전을 트집 잡을까봐 너무 겁이 나서 아모스더러 직접 운전하라고 우겼다. 그런 그가 이제는, 내용을 오해한 학생이 던진 비판 한마디에 길고 어두운 자기 의심의 수렁에 빠질 정도로 비판에 민감한 대니와 하루 종일 함께 시간을 보냈다. 마치 비단구렁이를 가둔 우리에 흰쥐를 떨어뜨려놓고 한참 뒤에 와보니, 쥐는 말을 하고 뱀은 구석에 똬리를 튼 채 넋을 놓고 있는 모양새였다.

하지만 대니와 아모스의 공통점을 보여주는 사례도 많았다. 우선, 둘 다 동유럽 출신 랍비의 손자였다. 둘은 사람들이 감정에 휩쓸리지 않은 '정상' 상태에서 어떻게 행동하는지에 큰 관심을 보였다. 둘다 과학을 하고 싶었다. 그리고 단순하면서 막강한 진실을 찾고 싶었다. 대니는 복잡한 사람이었을지 몰라도 여전히 '단일 질문으로 알아보는 심리'를 하고 싶었고, 아모스도 연구는 복잡해 보여도 타고난 소질은 어떤 문제든 끝없는 헛소리를 깨부수고 단순한 핵심에 도달하는 것이었다. 두 사람은 정신세계가 놀랄 정도로 비옥한, 축복받은 사람들이었다. 둘 다 이스라엘에 사는 유대인이었지만 하느님을 믿지 않았다. 그런데도 사람들 눈에는 둘의 차이점만 보였다.

두 사람의 근본적 차이를 한눈에 볼 수 있는 겉으로 드러난 사례는 연구실이다. 대니의 조교였던 다니엘라 고든은 이렇게 기억했다. "대니 교수님 연구실은 정신이 하나도 없었어요. 한두 문장 휘갈겨놓은 메모지며, 이런저런 서류며, 책이 도처에 널렸죠. 책은 전에 읽던 곳이 그대로 펼쳐져 있어요. 한번은 제 석사 논문이 13쪽에서 펼쳐진 채로 있더군요. 거기까지 읽으신 모양이에요. 그곳에서 복도를 따라 연구실을 서너 개 지나면 아모스 교수님 연구실이 나오는데, 그곳은 텅 비었죠. 책상에 놓인 연필 한 자루가 전부예요. 대니 교수님 방에서는 아무것도 찾을 수가 없어요. 너무 어지러워서요. 아모스 교수님 방에서도 아무것도 찾을 수가 없어요. 아무것도 없으니까요." 주변 사람들은 한결같이 의아해했다. 어떻게 두 사람이 그렇게 잘 어울려 다닐까? 어떤 동료는 이렇게 말했다. "대니는 신경을 많이 써줘야 하는 사람이에요. 아모스는 절대 그럴 일이 없는 사람이고요. 그런데도 대니와 아주 잘 지내죠. 그게 정말 놀라워요."

대니와 아모스는 둘만 있을 때 무슨 일을 꾸미는지 제대로 말을 하지 않아서 사람들의 궁금증은 더 커졌다. 처음에 두 사람은, 사람들은 베이즈 추종자도, 보수적인 베이즈 추종자도, 그 어떤 통계 전문가도 아니라는 대니의 생각을 두고 이런저런 토론을 벌였다. 통계상 정답이 있는 문제를 받았을 때 사람들이 보이는 행동은 통계와는 상관이 없었다. 하지만 이론에 다소 맹목적인 사회과학자들에게 그 사실을 어떻게 설명할까? 또 검증은 어떻게 할까? 두 사람은 평소 못 보던 통계 시험을 만들어 사회과학자들에게 나눠준 뒤 그것을 어떻게 푸는지 알아보기로 했다. 특정한 사람들에게, 이 경우는 통계와 확률 이론에 정통한 사람들에게 문제를 내어 오직 그 답을 증거로 결론을 낼 것이다. 문제는 거의 다 대니가 만들었는데 그중 다수가 빨간 칩, 하얀 칩 문제를 좀 더 정교하게 다듬은 것이었다.

어떤 도시에서 8학년 학생들의 평균 지능지수IQ가 100으로 알려져 있다. 교육 성과를 연구하려고 이 중 무작위로 학생 50명의 표본을 뽑았다. 그중 첫 번째 학생을 검사해보니 IQ가 150이었다. 이 표본의 평균 IQ는 몇으로 예상되는가?

1969년 여름이 끝날 무렵, 아모스는 대니가 만든 문제를 워싱턴 DC에 있는 미국심리학회American Psychological Association 연례 회의에, 그리고 다음에는 수리심리학자 회의에 가져갔다. 그곳에서 회의실을 가득 메운 통계 전문가들에게 문제를 나눠주었다. 이 가운데 두 사람은 통계 교과서 저자였다. 그리고 답안지를 걷어 예루살렘 집으로 가져갔다.

예루살렘에서 아모스와 대니는 처음으로 논문을 쓰기 위해 마주 앉았다. 각자의 연구실은 비좁아서 작은 세미나실에 자리를 잡았다. 아모스는 타자를 칠 줄 몰라서, 그리고 대니는 타자를 치기 싫어서, 둘은 손으로 쓰기로 했다. 두 사람은 한 문장 한 문장 꼼꼼히 살폈고, 하루에 잘해야 한두 문단 쓸 정도였다. 대니가 말했다. "그때 그런 느낌이 들더라고. 아, 이게 평범한 논문이 아니겠구나, 뭔가 색다른 게 나오겠구나. 왜냐면 정말 웃겼거든."

대니는 그때를 회상하면 주로 웃음소리가 떠올랐다. 세미나실 밖에 있던 사람에게도 들리던 소리였다. "의자 뒷다리로 아슬아슬하게 균형을 잡아가며 뒤로 넘어갈 듯이 크게 웃던 게 생각나." 아모스가 농담을 할 때 웃음소리가 더 컸는데, 자기 농담에 자기가 웃던 아모스의 습관 때문이었다("아모스가 워낙 웃겼으니까 자기 말에 자기가 웃을 만도 하지"). 대니는 아모스와 함께 있으면 자기도 웃긴 사람이 되는 것 같았다. 전에는 느껴본 적 없는 감정이었다. 아모스도 대니와 함께 있으면 다른 사람이 되었다. 비판을 하지 않거나, 적어도 대니가 하는 말에는 어떤 말이든 꼬투리를 잡지 않았다. 장난삼아 놀리는 일도 없었다. 아모스는 대니에게 전에는 느껴보지 못한 자신감을 심어주었다. 대니는 어쩌면 난생처음 공격적인 자세가 되었다. 대니가 말했다. "아모스는 방어하듯 웅크린 자세로 글을 쓰지 않았어. 거만함을 자유롭게 드러낸달까. 아모스처럼 느끼면, 세상 누구보다도 똑똑한 사람이라고 느끼면, 그 효과가 대단했지." 완성한 논문에는 아모스의 자기 확신이 넘쳤다. 아모스는 여기에 '소수 법칙에 대한 믿음Belief in the Law of Small Numbers'이라는 제목을 붙였다. 두 사람이 철저히 공동으로 작업한 논문이라 둘 중 누구도 대표 저자로 이름을 올리려 하지 않았고, 결국 동전을 던져 누구 이름을 앞에 쓸지 정하기로 했다. 아모스였다.

〈소수 법칙에 대한 믿음〉은 통계 전문가조차 흔히 저지르는 한 가지 정신적 실수가 암시하는 것을 찾아내려 했다. 아주 작은 부분을 가지고 전체를 파악하려는 실수다. 통계 전문가도 아주 적은 양의 증거만으로 섣불리 결론을 내리는 성향을 보였다. 아모스와 대니는 그 이유가 사람들이, 본인은 인정하지 않겠지만, 큰 모집단에서 나온 표본의 대표성을 실제보다 부풀려 생각하기 때문이라고 주장했다.

이런 사고방식의 위력은 이를테면 동전 던지기에서 앞면, 뒷면이 나올 때처럼 순전히 무작위로 나온 유형을 어떤 식으로 바라보는가에서 엿볼 수 있다. 동전 던지기에서 앞면과 뒷면이 나올 확률이 같다는 것을 모르는 사람은 없다. 따라서 동전을 아주 여러 번 던지면 그중 절반은 앞면이 나올 텐데, 사람들은 동전을 고작 몇 번만 던져도 이런 성향이 나타날 거라 생각했다. '도박사의 오류'라 알려진 실수다. 그리고 동전을 몇 번 던져 앞면이 연속해 나왔다면 다음에는 뒷면이 나올 확률이 높다고도 생각했다. 마치 동전에 공정한 분배 능력이라도 있는 것처럼. 아모스와 대니는 이렇게 썼다. "하지만 가장 공정한 동전이라도 기억력과 도덕의식에 한계가 있어서 도박사가 기대하듯 그렇게 공정할 수는 없다." 학술지에 등장한 문장치고 멋진 농담이 아닐 수 없다.

이어서 두 사람은 숙련된 과학자인 실험심리학자들도 곧잘 이런 정신적 실수를 저지른다는 것을 보여주었다. 예를 들어, 심리학자들에게 표본으로 추출된 아이들 중에서 첫 번째 아이의 IQ가 150이었다면 표본 평균은 몇일지 추측해보라고 하면 대개 100이라고, 그러니까 8학년 모집단의 평균이라고 알려진 IQ를 대답했다. IQ가 높은 아이는 예외적인 경우이며, 또 다른 예외인 IQ가 아주 낮은 아이가 있어서 서로 상쇄되리라는 생각이다. 동전을 던져 앞면이 나오면 다음에는 뒷면이 나오리라고 생각하는 것과 같다. 하지만 정답은 베이즈 정리에 따라 101이다.

통계와 확률 이론 전문가도 일반적 모집단보다 소규모 표본이 얼마나 가변적인지, 그리고 표본이 작을수록 큰 모집단을 닮을 확률은 낮다는 것을 직관으로 감지하지 못했다. 이들은 표본이 애초의 모집단을 반영하는 한 그 표본은 옳을 것이라고 단정했다. 아주 큰 모집단에서 대수 법칙은 이런 결과를 보장한다. 즉, 동전을 천 번 던지면 동전을 열 번 던질 때보다 앞면과 뒷면이 대략 절반씩 나올 가능성이 높다. 그런데 어쩐 일인지 인간은 그런 식으로 생각하지 않았다. 대니와 아모스는 이렇게 썼다. "무작위 표본 추출에서 인간의 직관은 대수 법칙이 소수에도 적용된다는 소수 법칙을 믿는 듯하다."

이 같은 직관의 오류는 인간이 세상을 헤쳐나가고 판단과 결정을 내릴 때 직관이 어떤 식으로 영향을 미치는가와 관련해 수많은 사실을 암시하지만, (마침내 〈심리학회보Psychological Bulletin〉에 실린) 대니와 아모스의 논문은 그 오류가 사회과학에 미치는 결과에 주목했다. 사회과학 실험에서는 대개 큰 모집단에서 작은 표본을 뽑아 관련 이론을 시험한다. 가령 어떤 심리학자가 캠핑에서 혼자 자고 싶어 한 아이들이 8인 텐트에서 자고 싶어 한 아이들보다 사회활동에 참여할 확률이 낮았다는 식의 연관 관계를 발견했다고 해보자. 이 심리학자는 아이들 20명을 조사해 자신의 가설을 검증했다. 혼자 자고 싶어 한 아이들이 모두 비사교적은 아니었으며, 8인 텐트에서 자고 싶어 한 아이들이 모두 대단히 사교적은 아니었지만, 일정한 유형은 분명히 존재했다. 성실한 이 심리학자는 두 번째 표본을 뽑아 같은 결과가 나오는지 확인하려 한다. 하지만 전체 모집단을 제대로 반영하려면 표본 크기가 얼마나 되어야 하는지 오판한 탓에, 결과를 운에 맡긴 셈이 되고 만다.* 작은 표본은 원래 변동이 심한 탓에 두 번째 표본의 아이들은 대표성이 없어 대다수 아이와는 다를 수 있었다. 그런데도 그 심리학자는 그 아이들이 자신의 가설을 입증하거나 반박할 수 있다고 생각했다.

대니와 아모스는 많은 심리학자가 소수 법칙을 믿는 지적 오류를 저지르려니 생각했다. 대니도 그랬으니까. 게다가 대니는 대부분의 심리학자보다, 나아가 대부분의 통계 전문가보다 통계 감각이 훨씬 뛰어났다. 그러니까 이번 작업은 자신의 연구를 의심하고 오류를 찾아내려는 대니의 열망에 가까운 의지에 기초했다. 자기 실수를 찾아내려는 대니의 성향은 두 사람의 공동 연구에서 가장 흥미진진한 소재가 되었다. 그런 실수를 저지르는 사람은 대니만이 아니기 때문이다. 누구나 그런 실수를 저질렀다. 그것은 단지 개인의 문제가 아니라 인간 본성에 내재한 결함이었다. 적어도 두 사람은 그렇게 짐작했다.

두 사람이 심리학자들에게 낸 문제는 그 짐작을 확인해주었다. 심리학자들은 자신이 들고 있는 가방에 빨간 칩이 많이 들었는지 결정해야 할 때 고작 몇 개의 칩을 보고 일반적인 결론을 이끌어내는 성향을 보였다. 이들은 과학적 진실을 캘 때, 자기들의 예상보다 훨씬 더 많이 우연에 의지했다. 게다가 작은 표본의 위력을 굳게 믿어, 그 표본에서 발견한 것들을 무조건 합리화하려 했다.

아모스와 대니는 심리학자들을 상대로, 심리학 이론을 검증하는

---

* 대니를 비롯해 당시 많은 심리학자가 40명 표본을 이용했는데, 그러다 보니 모집단을 정확히 반영할 확률은 50퍼센트에 지나지 않았다. 더 큰 모집단의 특징을 포착할 확률이 90퍼센트가 되려면 표본이 최소 130명은 되어야 했다. 큰 표본을 모집하려면 당연히 일이 훨씬 많아지고, 따라서 연구 경력도 더디게 쌓였다.

학생에게 어떤 조언을 해주겠냐고도 물었다. 이를테면 코가 큰 사람은 거짓말을 할 확률이 높다는 이론을 만들어놓고 시험했더니, 한 표본에서는 사실로 드러나고 다른 표본에서는 거짓으로 드러났다면 어떻게 해야 할까? 대니와 아모스가 전문 심리학자들에게 던진 질문은 객관식이었다. 제시된 항목 중 세 개는 학생에게 표본 크기를 늘리라거나, 아니면 적어도 이론을 만들 때 더욱 신중하라고 조언한다는 내용이었다. 그리고 마지막 4번은 "두 표본의 차이를 해명하려고 노력해야 한다"였다. 심리학자들은 4번에 몰표를 던졌다.

　한 집단에서는 코가 큰 사람이 거짓말할 확률이 높았는데 다른 집단에서는 그렇지 않다면 그 상황을 합리화할 구실을 찾아야 한다는 이야기다. 심리학자들은 작은 표본을 크게 신뢰한 탓에 심지어 두 집단에서 상반된 결과가 나와도 그것이 일반적 진실일 거라 단정했다. 대니와 아모스는 이렇게 썼다. "(실험심리학자들은) 예상에서 어긋난 결과가 나와도 표본의 가변성을 원인으로 꼽는 일이 거의 없다. 아무리 상반된 결과라도 그것의 인과관계 '해명'을 찾아내기 때문이다. 이처럼 이들은 표본에 따른 변화가 나타나고 있다는 것을 인식할 기회가 거의 없다. 따라서 소수 법칙에 대한 믿음은 영원히 사라지지 않을 것이다."

　여기에 아모스가 직접 다음과 같은 설명을 달았다. "에드워즈는 (…) 사람들은 개연성 있는 데이터에서 충분한 정보나 확신을 도출하지 못한다고 주장하면서, 이를 보수성이라 불렀다. 우리 질문에 응답한 사람들을 보수적이라고 말하기는 힘들다. 그보다는 대표성 가설에 따라, 그 데이터에서 실제로 내재한 확실성보다 더 많은 확실성을 끌어내는 성향이 있다고 봐야 한다."(대니가 말했다. "워드 에드워즈는 이미 인정받은 사람이었는데, 우리가 무차별 사격을 한 거지. 아모스가 그에게 메롱, 혓바닥을 내민 거야.")

논문은 1970년 초에 완성됐다. 두 사람은 논문에서 각자가 기여한 부분이 어디인지 정확히 알 수 없었다. 대니의 생각인지, 아모스의 생각인지, 확실하게 말할 수 있는 단락이 거의 없었다. 하지만 적어도 뻔뻔스러울 정도로 자신감 넘치는 어조는 누구에게서 나왔는지, 대니는 쉽게 말할 수 있었다. 대니는 늘 소심한 학자였다. "나 혼자 논문을 썼더라면 어물어물하면서 참고 자료 100개를 붙이는 것도 모자라, 나는 최근에 개조된 멍청이일 뿐이라고 자백했겠지. 나 혼자도 논문을 완성할 수야 있었겠지만, 그랬으면 누가 봐주기나 했을라고. 우리 논문에는 스타가 쓴 흔적이 느껴졌는데, 그건 다 아모스에게서 나온 거야."

대니는 논문이 웃기면서도 도발적이고, 흥미로우면서도 거만한데, 자기라면 절대 그러지 못했을 거라고 생각했다. 사실 아모스도 같은 생각이었지만, 대니는 거기까지는 알지 못했다. 두 사람은 의심 많은 독자일 거라 생각한 사람에게 논문을 보여주었다. 미시간대학 심리학 교수 데이브 크랜츠Dave Krantz였다. 크랜츠는 진지한 수학자이면서, 난해하기 이를 데 없는 《측정의 기초》에 아모스와 함께 여러 명의 공동 저자로 이름을 올린 사람이다. 크랜츠는 그때를 회상했다. "천재적이라고 생각했어요. 이제까지 나온 논문 중에 지금까지도 손꼽을 만한 중요한 논문일 거예요. 당시 진행되던 연구는 모두 베이즈 모델의 사소한 오류를 바로잡으면서 인간의 판단을 설명하려고 했는데, 그런 연구에 반기를 든 논문이었어요. 내 생각과도 정확히 반대였고요. 확률적 상황에서는 반드시 이렇게 저렇게 생각해야 한다는 게 통계인데,

실제로 사람들은 그런 식으로 생각하지 않죠. 논문에서 실험 대상자들은 모두 통계를 잘 아는 사람들이었는데도 죄다 틀렸잖아요! 그 사람들이 틀린 문제를 보면서, 나도 틀리고 싶다는 유혹이 들더라니까요."

대니와 아모스의 논문이 재미있을 뿐 아니라 중요하다는 판결은 마침내 심리학 밖에서도 나온다. 하버드대 경제학 교수인 매슈 라빈Matthew Rabin은 이렇게 말한다. "경제학자들은 거듭 말합니다. '세상의 증거가 무언가를 진실이라고 말하면, 사람들은 그 진실을 이해한다.' 사람들은 사실 아주 뛰어난 통계 전문가라는 거예요. 그렇지 않다면, 글쎄요, 살아남지 못할 테니까요. 그래서 세상에서 중요한 것들을 하나씩 열거한다면, 사람들은 통계를 믿지 않는다는 사실이 대단히 중요한 항목에 들어가죠."

대니는 아니나 다를까, 칭찬을 받아들이는 데 둔했다("데이브 크랜츠가 '획기적인 논문'이라고 했을 때, 난 그 사람이 제정신이 아니라고 생각했어"). 사실, 아모스의 주장은 통계를 어떻게 사용해야 하는가를 둘러싼 논쟁보다 훨씬 큰 의미가 있었다. 적은 양일지라도 증거의 매력은 대단해서, 그것을 거부해야 한다는 걸 아는 사람조차 그 앞에 굴복했다. 대니와 아모스는 마지막에 사람들의 "직관적 예상은 세상을 일관되게 오해하는 것에 지배된다"고 썼다. 그 오해는 인간 정신에 뿌리를 두고 있다. 불확실한 세상에서 확률 판단을 내릴 때 인간은 직관적 통계에 약하다면, 과연 어떤 식으로 판단을 내릴까? 인간은 주요 사회과학자들이 말한 식으로 판단하지 않는다면, 경제학 이론의 예상대로도 판단하지 않는다면, 정확히 어떻게 판단하는 걸까?

6

정신 규칙

인간의 판단에 특별한 관심이 있던 폴 호프먼Paul Hoffman 오리건대 심리학 교수는 1960년에 미국국립과학재단National Science Foundation을 설득해 6만 달러를 지원받았다. 교단을 떠나 '행동과학의 기초를 연구하는 센터'를 설립하기 위해서였다. 그는 학생을 가르치면서 진심으로 즐거웠던 적이 없을 뿐 아니라 교수의 삶이 너무 답답하고 특히 승진이 더뎌 분통이 터졌다. 그래서 학교를 떠나 초록이 무성한 유진 지역에, 그즈음 유니테리언 교회가 들어선 건물을 사들여, 오리건연구소Oregon Research Institute로 이름을 바꿔 달았다. 오로지 인간 행동 연구에 집중하는 세상에 둘도 없는 사설 연구소였는데, 얼마 안 가 별난 연구 과제와 범상치 않은 사람들이 도착했다. 유진 지역 신문에는 이런 글이 실렸다. "이곳에 똑똑한 사람들이 모여 적절한 분위기에서 작업하면서, 무엇이 우리를 움직이는지 조용히 연구하고 있다."

이 모호한 설명은 오리건연구소를 묘사하는 전형적인 문구가 되었다. 그 안에서 심리학자들이 무엇을 연구하는지 제대로 아는 사람은 없었다. 그곳 사람들은 더 이상 '나는 교수다'라고 말할 수 없는 사람들이라는 정도만 알 뿐이었다. 폴 슬로빅은 미시간대학을 떠나 이곳 연구소에서 호프먼과 합류한 뒤로 어린 자녀들이 아빠에게 직업을 물으면, 뇌를 여러 부분으로 나눠놓은 그림을 가리키며 "정신의 미스터리를 연구하지"라고 말하곤 했다.

심리학은 다른 분야에서 여러 이유로 환영받지 못한 문제가 모인 지식 쓰레기통이 되어버린 지 오래였다. 오리건연구소는 그 쓰레기통의 현실적 확장판이 되었다. 설립 초기에 유진에 있는 회사가 연구를 의뢰해왔다. 로어맨해튼에 '세계무역센터'라고 불릴 어마어마한 고층 건물 한 쌍을 짓는 작업을 지원하기로 한 회사였다. 이 쌍둥이 빌딩은 경량 철골을 이용해 110층으로 지어질 예정이었다. 고소공포증이 있는 건축가 미노루 야마사키Minoru Yamasaki는 28층이 넘는 빌딩은 설계한 적이 없었다. 건물주인 뉴욕항만공사는 고층에는 더 높은 임대료를 받을 계획이어서, 엔지니어 레스 로버트슨Les Robertson에게 고층 세입자들이 빌딩이 바람에 흔들리는 것을 느끼지 않게 해달라고 했다. 로버트슨은 그 문제는 공학이라기보다 심리학이라고 판단해(99층에서 책상 앞에 앉는 사람이 빌딩의 움직임을 어느 정도까지 느낄 수 있을까?) 폴 호프먼과 오리건연구소를 찾았다.

호프먼은 초록이 무성한 유진의 다른 지역에 건물을 하나 새로 빌려, 오리건 제재소에서 통나무를 굴릴 때 쓰는 유압 바퀴를 가져다 놓고 그 위에 방을 하나 만들어 올렸다. 그리고 버튼을 누르면, 마치 바람에 맨해튼 고층 건물이 흔들리듯이, 방 전체가 조용히 앞뒤로 흔들리도록 설계했다. 이 모든 작업은 비밀리에 진행되었다. 항만공사는 앞으로 세입자가 될 사람들에게 사무실이 바람에 흔들릴 거라고 경고하고 싶지 않았고, 호프먼은 호프먼대로 실험 대상자들이 방이 움직인다는 사실을 알면 움직임에 더욱 민감해져 실험 결과를 망칠 수 있다고 생각한 탓이다. 폴 슬로빅은 그때 상황을 이렇게 회상했다. "방은 설계했는데, 문제는 사람들을 방에 들여보낼 때 어떻게 원래의 목적을 숨길까, 하는 것이었어요." 그래서 호프먼은 '흔들리는 방'을 만든 뒤에 건물에 '오리건연구소 시력연구센터'라는 간판을 달고, 들어오는 사람에게 모두 공짜로 시력검사를 해주기로 했다(그는 오리건대 심리학과 대학원생 중에 검안사 자격증이 있는 사람을 용케 찾을 수 있었다).

시력검사를 하는 동안 호프먼은 유압 바퀴를 작동해 방을 앞뒤로 움직였다. 움직이는 방에 있던 사람들은 그곳에 문제가 있다는 사실을 무역센터 설계자를 비롯해 모든 실험 진행자가 예상한 것보다 훨씬 빨리 감지했다. 그중 한 사람이 말했다. "정말 이상한 방이네요. 내가 안경을 안 써서 그런가? 여기 무슨 장치가 되어 있나요? 기분이 좀 이상해요." 시력검사를 하던 심리학자는 밤마다 집에 돌아가 멀미를 했다.[*]

호프먼의 실험 결과가 나오자 세계무역센터 엔지니어, 건축가, 그리고 뉴욕항만공사의 여러 관계자가 흔들리는 방을 직접 체험하러 유진에 도착했다. 이들은 못 믿겠다는 반응을 보였다. 로버트슨은 나

---

[*] 이 내용은 제임스 글랜츠James Glanz와 에릭 립턴Eric Lipton이 9/11 사건 1주기 며칠 전에 〈뉴욕타임스 매거진New York Times Magazine〉에 기고한 세계무역센터 건설과 붕괴에 관한 훌륭한 글에서 가져왔다. 윌리엄 파운드스톤William Poundstone의 《가격은 없다Priceless》에도 흔들리는 방에 관한 상세한 설명이 실렸다.

중에 〈뉴욕타임스〉에 자신의 느낌을 이렇게 회상했다. "수십억 달러가 그 자리에서 날아갔다." 그는 맨해튼으로 돌아와 흔들리는 방을 따로 만들었고, 호프먼과 똑같은 결과를 얻었다. 결국 빌딩을 꼿꼿하게 유지하기 위해 각 빌딩에 약 75센티미터 길이의 금속 충격 흡수기 1만 1,000개를 만들어 설치했다. 이렇게 강철을 추가로 설치한 덕에 민간 항공기가 충돌한 뒤에도 어느 정도 버텨, 빌딩이 무너지기 전에 약 1만 4,000명이 대피할 수 있었다.

오리건연구소에서 흔들리는 방은 다소 예외적인 작업이었다. 이 연구소에 합류한 심리학자 중 많은 수가 폴 호프먼처럼 인간의 판단에 관심이 있었다. 그리고 폴 밀이 쓴 《임상 예측 대 통계 예측》에도 남다른 관심을 보였다. 환자를 진단하거나 환자의 행동을 예측하는 심리학자의 능력이 알고리즘보다 나을 게 없다는 내용이 담긴 책이다. 대니 카너먼이 이스라엘 신병 판단을 사람 손에서 알고리즘으로 넘기기 전, 1950년대 중반에 읽었던 바로 그 책이다. 폴 밀도 임상심리학자였는데, 그는 심리학자들도 물론 자기를 좋아하고, 자기가 존경한 사람들은 알고리즘이 절대 포착하지 못하는 섬세한 통찰력을 많이 가지고 있었다고 늘 이야기했다. 그럼에도 밀이 인간의 판단에 보기 좋게 한 방을 날린 회의주의를 뒷받침하는 연구가 1960년대 초까지만 해도 차고 넘쳤다.[*]

---

[*] 밀은 책을 출간한 지 32년이 지난 1986년에 〈당혹스러운 내 작은 책의 원인과 결과Causes and Effects of My Disturbing Little Book〉라는 글에서, 전문가의 판단에 문제가 있다는 숱한 증거를 이야기했다. "미식축구 결과에서 간질환 진단에 이르기까지 모든 예측을 조사한 90가지 연구를 지지한다면, 그리고 미약하나마 임상의에게 이로운 결과가 나온 연구를 대여섯 가지도 찾기 힘들다면, 현실적인 결론을 내려야 할 때가 아니겠는가. (…) 인신공격을 위해서가 아니라 사실 설명을 위해서 말하면, 이 결과는 인간사에서 비합리적인 행동은 도처에서 꾸준히 나타난다는 것을 보여주는 무수한 사례 중 하나에 불과하다."

인간의 판단이 단순한 알고리즘보다 못하다면, 인류에게 한 가지 큰 문제가 생긴 꼴이다. 전문가가 판단을 내리는 거의 모든 분야가 심리학만큼 데이터가 풍부하지도, 데이터를 좋아하지도 않는다는 점이다. 인간 활동의 거의 모든 영역에서 인간의 판단을 대체할 알고리즘을 만들 정도로 데이터가 많지 않았다. 사람들은 삶에서 대단히 민감한 문제 대부분을 의사, 판사, 투자 자문가, 정부 관리, 입학 사정관, 영화사 임원, 야구 스카우트 담당자, 인사 관리자와 같은 인간의 전문적 판단에 의지할 것이다. 호프먼과 오리건연구소에 합류한 심리학자들은 전문가들이 정확히 어떻게 판단을 내리는지 알고 싶었다. 폴 슬로빅이 말했다. "우리는 특별한 비전도 없었어요. 다만, 사람들이 정보를 어떻게 취급하고 어떻게 처리해서 결정이나 판단을 내리는지가 중요한 문제라고 느낄 뿐이었죠."

재미있는 것은 이들은 알고리즘과 경쟁해야 했던 전문가가 얼마나 신통치 않은 결과를 내놓았는지를 탐색하기보다는 전문가는 어떤 식으로 판단을 내리는지 그 과정을 보여주는 모델을 만들고자 했다는 것이다. 1960년에 스탠퍼드대학을 나와 오리건연구소에 합류한 루 골드버그Lew Goldberg의 말을 빌리면, "인간의 판단이 언제, 어디서 잘못되는지 정확히 짚어내는 것이 핵심"이었다. 전문가의 판단이 어디서 잘못되는지 찾아낸다면, 전문가와 알고리즘의 차이를 좁힐 수 있을 것이다. 슬로빅이 말했다. "사람들이 어떻게 판단하고 결정하는지 이해한다면 좀 더 나은 판단과 결정을 내릴 수 있으리라 생각했어요. 사람들에게 더 나은 예측, 더 나은 결정을 내리게 하는 거죠. 우리 생각은 그랬어요. 그때는 좀 애매한 생각이었지만."

1960년 말에 호프먼은 전문가가 결론을 내리는 과정을 분석한 논문을 발표했다. 물론 전문가에게 직접 물어볼 수도 있겠지만, 그것은 대단히 주관적인 접근 방식이었다. 사람들은 자기 행동을 있는 그대로 말하지 않을 때가 많다. 호프먼의 주장에 따르면, 전문가의 생각을 좀 더 쉽게 알 수 있는 방법은 그들이 결정을 내릴 때 쓰는 다양한 정보를 놓고(호프먼은 이 정보를 '신호'라 불렀다), 그들의 결정에서 각 정보에 어느 정도의 가중치가 부여되었는지 추론하는 것이다. 예를 들어 예일대 입학사정위원회가 어떤 식으로 학생의 입학을 결정하는지 알고 싶다면, 먼저 그들에게 입학 사정에 고려하는 지원자 정보를 달라고 요청한다. 평균 성적, 교육위원회 점수, 운동 실력, 동문 관계, 다니던 고등학교 유형 등이다. 그런 다음 입학사정위원회가 어떤 학생을 합격시키는지 거듭 관찰한다. 위원회 결정을 여러 건 관찰하면, 이들이 지원자 평가와 관련이 있다고 여기는 여러 특징을 평가하는 과정을 뽑아낼 수 있다. 그리고 수학 실력이 된다면, 위원들의 머릿속에서 그 특징이 서로 상호작용하는 모델도 만들 수 있을 것이다(입학사정위원회는 이를테면 사립학교 출신 동문 가족 학생의 교육위원회 점수보다 공립학교 출신 운동선수의 교육위원회 점수에 더 높은 비중을 둘 수도 있다).

호프먼은 수학 실력이 됐다. 그는 〈심리학회보〉에 〈임상 판단의 동질가상同質假像적 재현The Paramorphic Representation of Clinical Judgment〉이라는 논문을 실었다. 호프먼이 논문 제목을 난해하게 붙인 이유 하나는 그 제목을 읽을 정도면 그가 하는 말을 알아들으려니 생각했기 때문이다. 그가 속한 작은 세상의 밖에서도 그의 논문을 읽는 사람이 있으리라는 원대한 희망 따위는 애초에 없었다. 심리학에서 새로 생긴 이 구석진 분야에서 벌어지는 일은 늘 그 구석을 넘어가지 않았다. "현실 세계에서 판단을 내리는 사람이 그 논문을 마주칠 일은 없을 겁니다. 심리학자가 아닌 사람이 심리학 학술지를 읽는 일은 없어요." 루 골드버그의 말이다.

오리건연구소가 처음에 연구 대상으로 삼은 현실 세계의 전문가는 임상심리학자였지만, 연구에서 어떤 결과가 나오든 그 결과는 의사, 판사, 기상학자, 야구 스카우트 담당자 등 모든 결정권자에게 보편적으로 적용될 거라 확신했다. 폴 슬로빅은 이렇게 말했다. "전 세계에서 이 문제를 건드리는 사람이 15명 정도일 거예요. 하지만 우리는 지금 우리가 다루는 문제가 중요한 문제일 수 있다는 걸 알고 있어요. 복잡하고 불가사의해 보이는 직관적 판단을 숫자로 포착하는 거예요." 1960년대 후반에 호프먼은 조수들과 함께 다소 불완전한 결론에 도달했다. 루 골드버그가 두 개의 논문에 그 내용을 잘 정리했다. 그중 첫 번째는 1968년에 〈미국 심리학회지American Psychologist〉에 발표되었다. 여기서 그는 전문가의 판단이 알고리즘보다 신뢰도가 떨어진다는 연구가 작은 산처럼 쌓였다고 지적했다. "점점 늘어나는 이런 논문을 요약해 말하면 이렇다. (임상의는 최상의 결과를 냈을 때, 보험계리사는 최악의 결과를 냈을 때를 특별히 선별한 경우를 포함해) 많은 수의 임상 판단을 보건대, 다소 간단한 계리 공식이 임상 전문의보다 타당성이 떨어지지 않는 결과를 내놓을 수 있다."

그렇다면 임상 전문의는 대체 무엇을 하고 있었을까? 이 문제를 다룬 다른 사람들처럼 골드버그도 이를테면 의사가 환자를 진료할 때는 생각이 복잡하겠거니 생각했다. 나아가 그 생각을 포착하는 모델

역시 복잡하려니 생각했다. 예를 들어, 콜로라도대학의 한 심리학자는 다른 심리학자들이 대학 생활에 적응하지 못할 청년들을 어떻게 예측해 골라내는지 연구하는 과정에서, 그들이 자기 환자의 데이터를 살피면서 혼자 중얼거리는 말을 녹음한 뒤에 그들의 생각을 모방해 복잡한 컴퓨터 프로그램을 만들어보려 했다. 골드버그는 단순한 것에서 시작해 그것을 차츰 발전시켜가는 방법을 선호했다. 그는 의사들의 암 진단을 첫 번째 사례로 연구했다.

그는 오리건연구소가 의사 연구를 마무리했다고 설명했다. 이들은 오리건대학의 방사선 전문의들에게 질문을 던졌다. 위 엑스레이를 보고 어떻게 위암을 진단하는가? 의사들은 궤양 크기, 궤양 윤곽, 궤양이 만든 함몰의 폭 등 일곱 가지 주요 신호를 살핀다고 했다. 호프먼이 전에 그랬듯이 골드버그도 이를 '신호'라 불렀다. 이 일곱 가지 신호가 서로 결합하는 방법은 물론 여러 가지이며, 의사는 결합된 신호를 어떻게 읽을지 파악해야 한다. 예를 들어, 궤양 윤곽이 부드러울 때와 거칠 때는 궤양 크기가 의미하는 것이 다를 수 있다. 골드버그는 전문가들이 자신의 사고 과정을 미묘하고 복잡하고 어렵게 묘사하는 성향이 있어서 그것으로 모델로 만들기가 어려웠다는 점을 지적했다.

오리건 연구원들은 우선 아주 간단한 알고리즘부터 만들었다. 궤양이 악성일 확률은 의사들이 말한 일곱 가지 요인에 달렸는데, 그 일곱 가지 요인에 동일한 비중을 두었다. 그런 다음 의사에게 96가지 위궤양 사례를 주고 그것이 위암일 확률을 '확실한 양성'부터 '확실한 악성'까지 7단계로 판단해달라고 했다. 의사에게 자세한 내용은 말하지 않은 채, 똑같은 궤양 엑스레이를 두 번씩 보여주었다. 즉, 엑스레이 더미에 똑같은 엑스레이가 무작위로 섞여 있었다. 의사는 자기들이 이미 진단한 엑스레이 사진을 이후에 다시 본다는 사실을 눈치채지 못했다. 연구원들은 컴퓨터가 없었다. 이들은 모든 자료를 천공카드에 옮겨 UCLA에 우편으로 보냈고, 대학에서는 대형 컴퓨터로 이 자료를 분석했다. 이들의 목적은 의사의 판단을 닮은 알고리즘을 만들 수 있는지 알아보는 것이었다.

골드버그는 단순한 이 첫 번째 시도는 단지 시작일 뿐이라고 생각했다. 알고리즘은 더욱 복잡해져, 고등수학도 필요할 테고, 신호를 해석하는 의사의 복잡한 생각도 설명해야 할 것이다. 예를 들어, 궤양이 아주 크다면 다른 여섯 가지 신호의 의미를 다시 생각해봐야 한다든가.

그런데 UCLA가 자료를 분석해 오면서 분위기가 술렁였다(골드버그는 분석 결과를 "전반적으로 충격적"이라고 했다). 우선 연구원들이 의사가 어떤 식으로 진단을 내리는지 이해하는 출발점으로 만든 단순한 모델이 의사의 진단을 예측하는 데 탁월하다고 증명되었다. 의사는 자신의 사고 과정이 복잡하고 쉽게 파악할 수 없다고 믿고 싶겠지만, 단순한 모델로도 의사의 생각을 완벽하게 포착할 수 있었다. 그렇다고 해서 의사의 생각이 꼭 단순하다는 뜻은 아니다. 단순한 모델로도 파악할 수 있다는 뜻일 뿐이다. 더 놀라운 점은 의사의 진단이 워낙 제각각이라 서로 의견이 일치하지 않는다는 것이다. 나아가 같은 의사가 똑같은 궤양을 보고 상반된 진단을 내리기도 했다. 자기 내면에서도 이견을 보인 것이다. 골드버그는 이렇게 썼다. "이 결과는 임상의학이라고 해서 임상심리학보다 일관된 진단이 나오는 것도 아니라는 점을 시사한다. 다음에 주치의를 찾아갈 때 한 번쯤 생각해볼 일이다." 의사들이 서로 다른 의견을 내놓는다면, 물론 모두 옳을 수 없는 일이다. 그리고 실제로도 그랬다.

연구원들은 임상심리학자와 정신과 의사를 상대로도 같은 실험을 반복했다. 이들은 정신병원에서 환자를 퇴원시켜도 안전한지 판단할 때 고려하는 요소들을 제출했다. 이때도 전문가의 의견은 제각각이었다. 더욱 이상한 점은 환자를 퇴원시키면 환자가 어떤 상황에 이를지 예측할 때, 전문 과정을 마치지 않은 사람(대학원생)도 마친 사람(임금을 받는 전문가)보다 예측 정확도가 떨어지지 않는다는 것이다. 이를테면 환자가 자살할 위험이 있는지 판단할 때 이 분야 경험이 그다지 큰 도움이 되지 않는 것 같았다. 골드버그는 이렇게 표현했다. "이 일의 정확도는 전문가의 판단 경험의 양과 무관했다."

하지만 의사를 섣불리 비난하지 않았다. 그는 논문을 마무리하면서, 문제는 일반 의사와 정신과 의사가 자기 생각의 정확도를 판단하고 필요하다면 생각을 바꿀 제대로 된 기회가 거의 없다는 점이라고 했다. 이들에게 부족한 것은 '즉각적인 피드백'이었다. 그래서 그는 오리건연구소 동료인 레너드 로어러Leonard Rorer와 함께 이 사실을 증명하려 했다. 골드버그와 로어러는 심리학자 두 집단에게 수천 개의 가상 사례를 주고 진단을 내리게 했다. 이때 한 집단에게는 그들이 진단을 내린 뒤에 곧바로 피드백을 주었고, 다른 집단에게는 주지 않았다. 피드백을 받은 집단에서 진단이 향상되는지 보기 위해서였다.

결과는 고무적이지 않았다. 골드버그는 이렇게 썼다. "우리는 임상 추론을 학습하는 문제를 공식으로 만들었는데, 그 공식이 너무 단순했던 것 같다. 판단을 내리는 사람이 이번처럼 어려운 작업을 학습하려면 결과 피드백보다 훨씬 많은 것이 필요해 보인다." 그때 동료 연구원 한 사람(골드버그는 그가 누구인지 기억하지 못했다)이 급진적인 제안을 내놓았다. 골드버그는 이렇게 회상했다. "누군가가 이런 말을 했어요. '당신이 [의사가 어떤 결정을 내릴지 예측하려고] 만든 모델 중에 실제로 의사보다 나은 게 있을지 모른다.' 그때 나는 '세상에, 이런 바보가 다 있다니. 그게 말이 돼?' 그렇게 생각했죠." 단순한 모델이 어떻게 의사보다 이를테면 암을 더 정확히 진단하겠는가? 모델은 사실 의사들이 만든 셈이다. 모델에 담긴 모든 정보는 의사가 건네주었으니까.

오리건 연구원들은 어쨌거나 그 가설을 시험했고, 사실로 드러났다. 암이 있는지 없는지 알고 싶다면, 방사선 전문의에게 엑스레이를 보여주기보다 연구원이 만든 알고리즘을 쓰는 편이 나았다. 단순한 알고리즘은 의사 집단보다 나을 뿐 아니라 최고 의사보다도 나았다. 의학 지식이 전혀 없이 단지 의사에게 몇 가지 질문을 던져 만든 방정식을 사용하면 의사보다 나은 진단을 내릴 수 있다니!

골드버그는 '인간 대 인간 모델Man versus Model of Man'이라는 후속 논문을 쓰려고 했을 때, 전문가에 대해서나 오리건연구소가 전문가의 생각을 이해하려고 택한 접근 방식에 대해서나 모두 전보다는 분명히 덜 낙관적이었다. 그는 예전에 〈미국 심리학회지〉에 발표한 자신의 논문에 대해 이렇게 썼다. "나는 앞선 논문에서 (…) 인간 판단의 복잡성을 증명하지 못한 우리 실험을 설명했다. 그리고 관련 사례를 제시하면서, 전문가들은 복잡한 상호작용을 거쳐 임상 정보를 처리하리라고 예상하고 그 처리 과정에 대한 추측으로 논문을 메웠다. 이후로 우리는 순진하게도 신호를 단순히 1차원적으로 연결해서는 인간의 판단을 정확히 예측하지 못하리라 생각했고, 따라서 개별 판단 전략을 나타내는 대단히 복잡한 수학 공식을 만드는 작업에 곧 착수하려고 했다. 그런데 세상에, 그게 아니었다." 의사들은 주어진 궤양 사례에서 나타난 특징에 어느 정도의 비중을 부여할지에 관해 나름대로 이론을 가지고 있는 것 같았고, 진단 모델은 궤양을 최대한 정확히 진단하기 위한 의사들의 이론을 반영했다. 그런데 현실에서 의사는 궤양을 정확히 진단하는 자신의 이론을 따르지 않았다. 그 결과, 자기 모델보다 못한 진단을 내리고 말았다.

이 결과는 많은 것을 암시했다. 골드버그는 이렇게 썼다. "이 결과를 다른 종류의 판단 문제로 일반화할 수 있다면, 인간 모델을 놔두고 계속 인간을 고용하는 것이 더 유용한 경우는 (만약 있다면) 대단히 드물지 않을까 싶다." 그런데 어떻게 그럴 수 있을까? 왜 의사를 비롯한 전문가의 판단이 그 전문가의 지식을 이용해 만든 모델보다 못할까? 이 점에서 골드버그는 체념하듯 말했다. 전문가도 인간이니까! "임상의는 기계가 아니다. 임상의는 학습 능력과 가설 제조 능력이 충분하지만, 기계의 신뢰성을 따라가기 힘들다. 사람은 그날의 상황에 영향을 받는다. 지루함, 피로, 병, 그리고 주변 상황이나 대인관계로 인한 주의 분산 등에 늘 영향을 받다 보니, 똑같은 자극을 놓고 판단을 반복할 때 다른 결과가 나오기도 한다. (…) 판단에서 이런 임의의 오류를 제거해 인간의 신뢰도를 회복할 수 있다면, 예측 타당성도 높일 수 있을 것이다."

골드버그가 이 논문을 발표한 직후인 1970년 늦여름에 아모스

트버스키가 오리건 유진에 나타났다. 스탠퍼드에서 1년을 머무르러 가던 참에 미시간에서 함께 공부한 오랜 친구 폴 슬로빅을 만나기 위해서였다. 대학 시절 농구선수였던 슬로빅은 마당에서 아모스와 농구를 하던 기억을 떠올렸다. 대학 농구팀에서 뛰어본 적 없는 아모스는 슛을 한다기보다 공을 골대 가장자리로 밀어 올리는 식이었다. 그가 점프슛을 하는 모습은 농구보다 미용체조에 가까웠다. "회전도 없이 느리게 날아가는 투포환이었어요. 가슴 가운데서 출발해 골대를 향해 가볍게 날아가죠." 아들 오렌의 설명이다. 하지만 아모스는 열렬한 농구 팬이 되었다. 슬로빅이 말했다. "말하면서 걷기를 좋아하는 사람도 있는데, 아모스는 말하면서 농구를 하는 걸 좋아했어요." 그러면서 슬쩍 덧붙였다. "농구에 시간을 많이 쓰는 사람 같지는 않았어요." 아모스는 공을 골대 가장자리로 밀어 올리면서 슬로빅에게 말했다. 자신과 대니가 인간 정신의 내부 작동에 관해 이런저런 이야기를 나누고 있는데, 사람들이 어떤 식으로 직관적 판단을 내리는지 더 탐구해보고 싶다고. "대학에 신경을 빼앗기지 않고 하루 종일 앉아서 서로 이야기를 나눌 수 있는 곳이 있으면 좋겠다고 하더군요." 대니와 아모스는 전문가조차도 체계적인 큰 실수를 저지르는 이유에 대해 나름대로 생각해둔 게 있었다. 그런 실수는 일진이 사나워서 생기는 것만은 아니었다. "아모스 생각이 얼마나 흥미롭던지, 그저 멍하니 듣고 있었어요." 슬로빅의 말이다.

아모스는 1970, 71년 학기를 스탠퍼드대학에서 보내기로 했고, 이스라엘에 남아 있는 대니와는 떨어지게 되었다. 두 사람은 그 틈을 이용해 데이터를 수집했다. 데이터는 이들이 만든 희한한 질문의 답이 전부였다. 이들의 문제를 처음 받아 든 사람은 이스라엘 고등학생이었다. 대니는 히브리대학 대학원생 20여 명을 택시에 태워 이스라엘 곳곳으로 보내, 학생들을 물색하되 수상한 낌새를 눈치채지 못하게 하라고 했다("예루살렘만으로는 아이들이 부족했으니까."). 이들은 아이들에게 정말 기묘해 보이는 문제를 두 개에서 네 개를 주고, 문제 하나를 2분 안에 대답하라고 했다. 대니가 말했다. "설문지를 여러 개 준비했어. 한 아이가 전체를 다 할 수 없으니까."

다음 문제를 생각해보라.

어느 도시에서 아이가 여섯 명인 가정을 모두 조사했다. 이중에서 남자아이와 여자아이의 출생 순서가 정확히 '여 남 여 남 남 여'인 가정이 72곳이었다.

그렇다면 조사 가정 중에 출생 순서가 정확히 '남 여 남 남 남 남'인 가정은 몇 곳이겠는가?

다시 말해 가상의 도시에서 아이가 여섯 명이면서 그 여섯 명이 여자, 남자, 여자, 남자, 남자, 여자 순서로 태어난 가정이 72곳이라면,

아이가 여섯 명이면서 그 여섯 명이 남자, 여자, 남자, 남자, 남자, 남자 순서로 태어난 가정은 몇 곳이겠는가? 이스라엘 고등학생이 이 이상한 질문을 어떻게 생각했을지 누가 알까마는 어쨌거나 1,500명이 이 문제에 대답했다. 아모스도 미시간대와 스탠퍼드대 학생들을 대상으로 역시 이상한 질문을 던졌다. 이를테면 다음과 같은 질문이다.

어떤 게임을 한 판 할 때마다 구슬 20개를 앨런, 벤, 칼, 댄, 에드, 이렇게 다섯 명의 아이들에게 무작위로 나눠준다. 그중 아래와 같이 나눠준 경우를 생각해보자.

Ⅰ		Ⅱ	
앨런	4	앨런	4
벤	4	벤	4
칼	5	칼	4
댄	4	댄	4
에드	3	에드	4

이 게임을 여러 번 할 때, 그중에 Ⅰ 유형이 많이 나오겠는가, Ⅱ 유형이 많이 나오겠는가?

아모스와 대니는 확률을 알기 어렵거나 알 수 없는 상황에서 사람들은 어떻게 확률을 판단하는지, 또는 오판하는지 알아보고자 했다. 위 두 문제는 모두 정답이 있었다. 따라서 응답자가 내놓은 답을 정답과 비교하고, 그들의 오류에 어떤 유형이 나타나는지 조사할 수 있었다. 대니가 말했다. "큰 틀에서 말하면 이런 거지. 사람들은 대체 뭘 하고 있는 걸까? 확률을 판단할 때 대체 무슨 일이 일어나는 걸까? 아주 추상적인 개념이야. 어쨌거나 뭔가 하긴 하니까."

아모스와 대니는 자기들이 만든 문제를 다수가 틀리려니 생각했다. 두 사람도 예전에 비슷한 문제를 틀렸으니까. 정확히 말하면 대니가 문제를 틀렸고, 틀렸다는 걸 안 뒤에 그 이유에 대해 이론을 세웠으며, 아모스가 대니의 실수와 대니가 실수를 감지한 사실에 크게 끌려, 적어도 자기도 같은 실수를 하고 싶은 유혹을 느낀 척했었다. 대니가 말했다. "우리는 그 문제를 이리저리 다뤄보다가 결국 우리 둘의 직관에 초점을 맞췄어. 우리가 저지르지 않은 실수는 흥미로운 게 아닐 테니까." 두 사람이 똑같이 정신적 실수를 저질렀거나 저지르고 싶었다면, 다른 사람들도 마찬가지일 거라고 생각했고, 그 생각은 옳았다. 이스라엘 학생과 미국 학생에게 시험해보려고 그해 내내 만든 문제는 실험이라기보다 작은 드라마였다. 여길 보라고, 인간의 머리가 확신이 없으면 이런 짓을 한다고!

아모스는 아주 어렸을 때, 자기 삶을 애써 복잡하게 만드는 부류의 사람들에게서 특별함을 알아보았다. 아모스는 그가 "지나치게 복잡한" 사람들이라고 부른 이들을 피하는 재주가 있었다. 하지만 가끔씩 정말로 관심이 가는 복잡한 사람과 마주치곤 했는데, 주로 여자였다. 고등학교 때는 나중에 시인이 되는 달리아 라비코비치에 홀딱 반하고 말았다. 아모스가 그 여학생과 친하다는 사실에 친구들은 깜짝 놀랐다. 대니와의 관계도 그랬다. 아모스의 오랜 친구 한 사람은 나중에 이렇게 회고했다. "아모스는 곧잘 그랬어요. '사람은 원래 그렇게 복잡하지 않아. 사람 사이의 관계가 복잡한 거지.' 그리고 잠깐 뜸을 들였다 말하죠. '대니는 빼고.'" 대니에게는 아모스가 그와 함께 있을 때면 경계를 풀고 전혀 다른 성격으로 변하게 되는 무언가가 있었다. 대니가 말했다. "아모스는 나와 함께 일할 때면 불신을 멈추다시피 했어. 다른 사람한테는 그렇지 않았는데 말이지. 공동 연구에 동력이 된 것도 바로 그 점이었고."

1971년 8월에 아모스는 아내와 아이들을 데리고, 그리고 머릿속에 데이터를 가득 담아 유진으로 돌아와, 마을이 내려다보이는 절벽 위에 집을 얻었다. 휴가를 떠난 오리건연구소 심리학자에게 세를 얻은 집이다. 아내 바버라가 말했다. "온도 조절 장치가 30도에 맞춰져 있었어요. 전망이 보이는 큰 창이 있고, 커튼은 없었죠. 세탁물을 산처럼 쌓아두고 떠났는데, 옷은 하나도 없더라고요." 알고 보니 집주인은 나체주의자였다(유진에 오신 걸 환영합니다! 고개를 드세요!). 몇 주 지나 대니도 아내와 아이들을 데리고, 그리고 머릿속에 데이터를 더 가득 담아 유진에 합류했고, 이사한 집에서 (대니에게는) 나체주의자보다 더 당혹스러운 것을 보았다. 잔디였다. 대니는 자신이 잔디 깎는 모습을 상상할 수 없었고, 다른 사람들 역시 대니가 잔디 깎는 모습을 상상할 수 없었다. 그런데도 그는 평소와 달리 낙천적으로 생각했다. 훗날 그가 말했다. "유진에서의 기억은 온통 밝은 햇살이야." 하지만 사실 전에 살던 곳은 하루 종일 해가 들었고, 유진에서 보낸 날은 절반 넘게 흐렸다.

어쨌거나 그는 대부분의 시간을 실내에서 아모스와 함께 이야기를 하며 보냈다. 두 사람은 유니테리언 교회였던 곳을 사무실로 이용하면서, 예루살렘에서 시작한 대화를 이어갔다. 대니가 말했다. "'내 삶이 변했구나' 하는 생각이 들더라고. 우리는 나보다 상대를 더 빨리 이해했어. 사람들이 무언가를 창조하는 방식은 보통 자기가 무언가를 말하고, 그 말을 나중에, 더러는 몇 년 뒤에 이해하는 식인데, 우리는 그 과정이 단축되었어. 내가 무언가를 말하면 아모스가 이해했으니까. 둘 중에 한 사람이 엉뚱한 얘기를 하면 다른 사람이 그 생각의 장점을 찾아내기도 하고. 우리는 서로 상대의 문장을 마무리해줬어. 자주 그랬지. 그러면서도 끊임없이 상대를 놀라게 했어. 그 생각만 하면 지금도 소름이 돋아." 두 사람은 이 분야에 발을 디딘 이후 처음으로 마음대로 부릴 직원 같은 것이 생긴 셈이었다. 타자를 대신 쳐주고, 실험 대상자를 대신 구해주고, 연구비를 대신 올려주었다. 서로 말만 하면 만사 오케이였다.

두 사람은 인간 정신이 오류를 일으키는 체계를 두고 나름의 의견이 있었다. 이들은 그 체계에서 나오는 재미있는 실수, 즉 편향을 찾기 시작했다. 둘의 작업 방식에는 일정한 유형이 생겼다. 대니는 매일 이른 아침에 도착해, 바로 전날 오리건대학 학생들이 그들의 질문에 대답한 것을 분석했다(대니는 빈둥거리기를 신뢰하지 않았다. 그는 수집한 데이터를 하루 안에 분석하지 않는 대학원생이 있으면 "앞으로 자네 연구 경력에 나쁜 징조야"라며 꾸짖었다). 아모스가 정오쯤 나타나면 두 사람은 사람들에게 인기가 없는 식당에 내려가 생선튀김과 감자튀김으로 점심을 먹고, 다시 돌아와 하루 종일 이야기를 나눴다. 폴 슬로빅의 회상이다. "두 사람은 일정한 업무 방식이 있었는데, 한 시간이고 두 시간이고 세 시간이고 둘이 계속 떠드는 거예요."

히브리대학 교수들이 그랬듯이 오리건연구소 연구원들도 아모스와 대니가 무슨 이야기를 하는지 모르겠지만 절반은 웃느라 정신없는 걸 보면 재미있는 이야기가 틀림없다고 생각했다. 두 사람은 히브리어와 영어로 동시에 의견을 주거니 받거니 했고, 두 언어로 상대를 미친 듯이 웃겼다. 이들은 어쩌다 보니 오리건 유진에서 조깅하는 사람, 벌거벗고 사는 사람, 히피, 폰데로사소나무 숲에 둘러싸여 살게 되었지만, 몽골에 떨어뜨려놔도 역시 잘 살았을 것이다. 슬로빅이 말했다. "물리적 위치에 구애받지 않을 사람들이에요. 어디에 있든 문제 되지 않아요. 중요한 건 아이디어죠." 두 사람은 대단히 은밀하게 대화를 나눈다는 것을 모르는 사람이 없었다. 두 사람이 유진에 살기 전, 아모스는 공동 연구에 폴 슬로빅도 포함시킬 거라는 생각을 어렴풋이 흘렸지만, 대니가 도착하면서 슬로빅은 자기 자리는 없다는 걸 분명히 알게 됐다. "3인조가 될 수는 없었어요. 두 사람은 제3자가 연구실에 함께 있는 걸 원치 않았거든요."

우스갯소리로 말하자면, 두 사람은 연구실에 혼자 있는 자기 모습도 내켜하지 않았다. 이들이 원했던 것은 둘이 같이 있을 때의 자기 모습이었다. 아모스에게 일은 언제나 놀이였다. 재미가 없으면 일하는 의미를 찾지 못했다. 대니에게도 이제 일은 놀이였다. 이런 적은 처음이었다. 대니는 이 세상 최고의 장난감 방을 가지고 있으면서도 결정을 내리지 못하는 성격이라 가지고 있는 장난감을 한 번도 즐기지 못한 채 그 자리에 꼼짝 않고 서서 물총을 가지고 놀까, 전동 스쿠터를 타고 한 바퀴 돌고 올까, 죽어라 고민만 하는 아이 같았다. 아모스는 대니의 머릿속을 헤집고 다니면서 말했다. "집어치워, 우리는 전부 다가지고 놀 거야." 두 사람이 알고 지낸 지 한참 되었을 때, 한번은 대니가 우울증에 가까울 정도로 크게 의기소침해 길을 걸으며 말했다. "아이디어가 바닥났어." 아모스는 그 순간도 재미있어했다. 둘의 친구인 아비샤이 마갈릿이 그때를 회상했다. "대니가 '난 끝났어, 아이디어가 바닥났어' 하니까 아모스가 막 웃으면서 그러더라고요. '100명이 100년 동안 내놓는 아이디어보다 자네가 1분 동안 내놓는 아이디어가 더 많아.'" 같이 앉아서 글을 쓸 때면 둘은 육체적으로 하나가 되다시피 해서, 어쩌다 둘을 흘끗 본 사람이라면 이상하다고 생각했다. 미시간대학 심리학자 리처드 니스벳은 이렇게 말했다. "둘은 타자기 앞에 붙어 앉아 글을 썼어요. 상상이 안 가요. 다른 사람이 내 이를 닦아주는 느낌이랄까요." 대니의 말을 빌리면 이랬다. "우리는 머리를 같이 쓰고 있었어."

　두 사람은 여전히 학계에 농담을 던지듯 첫 번째 논문인 〈소수법칙에 대한 믿음〉을 쓰면서, 통계상 정답이 있는 문제를 마주한 사람들이 통계 전문가처럼 생각하지 못한다는 것을 보여주었다. 심지어 통계 전문가도 통계 전문가처럼 생각하지 않았다. 이들은 이어서 이런 질문을 던졌다. 통계 논리로 해결할 수 있는 문제를 보고도 통계적 사고를 하지 않는다면, 대체 어떤 논리적 사고를 하는 걸까? 살면서 마주하는 많은 불확실한 상황에서 블랙잭의 카드 카운팅을 하듯 생각하지 않는다면, 대체 어떻게 생각하는 걸까? 두 사람은 다음 논문에서 이 질문에 부분적인 답을 제시했다. 그 논문의 제목을 말할 것 같으면……, 아모스는 제목에 대해 나름의 생각이 있었다. 그는 논문을 시작하기 전에 제목부터 정하는 성격이었다. 제목을 정해야 논문에 무엇을 쓸지 감이 잡혔다.

그런데 그와 대니가 정한 제목은 난해했다. 이들은 적어도 처음에
는 학계의 게임 규칙을 따라야 했는데, 그 게임에서는 너무 쉽게 이해
되면 우습게 보일 수 있었다. 두 사람은 사람들의 판단 과정을 설명하
는 자기들의 첫 번째 시도에 '주관적 확률: 대표성 판단Subjective Probability:
A Judgment of Representativeness'이라는 제목을 붙였다.* 주관적 확률이 무슨 뜻
인지는 짐작하기 어렵지 않다. 주어진 상황이 일어날 가능성을 개인이
직접 추측한 확률이다. 한밤중에 10대 아들이 손을 흔들며 대문으로 들
어서는 모습을 창밖으로 내다보며 혼잣말로 '저 녀석이 술을 마셨을 확
률은 75프로'라고 한다면, 그것도 주관적 확률이다. 그런데 '대표성 판
단'이라니, 이건 또 무슨 소리인가? 두 사람은 이런 말로 시작했다. "주
관적 확률은 삶에서 중요한 역할을 한다. 우리가 내리는 결정, 우리가
도달하는 결론, 우리가 제시하는 설명은 새 직장에서의 성공 여부, 선
거 결과, 시장 상황 등 불확실한 사건이 일어날 가능성 판단에 기초한
다." 그런데 이런 상황에서, 그리고 이 외에 많은 불확실한 상황에서,
인간은 정확한 확률을 계산하도록 타고나지 못했다. 그렇다면 대체 우
리 머리는 무엇을 한 걸까?

두 사람이 제시한 답은 이렇다. 우리 머리는 확률 법칙을 경험을
바탕으로 한 짐작 법칙으로 대체한다. 대니와 아모스는 이를 '어림짐
작heuristic'이라 불렀다. 그리고 이들이 탐구하고 싶은 첫 번째 어림짐작

---

* 이들은 공동 연구를 시작할 때부터 어떤 논문이든 누가 그 논문에 더 많이 기여했는지 가리기
   힘들다는 사실을 깨닫고, 대표 저자에 번갈아가며 이름을 올렸다. 〈소수 법칙에 대한 믿음〉에는
   동전 던지기로 아모스가 대표 저자로 이름을 올린 터라 이번 논문에는 대니가 대표 저자로 이
   름을 올렸다.

에 '대표성representativeness'이란 이름을 붙였다.

사람들은 판단을 할 때, 판단 대상을 머릿속에 있는 어떤 모델과 비교한다는 게 이들의 주장이다. 저 구름은 내 머릿속에 있는 다가올 폭풍 모델과 얼마나 닮았는가? 이 궤양은 내 머릿속에 있는 악성종양 모델과 얼마나 가까운가? 제러미 린은 내 머릿속에 있는 미래의 NBA 선수 그림에 잘 들어맞는가? 호전적인 저 독일 정치 지도자는 내 머릿속에 있는 집단 학살을 자행할 수 있는 사람과 닮았는가? 세계는 단지 무대에 그치지 않는다. 세계는 카지노이며, 우리 삶은 확률 게임이다. 그리고 삶의 여러 상황에서 확률을 계산할 때면 곧잘 유사성, 즉 대표성을 판단한다. 사람들 머릿속에는 '먹구름', '위궤양', '집단 학살을 자행하는 독재자', 'NBA 농구선수' 같은 모집단마다 그것과 관련한 대표적 이미지나 느낌 등이 있게 마련이다. 사람들은 구체적 사례를 그런 모집단과 비교한다.

아모스와 대니는 그런 모델이 사람들 머릿속에 맨 처음 정확히 어떻게 만들어지는지, 그리고 유사성 판단은 어떻게 이루어지는지는 다루지 않았다. 그보다는 사람들 머릿속에 있는 모델이 꽤 명확한 경우에 초점을 맞추자고 제안했다. 구체적 사례가 머릿속에 있는 대표적 이미지나 느낌과 유사할수록, 사람들은 해당 사례가 그 대표 집단에 속한다고 생각할 확률이 높다. 두 사람은 이렇게 썼다. "많은 경우에, A사건이 B사건보다 대표성이 더 커 보이면, 사람들은 A가 B보다 발생 확률이 높다고 판단한다는 게 우리 요지다." 어떤 농구선수가 우리 머릿속에 있는 NBA 선수 모델과 많이 닮았을수록 우리는 그 선수가 NBA 선수가 될 확률을 높게 평가한다.

아모스와 대니는 사람들의 판단 실수가 그때그때 되는대로 발생하지는 않을 거라는 느낌이 들었다. 사람들의 실수에는 일정한 체계가 있을 것이다. 이들이 이스라엘 학생과 미국 학생에게 던진 이상한 질문은 인간의 실수에 나타나는 유형을 찾아내기 위한 질문이다. 쉽게 파악하기 힘든 작업이다. 이들이 대표성이라 부른 짐작 법칙이 항상 틀린 것은 아니다. 우리 머리가 불확실성에 접근하는 방식은 이따금 틀릴 때도 있지만, 유용한 때도 꽤 많다. 대개 훌륭한 NBA 선수가 될 사람은 우리 머릿속에 있는 '훌륭한 NBA 선수' 모델과 제법 잘 맞는다. 하지만 가끔은 그렇지 않을 때도 있는데, 대니와 아모스가 사람들을 부추겨 체계적 실수를 이끌어낸다면, 거기서 짐작 법칙의 본질을 엿볼 수 있을 것이다.

이를테면 아이가 여섯 명인 가정에서, 아이의 출생 순서가 '남 여 남 남 남 남'일 확률과 '여 남 여 남 남 여'일 확률은 같다. 하지만 이스라엘 학생들은 지구상에 있는 대부분의 학생과 마찬가지로 '여 남 여 남 남 여'일 확률이 훨씬 높다고 생각했다. 왜 그럴까? 두 사람은 이렇게 설명한다. "남자아이 다섯에 여자아이 하나인 배열은 전체 인구에서 남자아이와 여자아이가 차지하는 비율을 제대로 반영하지 않기 때문이다." 그러니까 그 배열은 대표성이 떨어졌다. 게다가 이스라엘 학생에게 같은 조건에서 출생 순서가 '남 남 남 여 여 여'와 '여 남 남 여 남 여' 중에 어느 것이 발생 가능성이 높은지 물으면, 절대 다수가 후자를 택한다. 하지만 둘의 확률은 같다. 그렇다면 왜 대다수가 둘 중 하나가 발생 확률이 높다고 생각할까? 대니와 아모스에 따르면 사람들은 출생 순서를 무작위 과정이라 생각하는데, 전자보다 후자가 더 '무작위'처럼 생겼기 때문이다.

그렇다면 이런 질문을 던지지 않을 수 없다. 확률 계산에서 짐작 법칙이 심각한 오산을 일으키는 때는 언제인가? 한 가지 답은 무작위 적 요소가 들어간 경우를 질문받을 때다. 대니와 아모스는 사람들에게 무작위처럼 보이려면, 판단 대상인 불확실한 사건이 모집단을 닮은 것 만으로는 충분치 않다고 썼다. "그 사건은 그것을 유발한 불확실한 절 차의 특성도 반영해야 한다." 다시 말해 어떤 절차가 무작위면, 그 결 과도 무작위처럼 생겨야 한다. 두 사람은 '무작위' 모델이 맨 처음에 사 람들 머릿속에 어떻게 생기는지는 설명하지 않았다. 대신 이렇게 말했 다. "무작위가 개입하는 판단을 보자. 우리 심리학자들도 사람들 머릿속에 있 는 무작위 모델에 동의하고도 남을 테니까."

2차 세계대전 때 런던 사람들은 독일이 특정 지역을 겨냥해 폭격 을 감행했다고 생각했다. 런던 중에서도 어떤 지역은 계속 공격을 받 고 어떤 지역은 전혀 공격을 받지 않았기 때문이다(훗날 통계 전문가들은 그 폭격이 전형적인 무작위 분포였다고 했다). 그리고 같은 반에 생일이 똑같은 학생이 둘 있으면 사람들은 놀라운 우연이라고 생각하는데, 사실 23명 이 모인 집단에서 생일이 같은 사람이 있을 확률은 50퍼센트가 넘는 다. 우리 머릿속에 있는 '무작위'의 전형은 진짜 무작위와 다르다. 진 짜 무작위 배열에는 같은 것이 몰려서 나타나기도 하고 반복되는 유형 이 나타기도 하지만, 우리 머릿속의 무작위는 그렇지 않다. 구슬 20개 를 다섯 명의 아이에게 무작위로 나눠주는 앞의 문제에서도 실제로는 아이들이 구슬을 I 조합처럼 받을 확률보다 II 조합처럼 각자 네 개씩 받을 확률이 더 높은데도, 미국 대학생들은 서로 다른 개수를 받은 I

조합이 똑같은 개수를 받는 Ⅱ조합보다 발생 확률이 높다고 고집했다. 왜 그럴까? Ⅱ조합은 "무작위 처리 결과로 보기에는 지나치게 규칙적으로 보이기" 때문이다.

대니와 아모스는 논문에서 그와 관련해 한 가지 질문을 던졌다. 우리가 무작위처럼 측정 가능한 것에서 가짜 전형을 가지고 있어 오해를 할 수 있다면, 전형성이 그보다 더 모호할 때는 얼마나 오해할 수 있을까?

미국 성인 남성과 여성의 평균 키는 각각 178센티미터, 163센티미터다. 둘 다 거의 정규분포를 이루며 표준편차는 약 6.4센티미터다.[*]

연구원이 위의 두 모집단 중 임의로 하나를 택해, 거기서 무작위 표본을 추출했다.

다음 경우에, 그 연구원이 택한 집단이 남성 모집단일 가능성과 여성 모집단일 가능성의 비율은 몇이겠는가?

1. 표본이 한 명으로 구성되었고, 그 사람 키가 178센티미터라면?
2. 표본이 여섯 명으로 구성되었고, 그 여섯 명의 키가 평균 173센티미터라면?

---

[*] 표준편차는 모집단이 흩어진 정도를 측정한 것이다. 표준편차가 클수록 모집단 내에 변화가 크다. 남성의 평균 키가 178센티미터인 집단에서 표준편차가 6.4센티미터라면 남성의 약 68퍼센트가 171.6센티미터에서 184.4센티미터라는 뜻이다. 또 표준편차가 0이라면, 모든 남성이 정확히 178센티미터라는 뜻이다.

응답자가 가장 많이 대답한 비율은 1번에서는 8:1, 2번에서는 2.5:1이었다. 정답은 1번은 16:1, 2번은 29:1이다. 표본이 여섯 명이라면 한 명인 경우보다 정보가 훨씬 많은 경우다. 그런데도 사람들은 한 명을 뽑았는데 그 사람 키가 178센티미터라면, 여섯 명을 뽑았는데 평균 키가 173센티미터인 경우보다 그 뽑힌 사람이 남성 모집단에서 나왔을 확률을 더 높게 쳤다. 사람들은 진짜 확률을 잘못 계산하는데 그치지 않고, 가능성이 낮은 진술을 가능성이 더 높은 진술로 생각했다. 아모스와 대니는 사람들이 그렇게 생각한 이유를 '178센티미터'라는 수치를 보면서 '전형적인 남자잖아!'라고 생각했기 때문이라고 추정했다. 남성의 전형성 탓에 사람들은 그가 키 큰 여성일 확률을 알아보지 못했다.

어느 마을에 병원이 두 곳 있다. 그중 큰 병원에서는 날마다 아기가 약 45명 태어나고, 작은 병원에서는 약 15명 태어난다. 짐작하다시피 그중 약 50퍼센트는 남자아이다. 하지만 정확한 퍼센트는 날마다 다르다. 어떤 날은 50퍼센트보다 높고, 어떤 날은 그보다 낮다.

1년 동안 두 병원은 남자아이가 60퍼센트 넘게 태어난 날을 기록했다. 둘 중 어떤 병원이 그런 날이 많았겠는가?
- 큰 병원
- 작은 병원
- 거의 같다(즉, 둘 다 5퍼센트 이하다).

사람들은 이 문제도 틀렸다. 사람들의 전형적인 답은 '같다'였다. 정답은 '작은 병원'이다. 표본 크기가 작을수록 모집단을 대표하는 대표성이 떨어진다. 대니와 아모스는 이렇게 썼다. "사람들이 표본 분산에서 표본 크기가 미치는 영향을 계산할 줄 모른다는 뜻이 아니다. 사람들은 올바른 규칙을, 어쩌면 어렵지 않게 배울 수도 있다. 하지만 요지는 그냥 내버려두면 그 규칙을 따르지 않는다는 것이다."

당혹스러워진 미국 대학생은 이렇게 대꾸할지 모르겠다. 문제가 죄다 이상해! 내 인생하고 대체 무슨 관련이 있는데? 대니와 아모스는 관련이 많다고 굳게 믿었다. "사람들은 일상에서 자신에게 그리고 타인에게 묻는다. 열두 살인 이 아이가 커서 과학자가 될 가능성은 얼마나 될까? 이 후보가 선거에서 당선될 확률은 얼마나 될까? 이 회사가 파산할 가능성은 얼마나 될까?" 두 사람은 확률을 객관적으로 계산할 수 있는 상황에 국한해 문제를 냈다고 인정했다. 하지만 이들은 확률을 알기가 어렵거나 불가능한 상황에서도 사람들은 똑같은 실수를 저지른다고 제법 확신했다. 이를테면 사람들은 어떤 꼬마가 커서 어떤 직업을 가질지 추측할 때 전형성을 떠올렸다. 그러니까 그 아이가 내 머릿속에 있는 과학자의 모습과 맞아떨어지면, 일반적으로 아이들이 과학자가 되는 '사전 확률'은 무시한 채 그 아이는 커서 과학자가 되리라고 추측했다.

물론 확률을 알기가 무척 어렵거나 불가능한 상황이라면 사람들의 확률 판단을 틀렸다고 하기 어렵다. 정답이 존재하지 않는 상황에서 사람들의 답이 오답이라고 증명할 수는 없지 않은가? 하지만 확률을 알 수 있는 상황에서도 대표성 때문에 판단이 왜곡됐다면, 확률을 전혀 알 수 없을 때의 판단은 그보다 나을 가능성이 얼마나 되겠는가?

————

대니와 아모스는 처음으로 중대한 일반적 결론 하나를 내놓았다. 판단을 하거나 결정을 내릴 때 정신이 작동하는 체계는 대개 유용하지만 심각한 오류를 낳을 수도 있다는 것이다. 이들은 오리건연구소에서 내놓은 다음 논문에서 정신의 두 번째 작동 체계를 설명했다. 첫 번째 작동 체계를 내놓은 지 고작 두어 주 만에 떠오른 생각이었다. 대니가 말했다. "대표성이 전부가 아니었어. 다른 게 또 있더라니까. 유사성만 있는 게 아니더라고." 새 논문의 제목은 더 아리송했다. 〈회상 용이성: 빈도와 확률 판단에 쓰이는 어림짐작Availability: A Heuristic for Judging Frequency and Probability〉. 이때도 두 저자는 학생들에게 질문을 던져 얻은 결과로 새로운 사실을 알아냈다. 이번에는 오리건대학이 주요 대상이 되었는데, 이곳에서 두 사람은 실험실 쥐를 무한정 공급받은 셈이었다. 이들은 강의실에서 더 많은 학생을 모았고, 학생들은 사전이나 다른 어떤 자료도 없이 괴상한 문제에 대답해야 했다.

영문에서 여러 철자가 나타나는 빈도를 연구했다. 이때 전형적인 문서를 골라, 다양한 영문 철자가 단어에서 첫 번째와 세 번째 위치에 오는 상대적 빈도를 기록했다. 철자가 세 개 미만인 단어는 세지 않았다.

주어진 영문 철자에 대해, 그 철자가 단어의 첫 번째 자리에 올 때가 많은지 세 번째 자리에 올 때가 많은지 판단하고, 그 빈도 비율을 추정해보라.

K:

K는 첫 번째 자리에 올 때가 많을까, 세 번째 자리에 올 때가 많을까? ___번째

첫 번째와 세 번째에 올 때의 비율을 추정해보라. ___:1

영어 단어에서 K가 세 번째 자리에 올 때보다 첫 번째 자리에 올 때가 가령 두 배 많다고 생각한다면, 위의 문제에는 '첫 번째'라고 답하고 아래 문제에는 '2:1'이라고 답한다. 사람들의 일반적 대답도 바로 그랬다. 대니와 아모스는 R, L, N, V로도 똑같은 실험을 했다. 이 철자들은 영어 단어에서 첫 번째보다 세 번째 자리에 더 자주 등장하고, 그 비율은 1:2다. 그러나 이때도 사람들은 조직적으로 틀린 답을 내놓았다. 대니와 아모스는 기억 때문에 그런 왜곡이 일어나지 않을까 생각했다. 즉, K가 세 번째 자리에 오는 단어보다 K로 시작하는 단어를 기억해내기가 훨씬 쉬우니까.

어떤 일이 머릿속에 쉽게 떠오를수록, 그러니까 회상이 용이할수록, 그 일이 일어날 가능성을 더 크게 본다는 이야기다. 어떤 사실이나 사건이 최근에 일어났거나 유독 생생하다면, 그러니까 머릿속에서 떠나지 않는다면, 회상하기가 쉽고 따라서 판단에서 부당하게 높은 비중이 부여된다. 대니와 아모스는 이상하게 자신들도 어떤 사건이 최근에 발생했거나 특별히 기억에 남으면 그 사건의 발생 확률을 다시 계

산한다는 사실을 알게 되었는데, 그 계산은 대개 신뢰할 만하지 않았다. 예를 들어, 고속도로에서 차를 몰다 끔찍한 자동차 사고를 목격하면 속도를 늦췄다. 교통사고 발생 확률에 대한 생각이 바뀐 탓이다. 핵전쟁을 극적으로 묘사한 영화를 본 뒤에는 핵전쟁이 더욱 두려워지고 실제로 핵전쟁이 일어날 것처럼 느껴졌다. 이처럼 영화관에 두 시간만 앉아 있어도 확률을 다르게 인식할 정도로 사람들의 확률 판단이 쉽게 바뀐다면, 확률 판단 체계를 신뢰해야 옳은가?

두 사람은 이 같은 특이한 소규모 실험을 아홉 가지 더 소개했다. 기억이 판단에 행사하는 다양한 속임수를 보여주는 실험이다. 대니는 이 속임수가 젊은 시절에 그가 좋아했던 게슈탈트 심리학자들이 그들 교재에 실어놓은 착시와 매우 비슷하다는 생각이 들었다. 착시 그림을 보면 깜빡 속고, 그 이유를 알고 싶어진다. 대니와 아모스는 눈속임이 아니라 정신 속임을 극적으로 만들었다. 그러자 비슷한 효과가 나타났고, 이런 효과를 낼 수 있는 소재는 착시의 경우보다 더욱 풍부해 보였다. 한번은 오리건대학 학생들에게 사람 이름 39개가 적힌 명단을 읽어주었다. 이름 하나당 2초의 속도로 읽었다. 남자인지 여자인지 쉽게 구별할 수 있는 이름이었다. 그중 몇 개는 엘리자베스 테일러나 리처드 닉슨처럼 유명한 사람의 이름이었다. 또 몇 개는 라나 터너, 윌리엄 풀브라이트처럼 약간 덜 유명한 이름이었다. 명단에는 남자 이름이 19개, 여자 이름이 20개인 것이 있고, 여자 이름이 19개, 남자 이름이 20개인 것이 있었다. 여자 이름이 더 많은 명단에는 남자 유명인의 이름이 많았고, 남자 이름이 더 많은 명단에는 여자 유명인의 이름이 많았다. 이 사실을 모르는 오리건대학 학생들에게 명단을 읽어준 다음,

남자 이름이 많은지 여자 이름이 많은지 판단해보라고 했다.

응답자는 거의 다 거꾸로 대답했다. 남자 이름이 많지만 여자 유명인이 많은 명단을 들은 학생은 명단에 여자 이름이 많다고 생각했고, 다른 명단을 들은 학생은 반대로 대답했다. 아모스와 대니는 낯선 이 소규모 실험을 마치고 이렇게 썼다. "모두 객관적 정답이 있는 문제였다. 확률을 주관적으로 판단해야 하는 현실에서는 상황이 다르다. 경기 침체, 성공적 수술, 이혼 등은 각 상황이 본질적으로 유일하고, 각 확률은 단순히 여러 사례를 합쳐 평가할 수 없다. 그럼에도 회상 용이성 어림짐작은 그러한 사건이 일어날 가능성을 평가할 때 적용될 수 있다. 한 예로, 특정 부부의 이혼 가능성을 판단할 때 머릿속에서 그와 비슷한 부부를 쭉 훑어볼 수 있다. 이런 식으로 모은 사례 중에 이혼한 부부가 많으면 해당 부부도 이혼할 확률이 높아 보인다."

이번에도 논문의 요점은 사람들이 어리석다는 것이 아니다. 사람들이 확률을 판단할 때 사용하는 이 특별한 규칙(기억에서 꺼내기 쉬울수록 그 사건이 발생할 확률을 높게 보는 규칙)은 꽤 효과적일 때가 많다. 하지만 정확한 판단에 필요한 증거를 기억에서 꺼내기 어렵고 잘못된 증거가 쉽게 떠오르는 상황에 맞닥뜨리면, 사람들은 실수를 저질렀다. 아모스와 대니는 이렇게 썼다. "결과적으로 회상 용이성 어림짐작을 사용하면 체계적 편향에 빠진다." 즉, 인간의 판단은 기억에 남을 만하다는 이유만으로도 왜곡됐다.

이들은 인간의 머리가 불확실성에 대처할 때 사용하는 두 가지 체계를 알아낸 뒤에 당연히 이런 질문이 떠올랐다. 또 있을까? 확실치 않았다. 두 사람은 유진을 떠나기 전에 다른 가능성을 간단히 기록했다. 그리고 그중 하나를 '조건부 어림짐작conditionality heuristic'이라 불렀다. 이들은 사람들이 어떤 상황에서든 불확실성의 정도를 판단할 때 '무언의 단정'을 한다고 했다. 이들은 이런 메모를 남겼다. "예를 들자면 어떤 회사의 이익을 가늠할 때, 사람들은 회사 운영 상황을 일반적인 조건으로 단정하고 그 단정을 기초로 추정치를 내놓는다. 즉 전쟁이나 사보타주, 경기 침체, 또는 주요 경쟁사가 업계에서 퇴출되었거나 해서 그 조건이 극적으로 바뀔 가능성은 반영하지 않는다." 여기에 또 다른 오류의 근원이 있었다. 사람들은 단지 자기가 모른다는 사실을 모를 뿐 아니라, 자신의 무지를 구태여 판단에 반영하려 하지 않는다.

가능한 또 하나의 어림짐작으로 '기준점 설정과 조정anchoring and adjustment'이 있다. 대니와 아모스는 처음에 고등학생들에게 수학 문제를 주고 5초 안에 답을 추정하라는 실험으로 이 효과를 극적으로 증명했다. 이때 첫 번째 집단에게는 아래와 같은 곱셈 문제를 주었다.

$$8 \times 7 \times 6 \times 5 \times 4 \times 3 \times 2 \times 1$$

두 번째 집단에게는 아래의 곱셈을 추정하라고 했다.

$$1 \times 2 \times 3 \times 4 \times 5 \times 6 \times 7 \times 8$$

이 문제를 풀려면 5초로는 부족해서, 학생들은 추정한 값을 내놓을 수밖에 없다. 이때 두 집단의 답은 대략이라도 같아야 하는데, 비슷하지도 않았다. 첫 번째 집단이 내놓은 답의 중간값은 2,250이었고, 두 번째 집단의 중간값은 512였다(정답은 40,320이다). 이런 차이가 나온 이유는 첫 번째 집단은 8에서 출발한 반면에, 두 번째 집단은 1에서 출발했기 때문이다.

이런 식으로 정신이 깜빡 속는 기이한 상황을 극적으로 드러내기는 매우 쉬웠다. 사람들은 풀어야 하는 문제와는 전적으로 무관한 정보를 기준점으로 설정했다. 그러면서 그 정보를 문제 해결의 출발점으로 삼았다. 또 다른 예로, 대니와 아모스는 사람들에게 숫자가 0부터 100까지 적힌 돌림판을 돌리게 했다. 그런 다음, 유엔 회원국 중에 아프리카 국가가 몇 퍼센트일지 추정해보라고 했다. 그러자 돌림판에서 높은 숫자가 나온 사람은 낮은 숫자가 나온 사람보다 그 퍼센트를 높게 추정하는 성향을 보였다. 대체 어찌 된 일일까? 대표성과 회상 용이성이 어림짐작으로 쓰였듯이, 기준점 설정도 어림짐작으로 쓰인 걸까? 기준점 설정은 정답을 예상할 수 없는 문제에 스스로 만족할 만한 답을 내놓는 지름길이었을까? 아모스는 그렇다고 생각했고, 대니는 그렇게 생각하지 않았다. 두 사람은 이 주제로 논문을 쓸 만큼 충분한 합의에 이르지 못했다. 하는 수 없이 이 문제는 연구를 요약하면서 끼워 넣는 정도로 그쳤다. "기준점 설정도 집어넣어야 했어. 결과가 대단했으니까. 그런데 그 때문에 어림짐작이 무엇인지, 그 개념을 모호하게 끝내고 말았네." 대니의 말이다.

대니는 훗날, 자신과 아모스가 연구하던 것을 처음에는 설명하기 어려웠다고 했다. "안개 같은 개념을 어떻게 설명할 수 있겠어? 그때는 우리가 찾고 있던 걸 이해할 지적 도구가 없었거든." 두 사람이 조사하던 것이 편향이었을까, 어림짐작이었을까? 오류였을까, 오류를 낳는 정신의 작동 체계였을까? 오류는 정신 작동 체계를 일부라도 설명할 수 있게 해주었다. 그리고 편향은 어림짐작의 흔적이었다. 얼마 안 가 편향에도 '근래성 편향recency bias', '생생함 편향vividness bias' 같은 이름이 붙는다. 하지만 두 사람은 자신이 저지른 오류를 찾아보고, 그 원인을 찾아 거슬러 올라가다가 가시적 흔적을 남기지 않는 오류와 맞닥뜨렸다. 이렇다 할 작동 체계가 없어 보이는 체계적 오류를 그들은 어떻게 이해할까? 대니가 말했다. "우리는 다른 체계를 생각할 수도 없었어. 체계가 거의 없는 것 같았으니까."

이들은 대표성 어림짐작을 뒷받침하는 모델이 머릿속에서 어떻게 만들어지는지 설명하려 하지 않았듯이, 인간의 기억에서 왜 회상 용이성 어림짐작이 막강한 위력으로 오판을 이끌어내는가의 문제도 제쳐두었다. 그러면서 전적으로 그런 어림짐작이 구사하는 다양한 속임수에 집중했다. 이들은 판단해야 할 상황이 복잡하고 현실과 비슷할수록 회상 용이성은 더욱 은밀하게 작동한다고 보았다. 이를테면 이집트가 이스라엘을 침략할지, 남편이 다른 여자와 바람을 피울지 같은 복잡한 현실 문제에 맞닥뜨렸을 때, 사람들은 대개 시나리오를 만들었다. 기억을 토대로 지어낸 이야기는 확률 판단을 효과적으로 대체한다. 대니와 아모스는 이렇게 썼다. "그럴듯한 시나리오를 만들면 생각이 더 이상 진전되지 않는 때가 많다. 불확실한 상황을 특정한 방식으로 인식하거나 해석하면, 다른 방식으로 생각하기가 매우 힘들다는 것을 보여주는 증거는 많다."

하지만 사람들이 자신에게 하는 이런 이야기에는 이야기 소재를 얼마나 쉽게 떠올릴 수 있느냐에 따라 편향이 나타났다. 대니와 아모스는 "미래의 모습은 과거 경험에서 나온다"고 썼다. 조지 산타야나 George Santayana가 역사의 중요성을 언급한 "과거를 기억하지 못하는 사람은 과거를 되풀이할 것이다"라는 유명한 말을 뒤집은 것이다. 두 사람은 과거에 대한 기억이 미래에 대한 판단을 그르칠 수 있다고 했다. "우리는 어떤 결과를 일으킬 수 있는 일련의 연속한 사건을 상상하지 못하는 탓에 그 사건이 도저히 일어날 것 같지 않다거나 일어날 수 없다고 생각하곤 한다. 문제는 우리 상상력일 때가 많다."*

확률이 알려지지 않았거나 확률을 알 수 없을 때 사람들이 자신에게 하는 이야기는 당연히 너무나 단순했다. 두 사람은 이렇게 결론 내렸다. "비교적 단순한 시나리오만 생각하는 이런 성향은 특히 갈등 상황에서 그 효과가 두드러질 수 있다. 이때는 자신의 기분이나 계획이 상대의 기분이나 계획보다 회상이 잘된다. 체스판 앞이나 전투지에서 적의 관점에서 생각하기란 쉽지 않다." 상상은 여러 규칙에 지배되는 듯했고, 이런 규칙은 사람들의 생각을 제한했다. 1939년에 파리에 사는 유대인이 앞으로 독일군의 행동을 예상하는 이야기를 지어낼 때, 그 이후인 1941년에 독일군이 보인 행동보다 그 전인 1919년에 독일군이 했던 행동과 비슷하게 지어낼 가능성이 훨씬 높다. 지금은 그때와 상황이 다르다는 매우 설득력 있는 증거가 있어도 그럴 것이다.

---

* 정식으로 논문을 발표하기 1년 전에 쓴 연구 요약에 실린 대목.

7
예측 규칙

아모스가 즐겨 하던 말이 있다. 무엇을 해달라는 말을 들었을 때, 그러니까 파티에 와달라거나 연설을 해달라거나 하다못해 손가락이라도 좀 움직여달라거나 하는 말을 들었을 때, 기꺼이 그럴 마음이 있어도 절대로 그 자리에서 대답하지 말라. 아모스는 하루만 두고 보라고 했다. 어제 승낙했을 부탁이나 제안 중에 하루만 더 고민했더라면 거절했을 것이 얼마나 많은지 안다면 깜짝 놀랄 것이라고. 시간을 빼앗는 일을 다루는 그의 규칙은 빠져나오고 싶은 상황에 대처하는 방식이기도 했다. 어쩌다 지루한 회의나 칵테일파티에 갇힌 사람이 도망갈 구실을 만들기는 쉽지 않다. 모임에서 빠져나오고 싶을 때 아모스가 사용하는 규칙은 한마디로 자리에서 일어나 나오기였다. 아모스는 일단 걸어보라면서, 그러면 내가 얼마나 창조적이 될 수 있는지, 얼마나 빨리 핑계를 찾아낼 수 있는지 깜짝 놀랄 것이라고 조언했다. 번잡한 일상을 대하는 그의 태도는 사회적 요구에 대처하는 그의 전략과 거의 같았다. 그는 한 달에 한 번은 무언가를 괜히 버렸다고 자책하지 않는다면, 아직 버릴 게 남았다는 뜻이라고 했다. 아모스는 명백히 중요해 보이는 일이 아니라면 내팽개쳤고, 그렇게 냉정한 솎아내기를 거쳐 남은 대상에만 관심을 쏟았다. 이때 뜻밖에 버리지 않고 놔둔 게 있는데, 유진에 머물던 거의 끝 무렵인 1972년 봄에 대니와 대화를 나누며 단어 몇 개를 대충 타이핑해놓은 종이였다. 아모스는 무슨 이유에선지 이 종이를 보관해두었다.

사람들은 이야기를 지어내 앞날을 예측한다.
사람들은 예측은 아주 조금만 하고 해명은 빠짐없이 한다.
사람들은 좋든 싫든 불확실한 상황에서 살아간다.
사람들은 열심히 노력하면 미래를 알 수 있다고 믿는다.
사람들은 사실에 들어맞는 해명은 전부 받아들인다.
불길한 조짐은 벽에 빤히 쓰여 있다. 다만 잉크가 보이지 않을 뿐이다.

사람들은 흔히 이미 가진 정보를 얻으려고 애쓰면서 새로운 지식은 피한다.
인간은 확률론적 우주에 내던져진 결정론적 장치다.
이런 조합에서는 깜짝 놀랄 일이 일어날 수 있다.
이미 일어난 모든 일은 불가피한 일이었음이 분명하다.

언뜻 보면 시 같다. 사실 이 내용은 아모스와 대니가 다음에 쓸 논문의 초기 소재였다. 그 논문은 두 사람이 다른 분야에도 직접 영향을 미칠 정도로 자기들의 생각을 설명한 최초의 시도이기도 했다. 아모스와 대니는 이스라엘로 돌아가기 전에, 사람들의 예측 방식을 주제로 논문을 쓰기로 결심했었다. 사람들에게 판단과 예측의 차이는 아모스와 대니에게만큼 분명하지 않았다. 두 사람이 생각하기에, 판단('그는 훌륭한 이스라엘 장교처럼 생겼다')은 어느 정도는 예측('그는 훌륭한 이스라엘 장교가 될 것이다')이고, 예측은 어느 정도는 판단이다. 판단 없이 어떻게 예측을 하겠는가? 그러나 둘은 차이가 있었다. 예측은 불확실성을 포함하는 판단이다. '아돌프 히틀러는 웅변에 뛰어나다'는 판단이며, 이러니저러니 할 게 별로 없다. '아돌프 히틀러는 독일 수상이 될 것이다'는 적어도 1933년 1월 30일 전까지는 불확실한 사건을 예측한 것이며, 이 예측이 옳은지 그른지는 곧 밝혀지게 된다. 아모스와 대니는 다음 논문인 〈예측 심리에 관하여On the Psychology of Prediction〉에 이렇게 썼다. "사람들은 불확실한 상황에서 예측과 판단을 할 때, 확률 미적분이나 예측 통계론을 사용하지는 않는 것 같다. 대개는 제한된 수의 어림짐작에 의존하는데, 그 결과 합리적인 판단을 할 때도 있고 심각한 체계적 오류를 저지를 때도 있다."

돌이켜보면, 이 논문은 대니의 이스라엘군 복무 경험에서 출발하지 않았나 싶다. 이스라엘 청년을 심사하던 사람들은 어떤 청년이 훌륭한 장교가 될지 예측할 수 없었고, 사관학교 교육을 담당하던 사람들은 그들 중 누가 전투를 훌륭하게 수행할지, 하다못해 누가 일상적으로 부대를 잘 이끌지 예측할 수 없었다. 한번은 저녁에, 대니와 아모스가 재미 삼아 친구들의 어린 자녀들이 커서 어떤 직업을 가질지 예측했는데, 두 사람이 얼마나 쉽게 그리고 얼마나 자신만만하게 예측을 하던지 스스로도 깜짝 놀랐다. 그런 두 사람이 이제 사람들의 예측 방식을 시험하고자 했다. 정확히 말하면, 사람들이 예측을 할 때 소위 '대표성 어림짐작'을 어떤 식으로 이용하는지를 극적으로 증명해 보이고자 했다.

그러려면 우선 사람들에게 예측할 소재를 주어야 했다.

대니와 아모스는 사람들에게 대학원에 진학할 학생의 몇 가지 성격 특성만 알려주고 그 학생의 앞날을 예측케 하기로 했다. 당시 미국 대학원의 아홉 가지 전공 중에 해당 학생은 어떤 분야를 택할까? 두 사람은 사람들에게 우선 분야별 전공자 비율부터 추정하라고 했다. 사람들의 평균 추정치는 다음과 같다.

경영학: 15퍼센트

컴퓨터과학: 7퍼센트

공학: 9퍼센트

인문교육: 20퍼센트

법학: 9퍼센트

도서관학: 3퍼센트

의학: 8퍼센트

물리생명과학: 12퍼센트

사회과학과 사회사업: 17퍼센트

해당 학생이 어떤 분야에 속하는지 추측하려면, 이 비율을 기저율로 삼아야 한다. 다시 말해 특정 학생에 대해 아는 것이 전혀 없고 대학원생 중에 15퍼센트가 경영학을 전공한다는 것을 안다면, 해당 학생이 경영학을 전공할 확률을 예측하라는 질문을 받으면 '15퍼센트'라고 대답해야 한다. 기저율을 다음과 같이 생각하면 편하다. 다른 정보가 전혀 없다면 기저율대로 예측하라!

이제 대니와 아모스는 사람들에게 약간의 정보를 주었을 때 어떤 일이 일어나는지 유심히 살필 예정이다. 그런데 어떤 정보를 주어야 할까? 대니는 오리건연구소에 틀어박혀 하루 종일 이 문제를 고심했는데, 밤을 꼬박 새우면서 몰두한 끝에 그 당시 컴퓨터과학을 전공하는 대학원생의 전형적인 모습을 만들었다. 그리고 그에게 '톰 W'라는 이름을 붙였다.

톰 W는 진정한 창의력은 부족하지만 머리는 좋다. 그에게는 모든 것이 질서정연하고 명확해야 하며, 세세한 것들도 깔끔하고 정돈된 체계를 갖추어 모두 제자리에 있어야 한다. 그가 쓴 글은 다소 지루하고 기계적인데, 가끔 약간 진부한 언어유희나 공상과학소설 같은 상상으로 글이 활기를 띠기도 한다. 그는 경쟁심이 강하다. 그리고 타인을 향한 감정이나 연민은 거의 없어 보이며, 타인과의 소통을 즐기지 않는다. 자기중심적이지만 도덕의식은 강하다.

이들은 한 집단('유사성' 집단)에게는 톰이 아홉 가지 전공 분야의 대학원생들과 어느 정도나 '유사한지' 추정케 할 것이다. 간단히 말해, 어떤 분야가 톰 W를 가장 잘 '대표'하는지 결정하라는 이야기다.

그다음, 두 번째 집단('예측' 집단)에게는 다음과 같은 추가 정보를 줄 것이다.

> 위 묘사는 톰 W가 고등학교 3학년 때, 어느 심리학자가 투사 검사 projective test를 기초로 톰의 성격을 간략히 기록한 것이다. 톰 W는 현재 대학원생이다. 아래 아홉 가지 전공 분야를 보고 톰 W의 전공일 것 같은 정도에 따라 순위를 매겨보라.

사람들에게 톰 W의 간단한 성격 묘사를 제시할 뿐 아니라 그 묘사가 전혀 믿을 만하지 않다는 사실까지 알려주는 셈이다. 우선 그 묘사를 쓴 사람은 심리학자다. 그리고 그 평가를 내린 때는 여러 해 전이다. 아모스와 대니는 사람들이 유사성 판단('이 학생은 컴퓨터과학자처럼 보이는군!')에서 곧장 예측('이 학생은 컴퓨터과학자일 거야!')을 이끌어내고, 기저율(모든 대학원생 중에 컴퓨터과학자는 고작 7퍼센트)과 성격 묘사의 신뢰성은 무시하리라고 예상했다. 자신들도 그랬으니까.

대니가 성격 묘사를 마무리한 날 아침에 가장 먼저 출근한 사람은 오리건 연구원 로빈 도스Robyn Dawes였다. 도스는 통계 교육도 받았고, 사고방식이 엄격하기로 아주 유명한 사람이었다. 대니는 그에게 톰 W의 성격 묘사를 건네주었다. "읽어보더니, 이해했다는 듯이 씩 웃는 거야. 그러더니 '컴퓨터과학자!' 하잖겠어. 그걸 보니까 오리건 학생들이 어떻게 반응할까 하는 걱정이 싹 가시더라고." 대니의 말이다.

이 문제를 받아 든 오리건 학생들은 모든 객관적 자료를 간단히 무시하고, 톰 W가 컴퓨터과학자가 분명하다고 예측했다. 아모스와 대니는 사람들이 전형성 탓에 판단을 그르친다고 확신한 뒤에 다시 의문을 품었다. 그런 정보에 의존해 선뜻 비합리적인 예측을 내놓는다면, 아무 관련이 없는 정보를 받았을 때는 어떤 예측을 내놓을까? 두 사람은 아무리 쓸모없는 정보를 주어도 사람들은 자기 예측을 더욱 확신할 거라는 의견을 주고받으며, 문밖까지 들리도록 요란하게 웃어젖혔을 것이다. 결국 대니가 인물을 하나 더 만들었다. 이번에는 '딕'이다.

딕은 30세 남성이다. 결혼했고, 아이는 없다. 능력도 많고 의욕도 높아서 자기 분야에서 꽤 성공할 것 같다. 동료들에게 인기도 좋다.

그런 다음 다시 한 번 실험했다. 히브리대학에서 대니의 세미나 시간에 아모스와 대니가 논쟁을 벌인 가방과 포커 칩 실험과 똑같은 유형의 실험이다. 두 사람은 사람들에게, 엔지니어 70명과 법률가 30명으로 이루어진 100명의 집단에서 사람을 한 명 뽑았다고 말해준 뒤에 물었다. 그 사람이 법률가일 가능성은 얼마나 되는가? 사람들은 30퍼센트라고 정답을 말했다. 법률가 70명과 엔지니어 30명으로 이루어진 100명의 집단에 대해 똑같은 질문을 하면, 70퍼센트라고 역시 정답을 말했다. 그런데 익명의 어떤 사람을 뽑은 게 아니라 '딕'이라는 남자를 뽑았다고 말한 뒤에 딕을 묘사한 위의 글을 읽게 하면, 그 글에 딕의 직업을 추측할 만한 정보가 전혀 없는데도 사람들은 딕을 어떤 구성의 집단에서 뽑았든 법률가일 확률과 엔지니어일 확률을 반반으로 추측했다. 아모스와 대니는 이렇게 썼다. "별다른 증거를 제시하지 않을 때와 쓸모없는 증거를 제시했을 때 사람들은 명백히 다르게 반응한다. 별다른 증거를 제시하지 않으면 사전 확률을 제대로 활용하지만, 쓸모없는 증거를 제시하면 사전 확률을 무시한다."[*]

〈예측 심리에 관하여〉에는 이보다 훨씬 많은 내용이 담겼다. 예를 들어, 자신의 예측을 확신케 하는 요소가 부정확한 예측을 이끌어내는 원인도 된다는 것을 증명해 보였다. 그리고 결말에서는, 대니가 이스라엘군에서 신병 모집과 훈련 방법을 재고하도록 조언한 이래로 그가 계속 관심을 가졌던 문제로 돌아갔다.

> 비행학교 교관들은 심리학자들이 추천한 일관된 긍정 강화 정책을 채택했다. 비행을 성공적으로 수행할 때마다 칭찬을 해주는 방식이다. 이런 식의 훈련법을 적용한 지 어느 정도 지나, 교관들은 심리학 이론과 반대로, 복잡한 비행을 성공적으로 수행했을 때 크게 칭찬하면 대개 다음 비행 결과가 나빠진다고 주장했다. 이때 심리학자는 어떻게 대답해야 할까?

이 질문을 받은 사람들이 제시한 조언은 각양각색이었는데, 요약하면, 교관의 칭찬은 조종사를 자만에 빠뜨려 효과가 없었다는 것이다. 그러면서 교관이 내용을 잘 모르는 것 같다고 했다. 그중에 대니처럼 생각하는 사람은 없었다. 대니 생각은 이랬다. 잘했다거나 못했다

---

[*] 이 프로젝트가 끝날 무렵, 아모스와 대니는 사람들이 법률가인지 엔지니어인지를 판단할 몹시 단조로운 여러 인물을 만들어냈다. 그중에는 '폴'도 있다. "폴은 36세이고, 결혼했으며, 아이가 둘이다. 자신이든 타인이든 사람을 불편해하지 않는다. 그는 훌륭한 팀원이며, 건설적이고 자기 의견만 고집하지 않는다. 업무의 여러 측면을 두루 즐기는데, 특히 복잡한 문제에서 깔끔한 해법 찾기를 좋아한다."

거나 하는 말을 하지 않았어도, 비행을 아주 못했으면 다음에는 그보다 잘하게 마련이고, 아주 잘했으면 다음에는 그보다 못하게 마련이다. 인간은 이처럼 평균으로 돌아가는 '평균 회귀regression to the mean'의 위력을 알아보지 못해, 주변 세계의 본질을 파악하지 못한다. 그래서 결국 평생토록 타인을 벌하면 보상을 받고, 타인을 보상하면 벌을 받는 경험을 자주 하게 된다.

———————

대니와 아모스는 첫 번째 논문을 쓸 때는 특별히 독자를 염두에 두지 않았다. 논문은 대단히 전문적인 심리학 학술지에 실렸고, 그 잡지를 구독하는 사람은 기껏해야 소수의 학계 사람일 테니까. 두 사람은 1972년 여름까지 꼬박 3년 동안, 사람들의 판단 방식과 예측 방식을 찾아내려고 노력했다. 그러나 이들의 견해를 설명하는 데 이용한 사례는 모두 직접적으로 심리학에서 끌어왔거나, 고등학생과 대학생을 대상으로 실시한 낯설고 인위적인 검사에서 가져왔다. 그럼에도 확률을 판단하고 결정을 내리는 경우라면 언제든지 이 통찰력을 적용할 수 있다고 확신했다. 이들은 이제 논문 독자층을 넓혀야겠다고 생각했고, 연구 제안서에 이렇게 썼다. "이 프로젝트의 다음 단계에서는 이 작업의 적용 범위를 경제 계획, 과학 기술 예측, 정치적 결정, 의학 진단, 법적 증거 평가 등 더 높은 수준의 전문 활동으로 확장하는 데 초점을 맞출 것이다." 또 그런 분야에서 "전문가들에게 그들의 편향을 인식하게 하고, 더불어 판단에 나타나는 편향의 원인을 줄이면서 그 대응

법을 개발하게 한다면, 전문가들은 훨씬 더 나은 결정을 내릴 수 있을 것"이라는 희망도 밝혔다. 이들은 현실 세계를 실험실로 만들려 했다. 이제는 학생뿐 아니라 의사, 판사, 정치인도 이들의 실험실 쥐가 될 것이다. 하지만 과연 어떻게?

이들은 유진에 있는 동안, 자신들의 연구에 사람들의 관심이 커진다는 걸 충분히 감지할 수 있었다. 대니가 회상했다. "우리가 뭔가 해냈다는 게 분명해지던 때였어. 사람들이 우리를 존경의 눈으로 보기 시작하더군." 당시 스탠퍼드대학 심리학과 부교수였던 어브 비더만은 1972년 초에 스탠퍼드에서 대니가 했던 어림짐작과 편향 강의를 들었다. "강의를 듣고 집에 와서 아내한테 그랬어요. '이건 노벨 경제학상 감이야.' 그런 확신이 들더군요. 경제 활동을 하는 사람에 관한 심리학 이론이었는데, 이보다 더 좋은 이론이 있을까 싶었어요. 사람들이 왜 그토록 비합리적이고 실수를 저지르는지 그 이유가 바로 이거였어요. 인간 정신 내부의 작동 원리 탓이었던 거예요."

비더만은 미시간대학에 있을 때 아모스와 친구로 지냈고, 그 뒤 뉴욕주립대학 버펄로 캠퍼스 교수가 되었다. 그가 본 아모스는 측정과 관련해 어쩌면 중요하지만 아마도 해결할 수 없을 모호한 문제에 매달렸다. 비더만이 말했다. "나라면 아모스를 버펄로로 초청해 그 문제로 강의를 해달라고 하지 않았을 거예요." 누구도 아모스의 말을 이해하거나 관심을 두지 않을 것 같았기 때문이다. 그런데 아모스가 대니와 함께 진행한 이번 연구는 정말 놀라웠다. '과학에서 대부분의 진전은 맞아, 이거야! 하는 순간에 나오는 게 아니라 흠, 그거 재미있는데 하는 순간에 나온다'는 비더만의 생각을 확인시켜주는 연구였다. 1972년 여름, 그는 아모스에게 오리건에서 이스라엘로 가는 길에 버펄로에 들러 달라고 간청했다. 그곳에서 아모스는 일주일간 학계 사람들을 대상으로 대니와의 공동 연구를 주제로 다섯 차례 강의를 했다. 주제도 청중도 매번 달랐는데, 강의실은 늘 가득 찼다. 15년 뒤, 비더만이 버펄로를 떠나 미네소타대학으로 간 1987년까지도 사람들은 그때 아모스의 강의에 대해 이야기했다.

아모스는 강의에서 대니와 함께 발견한 여러 종류의 어림짐작을 집중적으로 다루었고, 한 번은 예측을 다루었다. 그중에 비더만의 머리를 떠나지 않는 강의는 마지막 다섯 번째 강의였다. 아모스가 '역사적 해석: 불확실한 상황에서의 판단'이라고 제목을 붙인 강의다. 그는 강의실을 가득 메운 역사 전문가들 앞에서, 그가 대니와 함께 만든 렌즈로 인간의 경험을 들여다본다면 얼마나 많은 것을 신선하고 새로운 방식으로 볼 수 있는지를 쉽게 증명해 보였다.

우리는 사적으로도, 일과 관련해서도, 언뜻 보기에 당혹스러운 상황과 곧잘 마주칩니다. 저 사람이 왜 저렇게 행동하는지 도저히 알 길이 없고, 실험 결과가 왜 그렇게 나왔는지 이해가 되지 않습니다. 그런데 그런 사건을 이해할 만한 사건으로, 또는 그럴 법한 사건으로, 또는 자연스러운 사건으로 만들어주는 설명이나 가설 또는 해석을 보통은 아주 짧은 시간에 생각해냅니다. 무언가를 지각할 때도 이와 똑같은 현상이 나타납니다. 심지어 무작위로 뽑은 자료에서도 사람들은 일정한 유형이나 경향을 찾아내는 데 선수예요. 그런데 이처럼 시나리오, 해명, 해석을 만들어내는 데는 탁월한 반면에, 그 일이 일어날 가능성을 가늠하거나 그것을 비판적으로 평가하는 능력은 심각하게 떨어집니다. 일단 특정한 가설이나 해석을 갖다 붙이면, 그 가설이 실현될 가능성을 심각하게 과장하고, 다른 방식으로 생각하기가 아주 힘들어지죠.

아모스는 점잖게 이야기했다. 평소처럼 "역사책에 꾸며낸 이야기가 한둘이 아닐 텐데도 책이 그렇게 지루하다니 정말 기가 막히지"라고는 말하지 않았다. 하지만 그의 강의는 당시 청중에게 어쩌면 그보다 더 충격이었을지도 모른다. 역사학자들도 다른 사람들처럼 아모스와 대니가 설명한 인지 편향에 쉽게 빠졌다. 아모스는 "역사적 판단은 데이터를 직관적으로 해석하는 더욱 광범위한 부류에 속한다"고 했다. 역사적 판단은 편향되기 쉽다. 아모스는 당시 히브리대학에서 그가 지도하던 대학원생 바루크 피시호프가 실시한 연구를 예로 들었다. 리처드 닉슨이 중국과 소련을 방문하겠다는 놀라운 발표를 했을 때, 피시호프는 사람들에게 여러 가지 가능한 결과를 주고 확률을 부여해보라고 했다. 이를테면 닉슨이 마오쩌둥 중국 주석을 적어도 한 번 만날 것이다, 미국과 소련이 공동 우주 탐사 프로그램을 만들 것이다, 소련에 있는 유대인 집단이 닉슨과 대화를 시도하다 체포될 것이다 등등. 그리고 닉슨이 귀국한 뒤에 피시호프는 똑같은 사람들에게 똑같은 항목을 다시 제시하고, 예전에 각 항목에 확률을 어떻게 부여했었는지 기억해보라고 했다. 이들의 기억은 심하게 왜곡되어 있었다. 이들 모두 실제로 일어난 일에 대해서는 자신이 실제로 부여했던 확률보다 훨씬 더 높은 확률을 부여했었다고 믿었다. 그러니까 일단 결과를 알고 나면, 처음에 예측할 때보다 그 결과의 예측 가능성을 훨씬 높게 생각한다는 뜻이다. 아모스가 버펄로에서 이 이야기를 하고 몇 해가 지나, 피시호프는 이 현상에 '사후 판단 편향hindsight bias'이라는 이름을 붙였다.*

아모스는 역사학자들 앞에서 그들이 하는 일의 위험성을 설명했다. 역사학자는 (관찰하지 않았거나 관찰할 수 없는 많은 사실을 무시한 채) 관찰한 사실은 무엇이든 받아들여, 확신 있게 들리는 이야기에 끼워 맞추는 성향이 있다는 이야기였다.

　우리는 앞으로 일어날 일을 예측하지 못하는데도, 막상 일이 일어난 뒤에는 대단한 확신을 가지고 그 일을 설명하는 때가 너무나 많습니다. 추가로 나온 정보도 없는데 우리가 예측할 수 없는 일을 설명하는 이런 '능력'을 보면, 우리의 논리적 추론에는 비록 쉽게 감지할 수 없지만 중요한 허점이 있다는 것을 알 수 있습니다. 그래서 우리는 실제보다 덜 불확실한 세계가 있다고 믿고, 자신을 실제보다 덜 똑똑하다고 생각하게 되죠. 왜냐하면 오늘 예측할 수 없는 일을, 어떤 추가 정보 없이 결과만 알게 된 내일 설명할 수 있다면, 그 결과는 미리 결정된 게 분명하고, 따라서 미리 예측할 수 있었어야 했으니까요. 그런데 예측하지 못했으니, 세상이 불확실해서라기보다 우리 지

---

* 피시호프는 나중에 짧은 회고록에서, 대니의 세미나에서 이 생각을 처음 떠올리던 순간을 회상했다. "우리는 폴 밀이 쓴 〈내가 사례 연구 회의에 참석하지 않는 이유Why I Do Not Attend Case Conferences〉(1973)를 읽었다. 폴 밀의 많은 통찰력 중에 임상의의 과장된 기분과 관련한 것도 있었는데, 임상의는 환자의 상태가 어떻게 될지 다 알고 있었다고 착각한다는 내용이었다." 밀의 생각을 토론하던 피시호프는 이스라엘 사람들이 본질적으로 예측 불가능한 정치 사건을 항상 이미 예측했었다는 듯이 행동하는 것을 두고 '우리가 그렇게 선견지명이 있다면 왜 세계를 운영하지 않는가?'라고 반문했다. 피시호프는 자신이 선견지명이 있다고 생각하는 사람들이 실제로 얼마나 선견지명이 있는지 알아보는 작업에 착수했다.

적 능력에 한계가 있어서라고 보는 겁니다. 우리는 어떤 일이 나중에 불가피해 보이면, 그 일을 왜 예상하지 못했을까 자책하고 싶은 때가 한두 번이 아니죠. 불길한 일이라면 애초부터 벽에 쓰여 있었을 테니까요[성경에서, 벨사살 왕이 잔치를 베풀었을 때 사람 손이 나타나 벽에 불길한 일을 암시하는 글을 쓴 일을 빗댄 말 – 옮긴이]. 문제는 그 잉크가 눈에 보이냐 하는 것입니다.

비단 스포츠 아나운서나 소위 정치 전문가만이 자기가 한 이야기를 대대적으로 수정하거나, 초점을 옮겨서 자기 말이 경기 결과나 선거 결과와 맞아떨어지는 것처럼 보이게 하는 것은 아니다. 역사학자도, 아마 본인은 눈치채지 못한 채, 임의의 사건에 엉터리 질서를 부여했다. 아모스는 이를 '잠행적 결정론creeping determinism'이라 불렀다. 그는 이런 성향 때문에 치러야 하는 많은 대가 중 하나를 이렇게 적었다. "과거를 당연하다는 듯이 보는 사람이라면 미래는 온통 깜짝 놀랄 일 뿐일 것이다."

과거에 일어난 일을 엉터리로 바라보면 앞으로 일어날 일을 내다보기 어렵다. 그의 강의를 듣던 역사학자들은 물론 지난 현실의 파편으로 사건을 설명하는 이야기를 구성하는 '능력'에 자부심을 가지고 있었다. 그들의 이야기를 듣고 과거를 돌아보면, 지난 사건들이 예상 가능해 보였다. 그렇다면 한 가지 의문이 남는다. 지금의 역사학자가 볼 수 있는 것을 그의 이야기에 등장하는 사람들은 왜 보지 못했을까? 비더만은 "아모스 강의에 참석했던 역사학자들이 하나같이 얼굴이 하얗게 질려 돌아갔다"고 회상했다.

아모스는 사람들이 머릿속에서 어떤 식으로 역사적 사실을 실제보다 훨씬 덜 불확실하고 훨씬 더 예측 가능한 것처럼 보이도록 정리하는지를 설명했는데, 비더만은 그 설명을 듣고 전문가가 불확실한 상황이 일어날 확률을 판단해야 하는 모든 분야에, 다시 말해 인간 활동의 많은 부분에 아모스와 대니의 연구가 영향을 미칠 수 있겠다는 확신이 들었다. 하지만 그들의 연구는 아직도 대부분 관련 학계에 국한되었다. 아모스와 대니의 이름을 들어본 사람은 일부 교수였고, 그나마 대부분이 심리학 교수였다. 다른 사람들은 그 둘을 알지 못했다. 히브리대학에서 연구하는 무명에 가까운 두 사람이 연구 결과를 어떻게 자기 분야 외의 사람들에게도 퍼뜨릴 수 있을지는 분명치 않았다.

1973년 초, 유진에서 이스라엘로 돌아온 아모스와 대니는 연구 결과를 요약하는 긴 논문을 쓰기 시작했다. 예전에 쓴 논문 네 개에 담긴 주요 통찰을 한데 모아, 독자가 그것을 활용할 수 있게 하고 싶었다. 대니가 말했다. "우리는 연구 결과를 애초 의도대로, 그러니까 심리학 연구로 제시하기로 했어. 거기에 내포된 큰 의미는 사람들에게 맡겨놓고." 그와 아모스는 심리학 이외 분야 사람들도 논문을 읽게 하려면 〈사이언스Science〉에 싣는 게 좋겠다고 의견 일치를 보았다.

이들의 논문은 글이라기보다 건축 같았다. (대니가 말했다. "문장 하나에 하루가 걸렸어.") 두 사람은 집을 짓듯 논문을 완성하던 중에 우연히 사람들의 일상으로 들어가는 선명한 길을 발견했다. 스탠퍼드대학 교수 론 하워드Ron Howard가 공동 저자로 이름을 올린 논문 〈허리케인 씨 뿌리기 결정The Decision to Seed Hurricanes〉이 이들의 눈길을 사로잡은 것인데, 하워드는 결정 분석이라는 새로운 분야의 창시자 중 한 사람이다.

논문의 요지는 결정을 내리는 사람에게 다양한 결과에 확률을 부여하도록 강제하자는 것이다. 결정을 내리기 전에 그 결정의 바탕이 된 생각을 분명히 밝히기 위해서다. 살인적 허리케인에 어떻게 대처하느냐는 정책을 만드는 사람들이 결정 분석가에게 도움을 받을 수 있는 한 가지 사례였다. 허리케인 카밀이 미시시피 걸프 해안 상당 지역을 휩쓴 적이 있었다. 만약 뉴올리언스나 마이애미 같은 곳으로 지나갔다면 피해는 당연히 훨씬 더 컸을 것이다. 기상학자들은 구름에 비의 씨앗을 뿌리듯 아이오딘화은(요오드화은)을 뿌려 인공강우를 유발하는 현재의 기술을 이용해 허리케인에 아이오딘화은을 쏟아부으면 허리케인의 세력을 약화시키고 어쩌면 경로도 바꿀 수 있으리라 생각했다. 하지만 허리케인에 씨를 뿌리는 작업은 간단치 않았다. 정부는 그 일에 끼어들자마자 폭풍에 씨를 뿌려서 생긴 피해에 연루되었다. 대중과 법원은 일어나지 않은 일을 정부의 공으로 인정할 것 같지 않았다. 정부가 끼어들지 않았다면 어떤 일이 일어났을지 누가 확신할 수 있겠는가? 사회는 허리케인이 지나가는 곳마다 그곳 책임자에게 허리케인 피해의 책임을 물을 것이다. 하워드는 논문에서, 정부가 어떤 결정을 내릴 수 있었는지 살펴보았다. 거기에는 가능한 여러 결과의 확률을 추정하는 과정이 포함되었다.

그러나 결정 분석가가 허리케인 전문가의 머릿속에서 확률을 이끌어내는 방법은 대니와 아모스가 보기에 해괴했다. 결정 분석가들은 정부 내 허리케인 씨뿌리기 전문가들에게 돌림판을 주었는데, 돌림판은 가령 3분의 1이 빨간색으로 칠해져 있었다. 그리고 이렇게 물었다. "이 돌림판의 빨간 부분에 내기를 걸겠습니까, 허리케인 씨뿌리기로 300억 달러 이상의 재산 손실이 난다는 쪽에 내기를 걸겠습니까?" 허리케인 당국이 빨간색에 내기를 건다면, 허리케인이 300억 달러 이상의 재산 손실을 일으킬 가능성이 33퍼센트가 안 된다고 생각한다는 뜻이다. 그다음에는 가령 20퍼센트가 빨간색으로 칠해진 돌림판을 하나 더 보여준다. 이런 식으로 돌림판의 빨간 부분 비율을 조절해가며, 허리케인의 재산 손실이 300억 달러가 넘을 확률을 당국은 어느 정도라고 예상하는지 찾아낸다. 이들은 허리케인 씨뿌리기 전문가라면 불확실성이 높은 사건의 발생 확률을 정확히 추정할 능력이 있으리라고 단정했다.

대니와 아모스는 불확실한 상황을 마주했을 때 머릿속에서 다양한 체계가 가동되는 탓에 사람들의 확률 판단 능력이 망가진다는 사실을 이미 증명해 보였다. 이들은 사람들의 판단에 나타나는 체계적 실수를 새롭게 이해했으니, 이를 바탕으로 판단을 개선하고 나아가 의사결정까지 개선할 수 있다고 믿었다. 예를 들어, 허리케인 카밀을 경험한 기억이 워낙 생생해, 이후 1973년에 산사태를 유발하는 살인적 폭풍이 발생할 확률을 추정하라고 하면 왜곡된 추정이 나올 수밖에 없었다. 그런데 정확히 어떤 식으로 왜곡됐을까? 대니가 말했다. "우리는 결정 분석이 세상을 정복하리라고 생각했고, 그러면 우리가 도움이 되지 않을까 생각했어."

캘리포니아 멘로 파크의 스탠퍼드연구소Stanford Research Institute에 론 하워드를 중심으로 대표적인 결정 분석가들이 모였다. 1973년 가을, 대니와 아모스는 비행기를 타고 그들을 만나러 갔다. 그런데 불확실성에 관한 그들의 생각을 현실에 적용할 구체적 방안을 찾아내기 전에,

불확실성이 끼어들었다. 10월 6일, 이집트군과 시리아군이 다른 아홉 개 아랍 국가에서 군대와 항공기와 자금을 끌어들여 이스라엘을 공격하기 시작했다. 이스라엘 정보 분석가들은 공격이 감행될 확률을 크게 오판했을 뿐 아니라, 이런 연합 공격은 전혀 예상치 못했다. 이스라엘 군은 허를 찔렸다. 골란고원에서는 이스라엘 전차 약 100대가 시리아 전차 1,400대에 맞서야 했다. 수에즈운하를 따라 배치된, 군인 500명과 전차 세 대로 구성된 이스라엘 수비대가 이집트 전차 2,000대와 군인 10만 명의 공격으로 순식간에 전멸했다. 시원하고 구름 한 점 없는 완벽한 아침에 멘로 파크에서, 아모스와 대니는 이스라엘군의 충격적인 병력 손실 소식을 들었다. 이들은 공항으로 달려가, 또 한 차례 전쟁을 치르기 위해 고국행 첫 비행기를 탔다.

8

급속히 퍼지다

여름 어느 날, 돈 레델마이어Don Redelmeier는 한 여성의 상태를 검사해달라는 전화를 받았다. 그 여성은 아직도 충격에서 헤어나지 못했다. 몇 시간 전에 다른 차와 정면충돌하는 교통사고를 당해, 구급차로 곧장 서니브룩병원에 실려 온 여성이었다. 여성은 온몸의 뼈가 부러지지 않은 곳이 없었는데, 나중에 알고 보니 병원은 그중 일부를 발견하지 못하고 그냥 넘어간 게 분명했다. 이를테면 발목, 발가락, 엉덩이, 얼굴에서 골절을 여러 곳 찾았지만 갈비뼈 골절은 눈치채지 못한 채 지나갔다. 그런데 골절뿐 아니라 심장에도 이상이 있다는 것을 수술실에서야 알게 되었다.

서니브룩은 캐나다 최초이자 최대 권역트라우마센터로, 조용한 토론토 외곽 지역에 우뚝 솟은 붉은 벽돌 건물이다. 처음에는 2차 세계대전에서 돌아온 군인을 치료하는 병원으로 시작했지만, 그들이 차츰 사망하면서 병원의 목적도 바뀌었다. 캐나다 정부는 1960년대에 온타리오를 가로지르는 고속도로를 완공했는데, 폭이 가장 넓은 곳은 왕복 24차선이었다. 이후 북아메리카에서 가장 많은 차량이 지나다니는 도로가 되었고, 이 중 매우 혼잡한 401번 구간이 서니브룩병원 옆을 지났다. 바로 이곳에서 숱한 사람이 교통사고로 실려 나가면서 서니브룩은 새 생명을 얻었다. 교통사고 희생자 치료로 순식간에 명성을 얻은 것이다. 그런데 이 분야 트라우마 치료로 유명해지자 다른 종류의 트라우마 환자들까지 몰려들었다. 서니브룩 관리자 한 사람은 "일이 꼬리에 꼬리를 물고 들어온다"고 설명했다. 21세기에 접어들면서 서니브룩은 교통사고 희생자뿐 아니라 자살을 시도한 사람, 다친 경찰관, 넘어진 노인, 심각한 합병증에 시달리는 임신부, 공사 중 다친 인부, 스노모빌을 타고 눈 위를 달리다 끔찍한 사고를 당해 헬기로 구조되는, 캐나다 북부 오지에서 의외로 흔히 발생하는 사고의 생존자 등이 으레 찾는 곳이 되었다. 트라우마는 복잡한 문제를 동반했다. 서니브룩을 찾은 많은 사람이 여러 문제를 동시에 안고 있었다.

레델마이어가 등장한 지점이 바로 여기다. 선천적으로 다방면에 소질이 있는 내과 전문의 레델마이어가 이 트라우마센터에서 맡은 일 하나는 전문의들이 정신적 오류를 제대로 이해하고 있는지 점검하는 것이었다. 서니브룩의 유행병학 전문의인 롭 파울러Rob Fowler가 말했다. "대놓고 말하는 사람은 없지만 다들 인정하는 분위기였어요. 레델마이어가 다른 사람의 생각을 점검할 것이라고 말이죠. 그 사람들 생각이 어떻게 작동하는가에 관해서요. 레델마이어는 사람들을 늘 솔직하도록 자극해요. 그와 처음 소통하는 사람은 흠칫 놀랄 거예요. 이 사람

뭐야, 자기가 뭔데 나한테 피드백을 주는 거야? 하지만 미워할 수 없는 사람이죠. 적어도 두 번째 만날 때는." 서니브룩 의사들은 자기 생각을 점검해줄 사람이 필요하다고 생각하기 시작했다. 레델마이어는 이 변화가 자신이 이 일에 처음 뛰어든 1980년대 중반 이후로 이 분야 일이 얼마나 많이 바뀌었는가를 보여주는 표시라고 생각했다. 레델마이어가 이 일을 처음 시작할 때, 의사들은 자기들을 실수는 절대 하지 않는 전문의로 규정했다. 그런데 지금은 캐나다의 대표적인 권역트라우마센터에 의료 실수를 감정하는 사람이 따로 생겼다. 병원은 이제 단지 아픈 데를 치료하는 곳이 아니라 불확실성에 대처하는 기관이라는 인식이 생겼다. 레델마이어가 말했다. "불확실성이 존재하는 상황이라면 판단을 해야 하게 마련이고, 판단을 해야 하는 상황에서 인간은 오류를 저지르기 쉽죠."

북아메리카 전역에서, 해마다 병원에서 예방 가능한 사고로 사망하는 사람이 교통사고로 사망하는 사람보다 많다는 사실은 시사하는 바가 있었다. 레델마이어가 자주 지적했듯이, 환자를 병원의 이곳에서 저곳으로 옮길 때 극도로 조심하지 않으면 불상사가 생겼다. 의사와 간호사가 손을 씻지 않고 환자를 다뤄도 마찬가지였다. 하다못해 병원 승강기 버튼을 눌러도 탈이 생겼다. 레델마이어는 〈알려지지 않은 박테리아 대량 서식지, 병원 승강기 버튼Elevator Buttons as Unrecognized Sources of Bacterial Colonization in Hospitals〉이라는 논문을 공동으로 쓰기도 했다. 실제로 그가 토론토 대형 병원 세 곳에서 병원 승강기 버튼 120개, 변기 96개를 조사한 결과, 승강기 버튼에서 질병에 감염될 확률이 훨씬 높았다.

하지만 병원에서 생기는 불상사 중에 레델마이어가 가장 큰 관심을 둔 것은 임상 오판이었다. 의사도 간호사도 사람이라, 환자가 주는 정보가 신뢰할 만하지 않다는 것을 미처 눈치채지 못할 때가 있다. 예를 들면, 상태는 변한 게 없는데도 환자는 기분이 나아졌다고 말할 때도 많고 또 정말로 호전된다고 믿기도 했다. 의사는 환자가 봐달라는 부분에만 주목한 채, 그 외 부분에는 신경 쓰지 않아 전체 상황을 놓치는 경향이 있었다. 서니브룩 수석 레지던트인 존 지퍼스키Jon Zipursky가 말했다. "레델마이어 선생님이 가르쳐주신 것 하나는 환자가 없을 때 병실을 잘 살펴야 한다는 것이었어요. 환자의 식판을 살펴라. 밥은 먹었는가? 짐을 보면 장기 입원인가, 단기 입원인가? 병실이 지저분한가, 깔끔한가? 한번은 병실에 들어갔더니 환자가 자고 있는 거예요. 그래서 환자를 깨우려 했는데 레델마이어 선생님이 말리면서, 가만히 보기만 해도 알 수 있는 게 많다고 말씀하시더군요."

의사는 교육받은 것만 보려 했다. 병원에서 환자에게 불상사가 일어나는 주요 이유 중 하나다. 환자는 두드러진 문제를 전문의에게 치료받고, 전문의는 두드러지지는 않지만 문제 될 수 있는 부분을 망각한다. 그런데 더러는 두드러지지 않은 것이 목숨을 앗아갈 수도 있었다.

401번 도로에서 만신창이가 된 사람들은 상태가 너무 심각해서, 의료진은 가장 두드러진 문제에 최대한 주의를 기울여 재빨리 치료해야 했다. 그런데 자동차 정면충돌로 곳곳이 골절되어 서니브룩 응급실로 곧장 실려 온 젊은 여성은 멍한 상태로, 의사에게 당혹스러운 문제들을 설명했다. 심장박동은 심하게 불규칙해서 어떤 때는 건너뛰고 어떤 때는 박동 수가 많아졌다. 어떤 경우든 심각한 문제는 하나가 아니었다.

트라우마센터의 요청으로 레델마이어가 수술실에 들어온 직후, 의료진은 심장 문제를 자체적으로 진단했다. 적어도 진단했다고 생각했다. 이 젊은 여성은 의식이 있어서, 과거에 갑상선이 과도하게 활발했던 적이 있다는 이야기도 했다. 갑상선 활동이 과도해지면 심장박동이 불규칙해질 수 있다. 그래서 레델마이어가 들어왔을 때, 다른 의료진은 그에게 불규칙한 심장박동의 원인을 조사해보라고 말할 필요를 느끼지 못한 채 치료로 넘어갔다. 따라서 레델마이어가 단지 갑상선기능항진증 약을 투여했어도 수술실의 누구도 이상하게 여기지 않았을 것이다. 그런데 레델마이어가 사람들을 제지했다. 잠깐! 잠깐 기다려보라. 생각을 점검해보자. 혹시 몇 가지 사실만으로 쉽고 그럴듯한, 그러나 궁극적으로는 엉터리인 이야기를 만들어내고 있는 건 아닌지 확인해보자.

뭔가 걸리는 게 있었다. 그는 나중에 "갑상선기능항진증은 불규칙한 심장박동의 전형적 원인이지만, 불규칙한 심장박동의 드문 원인"이라고 했다. 그 젊은 여성이 과도한 갑상선호르몬 분비의 이력이 있다는 말을 들은 응급실 의료진은 그럴듯해 보이는 이유만으로, 갑상선이 과도하게 활발해져 심장박동이 불규칙해졌다고 속단했다. 그러면서 통계적으로 불규칙한 심장박동의 원인일 가능성이 높은 다른 요인들은 따로 생각해보지 않았다. 레델마이어의 경험으로 보면, 의사들은 통계적으로 생각하지 않았다. "의사의 80퍼센트가 자기 환자에게도 확률이 적용된다고 생각하지 않아요. 결혼하는 사람들의 95퍼센트가 50퍼센트의 이혼율이 자기에게도 해당한다고 믿지 않고, 음주운전자의 95퍼센트가 술에 취해 운전하면 정신이 온전한 상태로 운전할 때보다 사망 확률이 훨씬 높다는 통계가 자기에게도 적용된다고 믿지 않듯이 말이죠."

레델마이어는 응급실 의료진에게 이 여성의 불규칙한 심장박동의 원인 가운데 통계적으로 더 타당한 것을 찾아보라고 했다. 바로 이때 폐가 망가진 걸 알아냈다. 갈비뼈 골절과 마찬가지로 망가진 폐도 엑스레이에 나타나지 않았다. 그러나 갈비뼈 골절과 달리 폐가 망가지면 사망으로 이어질 수 있었다. 레델마이어는 갑상선은 무시하고 망가진 폐를 치료했다. 그러자 심장박동이 정상으로 돌아왔다. 다음 날 정식으로 갑상선을 검사했다. 갑상선호르몬 분비는 지극히 정상이었다. 이 여성은 갑상선이 문제 된 적은 한 번도 없었다. 레델마이어가 말했다. "대표성 어림짐작의 전형적인 경우였죠. 모든 것을 한 번에 깔끔하게 설명해주는 단순한 한 가지 진단이 머릿속에 퍼뜩 떠오를 때 아주 조심해야 합니다. 그때 잠깐 멈춰서 그 생각이 옳은지 따져봐야 해요."

머릿속에 처음 떠오르는 생각은 항상 틀리다는 뜻이 아니다. 머릿속에 어떤 생각이 떠오르면 그 생각이 옳다는 확신이 필요 이상으로 강하게 든다는 뜻이다. "제정신이 아닌 남자가 응급실에 들어왔는데 오랜 알코올중독 이력이 있을 때, 조심하세요. '취했군' 하면서 경막하혈종을 놓칠 수 있으니까요." 앞서 젊은 여성을 치료하던 의사들도 기저율을 무시한 채 과거 병력만으로 섣불리 진단을 내렸다. 카너먼와 트버스키가 오래전에 지적했듯이, 예측 또는 진단을 하는 사람이 기저율을 무시해도 좋은 때는 자기가 옳다는 절대적 확신이 있을 때뿐이다. 레델마이어는 병원에서든 다른 어디에서든, 절대적으로 확신하는 일이 없었다. 그리고 다른 사람이라고 해서 달라야 할 이유가 없다고 생각했다.

———————

레델마이어는 증권 중개인인 그의 아버지도 어린 시절을 보낸 토론토 집에서 자랐다. 삼형제 중 막내인 레델마이어는 자신이 약간 바보 같다는 생각을 자주 했다. 형들은 항상 그보다 많이 아는 것 같았고, 지식을 동생에게 알려주고 싶어 했다. 레델마이어는 말을 심하게 더듬는 언어장애가 있어서, 그걸 보상하려고 쉬지 않고 고통스럽게 노력했다(전화로 식당 예약을 할 때면 자기 이름을 쉬운 말로 줄여 "돈 레드"라고만 했다). 말을 더듬다 보니 말이 느렸고, 철자에도 약해 글 쓰는 속도도 느렸다. 몸의 여러 기관도 조화롭게 움직이지 않았고, 5학년 때는 안경을 써서 시력을 교정해야 했다. 그의 두 가지 큰 장점은 머리와 기질이었다. 그는 항상 수학 실력이 탁월했고, 수학을 무척 좋아했다. 게다가 수학 설명도 잘해서, 친구들은 선생님의 설명을 이해하지 못할 때 그를 찾아왔다. 이때 그의 기질이 드러났다. 그는 배려심이 유별났다. 그가 아주 어렸을 때부터 어른들은 그 점을 알아보았다. 그는 누군가를 만나면 이내 본능적으로 상대를 배려해야 한다고 생각했다.

그럼에도 다른 친구들을 곧잘 도와주던 수학 시간에조차 그는 자기도 틀릴 수 있다는 생각을 하지 못했다. 수학에는 정답과 오답이 있어서, 애매한 답이 불가능하지 않은가. 그가 말했다. "오류는 예측 가능할 때도 있어요. 오류가 저쪽에서 다가온다는 걸 알면서도 여전히 오류를 저지르죠." 그는 훗날, 자신의 삶이 오류의 연속이었던 탓에 〈사이언스〉에 실린 잘 알려지지 않은 논문을 보았을 때 그 내용을 쉽게 받아들였는지도 모른다고 생각했다. 고등학교 때 그가 가장 좋아한 플레밍 선생님이 1977년 말에 그에게 읽어보라고 건네준 논문이었다. 그는 논문을 집으로 가져와 그날 밤 바로 읽어보았다.

논문 제목은 〈불확실한 상황에서의 판단: 어림짐작과 편향Judgment Under Uncertainty: Heuristics and Biases〉이었다. 낯익은 부분과 낯선 부분이 반반씩 섞인 논문이었다. 'heuristic'이 대체 무슨 말이야? 레델마이어는 열일곱 살이었고, 일부 전문용어는 그의 수준을 넘어섰다. 이 논문은 사람들이 답을 확신하지 못하는 상황에서 판단을 내리는 세 가지 방법을 소개했다. 저자는 여기에 대표성, 회상 용이성, 기준점 설정이라는 이름을 붙였는데, 언뜻 괴상하면서도 구미가 당기는 이름이었다. 이런 이름 탓에 그것이 설명하는 현상이 비밀스러운 지식처럼 느껴졌다. 하지만 그것이 전달하는 내용은 레델마이어에게 분명한 사실로 다가왔다. 논문에서 독자에게 던진 질문에 레델마이어도 깜빡 속았기 때문이다. 레델마이어 역시 단조롭게 묘사된 '딕'이란 남자가 법률가일 확률과 엔지니어일 확률이 같다고 추정했다. 딕이 법률가가 다수인 집단에서 뽑혔어도 그랬다. 레델마이어 역시 증거가 전혀 없을 때보다 쓸모없는 증거가 있을 때 엉터리 예측을 내놓았다. 레델마이어 역시 전형적인 영어 문장에서 K가 세 번째 자리에 오는 단어보다 K로 시작하는 단어가 많다고 생각했다. K로 시작하는 단어를 떠올리기가 훨씬 쉬웠기 때문이다. 레델마이어 역시 단순한 인물 묘사만 가지고 그 사람에 대해 예측하면서, 전혀 근거 없는 자신감을 보였다. 쉽게 확신하지 않는 레델마이어조차 과신에 희생되다니! 그리고 곱셈 $1\times2\times3\times4\times5\times6\times7\times8$의 답을 재빨리 추정할 때, 그 역시 $8\times7\times6\times5\times4\times3\times2\times1$의 답보다 적게 추정했다.

레델마이어가 깨달은 것은 사람들이 실수를 저지른다는 게 아니다. 그건 당연하지 않은가! 레델마이어의 가슴에 와 닿은 것은 실수는 예측 가능하고 체계적이라는 것이다. 실수는 인간의 본성에 깊이 자리 잡고 있는 듯했다. 레델마이어는 〈사이언스〉 논문을 읽으면서, 그가 수학 문제를 풀 때 실수를 저질렀던 순간들이 떠올랐다. 돌이켜보면 뻔한 실수였다. 그를 비롯해 많은 사람이 저지른 다른 실수와 똑같은 실수였다. 그에게는 '회상 용이성'이라는 것을 설명한 단락이 특히 인상적이었다. 인간의 오류에서 상상의 역할을 설명한 부분이다. "한 예로 사람들은 탐험의 잠재적 위험을 추정할 때 대처할 수 없는 뜻밖의 사태를 상상하는데, 그런 사태가 생생하게 많이 떠오르면, 상상이 쉽다는 것과 실제 위험이 무관할 때라도 그 탐험은 대단히 위험해 보일 수 있다. 반대로 가능한 위험이 상상이 잘 안 되거나 아예 생각나지 않는다면 잠재적 위험이 심하게 과소평가될 수 있다."

이는 영어에서 K로 시작하는 단어가 얼마나 많은가의 문제와는 달랐다. 삶과 죽음에 관한 문제였다. "내게 그 논문은 영화보다 더 짜릿했어요. 나는 영화를 아주 좋아하는데 말이죠." 레델마이어의 말이다.

논문 저자인 대니얼 카너먼과 아모스 트버스키는 예루살렘 히브리대학 심리학과 소속이라고 소개되었지만, 레델마이어는 두 사람의 이름을 들어본 적이 없었다. 그리고 레델마이어에게는 형들도 그 이름을 들어본 적이 없다는 게 중요했다. 드디어 내가 형들도 모르는 걸 알게 되다니! 카너먼과 트버스키의 논문은 생각이라는 활동을 은밀히 들여다보는 느낌을 주었다. 마술사의 커튼 뒤를 엿보는 느낌이었다.

레델마이어는 삶에서 자신이 무엇을 원하는지를 깨닫는 데 별다른 어려움이 없었다. 어렸을 때는 텔레비전에 나오는 의사들과 사랑에 빠졌다. 이를테면 〈스타트렉Star Trek〉에 나오는 레너드 매코이, 그리고 특히 〈매시M*A*S*H〉에 나오는 호크아이 피어스 같은 사람이다. 그가 말했다. "영웅이 되고 싶었던 것 같아요. 그런데 스포츠에서 영웅이 될리 없었어요. 정치에서도 불가능했고, 영화에서도 절대 그럴 수 없었죠. 결국 의학이 내가 갈 길이었던 거죠. 진정한 영웅의 삶을 살 수 있는 길." 그는 의학에 크게 끌려, 대학 2학년인 열아홉 살 때 의대에 지원했다. 20번째 생일이 막 지났을 때, 그는 의사가 되기 위해 토론토대학에서 수업을 듣고 있었다.

문제는 여기서 시작되었다. 교수들은 레너드 매코이나 호크아이 피어스와는 공통점이 별로 없었다. 대개는 자기밖에 모르고 심지어 다소 오만하기까지 했다. 레델마이어는 이들의 말과 행동을 참다못해 선동적인 생각을 품게 되었다. "의과대학을 다니던 초기에, 엉터리 이야기를 하는 교수가 정말 많았어요. 감히 반박을 못 했죠." 교수들은 흔한 미신('나쁜 일은 셋씩 몰려온다')을 영원한 진리인 양 되풀이해 말했다. 그런가 하면 분야가 다른 전문의들이 똑같은 병을 두고 정반대의 진단을 내렸다. 소변에 피가 섞여 나오는 증상을 두고 비뇨기과 교수는 신장암일 확률이 높다고 했고, 신장학과 교수는 신장에 염증이 생긴 사구체신염일 확률이 높다고 했다. 레델마이어는 "둘 다 자기 전문 영역에서의 경험을 바탕으로 과도한 확신을 보였다"고 했다. 자신이 배운 것에만 주목한 결과였다.

문제는 이들이 무엇을 아느냐 모르냐가 아니라 이들에게 확실성이 필요했다는 것이다. 아니면 적어도 확실해 보여야 했다. 이들은 슬라이드 영사기 옆에 서서, 학생을 가르치기보다 설교를 늘어놓았다. 레델마이어가 말했다. "오만이 팽배했죠. '스테로이드를 쓰지 않았다니, 대체 무슨 소리야!???'" 레델마이어가 보기에, 의학 당국은 의학에도 불확실성이 많다는 사실을 대체적으로 인정하지 않는 것 같았다.

여기에는 그럴 만한 사정이 있었다. 불확실성을 인정한다면 오류 가능성을 시인하는 꼴이었다. 의학계 전체에 자체의 판단력을 확신하는 분위기가 만연했다. 예를 들어, 환자가 회복되면 의사는 명백한 증거가 없어도 일반적으로 자신의 처방과 치료 덕에 회복되었다고 여겼다. 내가 치료한 뒤로 환자가 좋아졌다는 이유만으로 내 치료 덕에 환자가 좋아졌다고 말할 수 없다는 게 레델마이어의 생각이다. "많은 질병이 스스로 억제되는 성향이 있어요. 그래서 저절로 치료가 됩니다. 사람들은 몸이 힘들면 치료를 받으러 오죠. 그러면 의사는 뭔가 해야 한다는 기분이 들어요. 환자에게 거머리를 올려놓았더니, 상태가 좋아져요. 그러면 거머리를 계속 쓰겠죠. 항생제도 계속 과잉 처방해요. 귀에 염증이 있는 사람에게 편도선 수술을 하죠. 다음 날 상태가 좋아지고, 치료법이 대단해 보입니다. 정신과 의사를 찾아가면 우울하던 기분이 좋아져요. 그러면 정신 치료가 정말 효과가 좋다고 확신하죠."

레델마이어는 다른 문제에도 주목했다. 이를테면 그가 다니던 의대의 교수들은 데이터를 자세히 살피지 않고 액면가 그대로 받아들였다. 폐렴을 앓는 노인이 병원을 찾아오면 심박 수를 측정해, 분당 75회이니 지극히 정상이군, 하고 다음으로 넘어간다. 하지만 폐렴이 많은 노인의 목숨을 앗아가는 이유는 전염력 탓이다. 면역 체계가 그에 반응하다 보면 고열, 기침, 오한, 가래가 발생하고 더불어 심장박동이 빨라진다. 몸이 병균과 싸우려면 심장에서 혈액을 평소보다 빠르게 펌프질해야 하기 때문이다. "폐렴에 걸린 노인의 심박 수가 평상시 수준이면 안 돼요! 치솟아야 맞아요!" 레델마이어의 말이다. 폐렴에 걸린 노인이 심박 수가 평상시 수준이라면 심장에 심각한 문제가 있을 수 있다. 그런데 심박 수 측정기를 별생각 없이 읽으면, 모든 게 정상이라고 오판하기 쉽다. 의학 전문의가 "자신의 상태를 파악하지 못하는" 때도 바로 모든 것이 평상시처럼 보일 때다.

공교롭게도 '증거 기반 의학'이라 불리는 움직임이 바로 이때 토론토에서 본격화했다. 증거 기반 의학의 핵심은 의학 전문의의 직관을, 그러니까 명백한 데이터를 대하는 의사의 사고방식을 점검하는 것이었다. 소위 의학 상식 중에는 과학적으로 따져보면 놀랄 정도로 엉터리도 있었다. 예를 들면, 레델마이어가 의대에 입학한 1980년에는 심장마비 환자에게 심장박동이 불규칙해지는 부정맥이 나타나면, 통상적으로 부정맥 억제제를 처방했다. 그런데 7년 뒤 레델마이어가 의학 과정을 마칠 무렵에는 심장마비 환자 중에 부정맥을 억제한 환자는 그렇지 않은 환자보다 사망률이 높다는 연구 결과가 나왔다. 하지만 누구도 의사들이 여러 해 동안 조직적으로 환자를 죽음으로 이끈 처방을 택한 이유를 설명하지 않았다. 다만 증거 기반 의학 지지자들이 카너먼과 트버스키의 연구가 그 답을 줄지 모른다는 생각에 그들의 연구를 들여다보기 시작했을 뿐이다. 그러나 의사의 직관적 판단에 심각한 결함이 있을 수 있다는 점은 분명했다. 이 의학 실험의 증거는 이제 무시할 수 없었다. 그리고 이제는 레델마이어도 그 증거에 주목하기 시작했다. "묻혀 있던 그 분석을 분명히 알게 되었어요. 전문가 의견으로 많은 확률이 조작되고 있다는 분석이었죠. 사람들이 생각하는 방식에는 오류가 있었는데, 그것이 환자에게도 적용됐어요. 그리고 사람들은 자기가 저지르는 실수를 인식하지 못했죠. 모든 게 근본부터 잘못되었다는 생각이 들면서 조금 언짢고, 조금 실망스럽고 그렇더군요."

〈사이언스〉에 실린 논문의 거의 마지막 부분에서 대니얼 카너먼과 아모스 트버스키는 이렇게 지적했다. 통계에 능숙한 사람이라면 통계를 잘 모르는 사람이 저지르는 단순한 실수는 피할 수 있겠지만, 통계에 대단히 해박한 사람도 곧잘 오류에 빠지기는 마찬가지라고. 그들은 이렇게 설명했다. "좀 더 복잡하고 애매한 문제를 놓고 직관적 판단을 내릴 때는 그들도 비슷한 오류를 범하기 쉽다." 젊은 레델마이어는 바로 그 점이 "똑똑한 의사조차 왜 그런 실수에 취약한가를 설명하는 놀라운 근거"라고 생각했다. 그는 수학 문제를 풀 때 저질렀던 오류를 돌이켜보았다. "똑같은 문제 풀이가 의학에도 있어요. 수학에서는 항상 풀이를 점검하죠. 의학에서는 안 그래요. 그리고 답이 분명한 대수학에서도 실수를 자주 한다면, 답이 훨씬 애매한 세계에서는 실수가 얼마나 잦겠어요?" 실수가 꼭 부끄러운 일은 아니다. 인간이니까. "그 논문은 사람들이 생각을 할 때 마주치는 몇 가지 함정을 명확히 표현할 언어와 논리를 제시했어요. 이제 그런 실수들을 말로 소통할 수 있게 됐죠. 인간의 오류를 부정한 게 아니에요. 악마화한 것도 아니고요.

인간의 오류를 인정한 거죠. 인간 본성의 일부라는 걸 이해한 거예요."

하지만 레델마이어는 젊은 의대생으로서 숨겨둔 이단적 생각을 발설하지 않았다. 그 전까지 그는 당국을 의심하거나 관례를 어기고 싶은 충동을 느낀 적이 없었고, 그럴 재주도 없었다. "살면서 전에는 한 번도 충격을 받거나 실망을 해본 적이 없었어요. 항상 아주 순종적 이었죠. 법도 잘 지키고, 투표도 빠짐없이 하고. 대학 교직원 회의도 모두 참석해요. 경찰과 언쟁을 벌인 일도 없어요."

1985년, 그는 스탠퍼드대학병원에 레지던트로 들어갔다. 이곳에서 그는 다소 머뭇거리며 회의적인 목소리를 내기 시작했다. 레지던트 2년차 되던 어느 날 밤 그는 집중 치료실에 배치되어, 젊은 환자에게서 장기를 적출하는 동안 그의 목숨을 유지하는 일을 맡았다(미국에서는 적출을 '수확harvesting'이라고 비유적으로 말하는데, 이 말이 그에게는 이상하게 들렸다. 캐나다에서는 '장기 회수organ retrieval'라 불렸다). 이 뇌사 환자는 오토바이를 타고 나무로 돌진했던 21세 청년이었다.

레델마이어가 자기보다 어린 사람의 시체를 마주하기는 처음이었다. 나이 든 사람의 죽음을 목격했을 때와는 기분이 또 달랐다. "살아갈 날이 아주 많이 남았는데, 막을 수 있는 사고였는데. 청년은 헬멧도 쓰지 않았어요." 레델마이어는 목숨이 날아갈 상황에서도 위험을 제대로 판단하지 못하는 인간의 무능에 새삼 충격을 받았다. 상황 판단이 잘 안 될 때는 얼마든지 도움을 받을 수도 있다. 오토바이를 운전할 때는 반드시 헬멧을 쓰는 것도 그중 하나다. 나중에 레델마이어는 미국 동료 학생에게 같은 말을 했다. 자유를 사랑하는 너희 미국인들은 대체 왜 그러는가? 자유로운 삶이 아니면 죽음이라니, 이해할 수 없다. 나라면 '나를 조금만 규제해줘. 살고 싶어'라고 할 텐데. 그러자 그 친구가 대답했다. 미국인 다수가 너처럼 생각하지 않을 뿐 아니라, 의사들도 너처럼 생각하지 않는다고. 그 친구는 스탠퍼드의 유명한 심장외과장 놈 셤웨이Norm Shumway를 거론했다. 오토바이 운전자의 헬멧 착용 의무화 입법에 반대하는 로비를 활발히 벌인 인물이었다. 레델마이어가 말했다. "정말 기가 막히더군요. 그렇게 똑똑한 사람이 어떻게 그렇게 멍청한 짓을 할 수 있는지. 우리는 언제든지 실수를 저지를 수 있어요. 그래서 실수에 약한 인간의 성향에 주목해야 해요."

스탠퍼드 레지던트를 마친 27세의 레델마이어는 10대 때 읽은 두 명의 이스라엘 심리학자가 쓴 논문을 내면화한 세계관을 형성하기 시작했다. 이 세계관이 그를 어디로 이끌지는 그도 알 수 없었다. 그는 캐나다로 돌아가자마자, 다시 북부 래브라도로 갈 수 있으리라 생각했다. 의대생 시절, 여름에 마을 사람들 500명의 건강을 돌보았던 곳이다. "나는 암기력도 손재주도 신통치 않았어요. 훌륭한 의사가 되지 못할 것 같아 걱정됐죠. 그럴 바에는 차라리 낙후된 곳에서, 나를 필요로 하는 곳에서 일하는 편이 낫겠다 싶었어요." 레델마이어는 여전히 자기도 결국은 기존 관습대로 진료하게 되리라 생각했다. 바로 그때 아모스 트버스키를 만났다.

───────────

레델마이어는 오래전부터 생각의 오류를 예상하고 수정하는 습관을 길러왔다. 허술한 기억에 주의하면서, 항상 메모지를 가지고 다니며 그때그때 생각나는 것과 문제를 기록했다. 한밤중에 병원에서 온 전화로 잠이 깼을 때는 항상 누운 상태로, 빠르게 말하는 상대 레지던트에게 전화 상태가 안 좋으니 방금 한 말을 다시 한 번 말해달라고 했다. "레지던트에게 말이 너무 빠르다고 할 수는 없어요. 자신을 탓해야 해요. 그러면 상대방뿐 아니라 나 역시 생각하는 데 도움이 되죠." 레델마이어는 회진을 도는 중간에 잠깐 사무실에 있을 때 누가 찾아오면 이야기에 빠져 다음 환자 진료에 늦지 않도록 주방용 타이머를 켜놓곤 했다. "재미있으면 시간 가는 줄 모르거든요." 사람들을 만나야 할 때면, 상상대로 되지 않을 경우에 대비해 미리 만반의 준비를 하느라 안간힘을 썼다. (말을 더듬는 그에게는 여전히 큰 도전인) 강연이 있을 때면 강연 장소를 미리 둘러보고 예행연습까지 했다.

이런 레델마이어답게 1988년 봄 아모스 트버스키와 처음 점심식사를 약속한 이틀 전, 약속 장소인 스탠퍼드 교수 클럽 식당을 답사하며 모든 게 지극히 정상이라고 생각했다. 약속 당일에는 환자 회진을 오전 6시 30분에서 4시 30분으로 옮겨, 문제가 생겨도 점심 약속에 영향을 미치지 않게 했다. 평소에는 아침을 먹지 않았지만 이날만큼은 만남 중에 허기로 신경이 쓰일까봐 아침까지 챙겨 먹었다. 그리고 습관대로, 만남 전에 몇 가지 메모를 해두었다. 말을 많이 하려는 의도가 아니라 "혹시라도 머릿속이 하얘질까봐" 이야기 주제를 몇 개 적어둔 것이다. 레델마이어의 상사이면서 함께 모임에 참석하는 할 삭스Hal Sox가 레델마이어에게 말했다. "말하지 말아요. 아무 말도 하지 말아요. 끼어들지 말고, 그냥 가만히 듣고만 있어요." 할 삭스는 아모스와의 만남을 이렇게 평가했다. "알베르트 아인슈타인과 브레인스토밍을 하는 것 같았어요. 두고두고 기억될 분이에요. 정말 다시없을 분이죠."

할 삭스는 이후 아모스가 의학과 관련해 처음 논문을 쓸 때 공동 저자로 이름을 올리게 된다. 이 논문은 아모스가 삭스에게 던진 질문에서 비롯했다. 금전적 도박을 할 때 사람들에게 나타나는 성향이 의사와 환자의 머릿속에서는 어떤 식으로 나타날까? 아모스가 할 삭스에게 설명한 바에 따르면, 특히 확실한 이익 그리고 그와 기댓값이 같은 내기 중에 선택할 때(이를테면 무조건 100달러를 받겠는가, 50퍼센트의 확률로 200달러를 받겠는가?) 사람들은 무조건 받는 쪽을 택하는 성향이 있었다. 숲에 있는 두 마리 새보다 내 손에 있는 한 마리 새가 낫다는 심리다. 하지만 100달러를 무조건 잃는 경우와 50퍼센트의 확률로 200달러를 잃는 경우를 놓고 선택할 때면 사람들은 무조건 잃는 쪽보다 위험 감수를 택했다. 삭스와 연구원 두 명은 아모스의 도움으로 실험을 만들었다. 이익에 초점을 맞출 때와 손실에 초점을 맞출 때 의사와 환자의 선택은 어떻게 달라지는지를 보여주는 실험이다.

폐암은 실험 대상이 되기에 좋았다. 1980년대 초, 폐암 환자와 의사는 달갑지 않은 선택을 놓고 달갑지 않은 정도를 저울질해야 했다. 수술이냐 방사선치료냐. 수술은 생존율은 더 높지만, 방사선치료와 달리 즉사할 위험이 약간 있었다. 이때 수술 성공률이 90퍼센트라고 말하면, 환자의 82퍼센트가 수술을 택했다. 그런데 수술 사망률이 10퍼센트라고 말하면, 똑같은 확률을 달리 표현했을 뿐인데도 환자의 54퍼센트만이 수술을 택했다. 목숨이 걸린 결정을 마주한 사람들이 확률이 아니라 확률이 표현되는 방식에 영향을 받았다. 환자만이 아니라 의사도 마찬가지였다. 삭스는 아모스와 연구하면서 자기 분야를 바라보는 시각이 바뀌었다고 했다. "의학에서는 인지에 대한 이해가 전혀 없어요." 삭스의 말이다. 삭스가 놀란 건 무엇보다도 많은 외과의사가 의식적으로든 무의식적으로든 환자들에게 수술 사망률이 10퍼센트라고 말하기보다는 수술 생존율이 90퍼센트라고 말한다는 것인데, 그 이유는 단지 그렇게 말해야 사람들이 수술을 택하고 그것이 의사의 이익에도 맞아떨어지기 때문이었다.

첫 점심식사 자리에서 레델마이어는 삭스와 아모스의 대화를 거의 듣기만 했다. 하지만 그 와중에 몇 가지를 알아챘다. 아모스의 옅은 푸른 눈은 이리저리 재빨리 옮겨 다녔고, 아모스도 약간의 언어장애가 있었다. 영어는 유창했지만, 이스라엘 억양이 짙게 배어 있었다. 레델마이어가 말했다. "긴장감이나 주의력이 약간 과하다 싶었어요. 쾌활하고, 힘이 넘쳤죠. 일부 종신 교수에게 나타나는 무료함 같은 건 전혀 없었어요. 대화의 90퍼센트를 그분이 주도했는데 한 마디, 한 마디가 새겨들을 만하더군요. 의학에 관해서는 아는 게 별로 없어서 놀랐어요. 의사 결정과 관련해 의학계에 이미 큰 영향을 미친 걸 생각하면 의외였죠." 아모스는 두 의사에게 온갖 질문을 쏟아냈다. 주로 의료 행위에서 비논리적인 부분을 찾아내는 것과 관련된 질문이었다. 레델마이어는 할 삭스가 아모스의 질문에 대답하거나 대답하려고 애쓰는 모습을 보면서, 단 한 차례의 점심식사에서 그에 대해 이제까지 3년 동안 알았던 것보다 더 많은 것을 알게 되었다. "아모스는 어떤 질문을 해야 하는지 정확히 꿰뚫고 있었어요. 어색한 침묵 따위는 없었죠."

식사가 끝나고 아모스는 레델마이어에게 연구실에 한번 찾아오라고 했다. 그리고 얼마 안 가 아모스는 의학계의 반응을 들어볼 요량으로, 할 삭스에게 그랬듯이 레델마이어에게도 인간 정신과 관련한 자신의 생각을 말했다. 예를 들어 새뮤얼슨 내기가 있다. 내기를 만든 경제학자 폴 새뮤얼슨Paul Samuelson에서 따온 이름이다. 아모스가 설명한 대로, 사람들에게 150달러를 딸 가능성과 100달러를 잃을 가능성이 반반인 내기 1회를 제안하면 대개는 내기를 거절한다. 그런데 똑같은 사람에게 그 내기를 백 번 반복한다면 하겠냐고 물으면 대개는 수락한다. 사람들은 왜 내기를 백 번 할 때면 기댓값을 따지고(그래서 유리하면 응하고), 내기를 딱 한 번 할 때면 기댓값을 따지지 않을까? 그 답은 분명치 않다. 물론 내게 유리한 확률의 게임을 여러 번 할수록 돈을 잃을 확률은 적다. 하지만 여러 번 할수록 잃을 수 있는 돈의 총액도 커진다. 아모스는 이 모순을 설명한 뒤에 말했다. "그렇다면 여기에 들어맞는 의학 사례가 뭐가 있을까요?"

레델마이어는 머릿속에 퍼뜩 떠오르는 사례가 있었다. "일반적인 사례인지는 모르겠지만, 그 자리에서 사례가 여럿 생각나더라고요. 아모스가 입을 다물고 내 이야기를 경청하려고 했던 게 정말 놀라웠어요." 레델마이어는 의학에서 새뮤얼슨 내기의 사례는 의사 역할의 이중성에서 찾을 수 있겠다 싶었다. "의사는 사회의 보호자일 뿐 아니라 환자의 완벽한 대리인이어야 해요. 그리고 의사는 환자를 한 번에 한 사람씩 다루는 반면에, 보건 정책 입안자는 환자를 뭉뚱그려 다루죠."

그런데 두 역할이 충돌했다. 예를 들어 한 환자에게 가장 안전한 치료법은 항생제 처방일 수 있지만, 항생제를 과잉 처방하면 세균이 진화해 더 위험하고 다루기 힘들어져, 사회적으로 문제가 됐다. 본분을 제대로 수행하는 의사라면 개별 환자의 이익만을 고려하기보다 그

병이 있는 환자 전체를 고려해야 했다. 이 문제는 하나의 공중 보건 정책에 머물지 않았다. 의사는 같은 병을 반복해 마주했다. 여러 환자를 다루다 보면, 의사의 내기는 한 번으로 끝나지 않았다. 똑같은 내기를 여러 번 반복해야 했다. 의사는 어떤 도박을 딱 한 번 할 때와 여러 번 되풀이할 때 다르게 행동했을까?

이후 아모스와 레델마이어가 쓴 논문*에 따르면, 의사는 똑같은 증상을 두고 환자를 개인으로 대할 때와 집단으로 대할 때 이상적인 치료법을 다르게 생각했다. 환자를 개인으로 대할 때는 골치 아픈 문제가 일어나지 않도록 추가 검사를 지시할 의향은 보였지만, 환자에게 사망 시 장기 기증 의사를 물으려 하지는 않았다. 그런가 하면 그 병이 있는 환자를 집단으로 다루는 공공 정책을 만든다면 거부했을 치료법을 사용했다. 그리고 만약 법이 규정한다면 발작 장애, 당뇨, 기타 운전 중 의식을 잃을 수 있는 병이 있는 환자를 당국에 보고해야 한다는 데 모두 동의했다. 하지만 현실에서는 그렇게 하지 않았고, 이는 해당 환자 개인의 이익에도 맞지 않는 행위였다. 트버스키와 레델마이어는 〈뉴잉글랜드 의학 저널New England Journal of Medicine〉 편집자에게 보낸 편지에 이렇게 썼다. "이번 결과는 환자의 이익과 사회 전체의 이익이 충돌하는 또 하나의 예를 분명히 보여주는 것 이상의 의미가 있습니다. 전체 관점과 개별 관점의 불일치는 의사의 머릿속에도 존재합니다. 이런 불일치는 해소되어야 한다고 봅니다. 어떤 치료법을 개별 사례에는 모두 허용하되 전체적으로는 거부하거나, 전체적으로는 허용하되 개별

---

* 〈환자를 개인으로 대할 때와 집단으로 대할 때의 차이Discrepancy between Medical Decisions for Individual Patients and for Groups〉, *New England Journal of Medicine* in April 1990.

사례에는 모두 거부한다면 앞뒤가 맞지 않습니다."

의사는 개별 환자를 제대로 치료하지 않는다는 뜻이 아니다. 요점은 자기가 돌보는 환자에게는 이런 치료법을, 똑같은 병이 있는 환자 집단에게는 저런 치료법을 사용할 수 없으며, 두 경우 모두 최선의 방법을 쓸 수 없다는 것이다. 둘 다 옳을 수는 없다. 그리고 이런 결론은 누가 봐도 당혹스럽다. 적어도 이 논문을 읽고 〈뉴잉글랜드 의학 저널〉에 수많은 편지를 보낸 의사들에게는 당혹스러운 결론이다. 레델마이어가 말했다. "대부분의 의사는 합리적이고 과학적이고 논리적인 모습을 내세우려 애쓰지만, 그건 새빨간 거짓이에요. 부분적으로는 거짓이죠. 우리는 희망과 꿈과 기분에 끌려가는 거예요."

레델마이어는 아모스와 첫 공동 논문을 낸 뒤에 다른 아이디어가 더 떠올랐다. 곧이어 두 사람은 오후에 아모스의 연구실이 아니라 밤에 아모스의 집에서 만나기 시작했다. 아모스와 함께 일하면, 일이 일이 아니었다. 레델마이어가 말했다. "그렇게 즐거울 수가 없었어요. 그냥 노는 거예요." 레델마이어는 가슴 깊은 곳에서, 내 삶을 바꿀 사람과 함께 있다고 직감했다. 아모스의 입에서 수많은 문장이 튀어나왔고, 레델마이어는 그 문장들을 영원히 잊지 못하리라 생각했다.

훌륭한 과학은 누구나 볼 수 있는 것을 보되, 누구도 말한 적 없는 것을 생각해내는 것이다.

아주 똑똑한 사람과 아주 어리석은 사람은 한 끗 차이일 때가 많다.

순종해야 할 때 순종하지 않으면, 창조력을 발휘해야 할 때 창조력을 발휘하지 않으면, 많은 문제가 일어난다.

좋은 연구를 하는 비결은 항상 힘을 좀 남겨두는 것이다. 몇 시간 낭비할 줄 모르면 몇 년을 낭비한다.

더러는 더 나은 세상을 만들기가 더 나은 세상을 만들었다고 증명하기보다 더 쉽다.

레델마이어는 아모스가 자기에게 시간을 그토록 많이 내주는 이유가 자기가 미혼이라 자정부터 새벽 4시까지 흔쾌히 일하기 때문이 아닐까 의심도 해보았다. 아모스가 일하는 시간에는 익숙해지지 않았지만, 그가 고집하는 연구 방식에는 차츰 익숙해졌다. "아모스는 자신의 일반적 이론을 검증할 구체적 사례가 필요했어요. 어떤 원칙은 심하게 공고했는데 나는 특정 영역에서, 특히 의학에서 사례를 찾아 그 원칙에 의견을 내야 했어요." 이를테면 아모스는 사람들이 무작위를 어떤 식으로 오해하는지 분명히 알고 있었다. 사람들은 무작위 배열에 일정한 유형이 보인다 싶은 경우를 이해하지 못했다. 그리고 있지도 않은 유형에서 의미를 찾아내는 놀라운 능력을 보였다. 아모스는 레델마이어에게, NBA 경기를 보면 아나운서와 팬 심지어 코치까지도 슛을 하는 선수의 손이 '뜨거운 손hot hand'이라고 믿는 것 같다고 했다. 어떤 선수가 최근에 슛을 몇 번 했다는 이유만으로 그가 다음에도 슛을 하겠거니 믿는 현상이다. 아모스는 소위 뜨거운 손이 통계적으로 의미가 있는지 알아보려고 NBA에서 연속 슈팅 자료를 수집했다. 물론 독자들은 이미 통계적 의미가 없다고 생각할 것이다. 슛을 잘하는 선수는 그렇지 못한 선수보다 다음에도 슛을 잘할 확률이 당연히 높았다. 하지만 팬, 아나운서, 그리고 선수 자신이 관찰한 연속한 슈팅은 착각이었다. 아모스는 레델마이어에게 농구 아나운서들이 가짜 유형을 찾아내려 했던 것과 똑같은 행위를 의학계에서도 찾아보라고 했다.

레델마이어는 금세 관절염과 날씨를 연관 짓는 널리 퍼진 속설을 찾아 왔다. 수천 년간 사람들은 이 연관 관계를 상상해왔다. 기원전 400년, 히포크라테스는 바람과 비가 질병에 미치는 영향을 기록했다. 1980년대 후반까지만 해도 의사들은 관절염 환자에게 따뜻한 지역으로 이사를 가보라고 제안하기도 했다. 레델마이어는 아모스와 함께 연구하면서, 관절염 환자들을 많이 모아 통증의 정도를 물었다. 그리고 그것을 날씨와 연관시켜보았다. 그 결과, 환자들은 날씨에 따라 통증의 정도가 달라진다고 주장했지만 둘 사이에는 의미 있는 연관 관계가 없음이 곧바로 드러났다. 두 사람은 여기서 멈추지 않았다. 아모스는 왜 사람들은 통증과 날씨가 연관된다고 생각하는지 그 이유가 궁금했다. 레델마이어는 통증이 날씨와 무관하다고 증명된 뒤에 환자들을 면담했다. 환자들은 여전히 한 사람만 빼고 한결같이 자신의 통증이 날씨와 관련이 있다고 고집하면서, 몇 가지 순간을 임의로 뽑아 증거로 제시했다. 농구 전문가들도 선수의 슈팅이 어쩌다 연속해 나오면 이때다 싶게 존재하지도 않는 일정한 유형을 찾아냈는데, 관절염으로 고생하는 사람들 역시 통증에서 있지도 않은 유형을 찾아냈다. 트버스키와 레델마이어는 이렇게 썼다.* "우리는 이 현상이 선별적 짝짓기 때문이라고 본다. (⋯) 관절염의 경우 선별적 짝짓기 탓에 사람들은 통증이 커졌을 때의 날씨 변화에만 주목하고, 통증이 그대로였던 때의 날씨에는

---

* 〈관절염은 날씨와 관련 있다는 믿음에 관하여On the Belief That Arthritis Pain Is Related to the Weather〉, *Proceedings of the National Academy of Sciences* in April 1996.

주의를 기울이지 않는다. (…) 어느 하루에 통증도 심하고 날씨도 몹시 궂었다면 평생토록 둘의 상관관계를 철석같이 믿게 된다."

레델마이어는 관절염 통증에는 유형이 없어도 아모스와의 공동 연구에는 매우 분명한 유형이 있다고 생각했다. 아모스가 전반적으로 파악하고 있는 인간의 생각에 나타나는 허점들은 모두 불확실한 상황에서 판단을 내릴 때 나타났다. 그런데 그것이 의학에서는 어떤 의미를 갖는지 아직 제대로 탐구한 바가 없었다. "더러는 아모스가 자신의 생각이 현실과 관련이 깊은지 내 앞에서 미리 시험해보는 것 같다는 느낌이 들었어요." 레델마이어는 아모스에게 의학은 "그의 관심 중에 작디작은 파편"일 뿐이라는 느낌을 떨칠 수 없었다. 아모스가 대니 카너먼과 생각해낸 아이디어가 어떻게 나타나는지 탐색해볼 또 하나의 인간 활동 영역 정도가 아닐까 하는.

그리고 대니가 나타났다. 1988년 말 또는 1989년 초에, 아모스가 연구실에서 두 사람을 서로 소개해주었다. 이후에 대니가 레델마이어에게 전화를 걸어, 자기도 의사와 환자의 결정 과정을 탐구해보고 싶다고 했다. 알고 보니 대니도 그와 관련해 자기만의 생각이 있었고, 그것이 함축한 의미를 파악하고 있었다. "대니가 전화를 할 때는 대니 혼자 연구하고 있을 때예요. 어림짐작을 또 하나 소개하려는 거죠. 아모스와 떨어져 순전히 혼자 생각해낸 어림짐작. 네 번째 어림짐작이죠. 어림짐작이 달랑 세 개뿐은 아닐 테니까요." 레델마이어의 말이다.

대니는 브리티시컬럼비아대학 교수로 있은 지 3년째 되던 1982년 여름 어느 날, 실험실에 들어와 대학원생들에게 깜짝 선언을 했었다. 이제부터 행복을 연구하겠다! 대니는 사람들이 어떤 체험을 했을 때의 느낌을 미리 예상할 수 있는지 늘 궁금해했었다. 그리고 이제 그것을 연구하려 했다. 그중에서도 나를 행복하게 하는 것이려니 생각하는 것과 실제로 행복하게 하는 것의 차이를 탐구하고 싶었다. 실제로 대니도 느꼈던 차이다. 그는 우선 이렇게 시작하기로 했다. 사람들에게 일주일 동안 날마다 실험실에 출근해 이를테면 아이스크림을 한 통 먹거나 좋아하는 노래를 듣는 등 자기가 좋아한다고 말한 것을 하면 얼마나 행복할지 추측해보라고 하자. 그런 다음 예상한 즐거움과 실제로 느낀 즐거움을 비교하고, 또 실제로 느낀 즐거움과 나중에 기억하는 즐거움을 비교하게 하자. 그는 연구해볼 만한 차이가 분명히 있을거라고 했다. 이를테면 가장 좋아하는 축구팀이 월드컵에서 우승하면 그 순간에는 기뻐서 어쩔 줄 모른다. 하지만 6개월이 지나면 언제 그랬나 싶어진다. 대니의 지도를 받던 대학원생 데일 밀러Dale Miller는 이렇게 회상했다. "한참 동안 실험을 시작하지 않으셨어요. 실험 구상만 하셨죠." 대니는 사람들이 자기 행복을 제대로 예측하지 못할 거라 생각했고, 소수를 대상으로 실시한 첫 번째 실험에서 뭔가가 나온 것도 같았다. 누구에게서도 행복한 사람이라고 평가받지 못한 남자가, 그를 아는 사람이라면 의아하게도, 이제 행복의 규칙을 발견하려 했다.

아니, 어쩌면 행복의 의미를 안다고 생각한 사람들에게, 그 생각에 회의를 품게 하는 것일지도 몰랐다. 어쨌거나 아모스가 대니를 레델마이어에게 소개했을 때 대니는 브리티시컬럼비아대학에서 캘리포니아대학 버클리 캠퍼스로, 행복한 삶에서 불행한 삶으로 옮겨간 뒤였다. 그런 그가 이제 사람들이 예상하는 즐거움과 실제로 체험하는 즐거움의 차이뿐 아니라 실제로 체험하는 고통과 기억하는 고통의 차이를 연구하고 있었다. 어떤 사건이 초래할 불행을 실제로 그 사건이 일어났을 때 받을 고통과 다르게 예상한다면, 그리고 어떤 경험에 대한 기억이 실제 경험과 크게 다르다면, 거기에 어떤 의미가 있을까? 대니는 큰 의미가 있을 거라 생각했다. 사람들은 휴가 내내 기분이 언짢았어도 돌아와서는 휴가가 즐거웠다고 기억했다. 연애를 하는 동안 즐거웠으면서도, 끝이 안 좋으면 전체를 안 좋게 회상했다. 사람들이 느끼는 행복과 불행의 정도는 고정불변이 아니었다. 경험하는 행복 또는 불행은 기억하는 행복 또는 불행과 별개였다.

레델마이어를 만났을 때 대니는 이미 버클리 실험실에서 불행을 실험하고 있었다. 얼음물에 손을 담그는 실험이었다. 이 고통스러운 실험은 두 가지로 진행되었는데 첫 번째 실험에서는 얼음물에 손을 담그게 한 뒤 3분이 지나면 곧바로 약 1분 동안 아주 약간 따뜻한 물을 주입한 뒤에 손을 빼라고 했고, 두 번째 실험에서는 얼음물에 손을 담그게 한 뒤에 3분이 지나는 순간, 그러니까 고통이 최고조에 이른 순간에 손을 빼라고 했다. 둘 다 마친 사람은 둘 중 하나를 택해 실험을 한 번 더 해야 했다. 이때 재미있는 현상이 일어났다. 고통을 기억하는 것과 고통을 경험하는 것은 달랐다. 사람들은 고통이 최고조일 때를 기억했고, 고통이 끝나는 순간의 기분을 기억했다. 하지만 고통의 길이는 기억하지 못했다. 그래서 두 실험 중 하나를 골라 한 번 더 해야 했을 때, 사람들은 첫 번째 실험을 골랐다. 실험이 끝나는 순간의 고통이 적으면 고통의 총 길이가 길어도 개의치 않는다는 이야기다.

대니는 자신이 '정점과 종점 원칙peak-end rule'이라 부른 이 현상이 의학계에서 나타난 사례를 레델마이어가 찾아주길 바랐다. 레델마이어는 금세 관련 사례를 다수 찾았고, 두 사람은 그중에서 대장 내시경 검사를 집중적으로 살폈다. 1980년대 후반에는 대장 내시경검사가 고통스러웠다. 그런데 단지 겁이 나는 게 문제가 아니었다. 검사 과정이 워낙 불편해서 검사를 한 번 받아본 사람은 두 번 다시 받으려 하지 않았다. 1990년대까지 미국에서만 해마다 6만 명이 대장암으로 사망했는데, 이 중 다수는 초기에 발견했더라면 살 수 있었다. 초기에 발견하지 못한 주된 이유는 물론 대장 내시경검사가 워낙 힘들어 사람들이 검사를 기피한 탓이었다. 그렇다면 사람들의 기억을 바꿔, 불쾌했던 경험을 잊게 할 수 있을까?

레델마이어는 이 질문에 답을 하려고 1년 동안 약 700명을 실험했다. 환자를 두 집단으로 나눠, 한 집단은 검사가 끝나고 대장 내시경을 사정없이 확 빼버렸고, 한 집단은 검사가 끝난 뒤에도 내시경 끝을 직장에 3분간 더 놔뒀다가 빼냈다. 이 3분도 썩 유쾌하지는 않았다. 다만 검사의 다른 부분보다 덜 힘들 뿐이었다. 첫 번째 집단은 예전처럼 자지러질 듯 괴성을 지르며 검사를 끝냈고, 두 번째 집단은 좀 더 부드럽고 덜 고통스럽게 끝냈다. 하지만 고통의 총 길이는 두 번째 집단이 더 길었다. 이들은 첫 번째 집단 환자가 겪은 고통을 그대로 겪고, 추가로 3분을 더 있었으니까.

연구원들은 한 시간 뒤에 회복실로 들어가 환자들에게 고통의 강도를 물었다. 그 결과 막판에 고통이 덜했던 환자들이 기억하는 고통의 강도가 다른 환자들보다 약했다. 더 흥미로운 점은 이들은 다음 대장 내시경검사 시기가 돌아오면 좀 더 기꺼이 검사를 받으려 했다는 것이다. 인간은 자신이 적은 고통보다 큰 고통을 좋아하리라고는 상상도 못한 채, 깜빡 속아 더 큰 고통을 받을 수도 있었다. 레델마이어의 말마따나 "마지막 인상이 마지막까지 남는 인상"이 되기 쉬웠다.

───────

대니와 함께 일하는 것은 아모스와 함께 일하는 것과는 또 달랐다. 레델마이어 머릿속에 있는 아모스의 이미지는 항상 맑고 투명했다. 그런데 대니는 좀 복잡하고 흐릿했다. 대니는 흥이 있는 사람은 아니었다. 어쩌면 우울한 사람 같기도 했다. 대니는 연구를 힘들어했고, 그래서 함께 일하는 사람도 덩달아 조금 힘들어졌다. 레델마이어는 "대니는 연구에서 주로 잘못된 부분을 보고, 잘된 부분은 잘 안 보는 성향이 있다"고 했다. 하지만 대니가 생각해내는 것들 역시 두말할 나위 없이 탁월했다.

그런데 레델마이어가 가만히 생각해보니, 그는 아모스와 대니의 삶에 대해 의외로 아는 게 거의 없었다. "아모스는 사적인 이야기는 거의 안 했어요. 이스라엘 이야기도, 전쟁 이야기도, 과거 이야기도 절대 안 했어요. 고의로 피했다기보다 화제를 조절했죠." 이들이 함께 있을 때의 화제는 의료 행위에 나타난 인간 행동 분석이었다. 레델마이어는 대니나 아모스에게 감히 과거나 두 사람의 관계에 대해 묻지 못했다. 그러다 보니 두 사람이 왜, 어떻게 히브리대학과 이스라엘을 떠나 북아메리카에 왔는지, 1980년대에 아모스는 스탠퍼드대학 행동과학 분야에서 석좌교수로 있었는데 왜 대니는 그 시기 대부분을 브리티시컬럼비아대학에서 비교적 무명으로 지냈는지 전혀 알지 못했다.

두 사람은 대단히 친해 보였지만, 드러내놓고 공동 작업을 하지는 않았다. 왜 그랬을까? 레델마이어도 알 수 없었다. "게다가 두 분은 서로 말도 잘 안 했어요."

두 사람은 같이 움직일 때보다 각자 움직일 때 사냥감을 더 많이 포획하기로 작심한 듯 보였다. 이들은 공동으로 생각해낸 것을 서로 다른 방법으로 현실 세계에 확장했다. 레델마이어가 말했다. "두 분은 단짝이고, 나는 두 분의 애완견 슈나우저라는 생각이 들었죠."

레델마이어는 1992년에 토론토로 돌아왔다. 아모스와의 공동 연구는 그의 인생을 바꿔놓았다. 아모스는 워낙 아이디어가 반짝이는 사람이라 문제가 생길 때마다 아모스가 그 문제를 어떻게 해결할지 다들 궁금해하지 않을 수 없었다. 아모스는 항상 큰 밑그림은 이미 준비해둔 채 단지 그것을 설명할 의학 사례가 필요한 것 같았고, 따라서 레델마이어는 자기가 기여한 부분은 많지 않다는 느낌이 들었다. "어느 모로 보나 나는 그럴듯한 비서일 뿐이었고, 그래서 여러 해 동안 마음이 불편했죠. 구태여 내가 아니어도 상관없을 거란 생각이 마음속 깊이 자리 잡고 있었어요. 그러다가 토론토에 돌아와서 문득 이런 생각이 들더라고요. 아모스뿐이었을까? 레델마이어다운 무언가도 있지 않을까?"

몇 해 전만 해도 레델마이어는 북부 래브라도 작은 마을에서 환자를 돌보는 자신의 모습을 상상했었다. 그런 그가 이제 특별한 야심이 생겼다. 연구원으로서, 그리고 의사로서, 의사와 환자가 저지르는 정신적 실수를 탐색해보자! 대니와 아모스에게 훈련받은 대로, 인지 심리를 의료 행위에서의 의사 결정에 결합해보고 싶었다. 구체적인 방법은 아직 말하기 어려웠다. 아직도 자신을 확신할 수 없었다. 확실한 것이라고는 아모스 트버스키와 함께 일하면서, 자기에게도 다른 모습이 있다는 걸 발견한 것뿐이었다. 진실을 찾으려는 욕구였다. 그는 데이터를 이용해, 인간 행동에서 일정하게 반복되는 진짜 유형을 찾고 싶었다. 사람들의 삶을, 더러는 죽음을 지배한 가짜 유형을 대체할 진짜 유형을. 레델마이어는 자신의 새로운 모습을 이렇게 설명했다. "내게 그런 면이 있는 줄 정말 몰랐어요. 아모스가 발굴한 게 아니라 심어준 거예요. 그분은 메신저가 되어, 자신은 결코 볼 수 없는 미래의 땅으로 나를 보내주었죠."

9
심리학 투사의 탄생

1973년 가을, 대니는 사람들이 자기와 아모스의 관계를 절대 이해하지 못할 거라는 생각이 분명해졌다. 두 사람은 앞선 학기에 히브리대학에서 함께 세미나를 진행했다. 대니의 시각으로 보면, 그 수업은 대참사였다. 그들이 함께 청중 앞에 서면, 단둘이 있을 때 대니가 느꼈던 아모스의 따뜻함은 온데간데없이 사라졌다. 대니가 말했다. "우리는 다른 사람과 있을 때면 둘 중 하나였어. 상대의 말을 마무리해주고 상대의 농담을 대신 말해주든가, 아니면 서로 경쟁하든가. 누구도 우리가 함께 일하는 모습을 본 적이 없었지. 누구도 우리가 어떤 사이인지 몰랐고." 성별만 빼면 둘은 연인이나 마찬가지였다. 두 사람은 다른 누구보다도 긴밀한 사이였다. 두 사람의 아내들도 그 점을 인정했다. 아모스의 아내 바버라가 말했다. "두 사람 사이는 부부 이상이에요. 둘 다 생전 처음 지적으로 서로에게 끌린 것 같아요. 마치 그 순간만 기다려온 사람 같았어요." 대니는 아내의 질투를 느꼈고, 아모스는 결혼 생활을 침범한 두 사람의 관계를 아내 바버라가 아주 품위 있게 다룬다며 아내가 없는 자리에서 아내를 칭찬했다. 대니가 말했다. "아모스와 함께 있으면 다른 사람과 있을 때와는 아주 다른 느낌이었어, 정말로. 사람들은 사랑이니 뭐니 하는 것에 빠지지만, 나는 완전히 넋을 잃었거든. 우리는 그런 사이였어. 정말 희한한 일이야."

두 사람이 함께 일할 방법을 찾느라 백방으로 애쓴 사람은 아모스였다. "머뭇거린 쪽은 나였어. 나는 거리를 두었거든. 아모스가 없으면 무슨 일이 일어날지 겁났으니까."

이집트와 시리아 군대가 이스라엘에 공격을 개시한 때는 캘리포니아 시각으로 오전 4시였다. 그들은 속죄일(욤키푸르)에 이스라엘을 기습 공격했다[제4차 중동전쟁 − 옮긴이]. 수에즈운하를 따라 주둔한 이스라엘 수비대 500명이 이집트군 10만 명에게 제압되었다. 이스라엘 전차 부대 177명은 골란고원에서 시리아 전차 2,000대로 구성된 공격 부대를 내려다보았다. 미국에서 결정 분석가가 되려고 애쓰던 아모스와 대니는 공항으로 달려가 가능하면 파리로 가는 첫 비행기를 타려고 했다. 대니의 누나는 파리에 있는 이스라엘 대사관에서 일하고 있었다. 전쟁 중에 이스라엘로 들어가기는 쉽지 않았다. 이스라엘항공의 모든 입국 항공기는 전투기 조종사와 전투 지휘관으로 가득 찼다. 침공 첫날 사망한 사람들의 자리를 메우려고 속속 입국하는 사람들이었다. 1973년, 싸울 수 있는 이스라엘 사람이라면 모두 전쟁터로 달려갔다. 이 사실을 안 이집트 대통령 안와르 사다트는 이스라엘에 착륙하려는 민간 항공기도 무조건 격추하겠다고 공언했다. 파리에 도착한 대니와 아모스는 대니의 누나가 그들을 비행기에 태우는 문제로 누군가와 이야기를 하는 사이에 전투화를 샀다. 캔버스 천으로 만들어져, 이스라엘군에서 나눠주는 가죽 전투화보다 가벼웠다.

전쟁이 터졌을 때, 바버라 트버스키는 첫째 아들을 데리고 예루살렘에 있는 응급실로 가던 중이었다. 첫째가 동생과 누가 오이를 목구멍에서 코까지 깊숙이 찔러 넣는지 내기를 해 이긴 뒤에 그만 탈이 나고 말았다. 치료를 마치고 집으로 돌아가던 길에, 사람들은 그들 차를 에워싸고 왜 길에 있느냐며 소리를 질렀다. 이스라엘 전체가 공포에 휩싸였다. 전투기가 비명을 지르며 예루살렘 상공 위를 낮게 날았다. 모든 예비군은 자기 부대로 가라는 신호였다. 히브리대학은 문을 닫았다. 평소에는 조용한 트버스키 동네에 밤새 군용 트럭이 지나갔다. 도시는 암흑에 잠겼다. 가로등은 켜지지 않았다. 차가 있는 사람은 브레이크 등을 테이프로 감쌌다. 별은 어느 때보다 밝게 빛났고, 뉴스는 어느 때보다 혼란스러웠다. 바버라는 처음으로 이스라엘 정부가 진실을 숨기는 것 같다는 느낌이 들었다. 이번 전쟁은 다른 때와 달랐다. 이스라엘이 지고 있었다. 아모스가 어디 있는지, 무슨 계획을 세우고 있는지 알 길이 없어 답답했다. 아모스가 미국에 있을 때 전화 요금이 워낙 비싸 편지로만 연락을 했었다. 해외에 사는 사랑하는 사람이 참전을 위해 귀국했었다는 사실을 그의 전사 통보를 받으며 알게 되는 사람들도 있었는데, 바버라라고 해서 그러지 말란 법은 없었다.

바버라는 도울 일을 찾아보자는 생각에, 스트레스와 그 대처법에 관해 신문에 기사를 쓰려고 도서관에 가서 자료를 뒤졌다. 며칠째 교전이 이어지던 어느 날 밤 10시경, 집 안에서 발소리가 들렸다. 바버라는 불빛이 새어나가지 않도록 블라인드를 내린 채 서재에서 혼자 일하고 있었고, 아이들은 자고 있었다. 누군가가 계단을 뛰어오르는 가 싶더니, 갑자기 아모스가 어둠속에서 튀어나왔다. 그가 대니와 함께 탄 이스라엘항공 비행기는 참전을 위해 귀국하는 이스라엘 남자들만 태우고 들어왔다. 비행기는 암흑 속에 텔아비브에 착륙했다. 날개에도 불을 켜지 않았다. 이번에도 아모스는 벽장에서 군복을 꺼냈다. 이제는 대위 계급장이 붙어 있었고, 역시 잘 맞았다. 그리고 다음 날 새벽 5시에 집을 떠났다.

그는 대니와 함께 심리 야전 부대에 배속되었다. 이 부대는 대니가 선발 시스템을 재정비한 1950년대 중반부터 계속 성장했다. 1973년 초, 이스라엘군의 심리를 연구하기 위해 미국 해군연구국Office of Naval Research에서 파견 나온 미국 심리학자 제임스 레스터James Lester는 자신들이 이제 곧 합류할 부대에 관한 보고서를 작성했다. 레스터는 세계에서 운전면허 시험이 가장 엄격한 나라이자 동시에 세계에서 교통사고 발생률이 가장 높은 나라인 이스라엘 전반이 경이로웠다. 그런데 그가 가장 놀란 것은 무엇보다도 이스라엘 심리학자들에 대한 이스라엘군의 신뢰였다. 그는 이렇게 썼다. "장교 과정에서 탈락자가 15~20퍼센트에 이른다. 이스라엘군은 불가사의한 심리 연구를 무척 신뢰해서, 선발 부서에 이 15퍼센트를 훈련 첫 주 만에 가려내도록 한다."

레스터의 보고에 따르면, 이스라엘군 심리 부서 총 책임자 베니 샬릿Benny Shalit은 이상할 정도로 막강한 힘을 지닌 인물이었다. 샬릿은 군 심리 부대의 지위 격상을 요구해 얻어냈다. 그리고 심리 부대에 이교도 비슷한 성격을 부여하면서, 군복에 직접 디자인한 부대 마크를 붙이기까지 했다. 이스라엘 올리브 가지와 검에다, 레스터의 설명에 따르면 "평가와 통찰 등을 상징하는 눈"을 덧붙인 마크다. 샬릿은 심리 부대를 전투부대로 만들 의도로, 이를테면 아랍인에게 최면을 걸어 아랍 지도자를 암살하게 하자는 등 심리학자들마저 미쳤다고 할 만한 아이디어를 내놓았다. 샬릿 밑에서 심리 부대에 복무했던 다니엘라 고든은 이렇게 회상했다. "실제로 어떤 아랍인에게 최면을 걸었어요. 그리고 요르단 국경으로 보냈는데, 그대로 달아나버렸죠."

샬릿의 부하 장병들 사이에 퍼진 소문 중에 좀처럼 사라지지 않는 소문 하나가 있었다. 이스라엘군 거물들의 입대 시절 개인 평가 기록을 샬릿이 모조리 가지고 있는데, 샬릿은 그들에게 그 자료를 얼마든지 공개할 수 있다고 말했다는 소문이었다. 그 이유가 무엇이든 간에, 베니 샬릿은 이스라엘군에서 자신의 입지를 다지는 데 비상한 능력을 보였다. 그리고 샬릿이 요구해 얻어낸 특이한 것 하나는 여러 부대에 심리학자를 파견해 지휘관에게 직접 조언하도록 하는 것이었다. 레스터는 이렇게 썼다. "야전 심리학자들은 관례를 벗어난 다양한 문제에 조언을 할 수 있는 위치에 있다. 예를 들어 무더운 날 보병 부대가 길을 가던 중에 탄창으로 청량음료를 따려다가 탄창을 망가뜨리는 일이 자주 있었는데, 그렇다면 탄창을 만들 때 아예 병따개를 부착하자고 할 수도 있었다." 샬릿 부대의 심리학자들은 기관단총에서 잘 사용하지 않는 조준기를 제거하고, 발사 속도를 높이기 위해 기관총부대가 함께 움직이는 방식을 바꿨다. 이스라엘군의 심리학자들은 한마디로 어떤 제재도 없이 활동했다. 미 해군 소속 기자는 현장에서 이렇게 결론 내렸다. "이스라엘에서 군 심리학은 여전히 건재하다. 이스라엘 심리학이 군 심리학이 되어가는 흥미로운 질문이다."

그러나 베니 샬릿 부대의 야전 심리학자들이 실전에서 무엇을 하게 될지는 분명치 않았다. 베니 샬릿의 부사령관인 엘리 피시호프Eli Fishoff가 말했다. "심리 부대는 무엇을 해야 하는지 감을 잡지 못했죠. 전쟁은 전혀 예상치 못한 채 일어났고, 우리는 어쩌면 여기서 끝날지 모른다고 생각했어요." 불과 며칠 사이에 이스라엘군은 인구 비율로 따지면 베트남전쟁에서 사망한 미군보다 더 많은 병력을 잃었다. 이스라엘 정부는 유명인과 인재가 다수 사망한 이 전쟁을 이후 '인구 재앙'이라 불렀다. 심리 부대에서는 설문을 만들어 군의 사기를 높일 방법을 찾아보자는 의견이 나왔다. 아모스는 그 의견에 전적으로 공감해 설문 작성에 힘을 보태면서, 이 활동을 구실 삼아 현장 가까이 있으려 했다. 대니가 말했다. "우리는 곧장 지프를 한 대 얻어 시나이 곳곳을 돌면서, 힘을 보탤 일이 없는지 찾아봤어."

대니와 아모스가 지프 뒤에 소총을 싣고 전투지로 나가는 모습을 지켜본 동료 심리학자들은 둘이 제정신이 아니라고 생각했다. 야파 싱어가 회상했다. "아모스는 어린아이처럼 신이 났지만, 시나이로 가는 건 미친 짓이었어요. 너무 위험하니까요. 설문을 작성해 오라고 그곳에 사람을 보내는 건 정말 미친 짓이었어요." 적의 전차와 전투기가 있는 곳으로 곧장 뛰어드는 게 문제가 아니었다. 그곳은 지뢰밭이었다. 길을 잃기도 쉬웠다. 그들의 부대 지휘관인 다니엘라 고든이 말했다. "지켜 줄 사람도 없었어요. 자기 몸은 자기가 알아서 지켜야 했어요." 다들 아모스보다 대니를 더 걱정했다. 야전 심리학자들의 대표였던 엘리 피시호프가 말했다. "우리는 대니를 그곳에 보내는 게 너무 걱정이 됐어요. 아모스는 크게 걱정 안 했어요. 투사였으니까요."

하지만 대니와 아모스가 지프를 타고 시나이를 요란하게 달릴 때 정작 유용했던 사람은 대니였다. 피시호프는 대니가 "지프에서 뛰어내려 사람들에게 캐묻고 다녔다"고 했다. 아모스가 더 유용할 것 같았지만, 오히려 대니가 다른 사람은 못 보고 지나친 문제를 집어내어 해결책을 찾는 재주가 있었다. 두 사람이 최전선으로 달려가던 중에 대니가 길가에 쌓인 쓰레기 더미를 보았다. 미군이 공급한 통조림에서 나온 음식 쓰레기였다. 그는 군인이 먹은 음식과 버린 음식을 조사했다(군인은 통조림 자몽을 좋아했다). 그리고 곧바로 이스라엘군에 음식 쓰레기를 분석해 장병이 원하는 음식을 제공하라고 권고했고, 이 권고가 신문 머리기사를 장식했다.

한편 당시 이스라엘 전차 운전병의 작전 중 사망률이 유례없이 높았다. 대니는 운전병을 훈련해 사망 사고 발생 시 가능한 한 빨리 빈자리를 충원하는 곳에 가보았다. 네 명으로 구성된 조가 두 시간씩 교대로 전차에 올라탔다. 대니는 단시간 교육이 효율이 더 높으니, 새 운전병을 30분씩 교대로 전차에서 훈련시키면 더 빨리 교육할 것이라고 지적했다. 대니는 이스라엘 공군도 점검했다. 전투기 조종사들도 전에 없이 많이 죽었다. 이집트가 소련이 제공하는 개선된 신식 지대공 미사일을 사용하기 때문이었다. 특히 한 비행대대가 손실이 컸는데, 담당 장군은 해당 비행대대를 조사해 필요하면 처벌하려고 했다. 대니가 말했다. "그 장군이 꾸짖듯 말하더라고. 조종사 한 명이 '미사일을 한 발도 아니고 네 발씩이나!' 맞았다고. 그게 조종사 무능의 결정적 증거라는 말투였어."

대니는 장군에게 표본 크기에 문제가 있다고 설명했다. 무능하다는 그 비행대대가 손실을 입은 원인은 무능보다는 순전히 우연일 수 있었다. 그 부대를 조사해보면, 조종사의 행동에서 무능의 구실이 될 행동 유형을 분명히 찾을 수 있을 것이다. 그 부대 조종사들이 이를테면 가족을 만나러 가는 횟수가 많았다든가, 색깔이 우스꽝스러운 팬티를 입었다든가. 하지만 어떤 이유를 찾든 간에 의미 없는 착각일 뿐이다. 그 대대에는 통계적으로 의미 있는 설명이 나올 만큼 조종사가 많지 않다. 게다가 책임을 묻기 위한 조사는 사기 진작에 최악이다. 이 조사의 유일한 기능이라면 장군이 무소불위의 권력을 스스로 확인하는 정도일 것이다. 장군은 대니의 말을 경청하고 조사를 중단했다. 대니는 이를 두고 "내가 전쟁에 기여한 유일한 부분"이라고 했다.

대니는 당장의 현실적 업무인, 이제 막 전투지에서 돌아온 장병들에게 질문을 던지는 일이 부질없다는 생각이 들었다. 이들은 상당수가 트라우마에 시달렸다. "충격에 빠진 사람들을 상대로 대체 뭘 할 수 있을지, 하물며 그들을 어떻게 평가할 수 있을지 의문이 들더라고. 겁에 질리지 않은 장병이 없었는데, 더러는 정상적인 생활이 불가능한 사람도 있었어." 충격에 빠진 이스라엘 군인들은 우울증 환자와 비슷했다. 대니는 자신이 다룰 수 없다고 느끼는 문제가 있었는데, 이것도 그중 하나였다.

대니는 시나이에 머물고 싶지 않았다. 적어도 아모스와 같은 이유로는 머물고 싶지 않았다. "부질없다는 생각이 들고, 괜한 시간 낭비 같았어." 대니의 말이다. 한번은 두 사람이 탄 지프가 너무 자주 덜컹거리는 바람에 대니가 허리를 삐끗했는데, 대니는 그때 설문 작업을 아모스에게 맡겨둔 채 그곳을 떠났다. 대니는 지프를 타고 돌아다니던 중에 일어난 일 하나를 생생히 기억했다. "한번은 전차 옆에서 잠을 잤어. 땅바닥에서. 그런데 아모스가 그걸 못마땅해하더군. 전차가 움직여 나를 뭉개버릴지 모른다고 생각한 거지. 그 말에 내가 아주 감동했지 뭐야. 사실 말도 안 되는 충고였는데. 전차 소리가 얼마나 큰데. 그래도 나를 걱정해준 말이니까."

훗날 월터리드육군연구소Walter Reed Army Institute of Research가 이 전쟁을 연구했다. '1973년 아랍 이스라엘 전쟁 중 전투 충격 사상자Battle Shock Casualties During the 1973 Arab-Israeli War'라는 제목의 연구에서, 보고서를 준비하던 정신과 의사들은 이 전쟁이 긴장도가 유난히 높고 인명 손실이 유난히 많았다는 사실에 주목했다. 적어도 전쟁이 시작될 때는 하루 24시간 내내 싸웠으니까. 그리고 최초로 이스라엘 장병들이 심리적 트라우마psychological trauma 진단을 받았다는 사실에도 주목했다. 아모스도 참여해 만든 설문은 장병들에게 단순한 질문을 여럿 던졌다. 어디에 있었는가? 무엇을 했는가? 무엇을 보았는가? 전투는 성공적이었는가? 그렇지 않다면 그 이유는 무엇인가? 야파 싱어는 이렇게 회상했다. "사람들은 두려움을, 감정을 털어놓기 시작했어요. 독립전쟁부터 1973년까지는 그런 말이 용납되지 않았었죠. 우리는 슈퍼맨이니까요. 누구도 두려움을 말할 배짱이 없었어요. 그런 말을 했다면 아마도 우리는 살아남지 못했을 거예요."

전쟁이 끝나고 며칠 동안 아모스는 싱어와 다른 심리 야전 부대 동료 두 사람과 함께 장병들이 작성한 설문지를 읽었다. 장병들은 참전 동기도 털어놓았다. 싱어가 말했다. "워낙 끔찍한 이야기라 다들 어지간하면 묻어두려고 하죠." 하지만 전투지에서 막 돌아온 장병들은 심리학자들에게 감정을 털어놓았다. 돌이켜보면 지극히 당연한 감정이었다. 싱어가 말했다. "그들에게 물었어요. 왜 이스라엘을 위해 싸우는가? 그때까지 우리는 그저 애국자였어요. 그런데 설문지를 읽으면서 분명히 알게 됐죠. 이들은 친구를 위해, 가족을 위해 싸우고 있었어요. 국가를 위해서도, 시온주의를 위해서도 아니었어요. 정말 큰 깨달음이었죠." 어쩌면 처음으로 이스라엘 군인들은 자기 속내를 공개적으로 털어놓았다. 이들은 사랑하는 동료 소대원 다섯 명이 온몸이 산산조각 나는 것을 지켜보았고, 세상에서 가장 친한 친구가 오른쪽으로 돌아야 하는데 왼쪽으로 돌다가 죽는 모습을 지켜보았다. "설문지를 읽으려니 가슴이 찢어지더군요." 싱어의 말이다.

싸움이 멈추는 순간까지 아모스는 구태여 감수하지 않아도 될 위험을 감수했고, 다른 사람들 눈에는 그런 행동이 어리석어 보였다. 바버라의 회상이다. "남편은 수에즈를 따라가며 전쟁의 종식을 목격하기로 작정했어요. 정전 이후에도 포격은 계속되고 있다는 걸 잘 알면서도 그랬죠." 아모스가 신체적 위험을 대하는 태도에 아내도 종종 깜짝 놀라곤 했다. 한번은 재미 삼아 비행기에서 다시 뛰어내리고 싶다고 말하기도 했다. "당신은 아이들 아버지다, 그랬더니 두말 않더라고요." 아모스는 정확히 말하면 전율을 즐기는 사람은 아니었지만, 거의 아이 같은 강한 열정이 있어서, 가끔은 그 열정에 끌려 대다수는 절대 가려 하지 않는 길에 발을 들여놓기도 했다.

결국 그는 시나이를 가로질러 수에즈운하에 도착했다. 이스라엘 군이 카이로까지 진격할 수 있어서 소련이 이를 막으려고 이집트에 핵

무기를 보낸다는 소문이 돌았다. 아모스가 수에즈에 도착해보니, 포격은 계속되는 정도가 아니라 더욱 격렬해져 있었다. 아랍과 이스라엘의 전쟁에서는 양측 모두 정전이 공식 발표되기 직전까지 남은 탄약을 상대에게 모조리 퍼붓는 오랜 전통이 있었다. 할 수 있을 때 가능한 한 많이 죽여라! 아모스는 수에즈운하 주변을 이리저리 돌아다니던 중에 날아오는 미사일을 감지하고는 참호로 뛰어들어 어느 이스라엘 병사 머리 위에 착지했다.

"너, 폭탄이야?" 공포에 사로잡힌 병사가 물었다.

"아니, 아모스다." 아모스가 말했다.

"그럼 나, 안 죽은 건가?" 병사가 물었다.

"안 죽었다." 아모스가 말했다.

아모스가 말한 유일한 일화였다. 이 이야기 외에 아모스가 전쟁을 다시 언급하는 일은 거의 없었다.

대니는 1973년 말 또는 1974년 초에 '인지 한계와 공공 의사 결정Cognitive Limitation and Public Decision Making'을 주제로 강연을 했다. 이 강연은 이후에 다시 이어진다. 그는 "버튼 몇 개만 누르면 살아 있는 것들을 모조리 파괴하는 능력이 주어진, 밀림의 쥐와 크게 다르지 않은 감정적이고 호르몬에 좌우되는 생물체"가 있다고 상상하면 무척 당혹스럽다는 말로 강연을 시작했다. 그러면서 아모스와 함께 이제 막 끝낸 인간의 판단에 관한 연구에서, "오늘날에도 수천 년 전과 마찬가지로 중

대한 결정이 몇몇 힘 있는 사람의 직관적 예측과 호불호에 좌우된다"는 걸 발견하고 더욱 당혹스러웠다고 했다. 그에 따르면, 결정을 내리는 사람이 자기 내면의 사고 체계를 이해하지 못하고 직감에 의존하려는 욕구를 이해하지 못한 탓에 "전체 사회의 운명이 지도자가 저지른, 피할 수 있는 일련의 실수에 좌우될 가능성이 높아졌다."

전쟁 전에 대니와 아모스는 인간의 판단을 계속 연구하다 보면 나중에는 잠재적 위험이 높은 현실 세계의 의사 결정까지도 연구할 수 있으리라 기대했다. 결정 분석이라 불리는 새로운 분야에서, 위험 부담이 높은 결정을 일종의 공학적 문제로 바꿀 수 있을 것이다. 그리고 의사 결정 체계를 설계할 것이다. 의사 결정 전문가들은 업계, 군, 정부 지도자들과 한자리에 앉아 모든 결정을 도박처럼 틀을 짜도록 도와주어 이 사건과 저 사건이 일어날 확률을 계산하고, 일어날 수 있는 모든 결과에 가중치를 부여하게 도와줄 수 있다. 이를테면 이런 식이다. 허리케인 씨뿌리기를 실행하면, 풍속을 늦출 확률은 50퍼센트이지만 꼭 대피해야 할 사람들에게 안전하다는 잘못된 인식을 심어줄 확률이 5퍼센트다. 어떻게 해야 하는가? 여기에 더해 결정 분석가는 중요한 결정을 내리는 사람에게, 직감은 잘못된 길로 이끄는 불가사의한 힘을 가졌다고 상기시킬 것이다. 아모스는 강의에 대비해 메모를 남겼다. "우리 사회가 수치 공식을 사용하는 쪽으로 전반적으로 바뀐다면 불확실성을 명확하게 표현할 여지가 많아질 것이다." 아모스와 대니는 유권자나 주주, 그 밖에 높은 수준의 결정에 영향을 받으며 사는 사람 모두 의사 결정의 본질을 좀 더 분명히 이해할 수 있으리라 생각했다. 이런 사람들은 결정을 평가할 때, 그것이 결국 옳았나 옳지 않았나 하는 결과가 아니라 그것에 이르기까지의 과정을 따지는 법을 배우게 된다. 결정을 내리는 사람이 할 일은 옳은 결정 내리기가 아니라 어떤 결정이든 확률을 이해하고 잘 활용하는 것이다. 대니가 이스라엘 강연에서 말했듯이, 당시 필요한 것은 "불확실성과 위험에 대처하는 사회 전반의 태도 변화"였다.

결정 분석가가 업계나 군 또는 정치 지도자를 정확히 어떻게 설득해 생각을 바꾸게 할지는 분명치 않았다. 중요한 결정을 내리는 사람을 어떻게 설득해 그들의 '효용'에 번호를 매기게 하겠는가? 이런 사람들은 스스로도 자신의 직감을 정확히 규정하고 싶어 하지 않았다. 바로 그 점이 문제였다.

훗날 대니는 자신과 아모스가 결정 분석가를 신뢰하지 않게 된 순간을 회상했다. 이스라엘 정보기관이 욤키푸르전쟁을 예상하지 못한 일로 이스라엘 정부에서 한바탕 소동이 일었고 짧은 자기반성도 뒤따랐다. 전쟁은 이겼지만, 결과적으로는 손해를 본 기분이었다. 이집트는 손실이 더 컸는데도 마치 승전국처럼 거리에 축하 분위기가 넘친 반면, 이스라엘 사람들은 하나같이 대체 무엇이 문제였는지 이해하려고 애썼다. 전쟁이 나기 전 이스라엘 정보부는 숱한 반증에도 불구하고, 이스라엘이 이집트보다 공군력이 우세한 이상 이집트는 절대 이스라엘을 공격하지 않을 것이라고 우겼다. 이스라엘 공군력은 분명 우세했다. 하지만 이집트는 이스라엘을 공격했다. 전쟁이 끝나고 이스라엘 외무부는 차라리 직접 정보를 수집하는 게 낫겠다는 생각에 자체적으로 정보 부서를 만들었다. 그리고 부서를 맡은 쯔비 라니르Zvi Lanir가 대니에게 도움을 요청했다. 마침내 두 사람은 의사 결정을 치밀하게 분석했다. 그 기본 취지는 국가 안보 문제를 다룰 엄격한 방침을 새로 도입하자는 것이었다. 대니가 말했다. "우선 기존의 정보 보고 방식부터 없애야 한다고 생각했지. 정보를 수필 형식으로 보고했는데, 수필은 원래 읽는 사람 멋대로 해석할 수 있으니까." 대니는 이스라엘 지도자들에게 숫자로 표시된 확률을 보여주고 싶었다.

1974년 미국 국무장관 헨리 키신저가 이스라엘과 이집트, 이스라엘과 시리아 사이에서 평화 협상 중재자로 나섰다. 키신저는 행동을 촉구하는 뜻으로, 평화 협상이 실패하면 대단히 불행한 일이 생길 수 있다는 미국 중앙정보국CIA의 평가를 이스라엘 정부에 건넸다. 대니와 라니르는 대단히 불행한 특정 사건이 발생할 확률을 구체적인 수치로 나타내 이스라엘 외무부 장관 이갈 알론Yigal Allon에게 전달하기 시작했다. 이들은 발생 가능한 '중대한 사건 또는 관심사' 목록을 만들었다. 요르단의 정권 교체, 미국의 팔레스타인해방기구 승인, 시리아와의 전면전 등. 그런 다음 전문가와 해당 문제에 정통한 옵서버를 대상으로 각 사건이 발생할 확률을 조사했다. 그 결과, 이들은 놀라운 의견 일치를 보였다. 이들이 내놓은 확률은 크게 다르지 않았다. 예를 들어, 대니가 전문가들에게 키신저의 협상이 결렬되면 시리아와 전쟁이 일어날 확률이 얼마나 높아지겠냐고 묻자, 이들은 한결같이 "10퍼센트 높아질 것"이라고 대답했다.

대니와 라니르는 이들이 제시한 확률을 이스라엘 외무부에 전달했다(두 사람은 이 보고를 '국가적 도박'이라 불렀다). 수치를 본 알론 장관은 말했다. "10퍼센트 증가? 별거 아니네."

대니는 깜짝 놀랐다. 시리아와 전면전을 벌일 가능성이 10퍼센트 높아지는 정도로는 알론 장관이 키신저의 평화 진전 노력에 관심을 보이지 않는다면, 대체 얼마나 높아져야 관심을 보일까? 그 수치는 최적 확률 추정치였다. 장관은 최적의 추정치에 의존하고 싶지 않은 게 분명했다. 그는 자기 내면의 확률 계산, 즉 직감을 선호했다. 대니가 말했다. "그 순간 나는 결정 분석을 포기했어. 누구도 숫자 때문에 결정을 바꾸지는 않더라고. 이야기가 필요한 게지." 세월이 흐른 뒤 미국 CIA가 대니와 라니르에게 결정 분석에서 그들의 경험을 말해달라고 했을 때, 두 사람은 이스라엘 외무부가 "구체적인 확률에 무관심했다"고 했다. 도박의 확률을 보여준들 그것을 받아 든 사람이 그 수치를 믿지 않거나 알고 싶어 하지 않는다면 무슨 소용이겠는가? 대니는 문제를 이렇게 진단했다. "수를 거의 이해하지 못하니까 어떤 말도 통하지 않아. 다들 그런 확률은 현실이 아니라 누군가의 머릿속에 들어 있는 것일 뿐이라고 생각하지."

———————

　　대니와 아모스의 이력에서, 두 사람의 자기 생각에 대한 열정과 상대 생각에 대한 열정을 구분하기 어려운 시기가 있다. 욤키푸르전쟁이 일어나기 전과 후의 순간은 돌이켜보면 한 가지 생각이 다음 생각으로 자연스럽게 진전된 때라기보다 사랑에 빠진 두 남자가 어떻게든 떨어지지 않을 구실을 찾느라 바빴던 때에 더 가까워 보였다. 이들은 사람들이 불확실한 상황에서 확률을 가늠할 때 사용하는 짐작 법칙을 탐색해왔는데, 이제 그 탐색을 마무리해도 좋겠다고 생각했다. 연구 결과, 결정 분석은 꽤 유익해 보였지만 궁극적으로는 쓸모가 없었다. 이들은 인간이 불확실성을 다루는 여러 방식에 대해 일반인들이 흥미롭게 읽을 만한 책을 써보려고 여러 번 시도했지만, 어쩐 일인지 대략의 윤곽을 잡고 앞부분만 계속 고쳐 쓰는 수준을 넘지 못했다. 욤키푸르 전쟁 이후, 그리고 이어서 대중이 이스라엘 정부 관리의 판단을 신뢰하지 않게 된 이후, 두 사람은 자기들이 정말로 해야 할 일은 교육제도를 개선해 미래의 지도자에게 생각하는 법을 가르치는 것이라고 판단했다. 이들은 이렇게 썼다. "우리는 사고의 허점과 오류를 자각하도록 가르치려 했다. 정부와 군 등에서 다양한 계층의 사람들을 상대로 이를 시도했지만, 일부만 성공했을 뿐이다."

어른들의 생각은 지나치게 자기기만적이었다. 아이들의 생각은 달랐다. 대니는 초등학생을 위한 판단 수업을 만들고, 아모스는 고등학생을 상대로 잠깐 동안 비슷한 수업을 진행한 뒤에, 둘은 함께 도서 제안서를 냈다. 이들은 "이 경험이 대단히 고무적"이었다고 썼다. 이스라엘 아이들에게 생각하는 법을 가르칠 수 있다면, 그럴듯하지만 잘못된 직관을 감지하고 바로잡는 법을 가르칠 수 있다면, 어떤 결과가 나올지 누가 알겠는가? 어쩌면 그 아이들이 자라, 이스라엘과 시리아 사이에서 평화를 중재하려는 헨리 키신저의 노력을 격려하는 지혜를 보일지도 모를 일이다. 하지만 이 작업 역시 끝을 보지 못했다. 두 사람은 작업을 더 확대하지 않았다. 마치 대중을 상대하는 일의 유혹에 빠지면 상대의 마음에 관심을 둘 수 없다는 듯이.

그 대신 아모스는 대니에게 자기가 심리학에서 계속 관심을 둔 문제, 즉 사람들은 어떻게 결정을 내리는지를 함께 연구해보자고 했다. "하루는 아모스가 그러더라고. '판단 문제는 끝냈으니까 이제 결정 문제로 넘어가자'고." 대니의 회상이다.

　판단과 결정의 구별은 판단과 예측의 구별만큼이나 모호해 보였다. 그러나 수리심리학자에게 그렇듯이 아모스에게도 그 둘은 뚜렷이 구별되는 탐구 분야였다. 판단을 내리는 사람은 확률을 가늠한다. 저 선수가 훌륭한 NBA 선수가 될 확률은 얼마나 되겠는가? AAA등급을 받은 어느 서브프라임 모기지 담보부 증권subprime mortgage-backed CDO의 위험성은 어느 정도일까? 판단 뒤에 반드시 결정을 내리지는 않지만, 결정에는 어느 정도 판단이 들어간다. 결정 분야에서는 사람들이 판단을 내린 뒤에, 다시 말해 확률을 알거나 안다고 생각한 뒤에, 또는 확률을 알 수 없다고 판단한 뒤에, 어떤 행동을 하는지 탐구했다. 저 선수를 선발할까, 저 CDO를 살까, 수술을 할까 아니면 화학요법으로 치료할까 등등. 한마디로 위험이 따르는 선택에서 사람들은 어떻게 행동할지가 이 분야 관심사였다.

　그때까지 결정을 연구하는 사람들은 현실은 어느 정도 포기한 채 가상의 도박에 한정해, 실험실에 모인 사람들이 확률이 명시된 상황에서 어떤 결정을 내리는지 연구했다. 결정 연구에서 가상의 도박은 유전자 연구에서 초파리와 같았다. 도박은 현실에서 따로 떼어낼 수 없는 현상을 대신했다. 대니는 아모스의 전문 분야에 지식이 전혀 없었는데, 아모스는 그런 대니에게 자기 분야를 소개하려고, 그가 스승 클라이드 쿰스 그리고 쿰스의 제자 로빈 도스와 함께 쓴 수리심리학 학부생 교재를 건넸다. 로빈 도스는 대니가 오리건연구소에서 톰 W 인물 묘사를 보여주었을 때 "컴퓨터과학자!"라고 자신 있게 부정확한 추측을 내놓았던 연구원이다. 아모스는 대니에게 그 교재에서 '개별적 의사 결정'이라는 매우 긴 챕터를 읽어보라고 했다.

교재에 따르면, 결정 이론은 18세기 초에 프랑스 귀족들이 궁중 수학자에게 주사위 굴리기에서 내기 요령을 물었던 일에서 시작했다. 도박의 기댓값은 각 결과에 그것이 일어날 확률로 가중치를 부여한 뒤 그것을 모두 더해서 얻는다. 누군가가 동전 던지기를 제안하면서, 동전 앞면이 나오면 100달러를 따고 뒷면이 나오면 50달러를 잃는다고 하면, 기댓값은 100달러×0.5 + (−50달러)×0.5 = 25달러가 된다. 기댓값이 플러스인 내기는 무조건 하겠다는 사람은 이 내기를 받아들인다. 하지만 도박을 할 때는 기댓값이 전부는 아니라는 것쯤은 누구나 아는 사실이다. 사람들은 기댓값이 마이너스인 도박에도 참여한다. 그렇지 않다면 카지노가 왜 있겠는가. 사람들이 지불하는 보험료 역시 예상되는 손실을 넘어선다. 그렇지 않다면 보험회사 또한 어떻게 살아남겠는가. 합리적인 사람은 잠재적 위험을 어떻게 떠안아야 하는가를 설명하는 이론이라면, 적어도 보험에 가입하려는 흔한 욕구를 비롯해 기댓값 극대화와는 거리가 먼 행동을 하는 사람들을 설명해야 한다.

아모스가 쓴 교재에 따르면, 대표적인 결정 이론은 1730년대에 스위스 수학자 다니엘 베르누이Daniel Bernoulli에게서 나왔다. 베르누이는 사람들의 실제 행동을 설명할, 단순한 기댓값 계산보다 나은 방법을 찾고 있었다. 그는 이렇게 썼다. "아주 가난한 사람이 복권을 한 장 얻었는데, 한 푼도 못 딸 확률과 2만 더컷을 딸 확률이 반반이라고 가정해보자. 이 사람은 복권의 가치를 1만 더컷으로 평가해야 할까? 이 복권을 9,000더컷에 판다면 어리석은 짓일까?" 더컷은 베르누이가 살던 시절의 유럽 화폐다. 가난한 사람은 2만 더컷을 딸 50:50의 확률보다 9,000더컷을 더 좋아하기 마련인데, 베르누이는 교묘한 말로 그 이유를 설명했다. 사람들은 가치를 극대화하지 않고 '효용·utility'을 극대화한다는 설명이다.

어떤 사람의 '효용'은 어떻게 따질까?(정이 안 가는 이 괴상한 단어가 여기서 뜻하는 것은 '돈에 부여하는 가치' 정도다.) 그것은 애초에 그 사람 손에 얼마가 있었는가에 달렸다. 가난한 사람은 기댓값이 1만 더컷인 복권보다 현금 9,000더컷에서 더 큰 효용을 얻을 게 분명하다.

"사람들은 자기가 가장 원하는 것을 택할 것이다"라는 말은 인간의 행동을 예측하는 이론으로는 그다지 도움이 안 된다. 나중에 '기대효용 이론expected utility theory'이라 불린, 너무 일반적이어서 큰 의미가 없는 이 이론에서 그래도 눈여겨볼 점은 인간 본성과 관련한 부분이다. 베르누이는 사람들은 결정을 내릴 때 효용을 극대화하려고 한다는 단정에 더해, '위험 회피risk aversion' 성향을 보인다고도 했다. 아모스가 만든 교재는 위험 회피를 이렇게 정의했다. "돈이 많을수록 추가로 늘어나는 돈에 가치를 덜 부여한다. 바꿔 말하면, 자본이 증가하면 1달러가 늘 때의 효용은 줄어든다." 처음 1,000달러가 생겼을 때보다 두 번째로 1,000달러가 생겼을 때 가치를 덜 부여하고, 마찬가지로 두 번째로 1,000달러가 생겼을 때보다 세 번째로 1,000달러가 생겼을 때 가치를 덜 부여한다. 주택화재보험에 들려고 포기하는 돈의 한계가치는 집이 불타버렸을 때 잃을 돈의 한계가치보다 적다. 보험은 엄밀히 말하면 어리석은 내기인데도 사람들이 보험에 드는 이유는 바로 이 때문이다. 우리는 동전 던지기에서 딸 수 있는 1,000달러보다 내 계좌에 있는 잃을 수 있는 1,000달러에 더 큰 가치를 부여하고, 따라서 그런 내기를 거부한다. 가난한 사람은 맨 처음 손에 들어오는 9,000더컷에 워낙 큰 가치를 부여해, 그 돈을 갖지 못할 위험이 그보다 많은 돈을 딸 제법 괜찮은 확률의 도박을 하려는 유혹을 압도한다.

이는 실제 세계에서 실제 사람들이 그렇게 행동하는 이유가, 베르누이가 말한 특성 때문이라는 뜻이 아니다. 단지 실제 세계에서 사람들의 일부 행동을 실제 돈으로 설명하려 했을 뿐이다. 효용 이론은 보험에 들려는 욕구는 설명하지만, 복권을 사려는 욕구는 명확히 설명하지 않은 채 도박을 사실상 외면했다. 위험이 따르는 상황에서 사람들은 어떤 결정을 내리는지를 설명할 이론을 찾기 시작한 것은 프랑스인들이 도박에서 돈을 따려는 의도에서 출발했다는 점을 생각하면 참 이상한 일이다.

아모스가 쓴 교재는 베르누이 이후 효용 이론의 길고도 험난한 역사는 건너뛰고 곧장 1944년으로 넘어갔다. 헝가리계 유대인 존 폰 노이만John von Neumann과 반유대주의 오스트리아인 오스카어 모르겐슈테른Oskar Morgenstern은 유럽을 떠나 미국으로 피신했다가 어쩐 일인지 그해 함께 돌아와 합리성 규칙이라 부를 만한 여러 규칙을 발표했다. 합리적인 사람이 이를테면 위험이 따르는 문제를 놓고 결정을 내린다면 폰 노이만과 모르겐슈테른의 '이행성 공리transitivity axiom'를 위반하지 말아야 한다. 다시 말해 A보다 B를 좋아하고 B보다 C를 좋아하면, A보다 C를 좋아해야 한다. A보다 B를 좋아하고 B보다 C를 좋아하면서 C보다 A를 좋아한다면 기대효용 이론을 위반하는 꼴이다. 그 외 규칙 중에, 이후 상황을 고려할 때 어쩌면 가장 중요한 규칙은 폰 노이만과 모르겐슈테른이 '독립성 공리independence axiom'라 부른 규칙이다. 이에 따르면, 두 가지 도박을 두고 선택할 때 관련 없는 대안이 생겨도 그 선택은 바뀌지 않아야 한다. 예를 들어, 샌드위치를 사러 가게에 들어갔는데 점원이 구운 소고기 샌드위치와 칠면조 샌드위치밖에 없다고 말하자 칠면조 샌드위치를 택한다. 그런데 샌드위치를 만들던 점원이 말한다. "아, 햄 샌드위치도 있는데, 깜빡 했네요." 그 말에 "그러면 소고기 샌드위치로 할게요"라고 대답한다. 폰 노이만과 모르겐슈타인의 공리에 따르면, 햄이 있다는 이유만으로 칠면조에서 소고기로 바꾼다면 합리적인 사람이라 할 수 없다.

실제로 누가 이런 식으로 선택을 바꾸겠는가? 합리성과 관련한 다른 규칙과 마찬가지로 독립성 공리도 타당하고 사람들이 흔히 하는 행동과도 크게 모순되지 않아 보였다.

기대효용 이론은 그저 이론일 뿐이었다. 이 이론은 위험이 따르는 결정을 내릴 때 사람들의 행동을 모두 설명할 수 있다거나 예측할 수 있는 척하지 않았다. 대니는 그 사실이 왜 중요한지를 그 대학 교재에 나온 아모스의 설명을 읽고서가 아니라 아모스가 직접 설명하는 말을 듣고서야 겨우 알 수 있었다. 대니는 그 사실이 "아모스에게는 신성한 것"이었다고 했다. 아모스가 공동으로 펴낸 교재는 기대효용 이론이 대단한 심리학적 진실을 주장한 것도 아닌데 심리학적 진실로 인정받아왔다는 점을 분명히 했다. 경제계 전체를 포함해 이 분야에 관심이 있는 거의 모든 사람 사이에서 기대효용 이론은 위험이 따르는 선택에 맞닥뜨린 평범한 사람들이 실제로 어떤 선택을 하는지 꽤 잘 설명한다고 인정받는 것 같았다. 일단 믿고 보는 이런 태도는 적어도 경제학자가 정치 지도자에게 조언을 건넬 때 영향을 미쳐, 사람들에게 선택의 자유를 주고 시장이 저절로 작동하도록 내버려두라는 쪽으로만 조언을 하게 한다. 인간은 기본적으로 합리적이라고 신뢰할 수 있다면, 시장도 마찬가지 아니겠는가.

아모스는 미시간대 대학원생 시절부터 그 점에 의심을 품었다. 그에게는 다른 사람의 생각에서 허점을 찾아내는 거의 밀림의 본능 같은 것이 있었다. 물론 사람들은 기대효용 이론이 예측하지 못했을 결정을 내린다는 것을 그도 알고 있었다. 아모스는 그 이론의 주장과 달리 사람들이 얼마나 '비이행적intransitive'일 수 있는지 직접 조사했다. 미시간대 대학원생이던 그는 하버드대 학생들 그리고 미시간 교도소에 살인죄로 수감된 사람들을 대상으로, 도박A와 도박B 중에 도박B를, 도박B와 도박C 중에 도박C를 선택하도록 유도한 뒤에, 거꾸로 도박A와 도박C 중에 도박A를 선택하도록 유도했다. 여러 번 반복한 이 실험에서, 사람들은 기대효용 이론 규칙에 어긋난 선택을 되풀이했다. 하지만 아모스는 의심을 아주 멀리까지 발전시키는 법이 없었다. 그는 사람들이 가끔씩 실수를 저지른다고 확인했을 뿐, 사람들의 결정 방식에서 체계적인 비합리성을 발견하지는 못했다. 인간 본성에 관한 깊은 통찰을 인간의 의사 결정에 관한 수학적 연구에 접목할 방법을 찾아내지는 못한 것이다.

1973년 여름, 아모스는 과거에 대니와 함께 인간의 판단은 통계 이론의 규칙을 따른다는 생각을 뒤집었듯이, 이번에는 결정 이론을 지배하는 기대효용 이론을 뒤집을 방법을 찾기 시작했다. 그는 친구 폴 슬로빅과 함께 유럽으로 가던 중, 결정 이론 분야에 인간 본성을 바라보는 좀 더 복잡한 시각을 끌어들일 방법을 두고 자신의 최근 생각을 털어놓았다. 슬로빅은 1973년 9월에 동료에게 편지를 쓰면서 그 내용을 이야기했다. "아모스는 효용 이론과 다른 대안 모델을 대놓고 비교하는 실증적 검증을 경고합니다. 문제는 효용 이론이 너무 일반적이어서 반박이 어렵다는 거예요. 따라서 효용 이론을 반박하는 사례가 아니라, 인간의 한계를 제약으로 받아들이는 대안 개념을 지지하는 사례를 적극적으로 찾는 전략을 써야 합니다."

아모스에게는 마음껏 부릴 수 있는, 인간 한계에 관한 실력자가 있었다. 아모스는 이제 대니를 "생존하는 세계 최고의 심리학자"라고 했다. 대니를 그렇게 대놓고 칭찬한 적은 없었다("남자라면 모름지기 과묵해야지." 대니의 말이다). 아모스는 대니에게 결정 이론에 그를 끌어들일 생각을 한 이유를 제대로 설명한 적이 없었다. 결정 이론은 대니가 큰 관심도 없고 잘 알지도 못하는 기술적이고 삭막한 분야였다. 하지만 아모스가 단지 둘이 함께 연구할 무언가를 찾고 있었을 뿐이라고는 보기 어렵다. 그보다는 그 주제에 관해 자기가 쓴 교재를 대니에게 준 뒤로 어떤 일이 일어날지 궁금해했다고 생각하는 편이 나을 것이다. 스리 스투지스The Three Stooges[1920년대부터 1960년대까지 활동한 미국의 유명한 3인조 코미디언-옮긴이] 코미디 중에, 래리가 동요 〈족제비가 펑 사라졌네Pop Goes the Weasel〉를 연주하자 컬리가 미친 듯이 모든 것을 파괴하는 장면을 연상케 하는 순간이다.

대니는 아모스가 쓴 교재를 화성의 언어로 쓰인 요리책인 양 읽었다. 그리고 해독해냈다. 대니는 자신이 응용수학에 소질이 없다는 것을 오래전부터 알고 있었지만, 거기 나온 방정식 논리는 따라갈 수 있었다. 그리고 그것을 존경하고 나아가 숭배할 수밖에 없다고 생각했다. 아모스는 수리심리학계에서 높은 위치에 있었다. 수리심리학계는 심리학의 다른 분야 상당수를 얕보는 성향이 있었다. 대니는 "수학을 쓰면 좀 있어 보이는 게 사실"이라며, "그 분야가 권위 있던 이유는 수학의 분위기를 빌려 왔기 때문이고, 누구도 거기서 어떤 일이 벌어지는지 이해할 수 없었기 때문"이라고 했다. 대니는 사회과학에서 수학의 권위가 점점 커져가는 것을 피할 수 없었다. 거기서 멀어져 봐야 자기만 손해였다. 하지만 결정 이론은 진심으로 존중할 마음이 생기지도, 관심이 가지도 않았다. 대니는 사람들이 어떤 행동을 할 때 그 이유에 관심이 있었다. 그리고 그가 보기에는 결정 이론을 대표하는 이론조차 사람들이 어떻게 결정을 내리는지에 대한 설명을 시작도 하지 않았다.

아모스가 기대효용 이론에 관해 쓴 챕터의 거의 끝부분을 읽던 대니의 눈앞에 다소 안도할 만한 문장이 나타났다. "하지만 이 공리를 여전히 미심쩍어하는 사람들도 있다."

그러면서 모리스 알레Maurice Allais도 그중 한 사람이라고 했다. 알레는 미국 경제학자들의 자기 확신을 못마땅해하는 프랑스 경제학자였다. 폰 노이만과 모르겐슈테른이 자신들의 이론을 정립한 뒤로, 인간 행동을 수학으로 설명하는 모델이 사람들의 선택 방식을 정확히 보여준다고 생각하는 분위기가 경제학자들 사이에서 팽배해졌는데, 알레는 특히 그 점을 탐탁지 않게 여겼다. 알레는 1953년에 경제학자들이 모인 회의에서, 기대효용 이론을 끝장낼 수 있으리라 생각한 문제를 제시했다. 그는 청중에게 아래 두 가지 상황에서 어떤 선택을 할지 상상해보라고 했다(아래 금액은 오늘날의 물가를 감안하고 원래 문제의 느낌을 살리기 위해, 알레가 애초에 제시한 달러에 10을 곱한 액수다).

상황1. 다음 중 하나를 고르시오.

1) 500만 달러를 무조건 받는다.

2) 확률이 아래와 같은 도박을 한다.

500만 달러를 딸 확률 89퍼센트.

2,500만 달러를 딸 확률 10퍼센트.

한 푼도 못 딸 확률 1퍼센트.

당시 회의에 참석한 미국 경제학자 다수를 비롯해 이 문제를 본 사람은 대부분 이렇게 말했다. "당연히 500만 달러를 무조건 받는 1번이지." 사람들은 부자가 되는 확실한 길을 택하지, 더 부자가 될 낮은 가능성을 택하지 않았다. 알레는 다음 문제로 넘어갔다.

상황2. 다음 중 하나를 고르시오.

3) 500만 달러를 딸 확률 11퍼센트, 한 푼도 못 딸 확률 89퍼센트.

4) 2,500만 달러를 딸 확률 10퍼센트, 한 푼도 못 딸 확률 90퍼센트.

역시 미국 경제학자를 비롯해 이 문제를 본 사람 대부분이 4번을 택했다. 확률은 약간 낮아도 훨씬 더 많은 돈을 따는 경우를 선택한 것이다. 이 선택에는 아무 문제가 없었다. 언뜻 보기에 두 가지 선택 모두 대단히 상식적이었다. 아모스 교재에 나온 대로, 문제는 "아무 문제가 없어 보이는 이 선호도는 효용 이론과 맞지 않는다". 지금은 '알레의 역설'이라 불리는 이 문제는 기대효용 이론을 반박하는 가장 유명한 사례가 되었다. 가장 냉정한 미국 경제학자조차도 이 문제에서 합리성 규칙을 어겼다.*

아모스의 수리심리학 입문은 알레의 역설 이후 계속된 논란과 논쟁을 개략적으로 보여주었다. 미국 쪽에서 이 논쟁을 주도한 인물은 미국의 명석한 통계학자이자 수학자인 새비지L. J. (Jimmie) Savage다. 효용 이론에 기여한 주요 인물이며, 자기도 알레 문제에 속아 모순된 답을 했다고 실토했다. 새비지는 알레의 도박을 더 복잡한 방법으로 재구성

---

* 미안하지만, 한 가지 짚고 넘어가야겠다. 수학이라면 머리에 쥐가 나는 사람은 건너뛰어도 좋다. 이후 대니와 아모스는 알레의 역설을 더 간단히 증명한다. 하지만 여기서는《수리심리학: 기초 입문서Mathematical Psychology: An Elementary Introduction》에 나온 약간 변형된 해법을 소개하겠다. 아모스가 대니에게 생각해보라고 했던 증명법이다.

u를 효용이라 하자.

상황1을 간단히 표현하면 다음과 같다.
$u(도박1) > u(도박2)$

그러므로
$1u(5) > 0.89u(5) + 0.10u(25) + 0.01u(0)$

즉,
$0.11u(5) > 0.10u(25) + 0.01u(0)$

이제 대다수가 3번보다 4번을 택한 상황2를 간단히 표현해보자.
$u(도박4) > u(도박3)$

그러므로
$0.10u(25) + 0.90u(0) > 0.11u(5) + 0.89u(0)$

즉,
$0.10u(25) + 0.01u(0) > 0.11u(5)$

상황1과 정확히 반대 결과다.

해, 적어도 자신을 포함해 기대효용 이론을 열렬히 추종하는 몇몇 사람이 상황2에서 4번이 아닌 3번을 고르도록 유도했다. 다시 말해, 알레의 '역설'이 결코 역설이 아니며 사람들은 기대효용 이론이 예상한 대로 행동했음을 증명했다(또는 증명했다고 생각했다). 아모스는 이 문제에 관심 있는 다른 많은 사람과 마찬가지로 여전히 미심쩍었다.

대니가 결정 이론을 읽는 동안 아모스는 무엇이 중요하고 무엇이 중요하지 않은지 이해하도록 도와주었다. 대니가 말했다. "아모스의 감각은 흠잡을 데가 없었어. 무엇이 문제인지 잘 알고 있었지. 그 넓은 분야에서 자기가 있어야 할 곳을 알았어. 나는 그런 감각이 없었는데 말이야." 아모스는 중요한 건 해결되지 않은 수수께끼라고 했다. "아모스가 그러더군. '이건 이야기야. 이건 게임이라고. 알레의 역설을 푸는 게임.'"

대니는 알레의 역설을 논리의 문제로 보려고 하지 않았다. 대니에게는 그 역설이 인간 행동에 나타나는 기벽에 가까웠다. "나는 거기에 담긴 심리를 이해하고 싶었어." 대니가 보기에는 알레도 사람들이 대표적인 결정 이론에 어긋나는 선택을 하는 이유를 깊이 고민하지 않은 것 같았다. 대니에게는 그런 선택이 나온 이유가 분명해 보였다. 후회였다. 상황1에서 사람들은 나중에 결과가 안 좋으면 자기 결정을 돌아보며 일을 망쳤다고 느낄 것 같았지만, 상황2는 그 정도까지는 아니었다. 500만 달러를 무조건 받는 제안을 거절했다가 나중에 한 푼도 못받으면, 500만 달러를 받을 낮은 확률의 도박을 거절했을 때보다 후회가 훨씬 클 것이다. 사람들이 거의 다 1번을 택한 이유는 2번을 택했다가 한 푼도 못 받으면 고통이 클 것이라고 생각했기 때문이다. 마음속으로 기대효용을 계산할 때 그 고통 피하기도 계산에 들어간다. 후회는 칠면조에서 소고기로 바꾸게 했던, 가게 뒤편에 놓인 햄과 같다.

결정 이론은 알레 역설의 중심에 있는, 언뜻 모순처럼 보이는 것을 기술적 문제로 보았다. 대니는 그 점이 어리석어 보였다. 모순 따위는 없다. 단지 심리만 있을 뿐이다. 결정을 이해하려면 금전적 결과뿐 아니라 감정적 결과도 함께 고려해야 한다. 대니는 이 주제로 아모스에게 짧은 글을 계속 써 보냈다. "물론 후회 그 자체가 결정을 내리지는 않아. 결과를 보고 느끼는 실제 감정이 그보다 앞서 어떤 행동을 할지 결정하지 않듯이. 결정에 영향을 미치는 것은 <u>후회 예상</u>이야. 물론 다른 결과 예상과 함께." 대니는 사람들이 다른 감정이 아닌 오로지 후회만을 예상하고 거기에 적응한다고 생각했다. 그는 또 이렇게 썼다. "<u>일어났을 수도 있는 일</u>이 괴로움의 핵심 요소지. 여기에는 비대칭성이 존재해. 왜냐면 <u>상황이 얼마나 더 나빴을 수도 있는가</u>를 생각한다고 해서 특별히 더 즐겁거나 더 행복해지는 건 아니거든."

행복한 사람이 불행을 상상하는 방식은 불행한 사람이 어떻게 달리 행동했으면 행복할 수 있었는지를 상상하는 방식과 다르다. 후회를 피하려는 욕구는 다른 감정을 피하려는 욕구보다 강하다.

사람들은 결정을 내릴 때, 효용을 극대화하기보다 후회를 극소화하려 했다. 이 사실에서 출발해 새로운 이론을 찾는다면, 뭔가 나올 것 같았다. 아모스는 어떤 식으로 삶의 중요한 결정을 내리느냐는 질문을 받으면, 무언가를 선택했을 때 느낄 후회를 상상한 뒤에 후회가 가장 적을 것을 선택하는 전략을 쓴다고 말하곤 했다. 후회라고 하면 대니를 따라갈 사람이 없었다. 대니는 항공편을 한번 예약하면, 예약을 변경해야 한결 편할 때도 바꾸려 하지 않았다. 항공편을 바꿨다가 행여 대참사를 만났을 때 밀려올 후회가 상상되기 때문이다. 대니는 후회 예측을 예측한다고 해도 과언이 아니다. 그는 절대 일어나지 않았을 수 있는 일이 일어났을 때, 구태여 하지 않아도 되는 결정을 내렸을 때, 거기서 오는 후회를 예측하는 능력이 남달랐다. 한번은 아모스 부부와 저녁식사를 하면서, 어린아이인 자기 아들이 언젠가는 이스라엘군에 입대할 테고, 또 언젠가는 전쟁이 일어날 텐데, 그러면 전쟁에서 죽을 게 거의 확실하다는 예측을 장황하게 늘어놓은 적이 있다. 아모스의 아내 바버라가 말했다. "그 일이 모두 일어날 확률이 얼마나 되겠어요? 극히 희박하죠. 그런데 그만하라고 말할 수도 없었어요. 확률이 그렇게 낮은 일을 두고 이야기하자니 영 불쾌해서 내가 대화를 포기했어요." 대니는 자기 기분을 예측하면 불가피한 고통을 누그러뜨릴 수 있으리라고 생각하는 것 같았다.

1973년 말에 아모스와 대니는 하루 중 여섯 시간을 함께 지냈는데, 회의실에 틀어박혀 있거나 예루살렘을 가로질러 한참을 걷거나 둘 중 하나였다. 아모스는 흡연이라면 질색했고, 담배 피우는 사람 근처에도 가지 않으려 했다. 하지만 대니는 하루에 담배 두 갑을 피웠는데도 아모스는 한마디도 하지 않았다. 중요한 건 대화였다. 두 사람은 함께 있지 않을 때면, 상대에게 짧은 글을 썼다. 앞서 나눈 이야기를 명확히 하거나 확장하는 내용이었다. 어쩌다 같이 모임에라도 참석할라치면, 둘은 항상 구석에서 함께 이야기를 나누었다. 대니가 말했다. "다른 사람보다 둘이 더 재미있으니까. 하루 종일 같이 일하는데도 그랬다니까." 두 사람은 합심해서 사람들이 왜 저런 행동을 하는지 이론을 만들고, 그것을 증명할 이상한 실험을 고안했다. 한번은 실험 참가자에게 아래와 같은 시나리오를 제시했다.

어떤 행사장에 갔다가 경품 추첨에 응모했다. 한 사람에게만 주는 큰 경품을 탈 희망에 비싼 응모권을 한 장 샀다. 커다란 단지에서 표를 뽑는 식이었는데, 뽑아 보니 107358이 적혀 있었다. 이어서 추첨 결과가 발표되고, 행운의 숫자는 107359였다.

대니와 아모스는 참가자에게 이 상황에서 불행의 정도를 1부터 20까지 숫자로 표시하라고 했다. 그런 다음 다른 두 참가자 집단에게도 행운의 숫자만 바꾼 똑같은 시나리오를 주었다. 그중 첫 번째 집단은 행운의 숫자가 207358이었고, 두 번째 집단은 618379였다. 그러자 첫 번째 집단은 두 번째 집단보다 훨씬 더 불행해했다. 희한하게도, 그러나 대니와 아모스는 이미 짐작한 대로, 행운의 숫자와 응모권에 적힌 숫자가 많이 다를수록 사람들은 안타까움을 덜 느꼈다. 대니는 자료를 요약하면서 아모스에게 짧은 글을 썼다. "비논리적이지만, 응모권 숫자가 행운의 숫자와 비슷하면 당첨될 뻔했다고 느끼는 게 분명해." 나중에는 또 이렇게 덧붙였다. "여기에 나타난 일반적 사실은, (객관적으로) 똑같은 상황이라도 거기서 느끼는 괴로움의 정도는 아주 다를 수 있다는 거야." 그리고 그 괴로움의 차이는 다른 결과가 얼마나 쉽게 상상되느냐에 달렸다.

후회는 얼마든지 상상이 가능해서, 사람들은 자신이 손쓸 수 없는 상황에서도 후회를 상상했다. 하지만 후회의 위력이 가장 커지는 순간은 물론 후회를 피할 수 있었을 때였다. 사람들이 무엇을 후회하고, 어느 정도나 후회하는지는 명확치 않았다.

전쟁과 정치는 아모스와 대니의 머릿속에서나 대화에서나 결코 멀리 벗어난 적이 없었다. 두 사람은 욤키푸르전쟁 이후의 이스라엘 사람들을 자세히 관찰했다. 사람들은 대부분 이스라엘이 불시에 공격받은 것을 안타깝게 생각했다. 이스라엘이 선제공격을 했어야 한다고 후회하는 사람도 있었다. 하지만 대니와 아모스가 가장 후회해야 마땅하다고 생각한 것을 후회하는 사람은 거의 없었다. 이스라엘 정부가 1967년 전쟁에서 얻은 영토를 돌려주려 하지 않은 일이다. 이스라엘이 시나이를 이집트에 돌려줬다면, 사다트는 애초에 이스라엘을 공격할 필요를 느끼지 않았을 공산이 크다. 왜 사람들은 이스라엘이 하지 않은 것에 대해 후회하지 않을까? 아모스와 대니의 생각은 이랬다. 어떤 일을 하지 않았을 때 그리고 어쩌면 했었어야 하는데 하지 않았을 때보다, 어떤 일을 했을 때 그리고 하지 말았어야 하는 일을 했을 때 후회가 훨씬 더 컸다. 대니는 아모스에게 보내는 짧은 글에 이렇게 썼다. "현 상황을 바꿔놓는 행동으로 손실을 볼 때의 고통은 현 상황을 유지하기로 결정한 탓에 겪는 고통보다 훨씬 커. 어떤 사람이 재앙을 피할 수도 있었던 조치를 취하지 않은 상태에서 재앙이 닥쳤을 때, 그 사람은 재앙의 책임을 인정하지 않아."

두 사람은 후회 이론을 만들기 시작했고, 후회 규칙이라 할 만한 것을 찾아가고 있었다(또는 찾아가고 있다고 생각했다). 그중 하나는 '거의 다 됐다'고 생각하다 실패할 때 느끼는 감정과 밀접하게 연관되었다. 성취에 가까이 다가갈수록 그것을 성취하지 못했을 때 느끼는 후회는 컸다.* 두 번째 규칙은 후회는 책임감과 밀접하게 연관된다는 것이다. 도박의 결과가 자기 손에 달렸을수록 결과가 안 좋을 때 느끼는 후회가 컸다. 알레의 문제에서 사람들은 도박에서 돈을 못 땄을 때가 아니라 자신의 결정으로 일정한 금액을 그대로 놓쳐버렸을 때 후회를 느끼리라 예상했다.

　여기서 후회의 또 다른 규칙이 나왔다. 이익이나 손실이 정해진 '확실한 결과'와 도박을 두고 선택할 때, 후회는 이 결정을 왜곡했다. 이런 성향은 학문적 관심사에 그치지 않았다. 대니와 아모스는 현실 세계에도 이런 '확실한 결과'에 해당하는 것이 있다고 보았다. 바로 현 상황이다. 현 상황은 사람들이 어떤 조치를 취하지 않았을 때 얻을 수 있는 것에 해당했다. 대니는 아모스에게 이렇게 썼다. "한참 망설이는 경우, 그리고 긍정적 조치를 계속 꺼리는 경우 중 상당수가 아마도 이런 식으로 해석될 수 있지 않을까." 현실에서, 다른 선택을 했더라면 어떤 일이 일어났을지 어느 정도 알 수 있을 때 후회 예상은 더 큰 힘을 발휘하지 않을까, 하는 것이 두 사람의 생각이었다. 대니는 이렇게 썼다. "어떤 조치를 취하지 않은 결과가 무엇일지 결정적 정보가 없다는 것이 아마도 우리가 삶에서 후회를 그럭저럭 감내하는 가장 중요한 요인일 듯해. 우리는 다른 직업을, 또는 다른 배우자를 택했더라면 더 행복했으리라고 절대적으로 확신할 수 없어. (…) 그 덕에 우리가 결정

---

*　약 20년이 지난 1995년에 대니 그리고 아모스와 차례로 공동 연구를 진행한 미국 심리학자 토머스 길로비치Tomas Gilovich는 1992년 하계올림픽에서 은메달과 동메달을 딴 선수들의 상대적 행복을 조사하는 공동 연구를 진행했다. 실험 참가자들은 비디오를 보면서, 동메달을 딴 선수가 은메달을 딴 선수보다 더 행복해 보인다고 판단했다. 연구원들은 은메달을 딴 선수는 금메달을 따지 못한 아쉬움을 달래야 했지만, 동메달을 딴 선수는 시상대에서 오른 것이 마냥 행복한 게 아닐까 싶었다.

을 잘했는지 못했는지를 두고 괴로워하지 않을 수 있지."

이들은 한 가지 기본적인 생각을 두고 1년 넘게 연구하고 또 연구했다. 기대효용이 설명할 수 없는 역설들을 설명하고, 행동을 예측하는 더 나은 이론을 내놓으려면, 이론에 심리학을 접목해야 한다는 생각이었다. 이들은 확실한 이익과 가능한 이익 사이에서 사람들은 어떤 선택을 하는지 다양한 실험을 하면서, 후회의 윤곽을 추적해갔다.

아래 중에 어느 것이 더 마음에 드는가?
경품A: 1,000달러를 딸 확률이 50퍼센트인 복권.
경품B: 400달러 무조건 받기.

아래 경품 중에 어느 것이 더 마음에 드는가?
경품A: 100만 달러를 딸 확률이 50퍼센트인 복권.
경품B: 40만 달러 무조건 받기.

대니와 아모스는 사람들이 실제로 어떤 선택을 했는지, 그 데이터를 잔뜩 모았다. 아모스는 "항상 데이터를 확실하게 쥐고 있어야 한다"고 즐겨 말했다. 데이터는 심리학을 철학과 구별하고, 물리학을 형이상학과 구별해준다. 두 사람은 데이터를 보면서, 돈에 대한 주관적 느낌은 다른 지각 체험과 공통점이 많다는 것을 알게 되었다. 암흑 속에 있는 사람은 처음 반짝이는 불빛에 극도로 민감하고, 정적에 둘러싸인 사람은 희미하게 들리는 소리에 귀를 쫑긋하고, 고층 건물에 있는 사람은 약간의 흔들림도 재빨리 감지한다. 그러나 빛이나 소리나 움직임이 강해질수록 변화에 덜 민감해진다. 돈도 마찬가지다. 100만 달러에서 200만 달러가 될 때보다 0달러에서 100만 달러가 될 때 사람들이 느끼는 기쁨은 훨씬 컸다. 도박과 무조건 받는 쪽 중 선택할 때, 도박의 기댓값이 무조건 받는 액수보다 커도 사람들은 무조건 받는 쪽을 택하리라고는 기대효용 이론도 물론 예상했었다. '위험 회피' 현상이다. 그런데 모두가 '위험 회피'라 불러온 이 현상의 정체는 무엇이었을까? 그것은 사람들이 후회를 피하려는 마음에 흔쾌히 지불하는 요금, 그러니까 후회 보험료에 해당했다.

기대효용 이론이 아주 틀린 것은 아니었다. 단지 기대효용 이론을 제대로 이해하지 못한 탓에 모순처럼 보이는 것을 설명하지 못했을 뿐이다. 대니와 아모스는 이 이론이 사람들의 결정을 설명하지 못하는 것을 두고 이렇게 썼다. "결정의 비금전적 결과도 무시하면 안 되는데, 효용 이론을 적용할 때 이 부분을 너무 쉽게 간과하니 어쩌면 당연한 결과다." 하지만 감정을 이해하는 통찰력으로 위험이 따르는 결정에 관한 이론을 어떻게 만들지는 단순한 문제가 아니었다. 두 사람은 해법을 암중모색했다. 아모스는 어디선가 읽은 "본질을 그 접합 부분에서 도려내다"라는 표현을 즐겨 사용했다. 두 사람은 인간 본질의 접합 부분을 잘라 본질을 도려내려 했지만, 감정의 접합 부분을 쉽게 찾을 수 없었다. 아모스가 감정에 대해 생각하거나 말하기를 특별히 좋아하지 않은 이유가 그 때문이기도 했다. 대니는 어느 날 편지에 이렇게 토로했다. "정말 복잡한 이론이야. 사실 그 이론은 다소 느슨하게 연결된 작은 이론 여러 개로 이루어졌어."

대니는 예전에 기대효용 이론에 관한 글을 읽으면서, 그것을 반박한다고 알려진 역설이 사실은 크게 헷갈릴 것도 없다고 생각했었다. 정작 대니가 헷갈린 것은 그 이론이 빼놓은 부분이었다. 대니가 그때를 회상했다. "효용을 측정하는 사람들은 세상에서 제일 똑똑한 사람들이야. 그런데 가만히 읽어보니까 뭔가 아주, 아주 이상하더라고." 그 이론을 지지하는 사람들은 '돈을 소유하는 효용'을 말하려는 것 같았다. 그들 머릿속에서 기대효용 이론은 부의 정도와 연결되었다. 많으면 많다는 이유로 항상 더 좋았다. 적으면 적다는 이유로 항상 더 나빴다. 대니는 그 점이 틀린 것 같았다. 그래서 그게 왜 틀렸는지 보여줄 시나리오를 여럿 만들었다.

오늘 잭과 질의 부는 각각 500만이다.
어제 잭의 부는 100만, 질의 부는 900만이었다.
현재 둘 다 똑같이 행복할까?(둘에게 효용이 같을까?)

물론 잭과 질은 똑같이 행복하지 않았다. 질은 몹시 심란하고, 잭은 기뻐서 어쩔 줄 모른다. 잭에게서 100만을 빼앗아 잭의 부를 질보다 적게 만들어도 잭은 여전히 질보다 더 행복할 것이다. 빛, 소리, 날씨, 기타 태양 아래 그 어떤 것을 감지할 때와 마찬가지로 돈을 생각할 때도 중요한 것은 절대적인 정도가 아니라 변화다. 사람들은 선택을 할 때, 특히 적은 돈이 걸린 도박을 두고 선택을 할 때, 이익이냐 손실이냐를 따지지 절대적인 정도를 따지지 않았다. "이 문제를 다시 아모스에게 가져갔어. 설명해주겠거니, 하고. 그런데 아모스가 그러더군. '자네 말이 맞아.'"

10
고립 효과

아모스와 대니는 두 사람 생각이 애초에 둘 중 누구에게서 나왔는지 기억할 수 없을 때가 많았다. 이들 생각은 상호작용이라는 연금술에서 나온 부산물처럼 느껴져서, 두 사람 모두 특정 생각이 누구 것인지 가리는 것은 의미가 없다고 생각했다. 그런데 출처가 분명한 때도 더러 있었다. 위험 부담이 따르는 결정을 내리는 사람은 특히 변화에 민감하다는 생각은 대니에게서 시작된 것이 분명했다. 하지만 그 생각이 대단히 값진 의미를 갖게 된 것은 그 뒤에 아모스가 한 말 덕분이었다. 1974년이 저물어가던 어느 날, 아모스와 대니가 사람들에게 제시했던 도박을 살펴보던 중에 아모스가 물었다. "플러스를 마이너스로 바꾸면 어떻게 될까?" 그때까지 도박은 여러 이익 사이에서의 선택이었다. "500달러를 무조건 받겠는가, 50퍼센트의 확률로 1,000달러를 받겠는가?" 그런데 아모스가 이제 이렇게 물었다. "손실이라면 어떨까?"

아래 경품 중에 어느 것이 더 마음에 드는가?

경품A: 1,000달러를 잃을 확률이 50퍼센트인 복권.

경품B: 500달러 무조건 잃기.

대니와 아모스는 이제까지의 모든 가상 도박에서 이익 앞에 마이너스를 붙인 뒤 사람들에게 다시 생각해보라고 하면, 이익만 따질 때와는 다르게 행동하리라는 확신이 들었다. 대니가 말했다. "이거다 싶더라고. 왜 그 질문을 진작 생각하지 못했는지, 정말 바보 같았어." 500달러를 무조건 받든 50퍼센트의 확률로 1,000달러를 받든 둘 중 하나를 택하라고 하면, 사람들은 무조건 받는 쪽을 택했다. 똑같은 사람에게 이번에는 500달러를 무조건 '잃든' 50퍼센트의 확률로 1,000달러를 '잃든' 둘 중 하나를 택하라고 하면, 도박을 택했다. 위험 추구로 돌아선 것이다. 큰 손실을 볼 가능성 대신 그보다 적은 확실한 손실을 떠안을 때 사람들이 원하는 확실한 손실액은, 확실한 이익을 포기하고 더 큰 이익을 볼 가능성을 추구할 때 원하는 확실한 이익액과 얼추 일치했다. 예를 들어, 확실한 이익을 포기하고 1,000달러를 딸 50퍼센트의 가능성을 택하게 하려면 그 확실한 이익을 약 370달러 정도로 낮춰야 했다. 또 1,000달러를 잃을 50퍼센트의 가능성보다 확실한 손실을 택하게 하려면 그 확실한 손실 역시 약 370달러로 낮춰야 했다.

그런데 알고 보니, 실제로 확실한 손실을 택하게 하려면 그 금액을 더 낮춰야 했다. 확실한 결과와 도박을 놓고 선택할 때, 손실을 피하려는 욕구는 확실한 이익을 얻으려는 욕구보다 컸다.

손실을 피하려는 욕구는 마음속 깊이 자리 잡고 있다가, 손실을 볼 수도 이익을 볼 수도 있는 도박 앞에서 가장 선명하게 모습을 드러 냈다. 그러니까 살면서 마주치는 거의 모든 도박에 나타난다는 이야기다. 사람들에게 100달러를 잃을 수 있는 동전 던지기를 하게 하려면, 딸 수 있는 금액을 그보다 훨씬 높게 제시해야 했다. 그러니까 동전을 던져 앞면이 나올 때 100달러를 잃는다면, 뒷면이 나올 때는 200달러를 딸 수 있어야 했다. 그리고 1만 달러를 잃을 수 있는 동전 던지기를 하게 하려면, 100달러를 잃을 수 있는 동전 던지기를 할 때보다 딸 수 있는 금액 비율을 훨씬 더 높여야 했다. 아모스와 대니는 이렇게 썼다. "긍정적 변화보다 부정적 변화에 더욱 민감한 성향은 돈 문제에만 국한하지 않는다. 이는 즐거움을 추구하는 생물체로서 인간의 일반적 특징을 보여준다. 원하는 대상을 얻을 때의 행복은 똑같은 대상을 잃을 때의 불행보다 작게 마련이다."

왜 이런 일이 일어나는지는 어렵지 않게 상상할 수 있다. 고통에 민감해야 생존율이 높아지니까. 두 사람은 또 이렇게 썼다. "쾌락을 무한정 추구하고 고통에 둔감하도록 타고난 행복한 종은 아마도 진화 전쟁에서 살아남지 못할 것이다."

대니와 아모스가 이 새로운 발견을 두고 의미를 살피는 사이에 곧한 가지 사실이 분명해졌다. 후회는 적어도 이론상으로는 버려야 한다는 것이다. 후회는 기댓값이 훨씬 큰 도박을 버리고 확실한 결과를 택하는 언뜻 비합리적으로 보이는 결정의 이유를 설명할 수는 있겠지만, 손실을 볼 사람이 위험을 추구하는 이유를 설명할 수는 없다. 한 푼도 못 받거나 1,000달러를 받을 확률이 반반인 도박보다 무조건 500달러 받기를 더 좋아하는 성향은 후회로 설명할 수 있다고 주장하는 사람은 모든 금액에서 1,000달러를 빼, 무조건 500달러를 잃는 문제로 바꿨을 때 사람들은 왜 도박을 택하는지를 절대 설명할 수 없다. 놀랍게도 대니와 아모스는 1년 넘게 공들인 이론을 버려야 하는 상황을 안타까워하지 않았다. 이들은 그동안 후회에 대해 생각해오던 것들을, 그중 상당수는 당연히 사실이고 값진 것이었음에도, 놀라울 정도로 빨리 폐기했다. 위험 부담이 따르는 결정을 내리는 과정의 상당 부분을 후회로 설명할 수 있을 것처럼 후회의 규칙을 만들다가, 바로 다음 날 더 그럴듯한 이론을 탐색하기 시작하더니 후회는 거들떠보지도 않았다.

그 대신 손실과 이익을 모두 포함하는 다양한 내기의 확률을 두고 사람들이 어디서, 어떻게 반응하는지 정확히 알아내려는 연구에 돌입했다. 아모스는 좋은 생각을 '건포도'라 부르길 좋아했다. 이들이 발견한 새로운 이론에는 건포도가 세 개 있었다. 첫째는 사람들은 절대적인 정도보다 변화에 반응한다는 것이고, 둘째는 손실이 포함된 상황과 이익이 포함된 상황에 무척 다르게 접근한다는 것이다. 그리고 특정 도박에서 사람들의 반응을 알아보던 중에 발견한 세 번째 건포도는 확률에 반응하는 방식이 단순하지 않다는 것이다. 아모스와 대니는 후회를 연구하면서, 확실한 결과가 제시된 도박에서 사람들은 그 확실성에 꽤 큰 대가를 지불하는 것을 목격했었다. 그런데 이제, 불확실성의 정도에 따라 사람들의 반응이 다르다는 것을 새롭게 목격했다. 어떤 결과가 나올 확률이 90퍼센트인 내기와 10퍼센트인 내기를 제시하자, 사람들은 전자가 후자보다 그 결과가 나올 확률이 9배인 것처럼 행동하지 않았다. 이들은 내부 조정을 거쳐, 90퍼센트 확률이 실제로는 90퍼센트보다 약간 낮은 것처럼, 그리고 10퍼센트 확률은 10퍼센트보다 약간 높은 것처럼 행동했다. 이성이 아닌 감정으로 확률에 대응한 것이다.

이 감정의 정체가 무엇이든 간에 가능성이 희박할수록 감정은 더 강해졌다. 한 뭉치 돈을 따거나 잃을 확률이 10억 분의 1이라고 하면, 사람들은 그 확률이 1만 분의 1인 것처럼 행동했다. 돈을 잃을 확률이 10억 분의 1일 때는 필요 이상으로 걱정을 하고, 돈을 딸 확률이 10억 분의 1일 때는 필요 이상으로 희망을 품었다. 극히 낮은 확률에 이런 감정을 보이다 보니 위험을 대하는 평소의 감각이 뒤바뀌어, 가망 없는 이익을 추구하느라 위험을 추구하고 손실이 생길 확률이 극히 낮은데도 위험을 회피했다(복권과 보험이 팔리는 이유이기도 하다). 대니가 말했다. "일단 그 가능성을 생각하기 시작하면, 생각이 부풀려져. 딸아이가 늦으면, 걱정할 필요가 없다는 걸 알면서도 머릿속은 온통 걱정뿐이잖아." 그리고 그 걱정을 없애느라 필요 이상의 대가를 지불하곤 한다.

사람들은 발생 확률이 아무리 낮아도 모두 일어날 수 있는 일로 취급했다. 불확실한 상황에서 사람들이 실제로 어떻게 행동할지 예측하는 이론을 만들려면, 현실에서처럼 각 확률에 감정 '가중치'를 부여해야 했다. 그렇게 하면 보험과 복권이 팔리는 이유뿐 아니라 알레의 역설까지도 설명할 수 있었다.*

그러던 중에 대니와 아모스는 한 가지 해결해야 할 문제를 발견했다. 이들의 이론은 기대효용 이론이 설명하지 못한 것을 모두 설명한 반면에, 효용 이론이 전혀 예상치 못한 점 즉 위험 감수 유도가 위험 회피 유도만큼이나 쉽다는 점을 암시했다. 이를 위해서는 선택에 손실을 포함시키면 그만이었다. 베르누이가 이 토론을 시작한 이래로 200

년이 넘도록 지식인들은 위험 추구를 호기심으로 간주했었다. 대니와 아모스의 이론이 암시하듯이 위험 추구가 인간 본성에 내재해 있다면, 왜 진작 그것을 알아차리지 못했을까?

아모스와 대니는 이제 그 이유를 인간의 결정을 연구하는 지식인들이 엉뚱한 곳에 주목했기 때문이라고 생각했다. 그 지식인들은 주로 경제학자였고, 경제학자는 돈과 관련한 결정에 집중했다. 아모스와 대니는 논문 초고에 이렇게 적었다. "(보험을 제외하고) 그런 맥락에서 내린 결정은 거의 다 주로 긍정적 전망을 수반하는 것이 생태적 사실이다." 경제학자들이 연구한 도박은 대부분의 저축이나 투자 결정처럼, 서로 다른 이익을 놓고 선택하는 것이었다. 사람들은 이익과 관련해

---

*   대니와 아모스는 아래와 같이 알레의 역설을 단순화해, 확률을 대할 때 언뜻 모순처럼 보이는 사람들의 태도를 어떻게 설명할 수 있는지 보여주었다. 이로써 이들은 재미있는 방식으로 알레의 역설을 두 번 '푼' 셈이다. 한 번은 후회를 이용해, 한 번은 새로운 이론을 이용해.

> 다음 중 하나를 고르시오.
> 1. 3만 달러 무조건 받기.
> 2. 7만 달러를 딸 확률과 한 푼도 못 딸 확률이 반반인 도박하기.

사람들은 거의 다 3만 달러 받기를 택했는데, 그것만으로도 흥미로웠다. '위험 회피'를 보여주는 결과였다. 도박과 확실한 결과를 놓고 선택하는 사람은 도박의 기댓값(여기서는 3만 5,000달러)보다 적은 액수라도 무조건 받기를 택한다. 효용 이론에도 어긋나지 않는다. 7만 달러를 딸 가능성의 효용이 3만 달러를 딸 가능성(여기서는 3만 달러를 무조건 받을 가능성)의 효용의 두 배가 안 될 뿐이다. 하지만 아래의 두 번째 선택을 보자.

> 1. 3만 달러를 딸 확률 4퍼센트, 한 푼도 못 딸 확률 96퍼센트인 도박.
> 2. 7만 달러를 딸 확률 2퍼센트, 한 푼도 못 딸 확률 98퍼센트인 도박.

이때는 거의 다 2번을 선호했다. 여기서는 7만 달러를 딸 가능성의 '효용'이 3만 달러를 딸 가능성의 효용보다 두 배 넘게 크다는 뜻이다. 즉 첫 번째 선택과 정반대의 선호도다. 대니와 아모스가 새로 만드는 이론에서, 이 역설은 이제 다른 방식으로 해결되었다. 첫 번째 상황에서 1번을 선택한 이유는 두 번째 상황에서는 예상하지 않은 후회를 예상했기 때문이 아니다(아니면 적어도 후회를 예상했기 때문만은 아니다). 사람들은 50퍼센트를 50퍼센트가 넘는 확률로 취급했고, 4퍼센트와 2퍼센트의 차이를 실제보다 훨씬 적게 생각한 것이다.

서는 위험 회피 성향을 보여, 도박보다는 확실한 이익을 택했다. 대니와 아모스는 그 이론가들이 돈 이외에 정치와 전쟁, 나아가 결혼을 연구했다면 인간 본성에 대해 다른 결론을 내놓았으리라고 생각했다. 정치와 전쟁에서 마주치는 선택은 골치 아픈 인간관계에서 그렇듯이 대개는 달갑지 않은 것들 사이에서의 선택이다. 대니와 아모스는 이렇게 썼다. "사적이고 개인적인 영역, 정치적 영역, 전략적 영역에서 내린 결정의 결과를 금전적 이익과 손실처럼 쉽게 측정할 수 있었다면, 의사 결정자로서 인간을 바라보는 매우 다른 시각이 생겼을 수도 있다."

————————

대니와 아모스는 1975년 상반기에, 그들 이론의 초고를 사람들에게 보여줄 수 있도록 정리하고 있었다. 처음에는 제목을 '가치 이론Value Theory'으로 했다가 '위험 가치 이론Risk-Value Theory'으로 바꿨다. 주로 경제학자가 정립하고 옹호한 이론을 공격하는 두 심리학자의 글치고는 공격성과 자신감이 대단했다. 이들은 그 오래된 이론은 실제 인간이 위험이 따르는 문제를 어떻게 결정하는지 진심으로 고민조차 하지 않았다고 썼다. 그 이론이 한 것이라고는 "위험이 따르는 선택을 돈이나 부를 대하는 태도만으로 설명"한 것이 전부였다. 두 사람의 글을 읽다 보면 행간에서 흥분을 감지할 수 있었다. 1975년 초, 대니는 폴 슬로빅에게 이렇게 썼다. "아모스와 나는 그 어느 때보다 생산적인 시기를 보내고 있어. 불확실한 상황에서의 선택을 설명할, 우리가 보기에 거의 완벽하고 아주 참신한 이론을 만드는 중이거든. 이전의 후회 논리를 일종의 준거 수준 또는 적응 수준 논리로 대체했지." 그리고 6개월 뒤 대니는 슬로빅에게 새로운 결정 이론의 원형을 마련했다고 썼다. "아모스와 나는 위험이 따르는 선택에 관한 논문을 이제 겨우 끝내서, 이번 주에 예루살렘에 모이는 내로라하는 경제학자들에게 간신히 보여줄 수 있게 됐어. 아직 다듬을 부분이 많지만."

공공경제학에 관한 회의라고 홍보된 그 모임은 1975년 6월에 예루살렘에 근접한 어느 키부츠에서 열렸다. 경제학 역사에서 가장 큰 영향력을 발휘하게 될 이론이 다른 곳이 아닌 농장에서 처음 모습을 드러낸 것이다. 결정 이론은 아모스의 전문 분야라 아모스가 발표를 도맡았다. 청중 가운데 노벨 경제학상을 이미 수상한 사람과 앞으로 수상할 사람이 최소 세 명은 포함되어 있었다. 피터 다이아몬드Peter Diamond, 대니얼 맥패든Daniel McFadden, 케네스 애로Kenneth Arrow였다. 애로가 말했다. "아모스 말을 듣고 있으면, 내가 지금 최고의 지성과 이야기하고 있구나 생각하게 되죠. 질문을 던지면, 아모스는 그 질문을 벌써 생각해두었고 답까지 준비해놓았음을 알 수 있어요."

아모스의 발표를 듣고난 애로는 아모스에게 한 가지 큰 궁금증이 생겼다. 손실이란 뭘까?

대니와 아모스의 이론은 잠재적 이익과 잠재적 손실에 맞닥뜨렸을 때 사람들의 기분이 사뭇 다르다는 점에 주목했다. 그 이론에 따르면, 손실은 어떤 사람이 자신의 '준거점'보다 나쁜 상황에 처했을 때를 말한다. 그렇다면 준거점은 무엇일까? 간단히 말해, 출발점이다. 현재 내 상태를 말한다. 현재 내 상태보다 더 나빠지면 손실이다. 하지만 누군가의 현재 상태를 어떻게 결정할까? 애로는 나중에 이렇게 말했다. "실험에서 손실은 꽤 명확하죠. 하지만 현실에서는 그렇게 명확치 않아요."

월스트리트 거래소는 연말이 되면 이 문제의 조짐이 나타난다. 전문 거래인이 상여금을 100만 달러 기대했다가 50만 달러만 받는다면, 손실을 봤다고 느끼고 손실을 본 듯이 행동한다. 이 사람에게는 얼마를 받으리라는 기대가 준거점이 된다. 이 기대는 고정된 수치가 아니며, 다양한 방식으로 바뀔 수 있다. 어떤 거래인이 자신을 포함해 주변의 모든 거래인이 상여금을 100만 달러 받으리라 예상했는데 알고 보니 다른 거래인은 죄다 200만 달러를 받았다면, 그의 준거점은 달라질 것이다. 이때 만약 자기만 100만 달러를 받았다면, 이 사람 역시 손실을 봤다고 생각한다. 대니는 나중에 이와 똑같은 준거점을 이용해, 보노보 실험에서 나타난 유인원의 행동을 설명했다. "바로 옆 우리에 있는 보노보와 내가 어떤 일을 아주 잘했을 때 오이를 하나씩 받는다면, 기분 좋은 일이다. 하지만 옆 우리의 보노보는 바나나를 받고 나는 오이를 받는다면, 나는 그 오이를 실험 진행자의 얼굴에 집어 던질 것이다." 어떤 유인원이 바나나를 받는 순간, 그 바나나는 옆집 유인원에게 준거점이 된다.

준거점은 마음 상태다. 심지어 뻔한 도박에서도 사람들의 준거점을 바꿔 손실을 이익처럼, 이익을 손실처럼 보이게 할 수 있다. 이런 식으로 사람들의 선택을 교묘히 조종할 수 있는데, 선택을 설명하는 방식만 바꿔도 가능하다. 두 사람은 경제학자들에게 이 준거점을 증명해 보였다.

문제A. 현재 소유 상태에 관계없이 1,000달러를 받았다. 아래의 둘 중 하나를 골라야 한다면 어느 것을 고르겠는가?

1. 50퍼센트 확률로 1,000달러 받기.

2. 500달러 무조건 받기.

거의 모든 사람이 무조건 받는 2번을 택했다.

문제B. 현재 소유 상태에 관계없이 2,000달러를 받았다. 아래의 둘 중 하나를 골라야 한다면 어느 것을 고르겠는가?

3. 50퍼센트 확률로 1,000달러 잃기.

4. 500달러 무조건 잃기.

이때는 거의 모든 사람이 도박인 3번을 택했다.

두 문제는 사실상 똑같다. 도박을 택했다면 2,000달러를 손에 쥘 확률은 두 경우 모두 50퍼센트이고, 확정된 결과를 택했다면 두 경우 모두 1,500달러를 손에 쥔다. 그런데 확정된 결과를 손실로 표현해놓으면 사람들은 도박을 택하고, 확정된 결과를 이익으로 표현해놓으면 확정된 결과를 택했다. 준거점, 즉 이익이냐 손실이냐를 판가름하는 기준은 고정된 수치가 아니라 심리 상태였다. "이익이냐 손실이냐는 문제 표현 방식에, 그리고 이익 또는 손실이 발생하는 맥락에 달렸다." 〈가치 이론〉의 첫 번째 초고에서 대략 설명한 내용이다. 그러면서 "현재 이론은 '해당 주체가 인식하는' 이익 또는 손실에 적용된다"고 했다.

대니와 아모스는 위험이 따르는 선택에 맞닥뜨린 사람은 그 선택을 관련 맥락에서 생각하지 못한다는 것을 보여주려 했다. 사람들은 선택만 따로 떼어 평가했다. 두 사람은 지금은 '고립 효과_isolation effect'라 부르는 이 현상을 탐색하던 중에 우연히 또 하나의 현상을 발견했고, 그것이 현실 세계에 의미하는 바를 무시하기 어려웠다. 이들은 여기에 '틀짜기_framing'라는 이름을 붙였다. 똑같은 상황을 다르게 묘사해 이익을 손실처럼 보이게 하면, 즉 상황의 틀을 다르게 짜서 이익을 손실처럼 보이게 하면, 위험을 대하는 태도를 완전히 뒤집어 위험을 회피하던 사람들을 위험을 추구하게 만들 수 있었다. 대니가 말했다. "우리는 틀짜기를 발명하는 줄도 모른 채 틀짜기를 발명했어. 어떤 대상이 둘 있는데, 둘이 똑같다면 어떤 식으로 다르게 보여주든 상관이 없어야 맞아. 그런데 둘을 어떻게 보여주느냐가 상관이 없지 않다면 기대효용 이론은 틀리다는 이야기지." 대니는 틀짜기가 그들의 판단에 관한 연구에 속하는 것 같았다. 여길 보라고, 머릿속이 또 이상한 속임수를 쓰네!

틀짜기는 또 하나의 현상일 뿐이어서, 틀짜기 이론 따위는 절대 없을 것 같았다. 하지만 아모스와 대니는 급기야 틀짜기가 현실에서 결정을 어떤 식으로 왜곡할 수 있는지를 보여주는 사례를 만드는 데 시간과 힘을 다 쏟아부었다. 그중 가장 유명한 사례가 '아시아 질병 문제'다.

아시아 질병 문제는 두 가지인데, 실험에서 이 둘을 서로 다른 집단에게 따로 제시했다. 틀짜기에 대해서는 아는 바가 없는 사람들이다. 첫 번째 집단에게 제시한 문제는 아래와 같다.

문제1. 미국이 이례적인 아시아 질병에 대비한다고 상상해보자. 이

질병이 발생하면 600명이 사망하리라 예상된다. 이 질병에 맞설 프로그램이 두 가지 제안되었는데, 그 둘의 결과를 과학적으로 정확히 예측한 수치가 다음과 같다고 해보자.

프로그램A를 쓰면 200명을 살릴 것이다.

프로그램B를 쓰면 600명을 살릴 확률이 3분의 1이고, 한 명도 못 살릴 확률이 3분의 2다.

둘 중 어떤 프로그램이 더 마음에 드는가?

응답자 중에 압도적 다수가 200명을 무조건 살리는 프로그램A를 택했다.

두 번째 집단에게도 똑같은 가정을 하되, 두 가지 프로그램을 다르게 제시했다.

프로그램C를 쓰면 400명이 사망할 것이다.

프로그램D를 쓰면 한 명도 사망하지 않을 확률이 3분의 1이고, 600명이 사망할 확률이 3분의 2다.

선택의 틀을 위와 같이 짜면, 압도적 다수가 프로그램D를 택했다. 사실 두 문제는 동일하다. 그런데 이익에 초점을 맞춰 선택의 틀을 짠 첫 번째 문제에서는 응답자들이 200명을 무조건 살리는 쪽을 택했다(그 말은 400명은 무조건 죽는다는 뜻이기도 하다. 물론 응답자는 그렇게 생각하지 않았지만). 반면에 손실에 초점을 맞춰 선택의 틀을 짠 두 번째 문제에서는 정반대의 선택을 해서 모두가 죽을 수도 있는 위험을 무릅썼다.

사람들은 서로 다른 대상이 아니라 서로 다른 묘사를 놓고 선택했다. 경제학자든 또는 인간은 합리적이라고 믿고 싶은 그 어떤 사람이든 손실 회피를 합리화하거나 합리화하려고 애쓸 수 있다. 하지만 위와 같은 선택을 어떻게 합리화할 수 있을까? 경제학자들은 사람들의 선택을 보면 그들이 원하는 것을 측정할 수 있다고 단정했다. 하지만 무엇을 놓고 선택하느냐에 따라 원하는 것이 바뀐다면? 심리학자 리처드 니스벳은 훗날 이렇게 말했다. "경제학자들의 주장은 정말 웃긴 얘기였죠. 심리학에서는 하나 마나 한 소리니까요. 결정 대상이 어떤 식으로 제시되느냐에 영향을 받는 건 당연하잖아요!"

예루살렘 키부츠에서 미국 경제학자들과 이스라엘 심리학자들의 모임이 끝나고 경제학자들이 미국으로 돌아가자, 아모스는 폴 슬로빅에게 편지를 썼다. "이것저것 다 따져보면, 결국 우리가 꽤 호의적인 반응을 얻었어. 경제학자들은 우리가 옳다고 느끼면서도, 내심 우리가 틀리기를 바랐지. 효용 이론을 우리 모델로 대체하면 문제가 한둘이 아니거든."

———————

적어도 경제학자 한 사람은 그렇게 생각하지 않았다. 하지만 그가 우연히 대니와 아모스의 이론을 보았을 때만 해도 훗날 노벨상을 탈 사람의 이론이라고는 생각하지 못했다. 그는 다름 아닌 리처드 세일러다. 1975년, 서른 살의 세일러는 로체스터대학교 경영대학원 부교수였는데 썩 전도유망한 편은 아니었다. 사실 그가 그곳에 있다는 것부터가 희한한 일이었다. 그는 두 가지 두드러진 특징이 있었는데, 경제학자를 떠나 학문을 하는 사람과는 어울리지 않는 특징이다. 우선 그는 쉽게 지루함을 느꼈고, 지루함을 탈피하는 쪽으로 상상력이 발달했다. 어릴 때는 게임 규칙을 수시로 바꿨다. 모노폴리 게임을 할 때면 보드 위를 돌면서 무작위로 이런저런 땅에 도착하고 부동산을 구매하다가 한 시간 반쯤 지나면 지루해했다. 그래서 게임을 몇 차례 한 뒤에는 "한심한 게임"이라고 선언하고, 아예 시작부터 부동산을 죄다 뒤섞어 모두에게 나눠주기로 하면 게임을 하겠다고 했다. 단어 조립하기 게임인 스크래블을 할 때도 마찬가지였다. E가 다섯 개 있고 점수 높은 자음이 없자 지루함을 느끼고는 규칙을 바꿔, 철자를 크게 세 가지로 나눴다. 모음, 흔한 자음, 점수가 높은 드문 자음. 그런 다음 각 부류의 철자를 똑같은 개수로 나눠준다. 어린 세일러가 게임을 하면서 만든 새로운 규칙들은 할 일 없이 기다리는 시간과 운의 개입을 줄였고, 참가자의 의욕과 경쟁심을 높였다.

세일러의 또 다른 두드러진 특징이 무력감이라는 점을 생각하면, 참 이상한 일이다. 열 살인가 열한 살 때, 주로 B학점을 받던 시절, 꼼꼼한 성격의 보험회사 임원인 아버지가 학교 공부를 건성으로 하는 세일러에게 몹시 화가 나, 아들에게《톰 소여의 모험》을 주면서 애초에 마크 트웨인이 쓴 그대로 몇 쪽을 옮겨 적으라고 했다. 세일러는 진지하게 옮겨 적었다. "죽도록 하기 싫었지만 몇 번을 쓰고, 또 쓰고 그랬어요." 아버지는 매번 틀린 곳을 찾아냈다. 더러는 단어를 빼먹었고, 더러는 마침표를 빼먹었다. 톰과 폴리 이모의 대화에 등장하는 따옴표는 세일러를 당혹스럽게 했다. 돌이켜보면, 단지 노력이 부족해서 생긴 문제는 아니었다. 그는 아마도 경미한 난독증을 겪었던 듯싶다. 하지만 사람들은 그가 경솔하거나 게으르다고 쉽게 단정했다.

그래서 그도 자신을 그렇게 생각하기 시작했다. 경제학은 아마도 쉽게 지루해하고 꼼꼼하지 못한 사람에게 이상적인 학문은 아닐 것이다. 세일러는 대학을 마치고 곧장 대학원을 갔는데, 그 주된 이유는 아버지의 삶을 보면서 사업은 머리에 쥐가 날 정도로 지루한 일이고, 자기는 남을 위해 일할 능력이 안 된다고 생각했기 때문이었다. 그는 대학원 진학 외에 달리 무엇을 해야 할지 몰랐고, 경제학을 택한 이유는 "실용적으로 보였기 때문"이었다. 하지만 경제학은 꼼꼼하고 수학 실력이 뛰어난 사람에게 대단히 유리한 학문이어서 경제학 학술지에 논문을 쓰면서 농담을 할 수 있는 사람은 수학 실력이 뛰어난 사람뿐이라는 사실을 안 것은 대학원에 진학한 뒤였다. 로체스터 경영대학원에 들어간 세일러는 자기 분야, 그리고 동료 대학원생들과 다소 거리를 두었다. "내가 그 친구들보다 더 재미있는 사람이었고, 수학은 그 친구들만큼 잘하지 못했어요. 내가 잘하는 거요? 재미있는 거 찾아내기였죠."

그는 미국에서 영아 사망률이 백인보다 흑인이 두 배 높은 이유에 관해 논문을 썼다. 부모의 교육과 수입, 병원 출생 여부 등 명백한 모든 변수를 통제한 상태에서 그는 그 차이의 절반만을 설명했다. 나머지는 설명이 불가능해 보였다. "설명해보려고 했지만 허사였어요. 내게 좀 더 자신감이 있었다면, 그 문제를 더 재미있는 문제로 만들 수 있었을 거예요." 그는 경제학 교수에 지원했지만, 지원하는 대학마다 떨어졌다. 결국 컨설팅 회사에 자리를 잡았다.

하지만 그가 새로운 인생을 시작하자마자 회사는 문을 닫았고 그는 회사를 떠나야 했다. 아내와 두 아이가 있는 27세의 세일러는 빈털터리 실직자가 되었다. 그는 로체스터 경영대학원장에게 일자리를 간청했고, 원장은 경영대학원에서 비용편익분석을 가르치는 1년짜리 임시직을 마련해주었다. 다시 학교로 돌아온 그는 또 한 편의 논문을 쓰기 시작했다. 그는 재미있는 주제를 하나 더 찾았다. 인간의 목숨은 가치가 어느 정도일까? 그리고 이 문제에 접근하는 영리한 방법도 찾았다. 채탄, 벌목, 고층 건물 유리창 청소 같은 고위험 직업의 급여를 그 일을 하는 사람의 수명과 비교하는 방법이다. 그는 이 데이터를 토대로, 미국인이 예상되는 수명 감소의 대가로 받아야 하는 액수를 계산했다. 어떤 일을 하다가 사망할 확률 1퍼센트를 감수하는 대가로 받아야 할 금액을 계산할 수 있다면, 사망 확률 100퍼센트를 감수하는 대가로 받아야 할 금액도 이론상으로는 구할 수 있어야 했다(그가 계산한 수치는 2016년도 기준으로 140만 달러였다). 훗날 그는 이를 약간 어리석은 방법이라고 했다("사람들이 과연 합리적으로 이 결정을 내릴 수 있을까?"). 하지만 그보다 나이 든 좀 더 유명한 경제학자들은 이를테면 미국 광부들은 내심 자기 목숨 값을 계산해 그에 따라 임금을 요구했다고 쉽게 단정했다.

세일러는 이 논문으로 로체스터 경영대학원에서 종신직은 아니지만 정규직을 얻었다. 그런데 인간의 목숨 값을 계산하면서부터 경제 이론이 미심쩍어지기 시작했다. 그는 사람들에게 설문지를 돌려, 가상의 질문을 던졌다. 바이러스에 노출된 탓에 치명적인 병에 걸렸을 확률이 1,000분의 1이라는 걸 안다면, 치료약을 사는 데 얼마를 지불하겠는가? 경제학자인 세일러는 같은 내용을 달리 물을 수도 있다는 걸 잘 아는 터라 이렇게도 물었다. 얼마를 준다면, 치명적인 그 병에 걸릴 확률이 1,000분의 1인 환경에 자신을 노출시키겠는가? 경제 이론에 따르면, 두 질문의 답은 같아야 한다. 즉, 사망할 확률 1,000분의 1을 없애는 대가로 흔쾌히 지불할 액수는 사망할 확률 1,000분의 1에 자신을 노출하는 대가로 받으려는 액수와 같아야 한다. 이 액수가 목숨을 잃을 1,000분의 1의 가능성에 부여하는 값이다. 그런데 가상으로나마 목숨이 위태로워진 사람들은 그렇게 생각하지 않았다. "사람들이 내놓은 답은 자릿수가 달랐어요. 치료에는 1만을 지불하겠다면서, 바이러스 노출에는 100만을 받아야 한다고 했죠." 세일러의 말이다.

세일러는 대단히 흥미로운 결과라고 생각했다. 그는 논문을 검토하는 교수에게 새로 발견한 내용을 설명했다. 그러자 그가 말했다. "설문지에 괜한 시간 낭비하지 말고, 진짜 경제학을 시작하게."

그러거나 말거나 세일러는 사람들이 실제로 저지르는 수많은 비합리적 행동 목록을 작성하기 시작했다. 경제학자들이 인간은 합리적이라 절대로 하지 않는다고 주장한 행동들이다. 목록 맨 위에 올라온 행동은 치료 불능의 병에 걸릴 1,000분의 1의 확률을 피하는 비용과 치명적인 병에 걸렸을 확률이 1,000분의 1인 상태에서 그 병을 치료하는 비용을 놓고 따질 때 전자에 후자의 100배를 지불하려 한다는 것이다.

세일러는 자신을 크게 확신하지 못했겠지만, 다른 사람들도 자신을 지나치게 확신해서는 안 된다는 것을 금방 알 수 있었다. 그가 동료 경제학자들과 저녁을 먹을라치면 그들이 캐슈너트로 배를 채울 때가 있었는데, 그러면 저녁을 맛있게 먹기 힘들었다. 더 중요한 점은 세일러가 캐슈너트를 치워주면 그들은 저녁식사를 망치지 않았다는 생각에 오히려 안도하곤 한다는 것이다. "선택을 줄이면 더 좋을 수 있다는 건데, 경제학자들에게는 생소한 개념이죠." 한번은 그와 친구가 버펄로에서 열리는 농구 경기 표를 얻었다가 눈보라가 치는 바람에 경기를 보지 않기로 결정한 적이 있는데, 그때 문득 친구가 말했다. "그런데 우리가 돈을 주고 표를 샀다면 아마 갔을 거야." 경제학자라면 표 값을 '매몰 비용'으로 볼 것이다. 다시 말해, 경기를 볼 마음도 없는데 표를 샀다는 이유로 경기장에 가지는 않는다. 고통을 애써 늘릴 필요는 없지 않은가. 세일러가 그때를 회상했다. "내가 그랬죠. '이봐, 매몰 비용 몰라?'" 그 친구는 컴퓨터과학자였고, 매몰 비용에 대해서는 아는 게 없었다. 세일러가 매몰 비용을 설명하자, 친구는 그를 바라보며 아무렇지 않게 말했다. "나 참, 같잖은 소리 좀 작작해."

세일러의 목록은 빠르게 불어났다. 그중 상당수는 그가 나중에 '소유 효과'라 부르는 부류에 속했다. 소유 효과는 경제적 결과를 심리적으로 해석한 것이다. 사람들은 어쩌다 소유하게 된 대상에, 그것을 소유했다는 이유만으로 이상할 정도로 특별한 가치를 부여했고, 그것을 교환해야 경제적 가치가 더 클 때도 놀랄 정도로 그것에 집착했다. 세일러도 처음에는 그 성향을 특정한 범주로 생각하지 않았다. "그때 나는 단지 사람들의 어리석은 행동을 모을 뿐이었어요." 사람들은 한번 산 별장을 좀처럼 팔려고 하지 않았다. 맨 처음에는 아예 사지 않았었고, 지금 사라고 한다면 절대 안 살 텐데도 대체 왜 그럴까? 미국 프로미식축구리그NFL 팀들은 선수 선발권을 교환하면 누가 봐도 더 큰 이익일 때도 왜 그토록 트레이드에 소극적일까? 투자자들은 왜 가치가 떨어진 주식을 팔려고 하지 않을까? 심지어 자기도 현 시세로는 그 주식을 절대 사지 않겠다고 말하면서 왜 팔지 않는 걸까? 사람들의 행동 중에 경제 이론으로 설명하기 힘든 걸 꼽자면 끝도 없다. "소유 효과를 찾자면, 도처에 널렸어요." 세일러가 자기 분야에서 느낀 감정은 어렸을 때 모노폴리를 하면서 느낀 감정과 크게 다르지 않았다. 지루했다. 필요 이상으로 지루했다. 경제학은 인간 본성의 한 측면을 연구하는 학문이지만, 더 이상 인간 본성에 주목하지 않았다. "이런 걸 생각하는 게 경제학보다 훨씬 재미있죠." 세일러의 말이다.

세일러는 새롭게 관찰한 사실로 동료 경제학자들의 주의를 끌어보려 했지만 그들은 관심을 보이지 않았다. "그 사람들이 제일 처음 하는 말은 항상 똑같아요. '사람들이 이따금씩 실수하는 거야 우리도 알지. 하지만 실수는 어쩌다 하는 거고, 그나마 그것도 시장에서 다 씻겨 없어질 거야.'" 세일러는 그 말을 더 이상 믿지 않았다. 그의 목록도, 목록을 만들려는 충동도 로체스터대학 경영학과나 경영대학원에 있는 지인들을 설득하지 못했다. 로체스터대학의 동료 경제학 교수 톰 러셀Tom Russell이 말했다. "세일러에게는 적이 있었는데, 세일러는 적을 달래는 소질이 별로 없었어요. 교수 면전에 대고 '당신 지금 정말 한심한 소릴 한 거야'라고 했을 때 대담한 교수 같으면 '그래? 어떻게 한심하지?'라고 대꾸하겠지만, 소심한 교수라면 그저 가슴에 담아두겠죠."

로체스터대학은 세일러에게 종신직을 주지 않았다. 사람 목숨에 가치 매기는 법을 토론한 회의에 참석했던 1976년, 그의 미래는 불투명했다. 회의에 참석한 또 한 사람은 세일러의 별난 흥미를 듣더니, 세일러가 〈사이언스〉에 실린 카너먼과 트버스키의 논문을 읽었을 거라고 했다. 사람들이 어리석은 행동을 하는 이유를 설명한 논문이다. 세일러는 집에 돌아가 그 잡지 과월호에서 〈불확실한 상황에서의 판단〉을 찾았다. 그 논문을 읽으면서 느낀 흥분을 자신도 믿을 수 없었다. 그는 카너먼과 트버스키가 쓴 다른 논문도 죄다 찾아봤다. "논문을 하나하나 읽어 내려가던 기억이 지금도 생생해요. 마치 금이 담긴 비밀 항아리를 발견한 기분이었어요. 왜 그렇게 흥분이 되는지, 한동안은 나도 모르겠더라고요. 그러다가 알았죠. 거기엔 중요한 개념이 하나 있었어요. 체계적 편향." 사람들이 체계적으로 실수를 할 수 있다면, 그 실수는 간과할 수 없었다. 다수가 합리적으로 행동한다고 해서 소수의 비합리적 행동이 상쇄될 수는 없다. 사람들은 체계적으로 틀릴 수 있고, 따라서 시장도 체계적으로 틀릴 수 있었다.

세일러는 누군가에게 부탁해 〈가치 이론〉 초고를 얻었다. 그리고 곧바로 그 정체를 알아보았다. 그것은 심리학을 가득 싣고 경제학의 성스러운 내부로 들어가 폭발하는 트럭이었다. 논문의 논리는 놀랍고 압도적이었다. 곧 '전망 이론prospect theory'이라 불리는 그 이론은 세일러의 목록에 담긴 거의 모든 항목을 경제학자가 이해할 수 있는 언어로 설명했다. 세일러의 목록에는 전망 이론이 다루지 않은 것도 있었다. 자기통제가 대표적이다. 하지만 그건 문제가 되지 않았다. 그 논문은 경제 이론에 구멍을 내어, 그 자리에 심리학을 집어넣었다. "그 점이 그 논문의 진짜 매력이죠. 너도 할 수 있어, 하는 거예요. 거기에는 심리학이 들어간 수학도 있어요. 경제학자들이 존재의 증명이라 부를 만한 논문이죠. 인간 본성을 아주 많이 포착해놓았어요."

그때까지도 세일러는 경제학에서 자신의 위치가 《톰 소여의 모험》을 옮겨 쓰던 능력만큼이나 불확실하게 느껴졌다. "두 심리학자가 없었다면 내가 아직도 이 분야에 있었을지 잘 모르겠어요." 세일러의 말이다. 세일러는 두 이스라엘 심리학자의 공동 연구를 모두 섭렵한 뒤에 새로운 느낌이 들었다. "이 지구상에서 내게 생각해보라고 맡겨진 주제가 있다는 느낌이랄까요. 이제 그걸 생각할 수 있게 되었어요." 그는 이제 자신의 목록으로 논문을 쓰기로 결심했다. 하지만 시작하기도 전에 히브리대학 심리학과의 주소를 찾았고, 아모스 트버스키에게 편지를 썼다.

경제학자들이 편지를 쓰는 대상은 거의 항상 아모스였다. 그들은 아모스를 이해했다. 일관되게 논리적인 아모스의 생각은 자신들과 아주 비슷했지만 한 수 위였다. 경제학자들은 그의 천재성을 알아보았다. 반면에 대부분의 경제학자에게 대니의 생각은 수수께끼였다. 아모스와 친구가 된 하버드대 경제학자 리처드 젝하우저Richard Zeckhauser는 경제학자들을 대신해 이렇게 말했다. "두 사람이 논문을 쓴 방식을 보면, 둘이 여기저기 돌아다니면서 대니가 이런저런 일을 하도록 내버려둔 것 같은 인상을 받아요. '이봐, 아모스. 차를 한 대 사러 갔는데, 내가 3만 8,000달러에 달라고 했더니 판매원이 3만 8,900달러를 내라잖아. 그래서 좋다고 했지. 잘한 건가?' 그러면 아모스가 말하겠죠. '사인하자고.'" 두 사람의 공동 작업을 경제학자의 시각으로 보면, 대니와 같은 부족에 속한 아모스 트버스키는 마치 인류학자처럼, 자기보다 덜

합리적이고 이질적인 부족을 연구하는 작업에 착수한 것 같았다. 아모스는 '가치 이론'으로 인간 본성을 설명하는 것에 불만을 드러낸 어느 미국 경제학자에게 이렇게 썼다. "그런 행동은 어느 정도는 어리석거나 잘못되었다는 선생의 생각에 공감합니다. 하지만 그렇다고 해서 그런 행동이 나타나지 않는 건 아닙니다. 시각에 관한 어떤 이론이 착시를 예상했다고 해서 비난받을 수 없습니다. 마찬가지로 어떤 이론이 선택을 있는 그대로 묘사했을 때 문제의 행동이 실제로 관찰되었다면, '비합리적 행동'을 예측했다는 이유로 퇴출될 수 없습니다."

그런가 하면 대니는 1976년에야 비로소 두 사람의 이론이 자신이 전혀 모르는 분야에도 영향을 미칠 수 있겠다는 생각이 들었다고 했다. 아모스가 건네준 어느 경제학자의 논문 때문이었다. 논문은 이렇게 시작했다. "경제 이론에서 행위자는 합리적이고 이기적이며 취향은 변하지 않는다." 히브리대학 경제학자들이 바로 옆 건물에 있었지만, 대니는 그때까지 그들이 인간 본성을 어떻게 단정하는지 전혀 신경 쓰지 않았다. "그 사람들이 진심으로 그렇게 믿는다는 게, 그게 그 사람들의 진짜 세계관이라는 게 정말 믿기지 않더군. 그런 식으로 세상을 바라본다면, 두 번 다시 오지 않을 식당에 팁을 놓고 가는 행동을 어떻게 이해하겠나." 그 관점에서는 사람의 행동을 바꿀 유일한 방법은 금전적 보상을 바꾸는 것뿐이었다. 대니는 그 생각이 하도 어이가 없어서, 직접 나서서 이러쿵저러쿵 하기도 꺼려졌다. 인간은 합리적이 아니라는 것을 증명하는 것은 인간에게는 짐승의 긴 털이 없다는 것을 증명하는 것과 같았다. '합리적'이라는 말을 어떤 식으로 해석하든 인간은 당연히 합리적이 아니었다.

대니와 아모스는 인간의 합리성에 관한 논쟁은 되도록 피하고 싶었다. 논쟁을 할수록 사람들은 두 사람이 발견한 현상에서 멀어질 뿐이었다. 대니와 아모스는 인간 본성을 드러내어, 사람들이 자신이 어떤 사람인지 깨닫게 하는 쪽을 더 좋아했다. 이들은 이제 '가치 이론'을 다듬어 사람들 앞에 내놓아야 했다. 그런데 누군가가 그 이론에서 알레의 역설 같은 명백한 모순을 찾아내어, 이론이 세상에 나오자마자 사라지지는 않을까 걱정스러웠다. 두 사람은 3년 동안 다른 일은 제쳐두고 그 이론에 숨어 있을지 모를 모순을 샅샅이 찾아보았다. 대니는 "그 3년 동안은 순전히 재미로만은 어떤 토론도 하지 않았다"고 했다. 대니의 관심사는 그 이론의 심리적 통찰에 그쳤고, 아모스는 그 통찰에 뼈대를 세우는 작업에 매달렸다. 아모스가 어쩌면 대니보다 더 분명하게 내다본 것은, 인간 본성에 관한 그들의 통찰을 세상에 이해시키는 방법은 그 내용을 이론으로 만드는 방법뿐이라는 사실이었다. 그 이론은 기존 이론보다 인간의 행동을 더 잘 설명하고 더 잘 예측해야 할 뿐 아니라 기호 논리로도 표현할 수 있어야 했다. 여러 해가 지나 대니는 이렇게 말했다. "그 이론을 중요한 이론으로 만드는 것과 그 이론을 살아남게 하는 것은 완전히 다른 문제였어. 과학은 대화여서, 남들에게 들려줄 권리를 얻으려고 경쟁해야 해. 그리고 그 경쟁에는 규칙이 있어. 정말 이상한 일이지만, 정식 이론으로 검증받아야 한다는 규칙이지." 두 사람은 드디어 경제지 〈이코노메트리카〉에 논문 초고를 보냈는데, 편집자의 반응이 당혹스러웠다. "'손실 회피는 정말 끝내주는 생각이다' 뭐 그런 말이 나오겠거니 했거든. 그런데 '아니, 난 거기 나오는 수학이 좋다' 그러는 거야. 하늘이 무너지는 기분이랄까."

1976년에 두 사람은 순전히 마케팅 때문에 제목을 '전망 이론'으로 바꿨다. 대니가 말했다. "아무 관련도 없는 아주 생뚱맞은 제목을 붙이자는 생각이었어. '전망 이론'이라고 하면, 대체 무슨 말인지 아무도 모르거든. 우리 생각은 그랬어. 누가 알아, 아주 유명한 이론이 될지? 그렇게 되면, 다른 이론과 혼동되지 않았으면 좋겠거든."

그러던 중 대니 삶이 한바탕 소용돌이를 일으키며 이 모든 작업이 급속히 느려졌다. 1974년에 대니는 아내와 아이들을 남겨둔 채 집을 나왔다. 그리고 1년 뒤 결혼 생활을 정리하고 런던으로 건너가 심리학자 앤 트레이스먼을 만나 정식으로 '내 사랑'을 선언했고, 앤이 화답했다. 1975년 가을, 아모스는 그 여파로 지친 기색이 역력했다. 그는 폴 슬로빅에게 편지를 썼다. "이 일로 허비한 그 많은 시간이며 감정 소모, 정신 소모를 어떻게 다 표현하겠나."

1975년 10월, 대니는 다시 영국으로 건너갔다. 이번에는 케임브리지에서 앤을 만나 함께 파리로 여행하기 위해서였다. 그는 전혀 딴 사람처럼 들떴고, 앤과의 관계가 아모스와의 관계에 미칠 영향을 걱정했다. 파리에 도착하자 아모스의 편지로 보이는 것이 그를 기다리고 있었다. 하지만 봉투를 열어본 순간, 대니는 이후 〈전망 이론〉이 될 논문의 초고라는 걸 바로 알아차렸다. 다른 사적인 메모는 없었다. 아모스의 무언의 메시지 같았다. 전 세계 로맨스의 중심지에서 새 연인과 나란히 앉은 대니는 새로운 연애편지를 썼다. 아모스에게 보내는 편지였다. "아모스에게. 파리에 도착하니, 자네가 보낸 서류 봉투가 기다리고 있더군. 자네가 쓴 원고를 꺼내니, 다른 편지는 보이지 않았어. 그래서 혼자 중얼거렸지. 아모스가 단단히 화가 났구나. 왜 아니겠나. 저녁을 먹고 나서, 자네에게 이걸 되돌려 보내려고 봉투를 찾다가 자네 봉투를 보게 되었고, 그제야 안에 있는 편지를 봤어. 우리는 저녁식사가 늦은 터라 끝부분만 얼른 봤지. '변함없는 자네 친구.' 소름이 돋았어." 그는 계속 써 내려갔다. 아모스가 없었다면 혼자는 절대로 지금의 성취를 이루지 못했을 것이며, 둘이 작업 중인 새로운 논문은 또 하나의 도약임을 앤에게 설명했노라고. "지금이 내게는 최고의 순간이야. 나는 이 관계가 내 삶의 정점 중 하나라고 생각해." 그리고 계속 이어 갔다. "어제는 케임브리지에 있었어. 그곳 사람들에게 우리가 연구 중인 가치 이론을 이야기했어. 그들의 열정이 당혹스러울 정도더군. 나는 고립 효과의 초기 단계를 이야기하며 마무리했지. 특히 그 부분에서 반응이 좋았어. 전반적으로 그들을 보면서 내가 세계 최고가 된 기분이 들더라니까. 그들은 내게 깊은 인상을 남기려고 무척 애썼는데, 그걸 보면서 이제 내가 다른 사람에게 깊은 인상을 남기려고 애쓰지 않아도 되는 때가 왔구나 싶었어."

대니와 아모스가 대중에게 알려지고 성공의 정점에 다가가는 와중에도 이들의 공동 작업은 다소 이상한 방식으로, 여전히 사적인 작업이자 맥락 없는 도박으로 남아 있었다. 대니가 말했다. "이스라엘에 있는 동안은 세상이 우리를 어떻게 생각하는지 관심이 없었어. 우리에게는 고립이 더 좋았지." 그 고립은 문을 닫은 채 같은 연구실에서 둘이 함께 지낼 때에나 해당하는 이야기였다.

이제 그 문이 갈라지며 열리고 있었다. 영국인인 앤 역시 유대인이 아니었으며, 아이 넷의 엄마였는데, 아이 하나는 다운증후군을 앓고 있었다. 앤이 이스라엘로 이주할 수 없거나, 이주하지 않을 이유를 꼽자면 열 손가락으로도 한참 부족했다. 앤이 이스라엘에 들어오지 않는다면, 대니가 이스라엘을 떠나야 했다. 대니와 아모스는 서둘렀고, 임시 해결책을 찾았다. 1977년에 히브리대학에서 안식년을 얻어 함께 스탠퍼드로 가면, 앤이 합류하는 방법이었다. 하지만 두 사람이 미국에 도착한 지 몇 달 지나 대니는 앤과 결혼해 그곳에 아주 정착하겠다고 선언했다. 그러면서 아모스에게 우리 관계를 어떻게 할지 결정하라고 다그쳤다.

이제 아모스가 감정에 호소하는 편지를 쓸 차례였다. 대니는 엉망이었다. 아모스는 그렇게 되고 싶어도 될 수 없을 정도로 엉망이었다. 아모스는 어렸을 때 시인이 꿈이었다. 하지만 과학자가 되고 말았다. 대니는 어려서 시인이었지만, 어쩌다보니 과학자가 되었다. 대니는 아모스를 닮고 싶은 분명한 욕구가 있었다. 아모스 역시 대니를 닮고 싶은 덜 분명한 욕구를 숨기고 있었다. 아모스는 천재였다. 하지만 그에게는 대니가 필요했고, 본인도 그 점을 알고 있었다. 아모스가 편지를 쓴 사람은 친한 친구인 히브리대 교수 기돈 잡스키Gidon Czapski였다. 편지는 이렇게 시작했다. "기돈에게. 이곳 미국에 남기로 했어. 이렇게 힘든 결정은 생전 처음이야. 대니와의 공동 작업을 일부라도 완성하고 싶은 마음을 어쩔 수가 없군. 수년 동안 함께한 작업이 물거품이 되고 우리 생각을 완성할 수 없으리라는 생각을 도저히 받아들일 수 없어." 아모스는 스탠퍼드에서 제시한 석좌교수직을 받아들일 계획이라고도 설명했다. 이스라엘 사람들이 모두 충격과 분노에 빠질 걸 그는 알고도 남았다. 오래지 않아 히브리대학 관계자가 아모스에게 말했다. "대니가 이스라엘을 떠난다면 개인적 비극이죠. 당신이 떠난다면 국가적 비극입니다."

아모스가 실제로 떠날 때까지 그의 지인들은 그가 이스라엘이 아닌 다른 곳에서 산다는 걸 도저히 상상할 수 없었다. 아모스가 곧 이스라엘이고, 이스라엘이 곧 아모스였다. 아모스의 미국인 아내 바버라도 화가 났다. 바버라는 이스라엘의 강렬함, 이스라엘의 공동체 의식, 의례적 대화에 대한 무관심 등에 푹 빠져 지냈다. 이제는 자신을 미국인이라기보다 이스라엘인이라고 생각할 정도였다. "이스라엘 사람이 되려고 그동안 무척 노력했어요. 미국에서 살고 싶지 않았어요. 아모스에게 그랬죠. '어떻게 처음부터 다시 시작하라는 거야?' 그러니까 아모스가 그러더군요. '당신은 해낼 거야.'"

11

되돌리기 규칙

1970년대 말, 매사추세츠 정신보건센터 관리 책임을 맡은 지 얼마 안 된 마일스 쇼어는 한 가지 문제가 있다는 것을 알게 됐다. 이곳은 하버드 의과대학원의 부속병원이었고, 쇼어는 정신과 불러드 교수Bullard Professor of Psychiatry였다. 새로 행정 업무직에 취임한 그는 앨런 홉슨J. Allan Hobson을 승진시켜야 할지 말지 고민에 빠졌다. 사실 원래 그렇게 어려운 결정은 아니었다. 홉슨은 이후 유명해진 여러 논문에서, 꿈은 욕망과 관련 없는 뇌의 한 부분에서 나온다는 것을 보여줌으로써, 꿈은 무의식적 욕망의 표출이라는 프로이트식 해석에 큰 타격을 입혔다. 그는 꿈꾸는 시간과 꿈의 길이는 규칙적이고 예측 가능하다는 것을 증명했는데, 이는 꿈이 심리 상태보다 신경계와 관련 있다는 뜻이었다. 홉슨 연구가 시사하는 점은 정신분석가에게 돈을 주고 무의식 상태에서 의미를 찾으려는 시도는 돈 낭비라는 것이다.

홉슨은 수면 중에 뇌에서 일어나는 일과 관련해 사람들의 상식을 바꿔놓았다. 그런데 그것은 그가 혼자 한 일이 아니었다. 마일스 쇼어의 고민도 여기에 있었다. 홉슨은 꿈에 관한 유명한 논문을 로버트 매칼리Robert McCarley와 공동으로 썼다. 쇼어가 말했다. "공동 연구자 중에 한 사람을 승진시키자고 말하고 다니기가 아주 어려웠어요. 승진 체계는 개인에 초점이 맞춰져 있거든요. 그래서 항상, 이 사람이 이 분야를 바꾸려고 무엇을 했는가, 이렇게 묻죠." 쇼어는 홉슨을 승진시키고 싶었지만, 회의적인 위원회 사람들을 설득해야 했다. "위원회에서는 기본적으로 누구도 승진시키려 하지 않았어요." 위원회는 홉슨의 승진을 꺼리면서, 쇼어에게 홉슨이 매칼리와의 공동 연구에 어느 정도나 기여했는지 정확히 보여줄 수 있느냐고 물었다. "위원회는 둘 중 누가 어느 부분을 했는지 말해달라더군요. 그래서 두 사람[홉슨과 매칼리]을 찾아가 물었죠. '둘 중 누가 무엇을 했나요?' 그랬더니 '누가 무엇을 했느냐고요? 그걸 어떻게 알겠어요. 합동 작품입니다' 그러더군요." 쇼어는 조금 더 캐묻다가 비로소 두 사람의 말뜻을 알아차렸다. 그들은 각각의 아이디어를 누구 공으로 돌려야 할지 몰랐다. "정말 흥미로웠어요."

이 사실에 큰 흥미를 느낀 쇼어는 이 내용으로 책을 쓸 수도 있겠다 싶었다. 그는 2인조가 한 팀으로 상당한 성과를 낸 사례를 찾아보기 시작했다. 적어도 5년 동안 함께 연구하면서, 흥미로운 성과를 낸 사람들을 찾기로 했다. 이 작업을 마치기까지 쇼어는 2인조 코미디언을 비롯해 2인조 팀을 여럿 만나 이야기했다. 그중에는 피아니스트도 있었는데, 두 사람이 같이 공연을 다니기 시작한 이유는 한 사람이 무

대 공포증이 있어서였다. '에마 레이슨Emma Lathen'이라는 필명으로 추
리소설을 쓴 두 여성도 있다. 또, 영국의 유명한 영양사 매컨스McCance
와 위다우슨Widdowson은 워낙 밀접히 연결되어 그들이 쓴 책 표지에 성
을 제외한 이름을 아예 빼버릴 정도였다. 쇼어는 두 영양사를 이렇게
기억했다. "두 사람은 갈색 빵이 흰색 빵보다 영양가가 높다는 생각을
아주 못마땅해했어요. 1934년에 그 생각을 반박하는 연구 결과까지 내
놓았는데 사람들은 왜 여전히 그런 바보 같은 생각을 하는지 한심해했
죠." 쇼어가 연락한 거의 모든 공동 작업자는 자기들의 관계에 큰 흥미
를 느껴 자신의 이야기를 털어놓겠다고 했다. 예외라면 "고약한 물리
학자 두 사람", 그리고 재미 삼아 참여하려다 그만둔 영국의 피겨스케
이팅 아이스댄싱 선수 토빌Torvill과 딘Dean이었다. 마일스 쇼어와의 면
담에 응한 사람 중에는 아모스 트버스키와 대니얼 카너먼도 있었다.

쇼어는 대니와 아모스를 1983년 8월, 캘리포니아 애너하임에서
찾아냈다. 둘은 미국심리학회 회의에 참석 중이었다. 당시 대니는 49
세, 아모스는 46세였다. 둘은 함께 쇼어와 여러 시간 이야기했고, 또 한
사람씩 따로 몇 시간을 더 이야기했다. 이들은 처음에 한참 신나게 연
구하던 때부터 공동 연구의 역사를 차근차근 짚어갔다. 아모스가 쇼
어에게 말했다. "우리는 처음부터 묻지도 않은 질문에 대답할 수 있었
어요. 심리학을 억지스럽게 꾸며놓은 실험실에서 끌어내어, 주변 경험
을 토대로 풀어갔죠." 쇼어는 두 사람의 대답이 너무 확대되지 않도
록, 그들 연구가 요즘 새롭게 떠오르는 인공지능 분야에 영향을 주었
는지 물었다. "꼭 그렇진 않아요. 우리는 인공지능 대신에 타고난 어
리석음을 연구하죠."

하버드대 정신과 교수인 쇼어가 보기에, 대니와 아모스는 성공한 다른 2인조 팀들과 공통점이 많았다. 예를 들면, 배타적이고 사적인 두 사람만의 모임 같은 것을 만드는 방식도 그랬다. 쇼어가 말했다. "둘이 서로 죽고 못 살지만, 아무하고나 그러지는 않아요. 다른 사람을 전반적으로 다 좋아하는 건 아닌데, 특히 편집자라면 아주 질색하더군요." 성과를 많이 내는 다른 일부 팀과 마찬가지로 두 사람의 관계는 가까운 다른 사람들과의 관계에 부담이 됐는데, 대니는 "공동 연구가 내 결혼 생활에 큰 부담이 됐다"고 실토했다. 다른 팀처럼 이들도 연구에서 서로가 어느 부분에 기여했는지 알 수 없었다. "누가 무엇을 했느냐고요? 그땐 잘 몰랐어요. 그것도 모르다니, 얼마나 멋진 일이에요." 쇼어는 아모스와 대니가 서로를 얼마나 필요로 했는지 알고 있었다고, 아니면 알고 있는 것 같다고 생각했다. 대니가 말했다. "혼자 힘으로 해내는 천재들도 있어요. 나는 천재가 아니에요. 트버스키도 마찬가지고. 그런데 둘이 합치면 특별해지죠."

아모스와 대니 팀이 쇼어가 책을 쓰려고 만난 다른 19개 팀과 달랐던 점은 그들 관계의 문제점도 흔쾌히 말하려 했다는 것이다. 쇼어가 말했다. "갈등을 물어보면, 대개는 그저 모른 척하죠. 이 부류 사람들은 갈등이 있다는 걸 인정하려들지 않아요." 하지만 아모스와 대니는 달랐다. 적어도 대니는 달랐다. "내가 결혼한 뒤로, 그리고 아메리카 대륙에 온 뒤로 힘들었어요." 대니의 고백이다. 아모스는 여전히 얼버무렸지만, 쇼어가 두 사람과 한참 대화를 나눠보니 둘은 6년 전 이스라엘을 떠난 뒤로 문제가 많았다. 대니는 사람들이 공동 연구를 실제와 얼마나 다르게 이해했는지, 그 불만을 아모스와 함께 있는 자리에서 장황하게 늘어놓았다. "사람들은 내가 아모스를 시중든다고 생각하는데, 그렇지 않아요." 그는 쇼어보다 아모스를 향해 말했다. "공동 연구로 손해 보는 사람은 당연히 나라고. 물론 자네가 기여한 부분이 분명히 있지. 정식으로 분석하는 작업은 내 특기도 아니고, 그 부분은 우리 연구에 아주 두드러지게 나타나. 하지만 내가 기여한 부분은 그렇게까지 특별하지 않으니까." 아모스는 대니보다는 간결하게, 두 사람이 공평한 지위를 누리지 못하는 이유가 왜 당연히 다른 사람들 탓인지 설명했다. "공을 따지는 건 무척 어려운 일이에요. 그렇지 않아도 힘들고 지치는데, 외부 세계는 공동 연구에 도움이 못 돼요. 사람들은 끊임없이 들쑤시고, 둘 중 한 사람은 떨어져 나가길 바라죠. 그게 균형의 규칙인데, 합동 연구는 불균형 구조예요. 안정된 구조가 아니죠. 사람들은 그게 못마땅한 거예요."

대니는 쇼어와 단독으로 면담할 때, 말이 더 많아졌다. 그는 아모스와의 관계에서 생긴 문제가 전적으로 외부 탓이라고는 생각하지 않았다. "학계에서 성공하면 전리품 같은 게 있는데, 결국은 한 사람이 그걸 다 갖거나 상당 부분을 갖게 되죠. 이쪽이 원래 그렇게 몰인정해요. 트버스키는 그걸 제어하지 못해요. 제어할 마음이 있는지도 의문이지만." 대니는 두 사람이 공동으로 이룬 영광에서 더 큰 몫을 차지하는 아모스를 보며 느낀 솔직한 심정을 털어놓았다. "나는 아모스 그늘에 상당히 가려져 있는데, 우리 관계는 사실 그렇지 않거든요. 그것 때문에 스트레스예요. 샘이 나니까요! 정말 당혹스러워요. 샘이 나다니, 그런 감정은 아주 질색인데……. 지금 내가 말이 너무 많은 것 같네요."

쇼어는 면담을 마치면서 아모스와 대니가 이제까지 험난한 길을 걸어왔지만, 정작 최악의 상황은 그들 뒤에 숨어 있다는 느낌이 들었다. 그는 문제를 바라보는 그들의 열린 태도를 좋은 징조로 보았다. 면담을 하는 동안 둘은 사실 다툰 게 아니었다. 갈등을 대하는 그들의 태도는 그가 만나본 다른 팀과 달랐다. 쇼어가 말했다. "두 사람은 이스라엘 카드를 썼어요. 우리는 이스라엘 사람이야. 그래서 서로에게 소리를 지르는 거야. 그런 식이죠." 특히 아모스는 이제까지 그랬듯이 앞으로도 계속 함께 연구할 것이라는 낙관적인 모습을 보였다. 대니와 아모스는 미국심리학회가 그들에게 과학공헌상을 수여한 것이 도움이 됐다고 한목소리로 말했다. 대니가 쇼어에게 말했다. "아모스가 연구의 공을 혼자 가져가지 않을까 조마조마해하며 살았어요. 정말 그랬다면 큰 불행이었겠죠. 나는 그런 일을 아주 매끄럽게 다룰 줄 모르는 사람이라." 심리학회의 상이 그 고통을 다소 완화해주었다. 적어도 쇼어가 보기에는 그랬다.

어쩌다 보니 쇼어는 큰 성과를 낸 2인조에 관한 책을 쓰지는 못했다. 하지만 몇 년 뒤에 대니에게 그들의 대화를 녹음한 테이프를 보내주었다. 대니가 말했다. "테이프를 들어보니, 우리는 끝장난 게 분명하군요."

––––––––

1977년 말에 대니가 아모스에게 이스라엘로 돌아가지 않겠다고 말한 뒤, 학계에는 아모스도 떠날지 모른다는 소문이 퍼졌다. 대학교수 시장은 원래 더디 움직이고 변화를 크게 꺼리지만, 이번 경우는 일

사천리로 진행되었다. 마치 유난히 신중한 뚱뚱한 남자가 소파에서 텔레비전을 보다가 집에 불이 났다는 걸 불현듯 깨달은 모양새였다. 하버드대학은 아모스에게 서둘러 종신직을 제안했다. 바버라에게 조교수 자리를 줄 때도 몇 주가 걸렸던 걸 생각하면 이례적이었다. 물량 공세로 나선 미시간대학은 종신직 네 자리를 서둘러 마련해 대니, 앤, 바버라에게도 자리를 주면서 아모스를 낚아채려 했다. 대니가 교수 자리를 알아보다가 나이가 문제라는 인상을 강하게 받았던 캘리포니아대학 버클리 캠퍼스도 아모스에게 교수직을 제안하려고 준비했다. 하지만 스탠퍼드대학만큼 재빨리 자리를 만들지는 못했다.

스탠퍼드대학의 떠오르는 스타 심리학 교수 리 로스Lee Ross가 이 일을 맡았다. 그는 미국의 거물급 대학들이 아모스를 끌어오려고 바버라, 대니, 앤에게까지 교수직을 제안할 수 있다는 사실을 알고 있었다. 스탠퍼드는 상대적으로 규모가 작아서 교수 자리를 넷이나 마련할 수는 없었다. 로스가 말했다. "그런 대학과 달리 우리만 할 수 있는 게 두 가지 있다고 생각했죠. 하나는 재빨리 제안하는 것이고, 하나는 빠르게 실행하는 것이에요. 우리는 아모스를 스탠퍼드에 오도록 설득하고 싶었고, 그를 설득할 최선의 방법은 우리가 얼마나 발 빠르게 움직이는지 보여주는 것이었어요."

곧이어 로스가 생각하기에 미국 대학 역사상 유례가 없는 일이 일어났다. 아모스가 매물로 나왔다는 소식을 들은 날 아침, 그는 스탠퍼드 심리학과를 설득했다. "제가 아모스를 소개하기로 되어 있었어요. 우선 이디시어로 전해오는 이야기를 하나 들려주겠다고 했죠. 괜찮은 신랑감이 하나 있었어요. 행복한 남자였죠. 중매인이 찾아와 말합니다. '이봐, 자네에게 어울리는 사람이 있어.' 그랬더니 남자가 그래요. '글쎄요, 과연 그럴까요?' 중매인이 말하죠. '정말 특별한 여자야.' '예쁜 여잔가요?' '예쁘냐고? 소피아 로렌처럼 생겼는데, 더 젊지.' '와, 돈 있는 집안인가요?' '돈? 로스차일드 재산을 상속받을 거야.' '그럼 멍청하겠군요.' '멍청하다고? 물리학, 화학에서 동시에 노벨상 후보로 올랐어.' '만나겠어요!' 그러자 중매인이 말합니다. '좋아, 이제 절반이 성사됐군.'" 로스는 스탠퍼드 교수들에게 말했다. "여러분께 아모스를 소개하면, '받아들이겠다!' 하실 겁니다. 그럼 저는 그러겠죠. '죄송하지만, 그럼 이제 절반이 성사됐습니다.'"

로스는 구태여 이런 영업이 필요한가 싶었다. "어쩌다 아모스 영입 작업에 나선 사람들은 다들 이 일의 진가를 알아본 자신의 훌륭한 판단과 혜안을 자랑스러워했어요. 하지만 누구도 성공하진 못했죠." 그날 스탠퍼드 심리학과는 총장에게 말했다. 평소 같은 서류는 없다. 추천서도, 그 어떤 것도 없다. 그냥 우리를 믿어달라. 그날 오후, 스탠퍼드는 아모스에게 종신직을 제안했다.

아모스는 훗날 사람들에게, 하버드와 스탠퍼드 중에 하나를 골랐을 때 어떤 후회를 할지 상상했다고 말하곤 했다. 하버드를 택하면 스탠퍼드가 있는 팰로앨토의 날씨와 생활 여건을 놓쳐 후회하고, 통근을 원망할 것이다. 스탠퍼드를 택하면 하버드 교수로 불리지 못한 것을 아주 잠깐 후회할 수 있는데, 그에게는 대니가 가까이 있어야 한다는 사실을 생각했다면 하지 않을 후회였다. 스탠퍼드는 대니에게 조금도 관심을 보이지 않았다. 로스가 말했다. "현실적인 문제가 있었어요. 같은 연구를 하는 사람이 둘이나 필요할까? 냉정하게 따져서, 아모스만 고용하면 대니와 아모스를 동시에 고용하는 효과를 얻을 수 있었죠." 대니는 둘이 같이 미시간대학으로 가기를 기대했겠지만, 아모스는 하버드와 스탠퍼드 외에는 전혀 관심이 없었다. 하버드와 스탠퍼드가 대니를 외면하고, 버클리도 그를 고용할 의사가 없음을 내비친 뒤로 대니는 밴쿠버에 있는 브리티시컬럼비아대학에서 앤 옆에 자리를 잡았다. 대니와 아모스는 주말마다 교대로 비행기를 타고 상대를 찾아가기로 했다.

대니는 여전히 들떠 있었다. 그가 말했다. "전망 이론을 끝내고 틀짜기 효과에 착수한 터라 우리는 기분이 최고조였어. 누가 우리를 이기겠느냐 싶었던 같아. 그때 우리 사이에 그늘이라고는 찾아볼 수 없었어." 대니는 아모스가 스탠퍼드에서 전통적인 교수직 지원 발표를 하는 모습을 지켜보았다. 스탠퍼드가 교내 역사상 아마도 가장 단시간에 아모스에게 교수직을 제안한 이후에 진행된 발표다. 아모스는 전망 이론을 소개했다. 대니가 말했다. "아모스가 마냥 자랑스럽더라고. 샘이 나야 할 텐데 그렇지가 않은 거야." 1978~1979년 학기를 시작하러 팰로앨토를 떠나 밴쿠버로 향하던 대니는 삶의 뜻밖의 행운을 새삼 절감했다. 지금 지구 반대편에는 두 아이가 있고, 예전 동료들이 가득한 오래된 연구실이 있고, 한때 그가 속한 곳이라고 여긴 사회가 있었다. 그는 자신의 유령을 이스라엘에 남겨둔 채 그곳을 떠나왔다. "내가 무언가를 생각할 때 그 밑바탕에 그동안 내가 스스로 삶을 바꿔왔다는 의식이 깔려 있었어. 아내도 바꿨잖아. 나는 늘 사실과 반대로 가정을 해보면서 살아. 지금의 삶을 지금과 달랐을 수도 있는 삶과 끊임없이 비교해."

이런 호기심을 품다가 한번은 문득 조카 일란을 생각했다. 일란은 욤키푸르전쟁에서 21세의 조종사로 이스라엘 전투기 뒷자리에 탑승했었다. 그는 전쟁이 끝나고 대니를 찾아와 보관해두었던 테이프를 들어 달라고 했다. 이집트 미그전투기가 뒤에 따라붙어 꼼짝없이 죽게 생긴 상황이었다. 뒷자리에 있던 일란은 조종사에게 비명을 질렀다. "피해! 피해! 피해! 적이 뒤에 붙었다!" 테이프를 재생하는 동안 일란은 몸을 떨었다. 무슨 이유인지, 그는 자기에게 일어난 일을 삼촌에게 들려주고 싶어 했다. 일란은 그 전쟁에서 목숨을 건졌지만 1년 반이 지난 1975년 3월, 제대를 5일 앞두고 사망했다. 그가 타고 있던 전투기에 불이 붙어 조종사가 앞을 볼 수 없었고, 전투기는 곧장 지상으로 곤두박질쳤다.

전투기가 추락할 때 그들은 전투기가 상승한다고 생각했다. 처음 있는 실수는 아니다. 조종사는 종종 비행 중에 방향감각을 잃었다. 머리는 복잡한 상황의 확률을 계산하도록 설계되지 않았듯이, 내이(속귀)는 지상에서 1.5킬로미터 이상 떨어져 시속 1,000킬로미터가 넘는 속도로 솟구치고 구르며 중력을 거스르는 상황을 견디도록 설계되지 않았다. 내이는 사람이 두 발로 안정되게 서도록 진화했다. 그러다 보니 비행기를 탄 사람은 감각을 착각하기 쉬운데, 계기판에만 의존해 조종하는 특수 면허가 없는 조종사가 구름 속으로 들어가면 평균 기대 수명이 178초인 이유도 이 때문이다.*

일란이 죽은 뒤에 그를 사랑한 사람들은 머릿속에서 그때의 전투기 추락 사고를 되돌리려는 욕구가 있었고, 대니는 그 강한 욕구에 주목하지 않을 수 없었다. 그들이 입 밖에 낸 수많은 문장은 '만약'으

---

* 스미소니언에서 펴내는 잡지 〈에어 앤드 스페이스 Air & Space〉에 톰 레컴프트 Tom LeCompte가 조종사의 착각을 주제로 쓴 훌륭한 글에 나온 내용이다.

로 시작할 수 있을 것이다. 만약 일란이 일주일만 일찍 제대했더라면. 만약 조종사가 화염으로 앞을 못 볼 때 일란이 조종을 했더라면. 사람들은 머릿속에서, 손실이 전혀 발생하지 않은 상상의 길을 표류하는 식으로 손실에 대처했다. 그런데 대니는 이 표류가 무작위 같지 않았다. 머릿속에서 현실을 대체하는 상황을 만들 때 일정한 제약이 있는 것 같았다. 사고가 일어났을 때 만약 일란의 복무 기간이 1년 남았었다면, 누구도 "그가 1년만 일찍 제대했더라면"이라고는 말하지 않았을 것이다. 누구도 '조종사가 그날 독감에 걸렸더라면'이라거나 '일란의 비행기가 기체 결함으로 이륙을 못했더라면'이라고는 말하지 않았다. 나아가 '이스라엘에 공군이 없었더라면'이라고도 말하지 않았다. 사실과 반대되는 그런 가정은 모두 그의 목숨을 살렸겠지만, 그를 사랑한 사람들의 머릿속에 그런 생각은 떠오르지 않았다.

비행기 추락 사고를 피할 방법은 물론 100만 가지가 넘지만, 사람들은 그중 몇 가지만 생각하는 듯했다. 일란의 비극을 되돌리기 위해 사람들이 만들어내는 상상에는 일정한 유형이 있었고, 대니가 상상하곤 했던 지금과 다른 삶에 나타나는 유형과 닮아 있었다.

대니는 밴쿠버에 도착하자마자 아모스에게, 예전에 후회에 관해 둘이 토론할 때 아모스가 적어둔 것을 있는 대로 좀 보내달라고 했다. 예루살렘에 있을 때 두 사람은 1년 이상 후회의 규칙을 이야기했었다. 이들은 주로 사람들이 언짢은 기분을 미리 예상하는 것에, 그리고 그 예상이 선택을 어떻게 바꿔놓는지에 흥미를 느꼈다. 이제 대니는 후회를 비롯한 여러 감정을 그때와는 반대 방향으로 살펴보고 싶었다. 다시 말해, 사람들이 이미 일어난 일을 어떻게 되돌리는지 연구하고 싶었다. 그와 아모스는 그런 연구가 판단과 결정에 관한 자신들의 연구에 어떻게 반영될지 짐작할 수 있었다. 두 사람은 스스로에게 말하듯 짧은 글을 남겼다. "결정 이론에서도 기본적으로 좌절된 희망, 안도, 후회 같은 심리 상태가 결과를 대할 때 중요한 요소라고 판명되더라도 그런 심리 상태에 효용을 부여하지 말라는 말은 없다. 하지만 그런 심리 상태가 결과를 대할 때 영향을 미친다는 생각에 편향이 없는지는 의심해볼 필요가 있다. (…) 성숙한 사람이라면 상황에 맞는 고통이나 기쁨을 느끼되 실현되지 않은 가능성에 지나치게 지배되지 않아야 한다."

이제 대니는 회상 용이성, 대표성, 기준점 설정에 이어 네 번째 어림짐작을 생각해냈다. 그리고 마침내 '시뮬레이션 어림짐작simulation heuristic'이라는 이름을 붙였다. 사람들의 마음을 어지럽히는, 실현되지 않은 가능성의 위력과 관련한 어림짐작이다. 사람들은 세상을 살아가면서 미래를 시뮬레이션한다. 괜히 동의하는 척하지 말고, 내 생각을 그대로 말하면 어떨까? 저들이 공을 나를 향해 치고, 그 땅볼이 내 다리 사이로 지나간다면? 그의 제안을 받아들이지 않고 거절한다면? 사람들은 어느 정도는 이런 시나리오에 의지해 판단과 결정을 내렸다. 하지만 모든 시나리오가 다 똑같이 상상하기 쉬운 건 아니다. 여기에는 제약이 따랐다. 비극을 '되돌릴 때' 사람들의 머릿속에 제약이 따랐듯이. 어떤 일이 일어난 뒤에 그 일을 머릿속에서 되돌릴 때 나타나는 규칙을 찾아라. 그러면 덤으로, 현실에서 어떤 일이 일어나기 전에 머릿속에서 그것을 어떻게 시뮬레이션하는지도 알아낼 수 있을지 모른다.

대니는 밴쿠버에 혼자 머물면서, 존재하는 세계와 존재하지 않앉지만 존재했을 수 있는 세계 사이의 거리에 대해 새롭게 생긴 관심에 몰두했다. 그와 아모스가 연구했던 것 중에는 누구도 일정한 체계나 규칙을 찾으려 하지 않은 분야에서 체계나 규칙을 찾는 것이 많았다. 이제 또 한 번 그런 기회가 왔다. 대니는 사람들이 현실을 되돌려 그 대안을 찾는 방법을 조사해보고 싶었다. 간단히 말하면 상상 규칙을 찾고 싶었다.

그는 새로 부임한 학과에서 신경질적인 동료 리처드 티스Richard Tees를 은근슬쩍 주시하면서, 새로운 실험을 위한 짧은 글을 썼다.

크레인 씨와 티스 씨가 서로 다른 항공편으로 동시에 공항을 떠날 예정이다. 두 사람은 같은 리무진을 타고 동네를 빠져나와 똑같이 교통 체증에 갇혔다가 비행기 출발 시간보다 30분 늦게 공항에 도착했다.

크레인 씨는 비행기가 정시에 떠났다는 말을 들었다.

티스 씨는 비행기가 출발이 지연되다가 5분 전에 막 떠났다는 말을 들었다.

누가 더 화가 날까?

두 사람이 처한 상황은 똑같았다. 둘 다 비행기를 놓치리라 예상되었고, 실제로 둘 다 놓쳤다. 그런데 대니가 이 문제를 나눠준 사람들

중에 96퍼센트가 티스 씨가 더 화가 날 거라고 했다. 다들 분노의 원인은 현실이 전부가 아니라고 생각하는 듯했다. 이런 감정을 부채질한 것은 또 다른 현실과의 근접성, 즉 티스 씨가 비행기를 탈 수 있는 시간에 얼마나 '가깝게' 도착했느냐는 것이다. 대니는 이 주제에 대한 강의에 대비해 이렇게 적었다. "티스 씨가 더 화가 나는 유일한 이유는 그가 비행기를 탈 '확률'이 더 높았다는 것이다. 이런 예에는 현실과 공상이 묘하게 뒤섞인 '이상한 나라의 앨리스' 같은 면이 있다. 크레인 씨가 유니콘을 상상하는 능력이 있다면(물론 그런 능력이 있겠지만), 30분 지각을 피하는 자신의 모습을 상상하기가 왜 상대적으로 어려울까? 공상의 자유에는 제약이 있는 게 분명하다."

대니가 조사하기 시작한 것이 바로 그런 제약이었다. 그는 지금은 '사후 가정적 감정counterfactual emotion'이라 부르는 것을 제대로 알아보고 싶었다. 사후 가정적 감정은 고통에서 벗어나기 위해, 현실과 반대되는 대안 현실을 가정하도록 부추기는 감정이다. 후회는 가장 명백한 사후 가정적 감정이지만, 좌절과 부러움도 후회와 공통된 본질적 특징이 있다. 대니는 아모스에게 보내는 편지에서 그런 감정을 "실현되지 않은 가능성에서 나오는 감정"이라고 했다. 그 감정은 단순한 수학으로도 묘사할 수 있었는데, 대니는 그 감정의 세기가 '대안의 바람직함'과 '대안의 실현 가능성'이라는 두 변수의 곱이라고 했다. 후회와 좌절을 불러오는 경험을 되돌리기가 늘 쉬운 것은 아니다. 좌절한 사람은 주변 환경의 특징 일부를 되돌려야 했고, 후회하는 사람은 자기 행동을 되돌려야 했다. 대니는 또 이렇게 썼다. "그런데 되돌리기의 기본 규칙은 좌절과 후회에 똑같이 적용돼. 둘 다 대안이 되는 상태에 도달하는 어느 정도 그럴듯한 길이 필요하지."

부러움은 달랐다. 부러움은 대안에 도달하는 길을 상상하는 최소한의 노력도 필요 없었다. 대니는 또 이렇게 썼다. "대안의 회상 용이성은 자신과 부러움의 대상 사이의 유사성에 지배되는 것 같더군. 부러움을 느끼려면, 타인의 상황에 놓인 나를 생생하게 상상할 수 있으면 그만이야. 내가 어떻게 타인의 상황을 차지했는지를 설명하는 그럴듯한 시나리오도 필요 없어." 부러움은 이상하게도 어느 면에서는 상상조차 필요치 않았다.

대니는 아모스와 헤어진 뒤 처음 몇 달 동안은 생소한 이런 생각에 끌려 시간을 보냈다. 1979년 1월 초, 그는 아모스에게 "'되돌리기' 프로젝트 상황"이라는 제목으로 편지를 보냈다. "한동안 불행한 사건을 만들고 다양한 방법으로 그 사건을 되돌리며 시간을 보냈어. 사건을 되돌리는 여러 대안을 정리하고 싶어서."

밤사이 가게에 도둑이 들었다. 주인이 저항했다. 머리를 맞았다. 혼자 남겨졌다. 그리고 사건이 알려지기 전에 죽었다.

자동차 두 대가 시야가 제대로 확보되지 않은 상태에서 서로 추월하려다 정면충돌 사고를 냈다.

심장마비가 일어난 남자가 전화를 걸려다 실패했다.

사냥을 하던 중에 총알이 빗나가 누군가가 죽는다.

"자네라면 이런 사건을 어떻게 되돌리겠나? 케네디 암살은? 2차 세계대전은?" 대니는 여덟 쪽을 깔끔하게 써 내려갔다. 상상은 종착지가 무한한 비행이 아니었다. 무한한 가능성의 세계를 그 가능성을 줄여 이치에 맞는 세계로 만드는 도구였다. 상상은 되돌리기 규칙을 따랐다. 그 규칙 하나는 대안이 될 다른 현실을 만들 때 되돌릴 것이 많을수록 머릿속에서 그것을 되돌릴 가능성은 줄어든다는 것이다. 대규모 지진으로 사망한 사건은 번개에 맞아 사망한 사건보다 되돌리기가 어려워 보였다. 지진을 되돌리려면 지진이 유발한 것들을 모두 되돌려야 하기 때문이다. 대니는 편지에 "어떤 사건에서 나온 결과가 많을수록, 그 사건을 제거하는 데 필요한 변화가 크다"고 썼다. 관련 있는 또 하나의 규칙은 "오래된 사건일수록 바꾸기 힘들다"는 것이다. 시간이 흐를수록 사건 결과가 축적되고, 되돌릴 것이 많아졌다. 되돌릴 것이 많을수록 머릿속은 사건을 되돌릴 시도조차 하지 않는다. 이때 어쩔 수 없었다는 느낌이 드는데, 이는 아마도 시간이 상처를 치유하는 한 가지 방법일 것이다.

더 일반적인 규칙은 대니가 '주목 규칙Focus Rule'이라 이름 붙인 것이다. 그는 편지에 이렇게 썼다. "우리는 일정한 상황에서 움직이는 배우나 영웅을 상상하는 성향이 있어. 가능하면 상황을 고정해두고 배우를 움직이지. (…) 우리는 오즈월드[케네디 암살범 – 옮긴이]의 총알을 피하자고 돌풍을 만들어내지는 않아." 이 규칙의 예외라면 사건을 되돌리는 공상에서 주연이 자신일 때였다. 이 경우에는 자기 행동보다 자기가 처한 상황을 되돌리려 했다. "나를 바꾸거나 대체하기는 다른 사람을 바꾸거나 대체하기보다 훨씬 힘들어." 대니가 편지에 썼다. "내가 일련의 새로운 특성을 부여하는 세계는 내가 사는 세계와는 당연히 거리가 멀겠지. 내게 <u>약간의</u> 자유는 있겠지만, 자유자재로 다른 사람이 될 수는 없어."

되돌리기의 가장 일반적인 규칙은 놀랍거나 예상치 못한 것과 관련 있었다. 중년의 은행 간부가 날마다 같은 길로 출근하다가 어느 날 다른 길에 들어섰는데, 마약에 취해 픽업트럭을 운전하던 청년이 빨간불에 차를 몰면서 그의 차를 옆에서 들이받는 바람에 사망했다. 사람들에게 이 비극을 되돌려보라고 하자, 은행 간부가 그날 택한 길에 자연스레 사람들의 생각이 쏠렸다. 평상시처럼 갔더라면! 그런데 은행 간부를 평상시에 출근하던 길로 돌려놓고 마약에 취한 청년을 똑같은 트럭에 태우되, 은행 간부가 평상시에 출근하던 길에서 정지 신호등을 무시한 채 달렸다고 가정했더니, 누구도 '그날 다른 길로 출근했더라면!'이라고 생각하지 않았다. 평소에 하던 방식에서 덜 일상적인 방식으로 옮겨갈 때 머릿속에서 느끼는 거리는 그 반대 방향으로 옮겨갈 때의 거리보다 훨씬 멀었다.

머릿속에서 어떤 사건을 되돌릴 때는 놀랍거나 예상치 못한 것을 제거하는 성향이 있었다. 확률 규칙을 따른다는 말은 아니다. 그 남자를 구하는 훨씬 쉬운 방법은 시간을 바꾸는 것이다. 은행 간부든 청년이든 그 비극의 순간에 몇 초만 빨리 또는 늦게 도착했더라면, 두 사람은 충돌하지 않았을 것이다. 그런데 사건을 되돌릴 때 사람들은 그렇게 생각하지 않았다. 그보다는 예외적인 부분을 되돌리기가 훨씬 쉬웠다. 대니는 아모스에게 "히틀러를 상상으로 되돌리면 재미있다"면서, 히틀러가 애초의 꿈을 실현해 빈에서 화가가 되었다면 최근 역사가 어떻게 되었을지 이야기했다. "[사후 가정적 사건을] 하나 더 상상해보자고. 수정 전에 히틀러가 여자가 될 가능성도 절반이었어. 그가 훌륭한 화가가 될 확률은 아마도 [여자로 태어날 확률보다] 결코 더 높지 않았을 거야. 그렇다면 히틀러를 되돌리는 이런 방법 중에 왜 하나는 꽤 받아들일 만하고 하나는 말이 안 될 정도로 쇼킹하다고 생각할까?"

대니는 상상력이 작동하는 방식을 보면서, 밴쿠버에서 시도했다가 실패한 크로스컨트리 스키가 떠올랐다. 초보자 코스에 두 번 참가하면서, 언덕을 내려오는 활강보다 언덕을 올라가기가 훨씬 더 힘들다는 것을 알게 되었다. 우리 머리도 되돌리기를 할 때는 활강을 더 좋아했다. 대니는 이를 '활강 규칙Downhill Rule'이라 불렀다.

그는 이 새로운 생각을 연구하면서, 돌연 아모스 없이 너무 빨리, 너무 멀리 와버렸다는 생각이 들었다. 그는 편지 끝에 이렇게 썼다. "다음 일요일에 만날 때까지, 한두 시간 짬을 내어 이 내용에 대해 내게 편지를 써준다면 큰 도움이 될 거야." 아모스가 답장을 했는지 대니는 기억하지 못하겠지만, 안 했을 확률이 높다. 아모스는 대니의 새로운 생각에 흥미가 있는 듯했지만, 무슨 이유에서인지 생각을 보태지는 않았다. "아모스는 별말을 하지 않더군. 아모스답지 않은 일인데." 대니의 말이다. 대니는 아모스가 언짢은 기분과 싸우고 있으리라 짐작했고, 그 역시 아모스답지 않았다. 아모스는 이스라엘을 떠난 후에 죄책감을 거의 느끼지 않아서, 그리고 고향이 너무 그리워서 스스로도 깜짝 놀랐다고 친한 친구에게 털어놓곤 했다. 어쩌면 그게 문제였을지 모른다. 미국으로 정식 이민을 떠난 아모스는 기분이 예전 같지 않았을 수도 있다. 아니면 대니의 새로운 생각이 두 사람의 연구와 너무 동

떨어졌다고 느꼈을지도 모른다. 그때까지 두 사람의 연구는 항상 이미 널리 인정받는 기존 이론에 도전하는 것에서 출발했었다. 인간 행동에 관한 기존 이론에서 문제점을 발견하고, 좀 더 설득력 있는 이론을 새로 만드는 식이다. 하지만 상상력에 관해서는 반증을 제시할 정도로 널리 알려진 이론이 딱히 없었다. 무너뜨리거나 하다못해 제대로 반박할 이론이 아예 없었다.

문제는 또 있었다. 둘의 상대적 지위가 극적으로 벌어지기 시작한 것이다. 브리티시컬럼비아대학에 찾아온 아모스는 약간 거들먹거리듯 행동했다. 대니는 팰로앨토로 올라갔고, 아모스는 밴쿠버로 내려갔다. "아모스가 남을 얕보는 성향이 있었거든. 그 친구가 밴쿠버를 꽤나 시골로 생각한다는 게 느껴지더라고." 대니의 말이다. 하루는 밤에 둘이 이야기를 하다가 아모스가 불쑥, 스탠퍼드대학에 있으면서 느끼는 차이점은 모든 사람이 일류인 곳에 있는 것이라고 했다. 대니는 그때를 이렇게 회상했다. "그때가 시작이었어. 아모스가 대단한 뜻으로 한 말도 아니고, 그 친구도 분명 그 말을 후회했겠지만, 아모스는 약간 건방진 동정심을 느꼈고, 나는 상처를 받을 수밖에."

하지만 대니를 압도한 감정은 좌절감이었다. 대니는 지난 10년간 거의 내내 아모스가 있을 때 아이디어를 냈다. 항상 둘 중 한 사람이 아이디어가 있으면, 그 아이디어를 곧바로 공유했다. 그러면 아이디어가 무비판적으로 수용되면서 둘의 생각이 하나가 되는 마법 같은 일이 벌어졌다. 대니는 마일스 쇼어에게 "내가 시작하는 게 많은데, 그 결실은 항상 내 손을 벗어난다는 느낌이 든다"고 말한 적이 있었다. 그런 그가 이제 다시 혼자 일하게 되었고, 자기 아이디어를 발전시켜

줄 사람이 없다는 느낌이 들었다. 대니가 말했다. "나는 아이디어가 넘치는데, 아모스가 없는 거야. 그래서 아이디어가 버려졌지. 그걸 구체화할 수 있는 사람은 아모스인데, 그런 도움을 받을 수 없었으니까."

대니가 아모스에게 편지를 쓴 지 몇 달이 지난 1979년 4월, 그와 아모스는 미시간대학에서 한 팀으로 강연을 하게 되었다. 해마다 열리는 권위 있는 '카츠 뉴컴 강연 시리즈Katz-Newcomb Lecture Series'의 일환이었다. 아모스 혼자가 아니라 둘이 함께 초대되었다는 게 대니에게는 대단히 놀라웠다. 대니는 아모스가 자신의 새 아이디어를 탐탁지 않게 여긴다는 느낌을 받았었는데, 이 강연에서 아모스가 둘의 공동 연구 중에 틀짜기를 자신의 강연 주제로 택했을 때 그 느낌을 확신할 수 있었다. 대니에게 이 강연은 두 사람이 떨어져 있던 9개월 동안 자신이 생각한 내용을 처음 공개하는 자리였다. 대니는 그것을 '가능한 세계의 심리The Psychology of Possible Worlds'라 불렀다. 대니가 이야기를 시작했다. "아모스와 저는 친구들 틈에 있다고 느껴서, 다른 때 같으면 강연의 주제로는 선택하지 않았을 내용을 위험 부담을 감수하고 다뤄보기로 했습니다. 비교적 최근에야 연구하기 시작한 주제이고, 아직은 우리가 지식보다 열정을 더 많이 가지고 있는 주제입니다. (…) 우리는 실현되지 않은 가능성이 우리가 현실에 반응하는 감정에, 그리고 현실 이해에 어떤 역할을 하는지 살펴보고자 합니다."

대니는 이어서 되돌리기 규칙을 설명했다. 그는 사람들에게 실험할 이야기를 많이 만들어두었다. 마약에 취한 청년이 자동차 사고를 일으키는 바람에 사망한 은행 간부 말고도 불행한 사람은 많았다. 이를테면 심장마비가 와서 자동차 브레이크를 밟지 못해 죽은 남자도 있었다. 대니는 이런 사례를 대부분 밴쿠버에서 늦은 밤에 만들었는데, 이 주제를 생각하느라 늦게까지 잠을 안 잘 때가 많아서 침대 옆에 항상 메모지를 놓아두곤 했다. 한편, 아모스가 머리는 더 좋을지 몰라도 이야기 전달력은 대니가 한 수 위였다. 북아메리카로 이주해 더 큰 이익을 본 사람은 아모스일 테지만, 영원히 그럴 수는 없었다. 사람들은 대니가 기여한 부분을 알아볼 것이다. 청중은 강연에 완전히 매료되었고, 대니가 보기에도 그랬다. 강연이 끝난 뒤에도 사람들은 쉽게 자리를 뜨지 않은 채 모여서 서성였고, 오래전부터 아모스의 정신적 스승이었던 클라이드 쿰스는 호기심 가득한 눈으로 두 사람에게 다가왔다. "그 많은 아이디어가 대체 어디서 나온 건가?" 그러자 아모스가 대답했다. "대니와 저는 그런 이야기는 하지 않아요."

대니와 저는 그런 이야기는 하지 않아요.

대니 머릿속에서 전개되던 이야기가 바뀌기 시작한 순간이었다. 훗날 대니는 이 순간을 둘의 관계가 끝나기 시작한 시점이라고 했다. 그가 나중에 이 순간을 되돌리려 했을 때, '클라이드 쿰스가 그 질문을 하지 않았더라면'이라거나 '내가 아모스만큼 마음이 모질었다면' 또는 '내가 애초에 이스라엘을 떠나지 않았더라면'이라고는 말하지 않았다. 그가 한 말은 "아모스가 겸손했더라면"이었다. 대니의 상상에서는 아모스가 배우이고 관심의 대상이었다. 아모스는 대니가 한 일을 대니의 공으로 돌릴 기회가 놓인 쟁반을 받았으나 그 기회를 잡으려 하지 않았다. 두 사람은 그렇게 넘어갔지만, 이 순간은 대니의 머릿속에 박혀 지워지지 않았다. 대니가 말했다. "사랑하는 여자와의 사이에서 무슨 일이 생기면, 일이 생겼다는 것도 알고 안 좋은 일이라는 것도 알지만,

그냥 넘어가거든." 사랑하고 있지만, 어떤 새로운 힘이 나를 거기서 떼어놓으려 한다는 느낌이 온다. 머릿속에서는 다른 이야기가 전개될 가능성이 스쳐간다. 그러면서도 애초 이야기가 공고해지거나 활력을 되찾을 어떤 계기가 생기지 않을까 내심 기대한다. 하지만 이 경우에는 어떤 일도 생기지 않았다. "나는 아모스가 당시 상황에 기대 관계를 회복해주길 기대했는데, 아모스는 그러지 않았어. 그래야 할 필요성을 인정하지도 않았고." 대니의 말이다.

미시간대학에서의 강연 이후, 대니는 되돌리기 프로젝트로 몇 차례 강연을 더 했고, 아모스를 좀처럼 입에 올리지 않았다. 전에 없던 일이다. 과거 약 10년간 두 사람은 제3자는 자기들의 관심 영역 근처에도 부르지 않는다는 엄격한 규칙을 세워두었다. 그러다가 1979년 말 또는 1980년대 초에 대니는 브리티시컬럼비아대학의 젊은 조교수 데일 밀러에게, 사람들이 현실을 그 대안이 되는 상황과 어떤 식으로 비교하는지에 대해 자기 생각을 말하기 시작했다. 밀러가 아모스에 대해 물으면, 더 이상 같이 일하지 않는다고 대답했다. 밀러는 "대니 교수님은 아모스의 그늘에 있었고, 그 점을 크게 걱정하시는 것 같았다"고 했다. 그리고 얼마 안 가 대니와 밀러는 함께 논문을 쓰기 시작했다. '되돌리기 프로젝트Undoing Project'라고 부를 만한 논문이었다. 밀러가 말했다. "두 분은 다른 사람을 찾기로 합의하신 것 같았어요. 그리고 대니 교수님은 아모스와의 공동 작업은 이제 끝이라고 거듭 강조하셨고요. 걱정하는 대화를 많이 했던 걸로 기억해요. 한번은 자기에게 상냥하게 대하라고 말씀하시더군요. 아모스 이후 첫 인간관계라면서."

카츠 뉴컴 강연이 아모스에게는 대니에게만큼의 의미가 없었다면, 그의 삶이 그 한 번의 카츠 뉴컴 강연에서 다음 단계로 전력 질주했기 때문이었다. 아모스는 적어도 그가 지도한 어느 스탠퍼드 대학원생에게는, 전 세계 작은 나이트클럽들을 돌면서 자기 코미디 소재를 시험하는 스탠드업 코미디언을 연상시켰다. 아내 바버라는 이렇게 회상했다. "그이는 말로 생각했어요. 샤워하면서도 말하고, 혼자서도 말하고. 문 너머로 다 들려요." 아이들도 아버지가 방에서 혼잣말하는 소리를 들으며 자랐다. 아들 탈이 말했다. "정신 나간 사람이 혼잣말하는 것과 약간 비슷할 거예요." 식구들은 갈색 혼다 자동차를 타고 퇴근하던 아모스가 집 앞에서 멈췄다, 출발했다 하면서 중얼거리는 모습도 목격하곤 했다. "아버지는 시속 5킬로로 가다가 갑자기 총알처럼 질주하기도 했어요. 아이디어가 떠오른 거죠." 딸 도나의 말이다.

카츠 뉴컴 강연을 몇 주 앞둔 1979년 4월 초, 아모스는 소련 사람들과 이야기를 나누느라 정신이 없었다. 그는 특이한 학문적 외교 임무를 띠고 구성된 열 명의 저명한 서양 심리학자 대표단에 합류했다. 당시 소련 심리학자들은 자국 정부를 설득해 수리심리학을 러시아과학아카데미에 편입시키려 애썼고, 미국 심리학자들에게 지원을 요청했다. 그러자 저명한 수리심리학자 윌리엄 에스테스William Estes와 덩컨 루스Duncan Luce가 돕겠다고 나섰다. 비교적 나이가 있는 두 사람은 미국의 대표적 수리심리학자 몇 사람을 추렸다. 대부분 고령의 학자였다. 그중에 아모스와 그의 스탠퍼드대 동료 브라이언 완델Brian Wandell은 젊은 축에 속했다. 완델이 그때를 회상했다. "소련에서 심리학의 이미지를 구출해낸다는 게 나이 든 그분들 생각이었어요. 심리학은 마르크시즘에 정면으로 도전했고, 그래서 존재할 이유가 없는 것으로 취급됐으니까요."

마르크시즘이 심리학을 왜 그렇게 취급했는지는 하루가 지나 알게 되었다. 이 소련 심리학자들은 사기꾼이었다. 완델의 말이다. "우리는 이들이 소련 쪽에서는 진짜 과학자려니 생각했죠. 그런데 아니었어요." 소련 측과 미국 측은 서로 돌아가며 발표했다. 미국 측에서 한 사람이 결정 이론에 대해 깊이 있는 이야기를 하면, 소련 측에서는 완전히 정신 나간 이야기를 늘어놓았다. 어떤 사람은 자기에게 할당된 시간을 자기 이론을 설명하는 데 썼는데, 맥주가 유발한 뇌파는 보드카가 유발한 뇌파를 지워버린다는 내용이었다. 완델이 말했다. "우리는 일어나 논문을 발표했고, 문제가 없었어요. 그런 다음 러시아 사람이 일어나 말하면 우리가 그러죠. '거 참, 희한한 얘기네.' 한 사람은 삶의 의미를 구하는 공식을 설명했는데, 변수 E가 들어가던가, 그랬어요."

러시아 측에서는 한 사람 빼고는 결정 이론을 전혀 알지 못했고, 그 주제에 관심도 없어 보였다. 완델이 말했다. "적어도 다른 러시아 사람들에 비해 아주 뛰어난 발표를 한 사람이 딱 한 명 있었어요." 나중에 KGB 요원으로 판명난 사람인데, 이때의 발표는 심리학 훈련의 일환이었다. "그 사람이 KGB 요원이라는 걸 알게 된 건 나중에 물리학 회의에서도 발표를 아주 잘했기 때문이에요. 아모스는 그 사람만 좋아했어요."

이들이 머문 호텔은 변기도 고장 나고 난방도 되지 않았다. 방에는 도청 장치가 있었고, 어딜 가도 감시원들이 따라붙었다. "처음 하루 이틀은 정말 미치겠더라고요. 어떻게 해볼 도리가 없었어요." 아모스 는 돌아버릴 것만 같았다. "그쪽에서는 아모스에 주목했어요. 아마 이 스라엘 사람이라서 그랬을 거예요. 아모스는 평소대로 붉은 광장 주변 을 걷다가 제게 눈빛으로 말했어요. '이봐, 저들을 따돌리자고!' 그러 더니 그길로 그곳을 떴고, 감시원들이 아모스를 쫓았죠." 감시원이 마 침내 백화점에 숨어 있던 그를 찾아냈을 때, 소련 측은 크게 화를 냈다. "우리 모두를 심하게 꾸짖더군요." 완델의 말이다.

아모스는 도청 장치가 붙은, 난방도 안 되는 호텔 방에서 그가 '되돌리기 프로젝트'라 이름 붙인 문서를 보충하며 시간을 보냈다. 손 으로 쓴 이 문서는 마침내 40여 쪽이 되었다. 문서를 읽다보면 행간에 서, 다이아몬드 세공인이 원석을 기다리며 가만히 목을 가다듬는 소리 가 들려온다. 아모스는 대니의 아이디어를 완전한 이론으로 바꿀 희망 을 품고 있었던 게 분명하다. 대니는 그 사실을 몰랐고, 아모스가 예시 를 만드느라 분주하다는 것도 알지 못했다.

데이비드 P는 비행기 추락 사고로 사망했다. 아래 중에 어떤 경우 가 상상하기 쉽겠는가.
– 비행기는 추락하지 않았다.
– 데이비드 P는 다른 비행기를 탔다.

아모스는 대니의 긴 편지에 답하지 않고 혼자 메모를 남기면서, 대니가 쏟아내는 생각들을 정리했다. "지금의 세계는 종종 놀라울 때가 있다. 즉, 그 대안이 되는 세계보다 그럴듯하지 않을 때가 있다. 우리는 가능한 세계를 1)애초에 얼마나 그럴듯한지, 그리고 2)지금의 세계와 얼마나 비슷한지에 따라 순서를 정할 수 있다." 며칠 뒤 그는 빽빽한 여덟 쪽 분량의 글에서, 논리적이고 내적으로 일관된 상상 이론을 펼쳤다. 바버라가 말했다. "그이는 그 생각을 아주 좋아했어요. 결정 이론에 관한 아주 기본적인 내용인데, 거기에 푹 빠졌죠. 자기가 선택하지 않은 것에 관한 이야기였어요." 그는 제목을 고심했다. 제목이 정해져야 어떤 내용을 쓸지 감이 잡혔다. 초기 메모에는 '되돌리기 어림짐작'이라고 흘려 써놓았다가 이론을 만든 뒤에는 '가능성 이론Possibility Theory'이라 이름 붙였다. 그 뒤 '시나리오 이론Scenario Theory'으로, 그리고 다시 '대안 상황 이론Theory of Alternative States'으로 바꿨다. 이 주제와 관련한 마지막 메모에서는 '그림자 이론Shadow Theory'이라 불렀다. 아모스는 이렇게 적었다. "그림자 이론의 요지는 여러 대안의 맥락 또는 여러 가능성의 집합이 우리의 감정 상태를 결정할 뿐 아니라 현실에 대한 우리의 기대, 우리의 해석, 우리의 회상, 우리의 원인 분석도 결정한다는 것이다." 그는 이 주제에 관한 생각을 마무리하면서 많은 것을 한 문장으로 요약했다. "현실은 가능성의 구름이지 한 점이 아니다."

아모스가 대니의 생각에 흥미가 없던 것은 아니었다. 두 사람이 더 이상 한방에서 문을 닫아둔 채 대화하지 않을 뿐이었다. 예전 같으면 둘이 함께 주고받았을 대화를 이제는 각자 혼자서 이야기했다. 두 사람 사이에 전에 없던 거리가 생긴 탓에, 이제는 어떤 생각이 누구에게서 나왔는지 더 정확히 알 수 있었다. 아모스는 마일스 쇼어에게 불만을 털어놓곤 했다. "우리는 누가 아이디어를 냈는지 알아요. 물리적으로 떨어져 있으니까, 그 아이디어가 편지에 적혀 있으니까요. 전에는 아이디어가 떠오르면 바로 전화부터 걸었어요. 이제는 혼자 아이디어를 발전시키고, 혼자 몰두하게 되었죠. 그러면서 아이디어가 좀 더 사적인 것이 되고, 서로 자기 아이디어라는 걸 기억해요. 예전에는 절대 그러지 않았는데."

대니는 자신의 새 아이디어에 몰두하면서, 아모스가 그것을 분해해 자기 것인 양 재구성하게 놔두기보다는 아이디어를 회수했다. 아모스는 여전히 주말마다 밴쿠버를 찾아갔지만, 두 사람 사이에는 새로운 긴장감이 감돌았다. 아모스는 예전처럼 공동 연구를 할 수 있으리라 믿고 싶었던 게 분명하다. 하지만 대니는 그렇지 않았다. 대니는 자신이 느낄 부러움을 예상하고, 그 감정을 반영해 아모스와 관련한 결정을 내렸다.

12
가능성의 구름

1984년에 아모스가 맥아더 '천재상'을 받게 되었다는 전화를 받았을 때 그는 이스라엘에 잠시 머물던 중이었다. 이 상에는 상금 25만 달러 외에도 연구비 5만 달러와 고급 의료 서비스가 제공되었다. 보도 자료에서는 아모스가 "창조적 연구에 비범한 독창성과 열정을, 그리고 자기 결정에 탁월한 능력을" 보인 사상가라며 축하했다. 그 보도 자료에 아모스의 연구로 유일하게 인용된 것은 대니와 함께한 연구였다. 하지만 대니는 언급되지 않았다.

아모스는 상을 싫어했다. 사람들의 차이를 과장하고, 좋은 점보다 해가 많으며, 어떤 경우든 수상자 외에 상을 받을 자격이 있거나 자격이 있다고 느끼는 사람이 많아서 기쁨보다 실망을 더 많이 유발한다고 생각했기 때문이다. 맥아더상이 딱 그랬다. 그 상이 발표된 직후 예루살렘에서 아모스와 함께 있던 친구 마야 바힐렐이 말했다. "아모스는 그 상을 고마워하지 않았어요. 노발대발했죠. '이 인간들이 대체 무슨 생각을 하는 거야? 어떻게 우승팀 두 사람 중에 달랑 한 명에게만 상을 줄 수 있지? 공동 연구를 짓밟는 짓이란 걸 모르나?'" 아모스는 상을 좋아하지 않았지만 계속 받기는 했다. 맥아더 '천재상' 전에는 미국예술과학아카데미American Academy of Arts and Sciences 회원이 되었고, 맥아더상 직후에는 구겐하임 펠로십Guggenheim Fellowship을 받더니, 미국국립과학아카데미에서도 가입을 초청받았다. 과학아카데미 회원 자격은 미국 시민이 아닌 과학자에게는 좀처럼 부여되는 일이 없었고, 대니도 그 자격을 받지 못했다. 이후 예일대학과 시카고대학을 비롯한 여러 대학에서 명예 학위 수여가 이어졌다. 하지만 맥아더상은 아모스가 해로운 상의 사례로 두고두고 언급한 상이었다. 바힐렐이 말했다. "아모스는 그 상이 용서가 안 되는 근시안적인 상이라고 생각했어요. 진짜로 괴로워하더군요. 제 앞에서 괜히 해보는 소리가 아니었어요."

여러 상과 더불어 아모스의 업적을 칭송하는 기사와 책이 쏟아졌는데, 대니와의 공동 연구를 마치 아모스 단독 연구인 양 칭송했다. 그나마 공동 연구를 언급하더라도 대니 이름을 뒤에 놓았다. 트버스키와 카너먼. 한번은 동료 심리학자가 학술지에 실을 자기 논문을 보내오자 아모스가 이렇게 답장했다. "대표성과 정신분석 사이의 관계를 명시한 부분에서 제 공을 인정해주셔서 대단히 감사합니다. 그런데 그 부분은 대니와의 토론에서 나온 것이니, 우리 둘의 이름을 모두 넣거나 (그게 이상해 보이면) 제 이름을 빼야 합니다." 어떤 책의 저자는 이스라엘 공군 비행 교관이 조종사를 꾸짖은 뒤에 느낀 효과 착각에 주목한 것을 아모스의 공이라고 밝혔다. 아모스는 저자에게 편지를 썼다.

"'트버스키 효과'라는 명칭이 다소 불편합니다. 이 연구는 저의 오랜 친구이자 동료인 대니얼 카너먼과의 공동 작업이라 저 혼자 언급되는 것은 옳지 않습니다. 사실, 조종사 훈련에서 그 효과를 목격한 사람은 대니얼 카너먼입니다. 따라서 그 현상에 사람 이름을 붙인다면 '카너먼 효과'라 해야 맞습니다."

아모스는 대니와의 공동 작업을 바라보는 미국의 시각을 이해할 수 없었다. 아모스의 친구이자 스탠퍼드대 동료인 퍼시 디아코니스Persi Diaconis는 이렇게 말했다. "사람들은 아모스를 대단히 명석한 사람으로, 대니를 신중한 사람으로 봤어요. 아모스가 말하곤 했죠. '정반대야!'"

스탠퍼드 대학원생들은 '유명한 아모스'라는 뜻의 미국 제과 업체 '페이머스 아모스Famous Amos'를 아모스의 별명으로 붙여주었다. 1980년대 말에 아모스와 함께 연구했던 브라운대학 심리학 교수 스티븐 슬로먼Steven Sloman은 "모두가 그를 알고, 모두가 그와 어울리고 싶어 했다"고 했다. 사람들을 미치게 한 것은 아모스가 세간의 관심에 거의 무심해 보인다는 것이었다. 점점 늘어나는 대중매체의 관심도 보란 듯이 무시했다(아모스는 "텔레비전에 나와봤자 형편이 나아지지도 않을 것"이라고 했다). 그는 많은 초대장을 열어보지도 않고 던져버렸다. 이런 행동은 겸손과는 무관했다. 아모스는 자기 가치를 잘 알았다. 사람들이 자기를 어떻게 생각하는지 신경 쓰지 않으려고 애쓸 필요도 없었다. 실제로 신경 쓰지 않았으니까. 자신을 간섭하는 세상을 향해 아모스는 자기가 하자는 대로 해야 소통하겠다는 조건을 제시했다.

그리고 세상은 그 조건을 받아들였다. 미국 의원들은 그에게 법안에 조언을 해달라고 했다. 미국농구협회NBA는 농구에 나타난 통계 오류에 대해 그의 말을 듣고 싶어 했다. 미국비밀경호국United States Secret Service은 그를 워싱턴으로 불러, 자기들이 보호하는 정치 지도자들에게 가해지는 위협을 예측하고 저지하는 방법을 두고 조언을 들었다. 북대서양조약기구NATO는 그를 프랑스 알프스 지역에 초청해, 불확실한 상황에서 사람들은 어떤 식으로 결정을 내리는지 강의를 들었다. 아모스는 아무리 낯선 문제도 모두 해결할 수 있는 사람처럼 보였고, 그 문제를 다루는 사람들은 오히려 아모스가 문제의 본질을 더 잘 파악한다고 느꼈다. 이를테면 일리노이대학은 은유적 사고에 관한 회의에 아모스를 불렀다가 은유는 사고의 대체재라고 한 소리 들었을 뿐이다. 아모스가 말했다. "은유는 워낙 생생하고 기억에 잘 남아서, 그리고 쉽게 비판적 분석의 대상이 될 수 없어서, 그것이 부적절하거나 쓸모없거나 오해를 일으킬 소지가 있을 때조차 인간의 판단에 상당한 영향을 미칠 수 있습니다. 은유는 세상에 관한 불확실성을 의미의 모호성으로 바꿔 놓습니다. 은유는 은폐입니다."

대니는 자신과의 공동 연구로 아모스가 새삼 관심을 받는 것에 주목하지 않을 수 없었다. 경제학자들은 회의에 아모스를 초청하려 했고 언어학자, 철학자, 사회학자, 심지어 컴퓨터과학자까지 덩달아 그를 초청하고 싶어 했다. 사실 아모스는 자신의 스탠퍼드 연구실에 들어온 PC에 눈곱만큼도 관심이 없었다("컴퓨터로 대체 뭘 할 수 있겠어?" 아모스가 스탠퍼드 심리학과에 컴퓨터 20대를 기증하겠다는 애플의 제안을 거절한 뒤에 한 말이다). 대니가 마일스 쇼어에게 털어놓았다. "그런 회의에 초청받지 못하면, 가고 싶지 않더라도 짜증이 나죠. 아모스가 그렇게 많은 회의에 초청받지 않았다면 내 삶은 좀 더 나아졌을 거예요."

이스라엘에서 대니는 현실 세계 사람들이 현실 세계의 문제가 생겼을 때 찾아가는 사람이었다. 미국에서는 현실 세계 사람들이 아모스를 찾아갔다. 자기들 이야기를 아모스가 알아들을 것 같지 않을 때도 그랬다. "그가 우리 일에 미친 영향은 정말 끝내줘요." 델타항공에서 조종사 7,000명의 훈련을 책임진 잭 마허Jack Maher가 아모스에게 도움을 요청한 뒤에 했던 말이다. 1980년대 말, 델타는 일련의 당혹스러운 사건에 시달렸다. 마허가 말했다. "우리가 사람을 죽이지는 않았는데, 사람들이 사라졌어요. 엉뚱한 공항에서 내리는 거예요." 그런 사고를 추적해보면 여지없이 기장의 결정에 문제가 있었다. "결정 모델이 필요해서 이리저리 찾아봤지만, 없더라고요. 그러면서 트버스키 이름만 계속 나타나는 거예요." 마허는 아모스를 만나 두어 시간 문제를 이야기했다. "수학으로 말하기 시작하더군요. 그러다가 선형 회귀 방정식을 꺼낼 때 제가 그만 웃음을 터뜨렸어요. 아모스도 웃더라고요. 그리고 설명을 그만뒀어요." 아모스는 다시 쉬운 말로, 대니와의 공동 연구를 설명했다. "아모스는 조종사들이 왜 잘못된 결정을 내리는지 설명해줬어요. 그가 그랬죠. '강압적으로는 사람들의 결정을 바꾸지 못할 거다. 조종사의 정신적 실수를 막지는 못한다. 조종사의 결정 실수를 훈련으로 고칠 수는 없다.'"

아모스는 결정을 내리는 환경을 바꾸라고 제안했다. 마이애미로 가야 할 비행기를 멍청하게 포트로더데일에 내려놓는 조종사의 정신적 실수는 인간 본성에 내재된 것이다. 사람들은 자기 머리가 오판을 유도할 때 눈치채기 어렵다. 반면에 다른 사람의 머리가 오판을 저지를 때는 알아보기도 한다. 하지만 민간 항공사에는 조종 책임자의 정신적 실수를 지적하도록 장려하는 문화가 없었다. 마허가 말했다. "당시 기장들은 자기가 주도권을 쥐려는 독단적인 바보들이었어요." 기장이 엉뚱한 공항에 착륙하는 것을 막기 위해 아모스가 사용한 방법은 조종실에 있는 다른 사람을 훈련해 기장의 판단에 의문을 제기하도록 하는 것이었다. 마허가 말했다. "아모스는 조종사를 훈련하는 우리 방식을 바꿔놨어요. 우리는 조종실 문화를 바꿨고, 독단적인 바보들을 더 이상 봐주지 않았어요. 그 뒤로 그런 실수가 일어나지 않더군요."

1980년대가 되자 그동안 대니와 아모스가 함께 내놓은 아이디어가 두 사람이 상상하지 못한 영역까지 침투했다. 이 성공으로 무엇보다도 새로운 비판 시장이 생겼다. "우리가 이 미지의 분야를 개척했죠." 1983년 여름에 아모스가 마일스 쇼어에게 한 말이다. "나무를 흔들고 기득권층에 도전했어요. 그러다 지금은 우리가 기득권층이 됐죠. 사람들이 우리 나무를 흔들어요." 그 사람들은 대개 짐짓 진지한 척하는 지식인들이었다. 대니와 아모스의 연구를 마주하자마자 적잖은 교수들이, 생판 모르는 사람이 다가와 "기분 나빠 하지 말고 잘 들어"라고 운을 뗄 때 느끼는 기분을 경험했다. 뒤이어 어떤 말이 나오든, 달갑지 않으리라는 걸 잘 안다. 닫힌 연구실 너머로 들려오는 아모스와 대니의 웃음소리도 문제였다. 그 때문에 다른 지식인들은 두 사람의 동기를 의심했다. 철학자 아비샤이 마갈릿이 말했다. "고소해죽겠다는 듯이 웃어대니까 의심을 샀죠. 괴상한 표정으로 동물원 원숭이를 보는 사람들 같았거든요. 좋아하는 게 지나쳤어요. 둘은 '우리도 원숭이야' 했지만, 아무도 믿지 않았어요. 사람들은 남을 속이는 게 그 둘의 낙이 아닐까 의심했고, 그 의심은 사라지지 않았어요. 그게 두 사람의 진짜 문제였죠."

1970년대 초에 열렸던 회의로 거슬러 올라가, 대니는 당시 유명한 철학자 막스 블랙Max Black에게 소개되었고, 이 위대한 학자에게 아모스와의 공동 연구를 설명하려 했다. 그러자 블랙은 "어리석은 사람들의 심리학에는 관심이 없어요"라며 나가버렸다. 대니와 아모스는 자기들의 연구를 어리석은 사람들의 심리학이라고 생각하지 않았다. 사람들의 통계적 직관의 단점을 극대화한 두 사람의 첫 번째 실험은 대상자가 통계 전문가들이었다. 대학생들이 단순한 문제에 속아 넘어가자, 대니와 아모스는 문제를 좀 더 복잡하게 변형해 교수들을 속였다. 적어도 일부 교수는 그런 방식을 좋아하지 않았다. 프린스턴대학 심리학자 엘다 샤퍼Eldar Shafir가 말했다. "사람들에게 착시 문제를 내면, 보통 '이건 내 눈의 문제'라고 말하죠. 그런데 언어 착각을 일으키는 문제를 내면, 깜빡 속은 뒤에 '그게 무슨 대수라고' 그래요. 그리고 아모스와 대니가 만든 문제를 주면 '이젠 날 모욕하네' 그러죠."

아모스와 대니의 연구를 가장 먼저 사적으로 받아들인 사람은 두 사람의 연구에 도전을 받은 심리학자들이었다. 아모스의 스승이었던 워드 에드워즈가 1954년에 학술지에 쓴 논문은 경제학에서 단정하는 것들을 심리학자가 검토하도록 촉구하는 발단이 되었다. 하지만 그런 에드워즈도 이 정도까지는 상상하지 못했다. 이스라엘 사람 둘이 나타나 대화를 통째로 비웃다니! 1970년 말, 에드워즈는 아모스와 대니가 인간 판단을 주제로 쓴 논문 초고를 읽은 뒤, 편지로 불만을 표시했다. 이 편지를 시작으로 이후에 격앙된 편지를 여러 통 보내는데, 이 편지에서 에드워즈는 현명하고 너그러운 목소리로 순진한 제자들을 타일렀다. 아모스와 대니가 대학생들에게 어리석은 질문을 던져 대체 뭘 알아낼 수 있겠는가? "자네들이 자료를 수집하는 방법을 보면, 그 '실험' 결과를 어느 하나도 진지하게 받아들이지 못할 것 같네." 두 사람이 실험실 쥐처럼 사용하는 학생들은 "경솔하고 부주의"했다. "상황 판단력이 부족하고 부주의한 사람이라면, 능력 있고 직관력 있는 통계 전문가처럼 행동할 가능성은 매우 낮지 않겠나." 대니와 아모스가 발견한 인간 사고의 소위 한계에 대해 에드워즈는 그 나름의 해명을 가지고 있었다. 도박사의 오류도 그랬다. 동전을 다섯 번 던져 연달아 앞면이 나왔을 때 여섯 번째는 뒷면이 나오겠거니 생각한다면, 무작위를 이해하지 못해서가 아니라 "똑같은 행위를 계속 반복하다 보니 지루해졌기" 때문이었다.

아모스는 예전 스승에게서 온 첫 번째 편지에 비교적 공손하고 성실하게 답장을 보냈다. "저희 논문에 대해 스승님의 자세한 말씀을 들을 수 있어서, 그리고 그 말씀이 옳든 그르든 스승님의 투지가 여전하시다는 걸 확인할 수 있어서 대단히 기뻤습니다." 그리고 이어서 그의 이야기가 "설득력이 떨어진다"고 했다. "특히 저희 실험 방법에 이의를 제기하신 부분은 근거가 없습니다. 본질적으로 스승님께서는 절차상의 일탈을 비판하셨는데, 그래서 그 일탈이 실험 결과에 어떤 영향을 미쳤는지는 설명하지 않으셨습니다. 우리 실험 결과를 반박하는 자료나 그 결과를 해석하는 타당한 대안도 없었습니다. 단지 자료를 수집하는 저희 방법에 강한 편향을 보이면서 스승님의 방법을 두둔하셨습니다. 그런 입장은 얼마든지 이해할 수 있습니다만 설득력은 상당히 떨어집니다."

에드워즈는 다소 불쾌했지만, 몇 년 동안 노여움을 꾹 참았다. 심리학자 어브 비더만이 말했다. "누구도 아모스와 싸우려 하지 않았어요. 공개적으로는 절대로! 딱 한 번 예외를 봤는데, 철학자였죠. 대회의에서. 자리에서 일어나 어림짐작에 도전하는 이야기를 했어요. 그자리에 아모스도 있었고요. 이야기가 끝나자 아모스가 일어나 반박하는데, 웃기게 말하면 꼭 IS 참수 장면 같았어요." 에드워즈도 아모스와 공개적으로 논쟁을 벌이면 우스개로 IS 참수의 고통스러운 종말을 맞이할 가능성을 감지한 게 분명했다. 하지만 사실은 아모스도 인간은 직관적으로 통계에 능숙하다는 생각을 옹호했다. 이제 그 생각을 어떻게든 표현해야 했다.

1970년대 말, 그는 마침내 자신이 견지할 원칙을 찾았다. 대중은 아모스와 대니의 메시지를 이해하기 벅찼다. 세부적인 내용이 이해 수준을 넘어섰다. 자칫하면 사람들이 자신의 사고 수준을 저평가해 신뢰하지 않을 수도 있었는데, 그런 오해를 막아야 했다. 1979년 9월, 에드워즈는 아모스에게 편지를 썼다. "그 메시지가 얼마나 널리 퍼졌는지, 그 여파가 얼마나 파괴적인지, 자네가 아는지 모르겠군. 약 열흘 전에 의학결정학회Society for Medical Decision Making 설립 회의에 참석했었네. 논문 세 편 중에 한 편꼴로 지나가는 말로라도 자네 연구를 언급하지 않았나 싶은데 주로 인간의 직관이나 의사 결정, 기타 지적인 과정을 건너뛰는 걸 정당화하는 내용이었어." 알 만한 의사들까지 대니와 아모스의 연구에서, 인간의 생각은 절대 신뢰할 수 없다는 단순한 메시지만을 어설프게 받아들였다. 그렇다면 의학계는 대체 뭐가 되겠는가? 지적 권위는? 전문가들은?

에드워즈는 대니와 아모스의 연구를 맹비난하는 자신의 논문 초고를 아모스에게 보내면서, 아모스가 점잖게 물러서겠거니 기대했다. 하지만 천만에. 아모스는 에드워즈에게 퉁명스럽게 답장을 썼다. "조롱하는 투에다, 증거 평가는 공정치 못하고, 토론을 시작하기에는 기술적 어려움이 너무 많습니다. 인간을 바라보는 왜곡된 시각이라 여기시는 것을 바로잡으려는 노력에 공감합니다. 하지만 저희 연구를 왜곡된 시각으로 바라보시는 것에는 유감을 표합니다." 에드워즈는 다시 답장을 보내면서, 페달을 뒤로 밟아 낭떠러지에서 떨어지는 순간에 바지 지퍼가 열린 것을 막 알아챈 사람 같은 모습을 보였다. 그는 자신의 논문이 실패작이라며, 시차에 따른 심각한 피로감부터 "10여 년간의 개인적 좌절"에 이르기까지 사적인 문제들을 실패 이유로 꼽았다. 그러더니 논문을 아예 쓰지 말았어야 했다고까지 했다. 그는 아모스와 대니, 모두에게 이렇게 썼다. "특히 논문에 워낙 오래 매달리다 보니 많은 문제를 못 보고 지나간 것 같아 정말 당혹스럽군." 그러면서 논문을 완전히 다시 쓸 계획이고, 두 사람과의 공개적 논쟁은 피하고 싶다는 희망을 밝혔다.

모든 사람이 아모스를 두려워할 정도로 그를 잘 알았던 것은 아니다. 옥스퍼드대학 철학자 조너선 코헨Jonathan Cohen은 여러 책과 잡지에서 몇 차례 공격을 하면서 작은 철학적 소동을 일으켰다. 사람들에게 질문을 던져 인간의 사고에 관해 무언가를 배울 수 있다는 생각이 그에게는 무척 생소했다. 그는 인간이 합리성이라는 개념까지 만들었으니 당연히 합리적이 아니겠느냐고 주장했다. 대부분의 사람이 어떤 행동을 한다면 그 행동은 '합리적'일 것이다. 아니면 대니가 코헨의 글

생각에 관한 생각 프로젝트　366

에 대꾸하느라 마지못해 보낸 편지에서 말했듯이 "아주 많은 사람의 표를 얻은 실수라면 그건 실수가 전혀 아니다." 코헨은 아모스나 대니가 발견한 실수는 실수가 아니거나, 사람들의 "수학적 또는 과학적 무지"에서 나온 결과여서 같은 문제를 대학교수에게 보여줬다면 실수가 나오지 않았을 거라는 점을 증명해 보이려 애썼다. 스탠퍼드대의 퍼시 디아코니스와 캘리포니아대 버클리 캠퍼스의 데이비드 프리먼 David Freedman은 코헨이 한 차례 공격성 글을 실었던 학술지 〈행동두뇌과학Behavioral and Brain Sciences〉에 이렇게 썼다. "우리 두 사람은 확률과 통계를 가르치며 먹고산다. 우리는 학생과 동료가 (그리고 우리도) 실수를 저지르는 것을 수시로 목격한다. 심지어 같은 사람이 같은 실수를 여러 차례 반복하기도 한다. 코헨이 이런 실수를 '수학적 또는 과학적 무지'의 결과로 간과한 것은 잘못이다." 하지만 이때까지도 통계 교육을 받은 사람들이 대니와 아모스의 연구가 진실이라고 아무리 단언해도, 통계 교육을 받지 않은 사람들은 자기네가 더 잘 안다고 우기곤 했다.

———————

아모스와 대니는 북아메리카에 도착하자마자 함께 논문을 무더기로 발표했다. 대부분은 이스라엘을 떠날 때 진행하던 것들이다. 하지만 1980년대 초에 두 사람이 함께 논문을 쓰는 방식은 그 전과는 달랐다. 아모스는 두 사람 이름으로 손실 회피에 관해 한 편을 썼고, 여기에 대니가 부수적으로 몇 단락을 덧붙였다. 대니는 아모스가 '되돌리기 프로젝트'라 불렀던 것을 단독으로 완성해 제목을 〈시뮬레이션 어림짐작Simulation Heuristic〉이라 붙이고 맨 위에 두 사람 이름을 적어, 두 사람의 다른 논문과 기타 학생, 동료의 논문을 모은 책에 실어 발표했다(그 뒤에는 아모스가 아니라 자기보다 어린 브리티시컬럼비아대학 동료 데일 밀러와 함께 상상 규칙을 탐구하기 시작했다). 아모스는 경제학자들을 직접 겨냥해, 전망 이론의 세부적 문제를 수정한 논문도 한 편 썼다. 제목은 〈개정된 전망 이론Advances in Prospect Theory〉이었고, 주로 대학원생 제자 리치 곤살레스와 함께 작업했지만, 대니와 아모스의 이름으로 잡지에 실었다. 곤살레스가 말했다. "아모스 교수님께서 그러셨어요. 항상 '카너먼과 트버스키'였고, 이 논문도 '카너먼과 트버스키'여야 한다. 여기에 제3자를 붙이면 정말 이상할 거다."

　이런 식으로 두 사람은 여전히 예전처럼 함께 작업한다는 착각을 불식시키지 않았고, 두 사람을 떨어뜨리려는 힘이 더욱 거세지는 와중에도 그러했다. 하지만 공동의 적이 점점 늘어도 두 사람은 합치지 않았다. 대니는 아모스가 두 사람의 의견에 반대하는 사람들을 대하는 태도가 점점 불편해졌다. 아모스는 호전적으로 타고났고, 대니는 인내하도록 타고났다. 대니는 충돌을 피했다. 두 사람의 연구가 공격받는 상황에서 대니는 새로운 방침을 세웠다. 자신을 화나게 하는 논문은 절대 논평하지 않기. 이 전략에 따라 적대적인 행동은 모조리 무시했다. 아모스는 대니가 "적과 동질감"을 느낀다며 비난했는데, 아주 틀린 말은 아니었다. 대니는 자기보다 반대자의 입장에서 생각하기가 더 쉬웠다. 그는 다소 이상한 방식으로 자기 안에 반대자를 품고 있었고, 그래서 적을 따로 만들 필요가 없었다.

　아모스는 역시 그답게 반대 세력이 필요했다. 반대 세력이 없으면 싸워서 이길 상대도 없으니까. 그리고 아모스는 그의 고국처럼 늘 싸울 준비를 하고 살았다. 아모스를 고용할 때 스탠퍼드대 심리학과 장이던 월터 미셸Walter Mischel이 말했다. "아모스는 대니처럼 다 같이 생각하고 다 같이 일해야 한다는 생각이 없었어요. 웃기는 소리 하고 있네, 하는 식이죠."

아모스는 1980년대 초에 더욱 빈번히 그런 생각을 한 게 분명했다. 대니와의 공동 연구를 공격하는 글을 썼던 비평가들은 큰 문제가 아니었다. 회의에서, 대화에서, 아모스는 경제학자들과 결정 이론가들의 비판을 수없이 들었다. 그와 대니가 실수를 잘하는 인간의 속성을 과장한다거나, 두 사람이 관찰한 정신적 결함은 만들어낸 것이라거나, 대학생들의 머릿속에서나 나타난다거나 등등. 아모스가 알고 지내는 많은 사람이 인간은 합리적이라는 생각에 상당한 시간과 노력을 투자하고 있었다. 아모스는 누가 봐도 자신이 승리한 논쟁에서 패배를 인정하지 않는 그들의 태도가 당혹스러웠다. 대니가 말했다. "아모스는 반대자들을 눌러버리고 싶어 했어. 그런 집착은 나보다 아모스가 강해서, 사람들 입을 봉해버릴 무언가를 찾으려 했어. 절대 불가능한 일인데 말이야." 1980년 말인가 1981년 초에 아모스가 이 논쟁을 종결할 논문을 기획해 대니를 찾아왔다. 지식인들이 흔히 그렇듯, 두 사람의 견해에 반대하는 사람들은 패배를 절대 인정하지 않겠지만, 적어도 공격 주제는 바꿀 수 있었다. 아모스는 그것을 '당혹스럽게 만들어 승리하기'라 불렀다.

아모스는 짐작 법칙이 사람을 오판하게 하는 위력을 있는 그대로 보여주고 싶었다. 그와 대니는 이스라엘에 있을 때 우연히 기이한 현상을 마주했지만 그것의 숨은 의미를 한 번도 제대로 연구하지 않았었다. 이제 그 작업을 시작하려 했다. 이들은 늘 하던 대로 꼼꼼히 문제를 만들어, 사람들이 그 문제에 필요한 판단을 할 때 머릿속에서 어떤 일이 일어나는지 알아보기로 했다.

린다는 31세의 미혼 여성으로, 직설적이고 아주 똑똑하다. 철학을 전공했다. 학생 때는 차별과 사회 정의에 깊은 관심을 보였고, 반핵 시위에도 참여했다.

린다는 전형적인 여성운동가의 모습으로 만든 인물이다. 대니와 아모스는 이렇게 물었다. 린다는 다음 중 어느 경우일 확률이 높은가?

1) 린다는 초등학교 교사다.
2) 린다는 서점에서 일하고, 요가 수업을 듣는다.
3) 린다는 여성운동에 적극적이다.
4) 린다는 정신보건 사회복지사다.
5) 린다는 여성유권자동맹 회원이다.
6) 린다는 은행 창구 직원이다.
7) 린다는 보험 영업사원이다.
8) 린다는 은행 창구 직원이고, 여성운동에 적극적이다.

대니는 린다를 묘사한 글을 브리티시컬럼비아대학 학생들에게 나눠주었다. 첫 번째 실험에서는 학생을 두 집단으로 나눠, 각 집단에

린다를 설명하는 여덟 가지 항목 중에 네 항목을 주고, 린다가 어느 항목에 해당할지 항목별 확률을 추정해보라고 했다. 이때 A집단에게 준 항목에는 "린다는 은행 창구 직원이다"가, B집단에게 준 항목에는 "린다는 은행 창구 직원이고, 여성운동에 적극적이다"가 포함되어 있었다. 물론 학생들은 눈치채지 못했지만, 여덟 가지 묘사 중에 핵심은 그 두 항목뿐이었다. 실험 결과, B집단이 "린다는 은행 창구 직원이고, 여성운동에 적극적이다"에 부여한 확률은 A집단이 "린다는 은행 창구 직원이다"에 부여한 확률보다 높았다.

이 결과면 충분했다. 사람들이 확률을 판단할 때 사용하는 짐작법칙이 오판을 불러왔다. "린다는 은행 창구 직원이고, 여성운동에 적극적이다"가 "린다는 은행 창구 직원이다"보다 가능성이 더 높을 수 없다. "린다는 은행 창구 직원이고, 여성운동에 적극적이다"는 "린다는 은행 창구 직원이다" 중에 특별한 한 가지 경우일 뿐이다. 다시 말해 "린다는 은행 창구 직원이다"에는 "린다는 은행 창구 직원이고, 여성운동에 적극적이다"는 물론 "린다는 은행 창구 직원이고, 발가벗고 세르비아 숲을 산책하길 좋아한다" 등 은행 창구 직원의 여러 모습이 모두 포함된다. 한 가지 묘사가 다른 묘사에 완전히 포함되는 경우다.

어떤 논리가 이야기로 구성되면, 사람들은 그 논리를 잘 알아보지 못한다. 몹시 아픈 노인을 묘사한 뒤에 사람들에게, 그 노인이 일주일 안에 죽을지, 1년 안에 죽을지 물어보라. 그러면 대개는 "일주일 안에 죽을 것"이라고 대답한다. 사람들은 죽음이 임박한 이야기에 생각을 고정하고, 그 이야기는 해당 상황의 논리를 덮어버린다. 아모스가 멋진 예를 만들어 사람들에게 물었다. 앞으로 1년 안에 미국인 1,000명이 홍수로 죽을 가능성과 캘리포니아에서 지진으로 대규모 홍수가 발생해 미국인 1,000명이 죽을 가능성 중에 어느 가능성이 더 클까? 사람들은 지진이 일어나는 후자를 택했다.

이 경우에 사람들의 판단을 흐리는 힘은 대니와 아모스가 '대표성'이라 부른 것이다. 판단 대상과 사람들 머릿속에 있는 그와 관련한 대표적 이미지와의 유사성이다. 첫 번째 린다 실험에서 학생들은 린다의 묘사에 생각을 고정한 채, 항목별 구체적 묘사들을 자기 머릿속에 있는 '여성운동을 하는 사람'의 전형적인 이미지와 비교하면서, 은행 창구 직원이고 여성운동에 적극적이라는 특별한 경우가 은행 창구 직원이라는 일반적인 경우보다 가능성이 높다고 판단했다.

아모스는 여기서 만족하지 않았다. 이번에는 린다와 관련한 여덟 개 항목 전체를 학생들에게 나눠주고, 린다와 가장 가까울 것 같은 순서대로 나열하라고 했다. 이때도 사람들은 "린다는 은행 창구 직원이다"보다 "린다는 은행 창구 직원이고, 여성운동에 적극적이다"에 더 높은 확률을 부여할지 알고 싶었다. 그리고 사람들에게 그들의 뻔한 실수를 보여주고 싶었다. 대니가 말했다. "아모스는 그 실험을 진짜 좋아했어. 아모스가 논쟁에서 이기려면, 사람들이 실제로 실수를 저질러야 하거든."

대니는 이 새로운 프로젝트에 대해, 그리고 아모스에 대해 마음을 정하지 못했다. 두 사람은 이스라엘을 떠나는 순간부터 서로 다른 조류에 갇혀 헤엄치느라 서로에게서 멀어질 힘도 없는 사람들 같았다. 아모스는 논리에 끌렸고, 대니는 심리에 끌렸다. 대니는 인간의 비합리성 증명에 아모스만큼의 관심은 없었다. 결정 이론에 대한 대니의 관심은 거기에 필요한 심리적 통찰에 그쳤다. 훗날 대니는 이렇게 말했다. "근본적인 논쟁이야. 우리가 지금 하는 게 심리학이냐, 결정 이론이냐?" 대니는 심리학으로 돌아가고 싶었다. 게다가 그는 사람들이 실제로 그런 특정 실수를 저지르리라고 생각하지 않았다. 은행 창구 직원일 가능성보다 은행 창구 직원이면서 여성운동에 적극적인 사람일 가능성이 높다고 말한다면 비논리적이라는 것을, 그 두 묘사를 나란히 놓고 본다면 누구나 알 수 있을 것이다.

대니는 무거운 마음으로 나중에 '린다 문제'로 불리는 이 문제를 브리티시컬럼비아대학 수업 시간에 10여 명의 학생들 앞에 제시했다. "열두 명 중에 열둘이 그렇게 대답하더라고. 내가 숨이 턱 막혔던 기억이 나. 그때 비서 전화로 아모스에게 연락했어." 두 사람은 여러 묘사를 만들어 수백 명을 대상으로 실험을 여러 개 더 진행했다. "우리는 이 현상이 어디까지 진전되는지 보고 싶었어." 이들은 그 끝을 알아보려고, 논리가 정면으로 모순되는 상황까지 나아갔다. 사람들에게 린다를 묘사한 똑같은 글을 주고, 단도직입적으로 물었다. "둘 중 어느 경우가 가능성이 더 높은가?"

린다는 은행 창구 직원이다.
린다는 은행 창구 직원이고, 여성운동에 적극적이다.

그러자 85퍼센트가 여전히 린다는 단순히 은행 창구 직원이라기보다 여성운동에 적극적인 은행 창구 직원일 거라고 생각했다. 린다 문제는 두 개의 원으로 이루어진 벤다이어그램이었다. 원 하나가 다른 원에 완전히 포함되는 벤다이어그램. 하지만 사람들은 그 원을 보지 못했다. 대니는 그야말로 망연자실했다. "매번 우리는 이번만큼은 아닐 거야 했어." 사람들 머릿속에서 대체 무슨 일이 벌어지는지 모르지만, 사람들의 판단은 심각하게 완강했다. 대니는 브리티시컬럼비아대학 학생들을 강당에 가득 모아놓고 그들의 실수를 설명했다. "여러분은 초보적인 논리 규칙도 지키지 않았다는 걸 알고 있나?" 그러자 강당 뒤쪽에서 한 여학생이 소리쳐 말했다. "그래서요? 그냥 제 의견을 물으셨잖아요!"

대니와 아모스는 실험실 쥐가 된 학생들이 "린다는 은행 창구 직원이다"를 "린다는 은행 창구 직원이고, 여성운동에 적극적이지 않다"는 뜻으로 잘못 읽지는 않았을까 하는 의문을 없애기 위해 린다 문제를 바꿨다. 그런 다음 논리와 통계를 공부한 대학원생들에게 문제를 제시했다. 그리고 치명적인 논리적 실수를 저지를 수 있는 복잡한 의료 이야기도 만들어 의사들에게 제시했다. 그러자 의사들도 압도적 다수가 대학생들과 똑같은 실수를 저질렀다. 아모스와 대니는 이렇게 썼다. "참가자 대부분이 기초적인 논리 오류를 범했다는 사실에 놀라고 실망한 눈치였다. 결합 오류conjunction fallacy는 흔히 나타나는 오류라서, 결합 오류를 저지른 사람들은 조금 더 신중했었어야 하는데, 하는 아쉬움을 드러냈다."

아모스는 대니와 함께 쓰기 시작한 '결합 오류'에 관한 논문을 논쟁 종결자로 느꼈을 것이다. 다시 말해, 인간은 대니와 아모스가 말한 대로가 아니라 확률에 따라 생각하는가에 관한 논쟁을 끝장내리라 생각했을 것이다. 아모스와 대니는 사람들이 "아마도 가장 단순하고 가장 기본적인 확률 법칙"을 지키지 않는 이유와 방법을 차근차근 설명했다. 발생 가능성이 낮은데도 구체적인 묘사를 택하는 이유는 그 묘사의 '대표성' 때문이다. 두 사람은 이런 정신적 결함이 현실에서 심각한 결과를 초래할 수 있는 분야를 지적했다. 이를테면 어떤 예측을 내놓을 때 내적 일관성을 갖춰 자세히 묘사하면, 비록 실현 가능성이 적어도 더 믿을 만한 것처럼 보일 수 있다. 그리고 변호사가 사람이나 사건을 묘사할 때 '대표성'을 띠는 자세한 묘사를 덧붙이면, 비록 사실성이 떨어져도 해당 사건의 설득력을 그 즉시 높일 수 있다.

아모스와 대니는 머릿속에서 일어나는 짐작 법칙의 위력을 전면적으로 다시 증명했다. 그들이 '어림짐작'이라 이름 붙인 희한한 힘이다. 두 사람은 린다 문제 외에 하나를 추가했다. 1970년대 초 예루살렘에서 진행한 연구에서 따온 것이다.

어느 소설의 네 페이지(약 2,000단어)에서, ____ing(철자가 일곱 개이고 ing로 끝나는 단어) 형태의 단어가 몇 개 있겠는가? 다음 중에 고르시오.

0개   1~2개   3~4개   5~7개   8~10개   11~15개   16개 이상

그런 다음, 똑같은 사람들에게 두 번째 문제를 주었다. 같은 페이지에서, 철자가 일곱 개이고 _____n_ 형태인 단어가 몇 개 있겠는가? 물론(당연히!) n이 여섯 번째에 오는 일곱 개 철자로 된 단어의 개수는 ing로 끝나는 일곱 개 철자로 된 단어의 개수와 같거나 그보다 많을 것이다. 후자는 전자에 속하는 한 가지 경우니까. 그런데 사람들은 그 사실을 눈치채지 못했다. 사람들은 단어가 2,000개인 문장에서, 일곱

개 철자 단어 중에 ing로 끝나는 단어는 평균 13.4개, n이 여섯 번째에 오는 단어는 평균 4.7개라고 추정했다. 아모스와 대니의 주장에 따르면, 사람들이 그렇게 추정하는 이유는 ing로 끝나는 단어가 머릿속에 더 쉽게 떠오르기 때문이다. 다시 말해, 회상하기가 훨씬 용이하다. 즉, 이 문제를 오판하는 이유는 회상 용이성 어림짐작이 작동한 탓이었다.

이 논문이 히트를 친 부분은 하나 더 있다.* '린다 문제'와 '결합 오류'라는 단어가 정식으로 인정받은 것이다. 하지만 대니는 걱정스러웠다. 이 논문은 두 사람이 함께 썼지만, 대니 말에 따르면 "공동 작업이자 고통스러운" 논문이었다. 대니는 자신과 아모스가 더 이상 생각을 공유하지 않는다는 느낌을 받았다. 아모스는 그 논문에서 두 페이지를 전적으로 혼자 쓰면서, '대표성'을 대단히 꼼꼼하게 정의하려 했다. 반면에 대니는 대표성의 뜻을 모호하게 놔두고 싶었다. 그가 보기에 그 논문은 새로운 현상을 탐색하는 글이라기보다 아모스가 전투에 쓸 새로운 무기 같아서 언짢았다. "정말 아모스답더라고. 전투적인 논문이었어. 우리는 이 논문으로 당신에게 도발하겠다. 그리고 당신이 이 논쟁에서 이길 수 없다는 걸 증명해 보이겠다!"

이즈음 두 사람의 교류는 우려스러웠다. 대니가 자기 가치를 알기까지 이렇게 오랜 시간이 걸린 적이 없었다. 그는 이제까지 아모스의 단독 연구가 둘의 공동 연구만 못하다는 것을 비로소 알게 되었다. 공동 연구는 아모스의 어떤 단독 연구보다도 항상 더 많은 관심과 찬

---

* 이 논문이 나온 뒤, 〈심리학 리뷰Psychological Review〉 1983년 10월 호에서, 베스트셀러 작가이자 컴퓨터과학자 더글러스 호프스태터Douglas Hofstadter가 자신이 직접 만든 문제를 아모스에게 보냈다. 예: 개가 짖으면서 차를 뒤쫓는다. 이 개는 다음 중 어디에 속할 가능성이 큰가? (1)코커스패니얼. (2)우주에 있는 어떤 실체.

사를 받았다. 아닌 게 아니라 천재상까지 받았으니까. 그런데도 대중이 인식하는 두 사람의 관계는 대니의 원이 아모스의 원에 완전히 포함되는 벤다이어그램이었다. 게다가 아모스의 원은 빠르게 커지면서 대니의 원에서 점점 멀어져갔다. 대니는 자신이 속한 집단이 아모스가 좋아하는 작은 집단에서 아모스가 경멸하는 아이디어를 내는 커다란 집단으로 서서히 그러나 확실하게 옮겨간다는 느낌이 들었다. "아모스는 변했어. 예전에는 내가 아이디어를 내면 거기서 좋은 점을 찾아내려고 했거든. 옳은 부분을 찾아냈어. 내게는 그게 공동 연구의 낙이었고. 아모스는 나보다도 나를 더 잘 이해했거든. 그런데 이젠 그러지 않았어."

아모스와 대니의 관계를 아는 아모스 측근들이 의아했던 점은 아모스와 대니가 멀어진 것이 아니라 애초에 둘이 어떻게 가까웠을까 하는 것이었다. 퍼시 디아코니스가 말했다. "대니는 가까이 하기 쉽지 않은 사람이에요. 아모스는 숨기는 게 없었죠. 두 사람 사이를 어떻게 표현해야 할지 모르겠지만, 기계적으로 호흡이 아주 잘 맞았다고나 할까요. 둘 다 머리가 비상했어요. 둘이 실제로 교류했고, 교류할 수 있었다는 건 기적이었죠." 그러나 그 기적은 성지 예루살렘을 떠나서는 지속될 것 같지 않았다.

———

1986년, 대니는 앤과 함께 캘리포니아대학 버클리 캠퍼스로 옮겼다. 8년 전에 나이가 너무 많다며 대니에게 퇴짜를 놓았던 곳이다. 아모스는 친구에게 편지를 썼다. "이번 기회에 대니와 날마다 연락도

하고 긴장도 풀면서, 대니와 새로운 시대를 열었으면 해. 그렇게 되리라 믿어." 한 해 전, 다시 교수 시장에 나온 대니는 자신의 주가가 급등한 걸 알게 됐다. 하버드를 포함해 19개 대학에서 교수직을 제안했다. 그런데 대니가 돌연 우울증에 빠지고 말았다. 그 전까지 대니가 힘들어한 이유는 이스라엘 밖에서 이렇다 할 지위가 없기 때문이라고만 생각했던 사람은 대니의 우울증을 설명할 길이 없었다. 버클리에 온 지 얼마 안 된 대니와 마주친 마야 바힐렐은 그때를 이렇게 기억했다. "대니는 다시 일하기 힘들 것 같다고 했어요. 이제는 아이디어도 없고, 모든 게 점점 나빠진다면서요."

대니가 예전에는 상상치 못한 관계의 종말을 예감한 것은 그의 마음 상태와 관련이 깊었다. 그보다 몇 년 전인 1983년 여름, 대니는 마일스 쇼어에게 이렇게 말한 적이 있다. "결혼 같은 거예요. 사소한 일이 아니에요. 우린 15년 동안 같이 일했어요. 그걸 그만둔다면 재앙일 거예요. 사람들에게 왜 결혼 생활을 지속하느냐고 묻는 것과 같아요. 그만두려면 결혼 생활을 지속하지 않을 확실한 이유가 필요하겠죠." 그리고 겨우 3년이 지나, 결혼 생활을 유지하려고가 아니라 결혼 생활에서 벗어나려고 애쓰는 상황이 되어버렸다. 그런데 버클리로 오면서 애초 의도와 반대 효과가 나고 말았다. 아모스를 더 자주 만나면서 고통은 더 심해졌다. 1987년 3월, 대니는 아모스를 만난 뒤에 그에게 편지를 썼다. "그 '어떤' 아이디어든, 내 마음에 드는 아이디어를(내 아이디어든 다른 사람 아이디어든) 자네에게 말한다는 생각만 해도 불안해지는 지경에 이르렀어. 어제 우리 사이에 있었던 일 같은 것들이 내 삶을 여러 날 황폐하게 해(회복하는 시간뿐 아니라 그런 일을 예상하는 시간도 있으니까). 이제 여기서 그만뒀으면 좋겠어. 말을 하지 말자는 뜻이 아니야. 단지 우리 관계 변화에 적응하면서 분별 있게 행동했으면 싶을 뿐이야."

아모스는 대니의 편지에 긴 답장을 썼다. "내 대응 방식에 아쉬운 점이 많다는 건 알겠지만, 자네 또한 나나 다른 사람의 이견이나 비판에 관심이 크게 줄었어. 자네는 어떤 아이디어에 굉장히 방어적이 되었고, '올바로 이해시키려' 애쓰기보다 '좋아하든가 신경을 끄든가' 식의 태도를 보이더군. 공동 작업을 할 때 내가 자네를 존경했던 점 하나는 가차 없는 비판이었어. 그때 자네는 (주로 자네가 개발한) 후회를 다루는 대단히 훌륭한 방식을 (나 빼고) 누구도 제대로 이해하지 못하는 단 하나의 반증 때문에 폐기해버렸어. 그리고 준거점 설정에 관해 같이 논문을 쓸 때도 이게 부족하네, 저게 부족하네, 하면서 글을 쓰지 말자고 했었지. 그런데 요즘 자네는 아이디어를 다룰 때 도무지 그런 태도를 보이지 않아." 아모스는 이 편지를 쓴 뒤에 이스라엘에 있는 수학자 바르다 리버만에게도 편지를 썼다. "내가 대니와의 관계를 바라보는 방식과 대니가 나를 인지하는 방식은 서로 겹치는 부분이 전혀 없어. 내게는 친구 사이의 솔직함이 대니에게는 모욕이고, 대니에게는 올바른 행동이 내게는 비우호적인 행동이니 말이야. 대니는 다른 사람들 눈에 우리가 다르게 보이는 걸 받아들이지 못하더군."

대니는 아모스에게 바라는 게 있었다. 두 사람은 동등한 협력자가 아니라는 인식을 아모스가 바로잡아주었으면 했다. 대니가 그걸 바란 이유는 아모스도 그런 인식을 가지고 있을 거란 생각 때문이었다. "아모스는 내가 자기 그늘에 놓이는 상황을 너무 쉽게 인정해버렸어." 대니의 말이다. 아모스는 맥아더재단이 자기는 인정하고 대니는 인정하지 않은 것에 개인적으로 분노했을 수 있지만, 대니가 전화로 맥아더상 수상을 축하하자 퉁명스럽게 대답했다. "이 연구로 상을 받지 않았다면, 다른 연구로라도 받았을 거야." 아모스는 대니를 추천하는 글을 수없이 썼을 테지만, 그리고 사적으로 사람들에게 대니는 생존하는 세계 최고의 심리학자라고 이야기하고 다녔겠지만, 대니가 아모스에게 하버드에서 교수직 제의가 들어왔다고 했을 때는 "거기서 원하는 건 나야"라고 대꾸했다. 불쑥 내뱉은 말이었고, 비록 틀린 말은 아니더라도 아모스는 그 말을 분명 후회했을 것이다. 아모스의 말은 어쩔 수 없이 대니에게 상처였고, 대니는 그 기분을 떨칠 수 없었다. 스탠퍼드에서 아모스 옆방을 쓰고 있던 아내 바버라가 말했다. "두 사람의 전화통화가 들리곤 했는데, 이혼보다 더 끔찍했어요."

이상한 점은 대니가 둘의 관계를 끝내지 않았다는 것이다. 1980년대 말, 대니는 알 수 없는, 보이지 않는 덫에 걸린 사람처럼 행동했다. 아모스 트버스키와 생각을 공유해본 사람이라면 마음속에서 그를 지워버리기 어려웠다.

대니는 결국 아모스를 안 보기로 하고, 1992년에 버클리를 떠나 프린스턴으로 자리를 옮겼다. "아모스는 내 삶에 그림자를 드리웠어. 빠져나가야 했지. 아모스가 내 마음을 지배했으니까." 대니의 말이다. 아모스는 둘 사이에 5,000킬로미터나 거리를 두어야 했던 대니의 심정을 이해할 수 없었다. 그는 대니의 행동이 당혹스러웠다. 1994년 초, 아모스는 바르다 리버만에게 편지를 썼다. "사소한 예를 하나 들어볼게. 판단에 관해 나온 책이 하나 있는데, 머리말에 대니와 내가 '불가분'의 관계라고 쓰여 있었어. 물론 과장이야. 그런데 대니가 저자에게 편지를 보내, 그건 과장이고 '우리는 10년간 아무런 사이도 아니었다'고 했어. 지난 10년간 우리는 논문을 다섯 편이나 같이 발표했고, (주로 나 때문에) 끝내지 못한 프로젝트도 여러 개야. 사소한 예지만, 대니의 마음 상태를 알겠지?"

두 사람이 왕래하던 중에도 전에 없이 오랜 시간 동안 대니의 마음속에서 둘의 공동 작업은 끝이 났다. 그리고 전에 없이 오랜 시간 동안 아모스의 마음속에서는 그렇지가 않았다. "자네는 내게 받아들일 수 없는 제안을 하기로 작심한 모양이군." 아모스가 여러 제안을 하던 1993년 초에 대니가 아모스에게 쓴 편지다. 두 사람은 여전히 친구로 남았다. 그러면서 서로 만나고 함께 연구할 구실을 찾았다. 둘의 문제는 사적인 영역으로 묻어둔 탓에 사람들은 여전히 둘이 함께 일하려니 생각했다. 그런데 이런 허구를 좋아한 사람은 대니보다 아모스였다. 아모스는 책을 쓰고 싶어 했다. 15년 전에 둘이 합의했던 일이다. 하지만 대니는 그런 일은 없을 거라는 걸 아모스가 깨닫게 할 방법을 찾아냈다. 1994년 초, 아모스는 리버만에게 편지를 썼다. "대니는 그 책을 완성할 새로운 아이디어를 가지고 있더군. 우리는 최근에 각자 발표한 논문 몇 편에 집중할 거야. 서로 관련도 없고 체계도 없는 논문이야. 정말 이상한 일이지 뭐야. 한때 함께 일했지만 이제는 책의 구성을 두고 의견 조율도 할 수 없는 두 사람의 연구 모음집 정도 되려나. (…) 사정이 이런데, 책을 쓰기는커녕 구상할 의욕이나 생기겠어?"

대니의 바람을 아모스가 들어줄 수 없다면, 아마도 왜 그걸 바라는지 상상할 수 없기 때문일 것이다. 대니의 바람은 쉽게 감이 잡히지 않았다. 이스라엘에서는 둘 다 오이를 받았었다. 아모스는 이제 바나나를 받았다. 하지만 대니가 오이를 실험 진행자의 얼굴에 집어 던지고 싶은 이유는 바나나 때문이 아니었다. 대니는 하버드의 교수직 제안도, 맥아더재단의 천재상도 필요치 않았다. 그런 것들은 아모스가 대니 자신을 바라보는 관점을 바꿔놓을 때라야 의미가 있었다. 대니에게 필요한 것은 예전에 둘이 한 연구실에 있을 때처럼 아모스가 자신과 자신의 생각을 여전히 무비판적으로 봐주는 것이었다. 그 태도가 대니의 아이디어가 세상에서 인정받는 가치를 과대평가한 오해에서 나온 것이라면, 정말 그렇다면, 뭐랄까, 아모스는 계속 오해하면 그만 아닐까? 결혼이란 게 원래 눈에 콩깍지가 씌어, 상대를 바라보는 시각이 왜곡되는 게 아니던가. "나는 아모스가 그래주길 바란 거지, 세상에 바란 게 아니었어." 대니의 말이다.

1993년 10월, 대니와 아모스는 이탈리아 토리노에서 열린 회의에 우연히 함께 참석하게 되었다. 하루는 저녁에 같이 산책을 나갔다가 아모스가 한 가지 부탁을 했다. 독일 심리학자 게르트 기거렌처Gerd Gigerenzer가 둘의 연구를 새삼 비판하며 새롭게 주목을 끌고 있었다. 처음부터 대니와 아모스의 연구를 가장 언짢아한 사람들은 두 사람이 정신적 실수에만 초점을 맞춰 사고의 허점을 과장한다고 주장했다. 대니와 아모스는 강연에서나 글에서나, 인간은 짐작 법칙을 이용해 불확실한 상황에 훌륭히 대처한다고 거듭 설명했었다. 하지만 짐작 법칙이 제대로 작동하지 않는 때도 있는데, 이때 발생하는 실수는 그 자체로

흥미로울 뿐 아니라 정신이 어떤 식으로 작동하는지도 잘 보여준다. 그렇다면 연구하지 않을 이유도 없지 않은가. 착시를 이용해 눈의 작동 원리를 이해하려 했을 때, 이의를 제기하는 사람은 없었다.

기거렌처도 대부분의 다른 비판과 방향이 크게 다르지 않았다. 하지만 대니와 아모스가 보기에 그는 지적 싸움을 벌일 때 흔히 사용하는 규칙을 무시함으로써, 둘의 연구를 왜곡해 두 사람이 인간에 대해 대단히 운명론적인 시각을 가지고 있는 것처럼 보이게 했다. 그리고 두 사람이 제시한 가장 확실한 증거를 비롯해 거의 모든 증거를 아예 무시했다. 그는 평론가들이 가끔 그러듯, 자기가 경멸하는 대상을 있는 그대로가 아니라 자기가 원하는 대로 묘사해놓고는 그것이 틀렸다고 비난했다. 산책을 하면서 아모스는 대니에게, 유럽에서 기거렌처는 "미국인과 맞짱을 뜬다"는 이유로 칭송을 받는다며, 사실은 미국인이 아니라 이스라엘인인데 정말 웃긴 일이라고 했다. 대니가 그때를 회상했다. "아모스가 기거렌처를 반드시 응징해야 한다길래 내가 그랬지. '난 생각 없어. 시간이 많이 들 거야. 화도 많이 날 거고. 화나는 건 질색이야. 어차피 승부도 안 날 건데.' 그랬더니 아모스가 그러더라고. '내가 친구로서 자네에게 뭘 부탁한 적은 한 번도 없었어. 지금 친구로서 부탁하는 거야.'" 대니는 가만히 생각했다. 한 번도 없었지. 거절할 수가 없겠군.

그리고 오래지 않아 대니는 거절했어야 한다고 생각했다. 아모스는 기거렌처를 반박하는 데 그치지 않고 아예 끝장내고 싶어 했다. (아모스의 제자이자 UCLA 교수인 크레이그 폭스Craig Fox가 말했다. "아모스는 기거렌처 이름을 말할 때마다 '추잡한 놈'을 항상 붙여 말했죠.") 대니는 역시 대니답게 기거렌처의 글에서 좋은 점을 찾아내려 했다. 다른 때보다 어려웠다.

대니는 1970년대까지도 독일에 가기를 꺼렸다. 그러다 마침내 독일에 갔을 때는 모든 집이 텅 빈 낯설고 강렬한 상상을 하면서 거리를 돌아다녔다. 하지만 대니는 사람들에게 화내는 것을 좋아하지 않았고, 자기 글을 비판한 독일 사람에게 어떻게든 분노를 느끼지 않으려 애썼다. 심지어 한 가지 점에서는 기거렌처에게 약간 공감하기도 했다. 린다 문제였다. 기거렌처는 가장 단순한 린다 문제를 수정하면 옳은 답을 이끌어낼 수 있다고 증명해 보였다. 그는 사람들에게 린다와 가장 가까운 모습에 순위를 매기라고 하지 않고 이렇게 물었다. 린다 같은 사람 100명 중에 몇 명이나 아래 항목에 해당하겠는가? 이런 식으로 힌트를 주면, 사람들은 린다가 여성운동에 적극적인 은행 창구 직원이라기보다는 그냥 은행 창구 직원일 가능성이 높다는 걸 눈치챘다. 하지만 대니와 아모스도 그 점은 이미 알고 있었고, 맨 처음 논문에, 크게 강조하지는 않았지만 그와 거의 같은 이야기를 했었다.

어쨌거나 두 사람은 사람들이 대표성으로 판단을 내린다는 주장을 증명할 때 여러 종류의 린다 문제 중에 구태여 가장 황당한 문제를 끌어들일 필요는 없다고 늘 생각했었다. 인간 판단에 관한 초기 연구인 맨 처음 실험만으로도 충분했다. 하지만 기거렌처는 그 실험은 언급하지 않았다. 그는 가장 취약한 증거를 찾아, 마치 증거는 그것뿐인 듯 공격했다. 증거를 다루는 방식도 희한하고, 거기에다 대니와 아모스가 보기에 둘의 주장을 의도적으로 왜곡하면서 '인지 착각 없애는 법How to Make Cognitive Illusions Disappear'이라는 도발적 제목으로 글을 쓰고 강연을 했다. 대니가 말했다. "인지 착각 없애기는 우리를 정말로 없애버리더군. 그 사람은 그 일에 집착했어. 보다 보다 그런 일은 또 처음 봐."

기거렌처는 진화심리학이라 알려진 생각을 지지했다. 진화심리학은 인간 정신이 환경에 맞게 진화하면서 환경에 매우 잘 적응하게 되었으리라고 보는 개념이다. 그렇다면 당연히 쉽사리 체계적 편향을 드러내지는 않을 것이다. 아모스는 이 개념을 터무니없다고 보았다. 인간 정신은 완벽하게 만들어진 도구라기보다 대응 기제에 가깝다. 아모스는 월스트리트 경영자들에게 강연을 하면서 이렇게 말한 적이 있다. "뇌는 대충 말하면 확실성을 최대한 제공하도록 만들어진 것 같습니다. 그러니까 주어진 상황에서 모든 불확실성을 표현하기보다 주어진 해석에 가장 잘 어울리는 경우를 찾도록 만들어진 게 아닌가 싶어요." 불확실한 상황에 대처하는 인간 정신은 스위스 군용 칼과 같다. 거의 모든 작업을 할 수 있지만 어느 것에도 딱 들어맞지는 않아서, 완벽하게 '진화'했다고 보기 힘들다. "진화심리학자의 이야기를 한참 들어보면, 진화를 더 이상 믿지 않게 될 것이다." 아모스의 말이다.

대니는 기거렌처를 제대로 이해하고 싶었고, 어쩌면 그에게 접근하고 싶었는지도 모른다. "아모스보다는 내가 늘 비평가들에게 더 공감했지. 나는 거의 자동적으로 반대편 입장에서 생각하는 성향이 있으니까." 대니의 말이다. 그는 아모스에게 편지를 쓰면서, 기거렌처가 정신이 혼란스러운 감정에 휘말렸을지 모른다고 했다. 그러니 머리를 맞대고 그의 생각을 바로잡을 방법을 찾아야 하지 않겠냐고 했다. 그러자 아모스가 쏘아붙였다. "행여 그렇더라도 자네는 그렇게 말하면 안 돼. 나는 그렇다고 생각하지도 않지만. 내가 예상하기로는 아마도 그자는 자네 생각보다 훨씬 덜 감정적이고, 변호사처럼 굴면서 내용을 잘 모르는 배심원들에게 점수를 따려고 애쓸 거야. 진실 따위에는 관심도 없이. (…) 그렇다고 해서 내가 그자를 더 좋게 생각하는 건 아니지만, 그렇게 생각하면 그의 행동을 이해하기가 더 쉬워지긴 해."

대니는 "친구로서" 아모스를 도와주기로 했지만, 오래지 않아 또 한 번 비참한 기분을 맛보았다. 두 사람은 기거렌처에 반박하는 글을 거듭 고쳐 쓰는 동시에, 두 사람 사이의 논쟁도 계속 고쳐 써야 했다. 대니의 언어는 아모스에게 항상 너무 물렀고, 아모스의 언어는 대니에게 너무 거칠었다. 대니는 항상 달래는 사람이었고, 아모스는 괴롭히는 사람이었다. 두 사람이 마음이 맞는 구석은 전혀 없었다. 대니가 아모스에게 편지를 썼다. "기거렌처가 쓴 후기를 재논의한다는 게 너무 마음이 불편해서, 뽑기 기계에 (아니면 3인조 심판에게) 우리 두 사람 의견 중 하나를 택하게 하고 싶은 심정이야. 나는 이 문제를 토론할 기분이 아니야. 그리고 자네 기분이 내게는 너무 낯설어." 그래도 아모스가 계속 다그치자 나흘 뒤에 대니는 이렇게 덧붙였다. "새로운 은하계 400억 개를 발견했다는 발표가 나온 날, 우리는 후기에 있는 단어 여섯 개를 두고 논쟁하고 있어. (…) '반복하다'냐 '거듭하다'냐의 논쟁을 멈추는 데 은하계 숫자도 아무 소용이 없다니 정말 놀랍군." 그리고 이렇게 썼다. "이제부터는 이메일로 해야겠어. 대화를 하고 나면 항상 오랫동안 화가 나서, 도저히 안 되겠어." 그러자 아모스가 답장을 보냈다. "자네의 예민함을 이해할 수 없어. 평소 자네는 내가 아는 누구보다도 개방적이고 덜 방어적이야. 그런데 자네가 좋아하는 문장을 내가 고쳐 쓰면 불같이 화를 내고, 악의가 전혀 없는 문장을 자네가 의도와 다르게 부정적으로 해석하면서 또 불같이 화를 내."

대니는 뉴욕에서 아모스와 함께 아파트에 머물던 어느 날 저녁에 꿈을 꾸었다. "꿈에 의사가 나더러 앞으로 6개월 살 거라는 거야. 그래서 내가 그랬지. '내 인생의 마지막 6개월을 이런 쓰레기를 연구하며 보내리라고 누구도 예상하지 못했을 텐데, 정말 끝내주는군요.' 다음 날 아침에 아모스에게 꿈 얘길 해줬어." 그러자 아모스가 대니를 바라보며 말했다. "다른 사람 같으면 재미있다고 하겠지만, 난 아냐. 살날이 여섯 달밖에 안 남았어도 이 일은 나랑 마저 끝냈으면 해." 그런 말을 주고받은 지 얼마 지나지 않아 대니는 미국국립과학아카데미의 새 회원 명단을 보게 되었다. 아모스가 거의 10년간 회원으로 있는 곳이었다. 이번에도 대니 이름은 없었다. 이번에도 두 사람의 격차는 누구나 알아볼 수 있었다. "아모스에게 물었어. 왜 나를 추천하지 않느냐고. 그 이유를 내가 모르는 바 아니지만." 두 사람의 상황이 서로 바뀌었다면, 아모스는 대니와 친구라는 이유로 무언가를 얻어내려고 하지 않았을 것이다. 아모스는 대니의 절실함을 내심 약점으로 보았다. "내가 그랬지. 친구라면 그러면 안 된다고." 대니의 말이다.

대니는 그 말을 남기고 떠났다. 모든 일에서 손을 뗐다. 게르트 기거렌처도, 공동 연구도 끝이었다. 대니는 아모스에게 이제는 친구 사이도 아니라고 했다. 대니가 말했다. "일종의 이혼이었어."

사흘 뒤에 아모스가 대니에게 전화를 걸어, 몇 가지 소식이 있다고 했다. 눈에 있던 종양이 악성흑색종으로 밝혀졌다고. 의사들이 아모스를 정밀 검사한 결과, 곳곳이 암투성이였다. 앞으로 잘해야 6개월 살 거라고 했다. 대니는 아모스가 그 소식을 전한 두 번째 사람이었다. 그 말을 들은 대니는 속에서 무언가가 내려앉는 기분이었다. "아모스가 그러더군. '우린 친구야. 자네가 우리를 어떻게 생각하든.'"

나오며

보라보라 섬

아래 시나리오를 보자.

제이슨 K는 미국 어느 대도시에 사는 집 없는 열네 살 소년이다. 수줍고 내성적이지만 수완이 탁월하다. 아버지는 제이슨이 어렸을 때 살해되었고, 어머니는 마약중독자다. 돌봐줄 사람 하나 없는 제이슨은 친구네 아파트 소파에서 잠을 잘 때도 있다. 9학년이 될 때까지 학교도 겨우 다녔다. 허기를 느낄 때도 많다. 2010년 어느 날, 그는 마약을 파는 동네 패거리의 제안을 받고 학교를 그만둔다. 그리고 몇 주 지나 열다섯 번째 생일 전날 밤에 총에 맞아 살해된다. 살해 당시, 무기는 가지고 있지 않았다.

이제 제이슨 K의 죽음을 '되돌릴' 방법을 찾아보자. 아래 항목을 일어날 가능성이 높은 순서대로 나열해보라.

1) 제이슨의 아버지는 살해되지 않았다.

2) 제이슨은 총을 가지고 있어서 자신을 보호할 수 있었다.

3) 미국 연방 정부는 집 없는 아이들이 아침과 점심 무상 급식을 좀 더 쉽게 이용할 수 있게 했다. 제이슨은 굶주리는 일이 없었고, 학교도 계속 다닐 수 있었다.

4) 아모스 트버스키와 대니얼 카너먼의 논문에 푹 빠진 어느 법학자가 2009년에 연방 정부에 채용되었다. 그는 카너먼과 트버스키의 연구를 기반으로 관련 규칙 개정을 추진해, 집 없는 아이들이 학교 무상 급식을 따로 신청하지 않아도 자동으로 아침, 점심 무상 급식을 받게 됐다. 제이슨은 굶주리는 일이 없었고, 학교도 계속 다닐 수 있었다.

3번보다 4번이 더 있음직하다고 느끼는 사람은 가장 단순하고 가장 기본적인 확률 법칙을 거스른 꼴이다. 하지만 동시에, 뭔가를 좀 아는 사람이다. 4번에 나오는 법학자 이름은 캐스 선스타인이다.

아모스와 대니의 공동 연구는 무엇보다도 경제학자와 정책 입안자에게 심리학의 중요성을 일깨워주었다. 노벨상을 수상한 경제학자 피터 다이아몬드는 대니와 아모스의 연구를 가리켜 이렇게 말했다. "나는 그 연구의 신봉자가 되었어요. 다 옳은 말이에요. 그저 실험실에서나 통하는 것이 아니에요. 현실을 잘 포착한, 경제학자에게 중요한 내용들이죠. 나는 그것을 어디에 써먹을지 여러 해 고민했어요. 답은 못 찾았지만." 1990년대 초까지 많은 사람이 심리학자와 경제학자가 한자리에 모여 서로를 제대로 이해하면 좋지 않을까 생각했다. 하지만 알고 보니, 양측은 서로를 제대로 이해하고 싶은 마음이 별로 없었다. 경제학자들은 유난스럽고 자신감이 넘쳤다. 심리학자들은 모호하고 의심이 많았다. 심리학자 댄 길버트Dan Gilbert가 말했다. "심리학자는 대체로 내용을 분명히 하고 싶을 때만 남의 발표에 끼어들죠. 반면에 경제학자는 자기가 얼마나 잘났는지 과시하고 싶을 때 끼어들어요." 경제학자 조지 로웬스타인George Loewenstein은 이렇게 말했다. "경제학에서는 무례함이 지극히 일상적이에요. 우리는 예일대에 심리, 경제 세미나 수업을 개설하려고 했어요. 그런데 첫 만남에서 심리학자들이 심한 상처를 받았죠. 그리고 우리는 두 번 다시 만나지 못했어요." 1990년대 초, 아모스의 제자 스티븐 슬로먼이 프랑스에서 열린 대회의에 경제학자와 심리학자를 같은 수로 초대했다. 그가 말했다. "신께 맹세코 솔직히 말하면, 내 시간의 4분의 3을 경제학자들에게 입 좀 닥치라고 말하는 데 썼어요." 하버드대 사회심리학자 에이미 커디Amy Cuddy는 "심리학자는 경제학자를 부도덕하다고 생각하고, 경제학자는 심리학자를 멍청하다고 생각하는 게 문제"라고 했다.

대니와 아모스의 연구가 촉발한 학계의 문화 전쟁에서, 아모스는 전략 자문 역할을 수행했다. 그는 적어도 어느 정도는 경제학자에 공감했다. 아모스의 생각은 항상 모든 심리학과 충돌했다. 그는 감정을 주제로 삼기를 좋아하지 않았다. 무의식에 관한 관심은 무의식이 존재하지 않는다는 것을 증명하려는 욕구에 한정되었다. 그는 체크무늬와 물방울무늬 옷을 입은 사람들이 사는 나라에서 줄무늬 옷을 입고 어슬렁거리는 사람 같았다. 그는 경제학자처럼, 여러 심리 현상이 뒤섞인 초콜릿 상자보다 제대로 된 깔끔한 모델을 선호했다. 경제학자처럼 그도 무례함은 지극히 일상적이었다. 그리고 역시 경제학자처럼 자기 아이디어에 세속적인 야망이 있었다. 경제학자는 금융, 비즈니스, 공공 정책 분야에 영향력을 행사하고 싶어 했고, 심리학자는 그런 분야에 좀처럼 발을 들여놓지 않았다. 이제 그런 현상이 바뀌려 했다.

대니와 아모스 모두 심리학에서 경제학으로 침투하는 건 헛수고라고 보았다. 경제학자들은 불청객을 간단히 무시할 것이다. 심리학에 관심 있는 젊은 경제학자가 필요했다. 아모스와 대니가 북아메리카에 도착한 뒤에 거의 마술처럼 그런 사람들이 나타났다. 조지 로웬스타인이 좋은 예다. 경제학 교육을 받은 그는 심리학이 배제된 경제 모델에 환멸을 느끼던 중에 아모스와 대니의 논문을 읽고 생각했다. 잠깐, 난 어쩌면 심리학자가 되고 싶은지도 몰라! 사실 그는 지크문트 프로이트의 증손자였고, 그래서 그런 생각이 더 착잡했다. 그가 말했다. "가족의 과거에서 벗어나려고 했어요. 돌이켜 생각해보니, 그동안 내가 정말로 관심이 있던 수업은 하나도 안 들었지 뭐예요." 그는 아모스에게 조언을 요청했다. 경제학에서 심리학으로 옮겨야 할까? "그랬더니 아모스가 그러셨어요. '자네는 계속 경제 쪽에 있어야 해. 우리는 그런 사람이 필요해.' 그분은 자신이 변화를 시작하셨다는 걸 1982년에 이미 아셨어요. 그래서 경제 분야에도 사람이 필요했던 거예요."

대니와 아모스가 시작한 논쟁은 법과 공공 정책까지 넘어왔다. 심리학은 경제학을 이용해 그와 같은 분야에 진출했다. 경제학에 좌절하던 중 우연히 대니와 아모스의 연구를 보고 그것을 줄곧 경제학에 도입하려고 했던 최초의 경제학자 리처드 세일러는 새로운 분야를 만들어 '행동경제학'이라 이름 붙였다. 〈전망 이론〉 논문은 발표 후 처음 10년간은 거의 인용되지 않다가 2010년에는 모든 경제학을 통틀어 두 번째로 많이 인용되는 논문이 되었다. "사람들은 전망 이론을 무시하려 했어요. 나이 든 경제학자들은 절대 마음을 바꾸지 않죠." 세일러의 말이다. 2016년이 되자 경제 논문 열 편 중 한 편꼴로 행동경제학적 관점을 취했는데, 그 말은 대니와 아모스의 연구에 조금이나마 영향을 받았다는 뜻이었다. 그리고 리처드 세일러가 그즈음 미국경제학회American Economic Association 회장의 임기 마치고 물러났다.

캐스 선스타인은 시카고대학의 젊은 법학 교수 시절에, 세일러가 심리학계를 대신해 처음 돌격을 외치던 소리를 우연히 듣게 되었다. 세일러가 속으로 '사람들의 멍청한 짓거리'라고 불렀던 논문을 마침내 〈소비자 선택의 실증적 이론에 대하여Toward a Positive Theory of Consumer Choice〉라는 제목으로 발표한 것이다. 이 논문에 실린 참고 문헌을 살피던 선스타인은 곧바로 대니와 아모스가 〈사이언스〉에 발표한 판단에 관한 논문과 〈전망 이론〉에 주목했다. 선스타인이 말했다. "법학자에게는 둘 다 어려웠어요. 적어도 두 번은 읽어야 했죠. 그런데 지금도 기억나는 게, 그때 전구가 터지는 느낌이었어요. 무언가를 생각하고 있었는데, 어떤 글을 읽고 그것이 한순간에 정리되는 느낌이랄까. 전율이 일더라고요." 선스타인은 2009년에 오바마 대통령의 요청으로 백악관에서 일하게 되었다. 그곳에서 그는 정보규제사무국Office of Information and Regulatory Affairs을 감독하며, 전 국민의 일상에 큰 영향을 미칠 작은 변화들을 다수 추진했다.

그 변화에는 한 가지 공통점이 있었다. 모두 직접적, 간접적으로 대니와 아모스의 연구에서 나왔다는 점이다. 대니와 아모스의 연구 덕에 오바마 대통령이 연방 정부 공무원의 운전 중 휴대전화 문자 발송을 금지했다고 말할 수는 없지만, 두 사람의 연구와 문자 금지를 서로 연결하기는 어렵지 않다. 연방 정부는 이제 손실 회피와 틀짜기 효과에 민감해졌다. 사람들은 몇 가지 대상을 놓고 선택하는 것이 아니라, 그 대상을 설명한 것을 놓고 선택한다. 그 결과 연방 정부는 새 자동차에 연비 표시를 붙일 때, 기존의 1갤런당 주행 마일 수 표시에 더해 100마일당 소비 갤런 양을 함께 표시하도록 했다. 그런가 하면 식단을 그림으로 표시하는 방법도 기존의 '음식 피라미드'를 다섯 종류의 음식군이 고르게 나뉜 '음식 접시'로 대체해, 미국인이 건강한 식단을 한눈에 알아볼 수 있게 했다. 이 외에도 실제 사례는 많다. 선스타인은 미국 정부가 경제자문위원회 옆에 심리자문위원회를 두어야 한다고 주장했다. 그가 백악관을 떠난 2015년 즈음에는 전 세계적으로 정부에서 심리학자의 중요성, 또는 적어도 심리학적 통찰의 중요성이 대두되었다.

선스타인은 오늘날 '선택 설계choice architecture'라 부르는 것에 특히 관심이 많았다. 사람들의 선택은 그 선택 대상이 어떻게 제시되느냐에 좌우되었다. 사람들은 자신이 무엇을 원하는지 모른 채, 주변 환경에 영향을 받아 자신의 선호도를 구성한다. 그리고 가장 거부감이 적은 길을 따라간다. 그러면서 큰 대가를 치르기도 한다. 한 예로, 미국의 기업과 정부에 고용된 수백만 명이 2000년대 어느 날 갑자기 연금에 직접 가입할 필요가 없게 되었다. 자동 가입으로 바뀐 탓이다. 사람들은 이 변화를 전혀 눈치채지 못했겠지만, 이 변화만으로 연금 가입이 약 30퍼센트포인트 늘었다. 선택 설계의 위력이다. 선스타인이 미국 정부에서 일하기 시작하면서 사람들의 선택 설계를 살짝 바꿨을 뿐인데, 집 없는 아이들이 학교 무상 급식을 받기도 한결 쉬워졌다. 그가 백악관을 떠난 뒤에 시작된 학기에서, 형편이 어려운 아이들 가운데 점심 무상 급식을 받는 수가 약 40퍼센트 늘었다. 그 전에는 무상 급식을 받으려면 아이들을 대신해 어른들이, 또는 아이들이 직접 신청을 하고 관련 선택을 해야 했다.

———————

돈 레델마이어는 캐나다에 돌아와서도 여전히 머릿속에서 아모스의 말이 떠나지 않았다. 그가 스탠퍼드를 떠나온 지 여러 해가 지났지만, 아모스의 목소리가 워낙 또렷하고 압도적이라 레델마이어는 자신의 목소리를 듣기 힘들었다. 그는 아모스와의 연구가 모두 아모스 혼자 한 것은 아니며 자기도 일부 기여했다고 감지한 순간이 언제였는지 정확히 짚어낼 수 없었다. 그가 자기만의 가치를 느끼기 시작한 것은 노숙자에 관한 단순한 문제부터였다. 노숙자들은 지역 보건 의료 서비스의 골칫거리로 악명이 높았다. 이들은 응급실에 필요 이상으로 자주 나타났다. 의료 재정 손실도 이만저만이 아니었다. 토론토에 있는 간호사라면 다들 알고 있었다. 노숙자가 어슬렁거리면 되도록 빨리 쫓아내야 한다는 것을. 레델마이어는 이 전략이 현명한지 궁금했다.

그러던 중 1991년에 한 가지 실험을 고안했다. 의사가 되려는 대학생 다수를 모아 병원 가운을 주고 응급실 근처에 잠자리를 마련해주었다. 이들이 할 일은 노숙자 관리였다. 노숙자가 응급실에 나타나면, 모든 편의를 봐줘야 한다. 주스와 샌드위치를 가져다주고, 자리에 앉아 그들과 이야기를 나누고, 어디가 불편해서 왔는지 알아봐야 한다. 대가는 없다. 이들은 이 일을 아주 좋아했다. 의사인 척하기도 했다. 그런데 이들이 돌본 노숙자들은 병원을 찾는 전체 노숙자의 절반에 불과했다. 나머지 절반은 평소처럼 간호사에게 퉁명스럽고 무시하는 듯한 대우를 받았다. 그 뒤 레델마이어는 병원을 찾아온 모든 노숙자의 토론토 보건 의료 서비스 이용을 추적했다. 당연한 일지만, 병원에서 과도하다 싶은 관리 서비스를 받은 집단은 그렇지 않은 집단보다 그 병원을 약간 더 자주 찾았다. 그런데 놀라운 점은 토론토 보건 의료 서비스 전반을 놓고 보면 이들의 이용 빈도가 줄었다는 것이다. 병원이 자신을 돌봐준다고 느낀 노숙자들은 비슷한 서비스를 제공하는 다른 병원을 찾지 않았다. 이들은 "내가 받을 수 있는 최고"의 서비스를 받았다고 했다. 과거의 노숙자 관리 방식은 토론토 보건 의료 서비스 전체로 보면 손해였던 셈이다.

훌륭한 과학은 누구나 볼 수 있는 것을 보되, 누구도 말한 적 없는 것을 생각해내는 것이다. 레델마이어는 아모스가 자신에게 했던 이 말이 머릿속에서 떠나지 않았다. 1990년대 중반, 레델마이어는 누구나 볼 수 있는 것을 보면서 누구도 말한 적 없는 것을 생각하며, 놀라운 성과를 냈다. 이를테면 하루는 약물 부작용으로 고생하는 에이즈 환자에게서 전화를 받았다. 그런데 대화 도중에 환자가 레델마이어의 말을 자르며 말했다. "선생님, 죄송하지만 끊어야겠어요. 지금 사고가 났어요." 이 남자는 운전을 하면서 휴대전화로 통화를 하던 중이었다. 레델마이어는 궁금했다. 운전 중에 전화 통화를 하면 사고 위험이 높아질까?

1993년에 그는 코넬대학 통계학자 로버트 팁시라니Robert Tibshirani

와 함께, 이 질문에 대답할 복잡한 연구를 고안했다. 이들은 1997년 논문에서, 운전 중 휴대전화 통화의 위험성은 법이 허용하는 혈중알코올 농도 최고치일 때의 위험성과 비슷하다는 것을 증명해 보였다. 휴대전화를 손에 들든 그렇지 않든 상관없이 휴대전화 통화를 하면서 운전할 경우 그렇지 않은 경우보다 사고를 유발할 확률이 네 배 높았다. 이 논문은 휴대전화 통화와 자동차 사고의 연관성을 엄밀하게 입증한 최초의 논문으로, 전 세계적으로 이에 대한 규제를 촉구하는 계기가 되었다. 이에 따라 어떻게 수천 명의 목숨을 살릴지를 결정할 훨씬 더 복잡한 연구가 필요해졌다.

이번 연구로 레델마이어는 운전 중에 머릿속에서 어떤 일이 벌어지는지 몹시 궁금해졌다. 서니브룩트라우마센터 의사들은 401번 도로에서 몸이 심하게 훼손된 사람이 응급실에 도착하면 자신의 임무가 시작된다고 생각했다. 레델마이어는 의료계가 문제를 근본 원인부터 다루지 않는 것은 미친 짓이라고 생각했다. 지구상에서 해마다 120만 명이 자동차 사고로 목숨을 잃고, 그 몇 배가 평생 장애를 안고 살아간다. "전 세계에서 한 해 120만 명 사망. 쓰나미가 하루에 한 건 발생하는 꼴이에요. 죽음의 원인으로 꽤나 인상적이죠. 100년 전에는 들어본 적 없는 일이에요." 레델마이어의 말이다. 운전 중 인간의 판단은 회복할 수 없는 결과를 낳았는데, 레델마이어는 이제 이 주제에 매료되었다. 뇌는 한계가 있고, 인간의 주의 집중에는 허점이 있다. 머릿속에서는 이 허점이 우리에게 안 보이도록 꼼수를 쓴다. 우리는 자신이 모르는 것을 안다고 생각한다. 우리가 안전하지 못할 때 안전하다고 생각한다. 레델마이어가 말했다. "아모스에게는 그 점이 핵심 교훈이었어요. 인간이 그렇게 생각하는 이유는 자신을 완벽하다고 여겨서가 아니에요. 절대 아니에요. 사람은 실수를 저질러요. 그런데 자기가 실수에 얼마나 취약한지 모른다는 거예요. '서너 잔 마셨으니, 평소보다 컨디션이 5퍼센트 안 좋을 거야.' 천만에! 사실은 평소보다 30퍼센트 안 좋아요. 이런 불일치로 발생하는 치명적 사고가 미국에서 해마다 1만 건이에요."

더러는 더 나은 세상을 만들기가 더 나은 세상을 만들었다고 증명하기보다 더 쉽다.

역시 아모스가 한 말이다. 레델마이어가 말했다. "아모스는 인간의 실수를 인정하도록 모든 사람에게 허락해줬어요." 그것이 아모스가 더 나은 세상을 만든 방법이었다. 비록 증명할 수는 없지만. 아모스의 이런 뜻은 이제 레델마이어가 하는 모든 행동에 나타났다. 운전 중 휴대전화 통화의 위험성을 알린 논문도 마찬가지다. 아모스는 그 논문을 읽고 논평을 해줬었다. 아모스의 사망 소식을 알리는 전화를 받은 순간, 레델마이어는 그 논문을 쓰고 있었다.

———

아모스는 다가오는 자신의 죽음을 극히 소수에게만 알리면서, 자기 앞에서 그 이야기를 너무 오래 하지 말라는 지침을 내렸다. 아모스는 그 소식을 1996년 2월에 들었고, 그때부터 자기 삶을 과거형으로 말했다. 아비샤이 마갈릿이 말했다. "아모스는 의사에게서 삶이 끝났다는 말을 듣고 내게 전화를 했어요. 그래서 만나러 갔죠. 아모스가 공항에서 나를 태우고 갔어요. 그리고 팰로앨토로 향했는데, 중간에 경치 좋은 곳에서 차를 세우고 죽음과 삶을 이야기했죠. 아모스에게는 자신이 죽음을 통제할 수 있다는 게 중요했어요. 그때 아모스는 자기 이야기를 하는 것 같지 않았어요. 자기 죽음을 이야기하지 않았죠. 초연함이랄까, 정말 놀라웠어요. 그러면서 '삶은 책이야. 얇은 책이라고 해서 좋은 책이 못될 이유는 없지. 정말 좋은 책이었어' 그러더군요." 아모스는 이른 죽음이 스파르타인처럼 살았던 대가라고 이해하는 것 같았다.

아모스는 5월에 스탠퍼드에서 마지막 강의를 했다. 프로농구에 나타난 수많은 통계 오류를 다룬 강의였다. 대학원에서 아모스의 지도를 받고 이제는 공동 연구자가 된 크레이그 폭스가 아모스에게 강의를 녹화하고 싶으냐고 물었다. "가만히 생각하시더니 '아니, 안 하는 게 좋겠어' 하시더군요." 폭스의 회상이다. 아모스는 딱 한 번을 빼고는 일상도, 심지어 주변 사람들과의 소통도 어떤 식으로든 바꾸지 않았다. 딱 한 번의 예외는 처음으로 전쟁 경험을 이야기한 경우였다. 이를테면 바르다 리버만에게, 기절해 폭약 위로 쓰러진 군인의 목숨을 살린 이야기를 들려주었다. 리버만이 말했다. "그 한 번의 사건이 어느 면에서는 자기 삶 전체를 결정했다고 했어요. 아모스가 그랬죠. '한번 그러고 나니까 그 영웅 이미지를 계속 유지해야 한다는 의무감이 느껴지더라. 예전에 그렇게 행동했고, 지금은 그 이미지에 맞게 살아야 한다.'"

아모스를 만나는 사람 대부분이 그가 몸이 안 좋으리라고는 전혀 예상치 못했다. 어느 대학원생이 논문 지도를 요청하자 아모스는 아무렇지 않게 "앞으로 몇 년은 아주 바쁠 것 같네"라고 간단히 대답하고 돌려보냈다. 죽기 몇 주 전에는 이스라엘에 있는 오랜 친구인 예슈 콜로드니에게 전화를 걸었다. 콜로드니가 그때를 회상했다 "굉장히 조급해했어요. 전에는 그런 적이 없었는데. 내게 그러더군요. '잘 들어, 예슈. 나 얼마 못 살아. 비참하진 않아. 그런데 누구하고도 얘기하고 싶지 않아. 자네가 우리 친구들에게 전화해서, 내게 전화도 하지 말고 찾아오지도 말라고 말해주면 좋겠어.'" 사람들을 만나지 않겠다는 규칙을 세워두었지만 예외적으로 만난 사람은 교과서를 끝까지 함께 집필했던 바르다 리버만이었다. 그리고 또 한 사람은 스탠퍼드대 총장 게르하르트 카스퍼Gerhard Casper였는데, 스탠퍼드에서 아모스를 기념하려고 그의 이름으로 강의 시리즈나 대회의를 계획 중이라는 정보를 입수했기 때문이었다. 리버만은 그때를 이렇게 기억했다. "아모스가 카스퍼에게 그랬어요. '원하시면 무엇이든 하셔도 좋습니다. 하지만 제발, 괜히 제 이름으로 회의를 열어서, 어중이떠중이 다 모여 자기 연구가 어떻다느니, 그게 제 연구와 어떻게 연관된다느니, 하는 말이 나오지 않게 해주세요. 그냥 건물에 제 이름을 붙이세요. 아니면 연구실이나 회의실도 좋고, 벤치도 좋아요. 움직이지 않는 것이면 무엇이든 제 이름을 붙여도 상관없습니다.'"

아모스는 전화도 제한적으로만 받았다. 경제학자 피터 다이아몬드의 전화도 그중 하나였다. 다이아몬드가 회상했다. "아모스가 며칠 못 산다는 이야기를 들었어요. 전화를 받지 않는다는 이야기도 들었고요. 그런데 그때 제가 노벨위원회에 보낼 보고서를 막 끝낸 뒤였어요." 그는 가을에 수여될 노벨 경제학상에서 아모스가 몇 안 되는 후보에 올랐다는 사실을 알려주고 싶었다. 하지만 노벨상은 살아 있는 사람에게만 수여된다. 그는 아모스의 대답을 기억하지 못했지만, 아모스가 그 전화를 받을 때 (그곳에 있던) 바르다가 아모스의 대답을 기억했다. "알려주셔서 정말 고맙습니다. 그런데 노벨상은 제가 아쉬워할 대상이 아니라는 건 분명히 말씀드릴 수 있어요."

아모스는 생애 마지막 주를 가족과 함께 집에서 보냈다. 그는 더 이상 살 가치가 없다고 느낄 때 삶을 스스로 끝낼 약을 구해두었고, 자신의 계획을 직접 나서서 말하지 않고도 아이들에게 알릴 방법을 찾아두었다. ("안락사에 대해 어떻게 생각해?" 그가 지나가는 말처럼 아들 탈에게 물었다.) 마지막 순간이 다가오자, 입술이 파랗게 변하고 몸이 부어올랐다. 그는 절대 진통제를 먹지 않았다. 5월 29일, 이스라엘은 총리 선거를 치렀고 군국주의 성향의 베냐민 네타냐후가 시몬 페레스를 눌렀다. 그 소식을 들은 아모스가 말했다. "내 생애에 평화를 보긴 글렀군. 하긴 내 생애에는 절대 평화를 볼 수 없게 됐지." 6월 1일 늦은 밤, 자녀들은 아버지 침실에서 들려오는 발소리와 말소리를 들었다. 아마도 혼잣말이었으리라. 이런저런 생각도 하면서. 1996년 6월 2일 아침, 아들 오렌이 아버지 침실에 들어갔을 때, 아버지는 세상을 떠난 뒤였다.

장례식 풍경은 흐릿했다. 비현실적인 기운이 감돌았다. 그곳에 참석한 사람들은 많은 것을 상상할 수 있었지만, 아모스 트버스키의 죽음을 상상하기는 어려웠다. 그의 친구 폴 슬로빅은 "죽음은 아모스를 대표할 수 없다"고 했다. 대니를 먼 과거의 인물로만 생각하던 아모스의 스탠퍼드 동료들은 대니가 유대 회당에 나타났을 때 기겁했다. (한 사람은 "제길, 유령을 보는 줄 알았어"라고 했다.) 아비샤이 마갈릿은 당시를 이렇게 회상했다. "방향감각을 잃었다고 할까, 반쯤 정신이 나간 사람 같았어요. 미처 끝내지 못한 일이 있는 것 같은 느낌이었죠." 검은색 정장을 차려입은 사람들로 가득한 곳에 대니는 마치 이스라엘에서 치르는 장례식인 양 와이셔츠 차림으로 도착했다. 사람들에게는 그 모습이 이상했다. 대니는 자기가 어디에 있는지도 모르는 사람 같았다. 하지만 대니가 추도사를 낭독하는 데 이의를 제기할 사람은 아무도 없었다. "그가 추도사를 낭독해야 한다는 건 분명했어요." 마갈릿의 말이다.

———————

두 사람의 마지막 대화는 주로 일에 관한 것이었다. 하지만 그것이 전부는 아니었다. 아모스는 대니에게 하고 싶은 말이 있었다. 그는 대니에게, 누구도 자기 삶에 더 큰 고통을 준 사람은 없었다고 말하고 싶어 했다. 대니도 같은 생각이었지만, 그 말을 꾹 눌렀다. 아모스는 가장 이야기를 나누고 싶은 사람은 여전히 대니라고도 했다. 대니가 그때를 회상했다. "내가 죽음을 두려워하지 않아서, 말하기 가장 편한 상대라더군. 아모스는 내가 언제든 죽을 각오가 되어 있다는 걸 알았으니까."

아모스의 죽음이 다가오면서, 대니는 거의 날마다 아모스와 이야기했다. 그는 아모스가 여느 때처럼 생활하려 할 뿐 새롭고 신선한 것을 해볼 마음이 없다는 것이 몹시 의아했다. 아모스가 말했다. "나더러 뭘 어쩌라고? 보라보라 섬이라도 갈까?" 그 말에 대니는 보라보라 섬에 대한 미련은 완전히 접어버렸다. '보라보라'라는 말은 이후 영원토록 그의 마음에 언짢은 파문을 일으켰다. 대니는 아모스에게서 얼마 못 산다는 이야기를 들은 뒤로, 예전 논문집의 머리말도 좋고, 뭔가를 함께 쓰자고 제안했다. 하지만 두 사람이 그 일을 끝내기 전에 아모스는 세상을 떠났다. 대니는 아모스와의 마지막 대화에서, 아모스가 알면 찬성하지 않을 무언가를 아모스 이름으로 쓰게 될 생각을 하면 두렵다고 했다. "'내가 하게 될 일을 나도 신뢰할 수 없어.' 그랬더니 아모스가 그러는 거야. '자네 마음속에 있는 내 모델을 신뢰하면 돼.'"

대니는 프린스턴에 계속 남았다. 애초에 아모스를 피해서 갔던 곳이다. 아모스가 세상을 떠난 뒤로 대니의 전화는 어느 때보다 자주 울렸다. 아모스는 떠났지만 두 사람의 연구는 살아 있었고, 사람들의 관심은 점점 더 높아졌다. 사람들은 둘의 연구를 언급하면서 더 이상 "트버스키와 카너먼"이라고 하지 않았다. 이제는 "카너먼과 트버스키"라고 말하기 시작했다. 그리고 2001년 가을, 대니는 스톡홀름에 와서 발표를 해달라는 초청을 받았다. 대표적인 경제학자들과 더불어 노벨위원회 회원들이 참석할 예정이었다. 발표자는 대니를 빼면 모두 경제학자였다. 대니를 비롯해 그중 일부는 노벨상 수상이 유력했다. "오디션인 셈이지." 대니의 말이다. 그는 열심히 발표를 준비했다. 발표 주제는 아모스와 함께 작업하지 않은 것이라야 한다고 판단했다. 지인들 중에는 그 판단을 이상하게 여기는 사람도 있었다. 노벨위원회의 관심을 사로잡은 것은 두 사람의 공동 연구였기 때문이다. 대니의 설명은 이랬다. "공동 연구로 초청받았지만, 나 혼자서도 받을 자격이 충분하다는 걸 보여주어야 했어. 문제는 그 연구가 자격이 있느냐가 아니라, 내가 자격이 있느냐니까."

대니의 발표 준비는 여느 때와 달랐다. 그는 대학 졸업식 축사를 즉석에서 한 적이 있는데, 그가 연단에 앉아 호명받기 전까지 연설을 미리 생각하지 않았다는 것을 아무도 눈치채지 못한 듯했다. 하지만 스톡홀름 발표는 준비를 많이 했다. "긴장을 많이 해서, 슬라이드 배경 색을 결정하는 데도 시간이 많이 걸렸어." 그가 정한 주제는 행복이었 다. 아모스와 함께 연구하지 못해 가장 아쉬웠던 주제였다. 발표 내용 은 이랬다. 사람들이 기대하는 행복은 실제로 체험하는 행복과 어떻게 다른가. 그 두 가지 행복은 사람들이 기억하는 행복과 또 어떻게 다른 가. 그 행복은 어떻게 측정할 수 있을까? 이를테면 고통스러운 대장 내 시경검사에서 검사 전, 검사 중, 검사 후에 각각 환자들에게 질문을 던 지는 방법도 있다. 만약 행복이 대단히 가변적이라면, 사람들은 '효용' 을 극대화한다는 전제로 만들어진 경제 모델은 엉터리다. 그렇다면 정 확히 무엇이 극대화되었을까?

대니는 발표를 마치고 프린스턴으로 돌아왔다. 만에 하나 노벨 상을 받는다면 다음 해에나 가능하지 않을까 싶었다. 그들은 대니를 직접 보고, 대니의 발표를 직접 들었다. 이제 대니가 수상 자격이 있는 지 없는지 판단할 것이다.

모든 수상 후보는 스톡홀름에서 이른 아침에 전화가 오는 날짜 를 알고 있다. 물론 전화가 온다면. 2002년 10월 9일, 대니와 앤은 프 린스턴 집에 함께 있었다. 혹시나 하면서, 설마 하면서. 대니는 뛰어난 제자 대학원생 테리 오딘Terry Odean의 추천서를 쓰고 있었다. 솔직히 그 는 노벨상을 받으면 무엇을 할지 진지하게 생각한 적이 없었다. 아니, 어쩌면 노벨상을 받으면 무엇을 할지 진지하게 생각하지 않으려고 했 다. 전쟁 중에 어린 시절을 보내던 그는 상상의 삶을 한껏 키웠다. 상 상 속에서 그는 주인공이었다. 전쟁을 쉽게 승리로 이끌고, 쉽게 끝냈다. 하지만 대니답게 상상의 삶에도 규칙을 세웠다. 앞으로 일어날 수도 있는 일을 두고는 절대 환상을 품지 않기. 상상에 이런 사적인 규칙을 세운 이유는 실제로 일어날 수 있는 일을 두고 상상을 했다가 그 일을 실현할 동력을 잃었던 경험 탓이다. 그의 상상은 워낙 생생해 "실제로 체험한 기분"이 들었고, 실제로 체험했다면 구태여 그것을 실현하려고 애쓸 이유가 없었다. 그는 아버지를 죽인 전쟁을 절대 끝내지 못할 것이다. 그렇다면 그가 전쟁을 쉽게 승리로 이끄는 시나리오를 공들여 짠들 무엇이 문제겠는가.

대니는 행여나 노벨상을 받는다면 무엇을 할지 상상하지 않으려 했다. 전화는 울리지 않았으니, 잘한 일이었다. 어느 순간 앤이 자리에서 일어나 약간 아쉬운 듯이 말했다. "뭐, 괜찮아." 해마다 실망하는 사람이 있게 마련이었다. 해마다 전화기 옆에서 기다리는 노인이 있게 마련이었다. 앤은 운동하러 밖으로 나갔고, 대니 혼자 집에 남았다. 그는 항상 원하던 것을 얻지 못했을 때를 대비하는 데 능숙했고, 크게 보면 이번 일이 치명타도 아니었다. 그는 자기 본래의 모습에, 그리고 자신이 한 일에 만족했다. 이제는 노벨상을 받았다면 무엇을 했을지 마음 놓고 상상할 수 있었다. 아내와 자녀를 데리고 갔겠지. 수상 소감에 아모스를 추모하는 말을 넣었을 테고. 아모스를 아예 스톡홀름에 데리고 갈 수도 있지 않았을까. 아모스가 대니를 위해 절대 해주지 못한 일을 대니는 아모스를 위해 해주었을 것이다. 노벨상을 받았다면 대니가 했을 수도 있는 일은 많았다. 하지만 이제는 해야 할 일이 있었다. 그는 자리로 돌아가 다시 테리 오딘의 추천서를 열심히 쓰기 시작했다.

그리고 전화가 울렸다.

참고문헌

• THE UNDOING PROJECT •

사회과학 학술지에 쓰는 논문은 일반인을 염두에 둔 글은 아니다. 그런 논문은 원래 방어적이다. 논문 저자에게 학술지 독자들은 좋게 말해 회의적이고, 보통은 적대적이다. 그래서 저자는 독자의 마음을 끌려고 애쓰지 않는다. 하물며 독자를 즐겁게 하려고 노력할 리 없다. 단지 살아남으려 애쓸 뿐이다. 그래서 나는 학술지 논문을 읽기보다 논문 저자들과 이야기를 나눈다면 논문을 좀 더 분명하고, 좀 더 직접적이고, 좀 더 즐겁게 이해할 수 있겠다는 생각이 들었다. 물론 논문도 읽기는 읽었다.

트버스키와 카너먼의 학술 논문은 중요하고 예외적이었다. 두 사람은 소수의 학계 독자를 겨냥해 글을 썼지만, 논문을 기다리는 미래의 일반 독자도 의식하지 않았나 싶다. 대니는 《생각에 관한 생각 Thinking, Fast and Slow》을 내놓으면서 일반 독자를 염두에 두었다고 했고, 그 점이 일반 독자인 내게도 여러 가지로 도움이 되었다. 실제로 나는 대니가 여러 해 동안 그 책을 두고 고민하는 모습을 지켜보았고, 초기 원고를 읽어보기도 했다. 그가 쓴 모든 내용이, 평소 그의 이야기만큼이나 흥미진진했다. 그런데도 그는 몇 달에 한 번씩 절망에 빠져, 책을 내서 명성을 무너뜨리느니 아예 책을 내지 않겠다고 선언했다. 그는 출간을 막으려고 친구에게 돈을 주면서, 책을 내지 말라고 자기를 설득해줄 사람을 찾아달라고도 했다. 책이 나오고 〈뉴욕타임스〉 베스트셀러 목록에 오른 뒤 그는 한 친구와 마주쳤는데, 나중에 그 친구는 자신의 성공을 바라보는 저자의 반응치고는 굉장히 기이한 반응을 목격했다고 전해주었다. 대니는 그에게 미심쩍다는 듯이 말했다. "지금 무슨 일이 일어났는지 자네는 죽었다 깨도 믿지 않을 거야. 〈뉴욕타임스〉 사람들이 실수로 내 책을 베스트셀러에 올렸지 뭐야!" 몇 주 지나 대니는 그 친구를 다시 마주쳤다. "이게 무슨 일인지, 도대체 믿을 수가 없어. 〈뉴욕타임스〉 사람들이 실수로 내 책을 베스트셀러에 올리더니, 아예 그냥 놔두기로 했나봐!"

이 책을 읽고 흥미를 느낀 사람이라면 대니가 쓴《생각에 관한 생각》도 읽어보라고 권하고 싶다. 그러고도 심리학에 대한 갈증이 충족되지 않는 사람에게 추천하고 싶은 책이 두 권 있다. 내가 심리학을 제대로 이해하는 데 큰 도움이 됐던 책이다. 하나는 여덟 권짜리《심리학 백과사전Encyclopedia of Psychology》이다. 심리학에 관한 모든 질문에 명쾌하고 직접적인 답을 줄 것이다. 또 하나는 지금까지 9권이 출간되었고 여전히 출간 중인《자서전에 나타난 심리학의 역사A History of Psychology in Autobiography》다. 역시 심리학에 관한 모든 질문에 약간은 덜 직접적으로 답을 줄 것이다. 이 시리즈는 1930년에 1권이 출간되기 시작해, 사람들은 왜 저럴까를 설명하려는 심리학자들의 끊임없는 욕구를 동력으로 계속 달리는 중이다.

나는 이 책의 주제와 씨름하면서 다른 사람들의 연구에 의지해야 했다. 내가 의지한 자료는 다음과 같다.

들어가며: 결코 사라지지 않는 문제

Thaler, Richard H., and Cass R. Sunstein. 〈1루수가 누구야? Who's on First.〉 *New Republic*, August 31, 2003. https://newrepublic.com/article/61123/whos-first.

1. 유방남

Rutenberg, Jim. 〈공화당의 경마는 끝나고, 저널리즘은 졌다The Republican Horse Race Is Over, and Journalism Lost〉. *New York Times*, May 9, 2016.

2. 아웃사이더

Meehl, Paul E. 《임상 예측 대 통계 예측Clinical versus Statistical Prediction》. Minneapolis: University of Minnesota Press, 1954.

_____. 〈심리학: 우리의 이질적 주제에 과연 통일성이 있는가? Psychology: Does Our Heterogeneous Subject Matter Have Any Unity?〉 *Minnesota Psychologist* 35 (1986): 3-9.

3. 내부자

Edwards, Ward. 〈결정 이론The Theory of Decision Making〉. *Psychological Bulletin* 51, no. 4 (1954): 380-417.

Guttman, Louis. 〈통계에 나오지 않는 것What Is Not What in Statistics〉. *Journal of the Royal Statistical Society* 26, no. 2 (1977): 81-107. http://www.jstor.org/stable/2987957.

May, Kenneth. 〈간단한 다수결의 개별적 필요충분조건들A Set of Independent Necessary and Sufficient Conditions for Simple Majority Decision〉. *Econometrica* 20, no. 4 (1952): 680-84.

Rosch, Eleanor, Carolyn B. Mervis, Wayne D. Gray, David M. Johnson, and Penny Boyes-Braem. 〈자연적 범주에 있는 객관적 대상들Basic Objects in Natural Categories〉.

Cognitive Psychology 8 (1976): 382-439.

Tversky, Amos. 〈선호도의 비이행성The Intransitivity of Preferences〉. Psychological Review 76 (1969): 31-48.

_____. 〈유사성의 특징Features of Similarity〉. Psychological Review 84, no. 4 (1977): 327-52. http://www.ai.mit.edu/projects/dm/Tversky-features.pdf.

4. 실수

Hess, Eckhard H. 〈자세와 동공 크기Attitude and Pupil Size〉. Scientific American, April 1965, 46-54.

Miller, George A. 〈마법의 수 7, ±2: 정보 처리 능력의 몇 가지 한계The Magical Number Seven, Plus or Minus Two: Some Limits on Our Capacity for Processing Information〉. Psychological Review 63 (1956): 81-97.

5. 충돌

Friedman, Milton. 〈실증경제학의 방법론The Methodology of Positive Economics〉. 다음에서 발췌: Essays in Positive Economics, edited by Milton Friedman, 3-46. Chicago: University of Chicago Press, 1953.

Krantz, David H., R. Duncan Luce, Patrick Suppes, and Amos Tversky. 《측정의 기초Foundations of Measurement》; Vol. I:《추가적, 다항적 표현Additive and Polynomial Representations》; Vol. II:《기하학적, 한계적, 확률적 표현Geometrical, Threshold, and Probabilistic Representations》; Vol III: 《대표성, 공리화, 불변성Representation, Axiomatization, and Invariance》. San Diego and London: Academic Press, 1971-90; repr., Mineola, NY: Dover, 2007.

Tversky, Amos, and Daniel Kahneman. 〈소수 법칙에 대한 믿음Belief in the Law of Small Numbers〉. Psychological Bulletin 76, no. 2 (1971): 105-10.

6. 정신 규칙

Glanz, James, and Eric Lipton. 〈야망의 높이The Height of Ambition〉, New York Times Magazine, September 8, 2002.

Goldberg, Lewis R. 〈단순 모델, 단순 과정? 임상적 판단에 관한 연구Simple Models or Simple Processes? Some Research on Clinical Judgments〉, American Psychologist 23, no. 7

(1968): 483-96.

_____. 〈인간 대 인간 모델: 임상적 추론 개선 방법을 뒷받침하는 근거와 증거Man versus Model of Man: A Rationale, Plus Some Evidence, for a Method of Improving on Clinical Inferences〉. *Psychological Bulletin* 73, no. 6 (1970): 422-32.

Hoffman, Paul J. 〈임상 판단의 동질가상(同質假像)적 재현The Paramorphic Representation of Clinical Judgment〉. *Psychological Bulletin* 57, no. 2 (1960): 116-31.

Kahneman, Daniel, and Amos Tversky. 〈주관적 확률: 대표성 판단Subjective Probability: A Judgment of Representativeness〉. *Cognitive Psychology* 3 (1972): 430-54.

Meehl, Paul E. 〈당혹스러운 내 작은 책의 원인과 결과Causes and Effects of My Disturbing Little Book〉. *Journal of Personality Assessment* 50, no. 3 (1986): 370-75.

Tversky, Amos, and Daniel Kahneman. 〈회상 용이성: 빈도와 확률 판단에 쓰이는 어림짐작Availability: A Heuristic for Judging Frequency and Probability〉. *Cognitive Psychology* 5, no. 2 (1973): 207-32.

7. 예측 규칙

Fischhoff, Baruch. 〈사후 판단 연구의 초기 역사An Early History of Hindsight Research〉. *Social Cognition* 25, no. (2007): 10-13.

Howard, R. A., J. E. Matheson, and D. W. North. 〈허리케인 씨뿌리기 결정The Decision to Seed Hurricanes〉. *Science* 176 (1972): 1191-1202. http://www.warnernorth.net/hurricanes.pdf.

Kahneman, Daniel, and Amos Tversky. 〈예측 심리에 관하여On the Psychology of Prediction〉. *Psychological Review* 80, no. 4 (1973): 237-51.

Meehl, Paul E. 〈내가 사례 연구 회의에 참석하지 않는 이유Why I Do Not Attend Case Conferences〉. 다음에서 발췌: *Psychodiagnosis: Selected Papers*, edited by Paul E. Meehl, 225-302. Minneapolis: University of Minnesota Press, 1973.

8. 급속히 퍼지다

Redelmeier, Donald A., Joel Katz, and Daniel Kahneman. 〈대장 내시경검사의 기억: 무작위 시험Memories of Colonoscopy: A Randomized Trial〉, *Pain* 104, nos. 1-2 (2003): 187-94.

Redelmeier, Donald A., and Amos Tversky. 〈환자를 개인으로 대할 때와 집단으로 대할

때의 차이]Discrepancy between Medical Decisions for Individual Patients and for Groups⟩. *New England Journal of Medicine* 322 (1990): 1162-64.

_____. 편집자에게 보내는 편지. *New England Journal of Medicine* 323 (1990): 923. http://www.nejm.org/doi/pdf/10.1056/NEJM 199009273231320.

_____. ⟨관절염은 날씨와 관련 있다는 믿음에 관하여On the Belief That Arthritis Pain Is Related to the Weather⟩. *Proceedings of the National Academy of Sciences* 93, no. 7 (1996): 2895-96. http://www.pnas.org/content/93 /7/2895.full.pdf.

Tversky, Amos, and Daniel Kahneman. ⟨불확실한 상황에서의 판단: 어림짐작과 편향Judgment under Uncertainty: Heuristics and Biases⟩. *Science* 185 (1974): 1124-31.

9. 심리학 투사의 탄생

Allais, Maurice. ⟨위험한 상황에서 합리적 인간의 행동Le Comportement de l'homme rationnel devant le risque: critique des postulats et axiomes de l'ecole americaine⟩. *Econometrica* 21, no. 4 (1953): 503-46. 영어 요약: https://goo.gl/cUvOVb.

Bernoulli, Daniel. ⟨운 측정에 관한 새로운 이론 고찰Specimen Theoriae Novae de Mensura Sortis⟩, *Commentarii Academiae Scientiarum Imperialis Petropolitanae, Tomus V* [Papers of the Imperial Academy of Sciences in Petersburg, Vol. V], 1738, 175-92. 아메리칸대학 Dr. Louise Sommer가 최초로 영어로 번역을 한 게 분명해 보인다. *Econometrica* 22, no. 1 (1954): 23-36. 다음도 참조할 것. Savage (1954) and Coombs, Dawes, and Tversky (1970).

Coombs, Clyde H., Robyn M. Dawes, and Amos Tversky. 《수리심리학: 기초 입문서Mathematical Psychology: An Elementary Introduction》. Englewood Cliffs, NJ: Prentice-Hall, 1970.

Kahneman, Daniel. 《생각에 관한 생각Thinking, Fast and Slow》. New York: Farrar, Straus and Giroux, 2011. 이 책 9장에 나오는 잭과 질 시나리오는《생각에 관한 생각》9장에 나온다.

von Neumann, John, and Oskar Morgenstern. 《게임 이론과 경제 행동Theory of Games and Economic Behavior》. Princeton, NJ: Princeton University Press, 1944; 2nd ed., 1947.

Savage, Leonard J. 《통계의 기초The Foundations of Statistics》. New York: Wiley, 1954.

10. 고립 효과

Kahneman, Daniel, and Amos Tversky. 〈전망 이론: 위험 부담이 따르는 상황에서의 결정 분석Prospect Theory: An Analysis of Decision under Risk〉. *Econometrica* 47, no. 2 (1979): 263-91.

11. 되돌리기 규칙

Hobson, J. Allan, and Robert W. McCarley. 〈꿈 발전기로서의 뇌: 꿈 처리 활성화 종합 가설The Brain as a Dream State Generator: An Activation-Synthesis Hypothesis of the Dream Process〉. *American Journal of Psychiatry* 134, no. 12 (1977): 1335-48.

_____. 〈정신분석학적 꿈 이론의 신경생물학적 기원The Neurobiological Origins of Psychoanalytic Dream Theory〉. American Journal of Psychiatry 134, no. 11 (1978): 1211-21.

Kahneman, Daniel. 〈가능한 세계의 심리The Psychology of Possible Worlds〉. Katz-Newcomb Lecture, April 1979.

Kahneman, Daniel, and Amos Tversky. 〈시뮬레이션 어림짐작The Simulation Heuristic〉. 다음에서 발췌: 《불확실한 상황에서의 판단: 어림짐작과 편향Judgment under Uncertainty: Heuristics and Biases》, edited by Daniel Kahneman, Paul Slovic, and Amos Tversky, 3-22. Cambridge: Cambridge University Press, 1982.

LeCompte, Tom. 〈디스오리엔트 특급The Disorient Express〉. *Air & Space*, September 2008, 38-43. http://www.airspacemag.com/military-aviation/the-disorientexpress-474780/.

Tversky, Amos, and Daniel Kahneman. 〈결정 틀짜기와 선택 심리The Framing of Decisions and the Psychology of Choice〉. *Science* 211, no. 4481 (1981): 453-58.

12. 가능성의 구름

Cohen, L. Jonathan. 〈예측 심리에 관하여: 누구의 오류인가?On the Psychology of Prediction: Whose Is the Fallacy?〉 *Cognition* 7, no. 4 (1979): 385-407.

_____. 〈인간의 비합리성을 실험으로 증명할 수 있는가?Can Human Irrationality Be Experimentally Demonstrated?〉 *The Behavioral and Brain Sciences* 4, no. 3 (1981): 317-31. 뒤이어 39쪽 분량의 편지가 이어지고, 여기에는 다음도 포함된다. Persi Diaconis and David Freedman, 〈인지 착각의 집요함: 코헨에게 답하며The Persistence of Cognitive Illusions: A Rejoinder to L. J. Cohen〉, 333-34, 코헨의 답변, 331-70.

_____.《지식과 언어: 조너선 코헨 모음집Knowledge and Language: Selected Essays of L. Jonathan Cohen》, edited by James Logue. Dordrecht, Netherlands: Springer, 2002.

Gigerenzer, Gerd. 〈인지 착각 없애는 법: '어림짐작과 편향'을 넘어서How to Make Cognitive Illusions Disappear: Beyond 'Heuristics and Biases'〉. 다음에서 발췌: *European Review of Social Psychology*, Vol. 2, edited by Wolfgang Stroebe and Miles Hewstone, 83-115. Chichester, UK: Wiley, 1991.

_____. 〈인지 착각과 합리성에 관하여On Cognitive Illusions and Rationality〉. 다음에 서 발췌:《확률과 합리성: 조너선 코헨의 과학철학에 관한 연구Probability and Rationality: Studies on L. Jonathan Cohen's Philosophy of Science》, edited by Ellery Eells and Tomasz Maruszewski, 225-49. Poznań Studies in the *Philosophy of the Sciences and the Humanities*, Vol.21. Amsterdam: Rodopi, 1991.

_____. 〈확률적 정신 모델의 제한적 합리성The Bounded Rationality of Probabilistic Mental Models〉. 다음에서 발췌: *Rationality: Psychological and Philosophical Perspectives*, edited by Ken Manktelow and David Over, 284-313. London: Routledge, 1993.

_____. 〈단일 사건 확률과 빈도의 차이가 심리학에 (그리고 심리학은 그 차이에) 왜 중요한가Why the Distinction between Single-Event Probabilities and Frequencies Is Important for Psychology (and Vice Versa)〉. 다음에서 발췌:《주관적 확률Subjective Probability》, ed. George Wright and Peter Ayton, 129-61. Chichester, UK: Wiley, 1994.

_____. 〈협의의 기준과 애매한 어림짐작에 관하여: 카너먼과 트버스키에게 답하며 On Narrow Norms and Vague Heuristics: A Reply to Kahneman and Tversky〉. *Psychological Review* 103 (1996): 592-96.

_____. 〈생태 지능: 빈도에 적응하기Ecological Intelligence: An Adaptation for Frequencies〉. 다음에서 발췌:《정신의 진화The Evolution of Mind》, edited by Denise Dellarosa Cummins and Colin Allen, 9-29. New York: Oxford University Press, 1998.

Kahneman, Daniel, and Amos Tversky. 〈토론: 직관적 확률을 해석하는 것에 관하여 Discussion: On the Interpretation of Intuitive Probability: A Reply to Jonathan Cohen〉. *Cognition* 7, no. 4 (1979): 409-11.

Tversky, Amos, and Daniel Kahneman. 〈확장적 추론 대 직관적 추론: 확률 판단에서 결합 오류Extensional versus Intuitive Reasoning: The Conjunction Fallacy in Probability Judgment〉. *Psychological Review* 90, no. 4 (1983): 293-315.

_____. 〈개정된 전망 이론Advances in Prospect Theory〉. *Journal of Risk and Uncertainty* 5 (1992): 297-323. http://psych.fullerton.edu/mbirnbaum/psych466/articles/tversky_kahneman_jru_92.pdf.

Vranas, Peter B. M. 〈기거렌처의 카너먼과 트버스키에 대한 규범적 비판Gigerenzer's Normative Critique of Kahneman and Tversky〉. *Cognition* 76 (2000): 179-93.

나오며: 보라보라 섬

Redelmeier, Donald A., and Robert J. Tibshirani. 〈휴대전화 통화와 자동차 사고의 연관성Association between Cellular-Telephone Calls and Motor Vehicle Collisions〉. *New England Journal of Medicine* 336 (1997): 453-58. http://www.nejm.org/doi/full/10.1056/NEJM199702133360701#t=article.

Thaler, Richard. 〈소비자 선택의 실증적 이론에 대하여Toward a Positive Theory of Consumer Choice〉. *Journal of Economic Behavior and Organization* l (1980): 39-60. http://www.eief.it/butler/files/2009/11/thaler80.pdf.

전반적으로 참고한 자료

Kazdin, Alan E., ed. 《심리학 백과사전Encyclopedia of Psychology》. 8 vols. Washington, DC: American Psychological Association, and New York: Oxford University Press, 2000.

Murchison, Carl, Gardner Lindzey, et al., eds. 《자서전에 나타난 심리학의 역사A History of Psychology in Autobiography》. Vols. I-IX. Worcester, MA: Clark University Press, and Washington, DC: American Psychological Association, 1930-2007.

감사의 말

•THE UNDOING PROJECT•

정확히 누구에게 고마워해야 할지, 그리고 '누군가'에게 고맙다는 말을 하긴 해야 하는지, 잘 모르겠다. 고마운 일이 없어서가 아니라 빚이 넘쳐서 그렇다. 너무 많은 사람에게 빚을 져서 어디서부터 시작해야 할지 모르겠다. 하지만 이 책을 세상에 나오게 하는 데 결정적인 역할을 해준 사람들이 있으니, 그들에게 집중하겠다.

우선 대니 카너먼과 바버라 트버스키가 있다. 2007년 말에 대니를 만났을 때만 해도 그에 관한 책을 쓰겠다는 야심은 없었다. 그런데 책을 쓰기로 한 뒤에 대니가 그 일을 편하게 받아들이기까지 얼추 5년이 걸렸다. 그 뒤로도 그는 신중했다. 한번은 이렇게 말했다. "우리 두 사람을 단순화하지 않고, 너무 크게 부각하지 않고, 성격 차이를 과장하지 않고, 과연 이 일이 가능할까 의심스러워. 원래 이런 일의 속성이 그런데, 자네가 그걸 어떻게 다룰지 궁금하군. 일찌감치 읽어보고 싶을 정도로 궁금하지는 않지만." 바버라는 달랐다. 1990년대 말로 돌아가

보면, 어떤 이상한 우연으로, 나는 그의 아들 오렌을 가르쳤다. 적어도 가르치려고 했었다. 아모스 트버스키의 존재를 모를 때라 그가 아모스의 아들인 줄도 몰랐다. 어쨌거나 나는 먼저 가르친 학생에게서 받은 추천서를 들고 바버라를 찾아갔었다. 바버라는 내게 아모스의 논문을 보도록 허락해주었고, 설명도 해주었다. 아모스의 자녀인 오렌, 탈, 도나는 다른 곳에서는 들을 수 없는 아모스에 대한 생각을 들려주었다. 트버스키 가족에게 진심으로 감사한다.

다른 많은 이야기처럼, 나는 주제넘게 남 일에 끼어드는 사람으로 이 이야기를 만났다. 마야 바힐렐과 다니엘라 고든이 아니었다면, 나는 이스라엘에서 길을 잃었을 것이다. 이스라엘에서 수없이 느낀 것은 내가 인터뷰하는 사람들은 나보다 더 흥미로운 사람들일 뿐 아니라 설명이 필요한 부분을 나보다 더 잘 설명한다는 것이었다. 그러다 보니 이 이야기에 필요한 사람은 작가라기보다 속기사였다. 특히 내게 받아쓰기를 허락해준 다음과 같은 이스라엘 사람들에게 감사를 전한다. 버레드 오저Verred Ozer, 아비샤이 마갈릿, 바르다 리버만, 레우벤 갈, 루마 포크, 루스 베이트Ruth Bayit, 에이탄 쉬신스키Eytan Sheshinski와 루스 쉬신스키Ruth Sheshinski, 에미라 콜로드니Amira Kolodny와 예슈 콜로드니, 게숀 벤쉬신스키Gershon Ben-Shakhar, 사무엘 사타스, 딧사 파인스Ditsa Pines, 주어 샤피라.

내게 심리학은 이스라엘보다 더 친숙할 것도 없었다. 여기서도 나를 안내해줄 사람이 필요했다. 다커 켈트너, 엘다 샤퍼, 마이클 노턴Michael Norton이 그 안내자가 되어주었다. 아모스와 대니의 예전 제자들과 동료들도 친절하게 시간을 내주고 깊은 통찰을 보태주었다. 특히 폴 슬로빅, 리치 곤살레스, 크레이그 폭스, 데일 그리핀, 데일 밀러에게 감사한다. 스티브 글릭먼Steve Glickman은 심리학의 역사를 멋지게 소개해주었다. 그리고 마일스 쇼어가 없었다면, 또는 그가 1983년에 대니와 아모스를 인터뷰할 생각을 하지 않았다면, 과연 내가 이 일을 할 수 있었을지 확신할 수 없다. 마일스 쇼어는 그때를 되돌리느라 괴로웠을 것이다.

이 책은 어찌 보면 결단의 연속이었다. 내가 그런 결단을 내리고 이 책을 만들 수 있게 도와준 분들에게 감사한다. 타비챠 소렌Tabitha Soren, 톰 펜Tom Penn, 더그 스텀프Doug Stumpf, 제이콥 와이스버그Jacob Weisberg, 조 올리버그레이Zoe Oliver-Grey가 원고를 읽고 따뜻한 조언을 해주었다. 재닛 바이른Janet Byrne은 이 책을 읽기 좋도록 손봐주었는데, 훗날 교정 작업을 멋진 예술로 바꿔놓는 사람으로 기억될 것이다. 편집자 스탈링 로런스Starling Lawrence도 있다. 그의 압력과 재촉이 없었다면 애초에 이 책을 쓰지 못했을 것이고, 썼더라도 그렇게 열심히 매달리지 않았을 것이다. 마지막으로, 이 책이 내가 노턴 출판사의 빌 루신Bill Rusin에게 넘겨주는 마지막 책이 될 수도 있다는 생각에 나는 여느 때보다 일찍 의자에 엉덩이를 붙이고 앉았고, 결국 그의 마법이 통했다. 하지만 부디 이번이 마지막이 아니기를.